"十四五"职业教育国家规划教材

 高职高专土建专业"互联网+"创新规划教材

建筑工程计量与计价

第五版

主　编	肖明和	关永冰	韩立国
副主编	刘宪勇	姜利妍	赵新明
	于颖颖	简　红	
参　编	张培明	李静文	齐高林
	王　飞		

内容简介

本书根据高职高专院校土建类专业的人才培养目标、教学计划、"建筑工程计量与计价"课程的教学特点和要求,结合国家大力发展装配式建筑的发展战略,按照国家和山东省相关部门颁布的有关新规范、新标准编写而成。

全书共分两篇,第1篇为建筑工程工程量定额计价办法及应用,包括23章:绪论,建筑工程定额计价,建筑工程工程量计算与定额应用概述,土石方工程,地基处理与边坡支护工程,桩基础工程,砌筑工程,钢筋及混凝土工程,金属结构工程,木结构工程,门窗工程,屋面及防水工程,保温、隔热、防腐工程,楼地面装饰工程,墙、柱面装饰与隔断、幕墙工程,天棚工程,油漆、涂料及裱糊工程,其他装饰工程,构筑物及其他工程,脚手架工程,模板工程,施工运输工程,建筑施工增加。第2篇为建设工程工程量清单计价标准及工程量计算标准应用,包括2章:建设工程工程量清单计价标准、房屋建筑与装饰工程工程量计算标准应用。本书结合高等职业教育的特点,立足基本理论的阐述,注重实践能力的培养,把"案例教学法"的思想贯穿于整个教材的编写过程中,旨在培养学生建筑工程计量与计价的实践应用能力,具有"实用性、系统性和先进性"的特色。

本书可作为高职高专建筑工程技术、工程造价、建设工程监理、建筑装饰工程技术及相关专业的教学用书,也可作为应用型本科院校、中等职业技术学校、函授、培训机构及土建类工程技术人员的参考用书。

图书在版编目(CIP)数据

建筑工程计量与计价/肖明和,关永冰,韩立国主编. -- 5版. -- 北京:北京大学出版社,2025.5. -- (高职高专土建专业"互联网+"创新规划教材). -- ISBN 978-7-301-36260-0

Ⅰ.TU723.32

中国国家版本馆 CIP 数据核字第 2025U8R778 号

书　　　　名	建筑工程计量与计价(第五版) JIANZHU GONGCHENG JILIANG YU JIJIA (DI-WU BAN)
著作责任者	肖明和　关永冰　韩立国　主编
策划编辑	杨星璐　刘健军
责任编辑	于成成
数字编辑	蒙俞材
标准书号	ISBN 978-7-301-36260-0
出版发行	北京大学出版社
地　　　址	北京市海淀区成府路 205 号　100871
网　　　址	http://www.pup.cn　新浪微博:@北京大学出版社
电子邮箱	编辑部 pup6@pup.cn　总编室 zpup@pup.cn
电　　　话	邮购部 010-62752015　发行部 010-62750672　编辑部 010-62750667
印刷者	北京市科星印刷有限责任公司
经销者	新华书店
	787 毫米×1092 毫米　16 开本　24.75 印张　590 千字 2009 年 7 月第 1 版　2013 年 3 月第 2 版　2015 年 7 月第 3 版 2020 年 8 月第 4 版　2025 年 5 月第 5 版 2025 年 5 月第 1 次印刷(总第 38 次印刷)
定　　　价	60.00 元

未经许可,不得以任何方式复制或抄袭本书之部分或全部内容。
版权所有,侵权必究
举报电话:010-62752024　电子邮箱:fd@pup.cn
图书如有印装质量问题,请与出版部联系,电话:010-62756370

第五版前言

为适应 21 世纪职业技术教育发展的需要，培养建筑行业具备建筑工程计量与计价知识的专业技术管理应用型人才，编者结合现行建筑工程计量与计价标准编写了本书。《建筑工程计量与计价》自 2009 年 7 月问世以来，在广大读者的支持下，目前已出至第五版。

本书根据高职高专院校土建类专业的人才培养目标、教学计划、"建筑工程计量与计价"课程的教学特点和要求，并结合国家大力发展装配式建筑的发展战略，以《建筑工程建筑面积计算规范》（GB/T 50353—2013）、《山东省建筑工程消耗量定额》（SD 01-31-2016）、《山东省建筑工程消耗量定额》交底培训资料（2017 年）、《山东省建设工程费用项目组成及计算规则（2022 版）》、《山东省建筑工程价目表（2020）》、《建设工程工程量清单计价标准》（GB/T 50500—2024）、《房屋建筑与装饰工程工程量计算标准》（GB/T 50854—2024）及《山东省住房和城乡建设厅印发〈建筑业营改增建设工程计价依据调整实施意见〉的通知》（鲁建办字〔2016〕20 号）等为主要依据编写而成，理论联系实际，重点突出项目教学、案例教学，以提高学生的实践应用能力。

本书在修订时融入了党的二十大精神，全面贯彻党的教育方针，把立德树人融入本教材，贯穿思想道德教育、文化知识教育和社会实践教育各个环节。

本书通过二维码的形式链接了拓展学习资料、相关法律法规等内容，读者通过手机的"扫一扫"功能，扫描书中的二维码，即可在课堂内外进行相应知识点的拓展学习，既节约了搜集、整理学习资料的时间，又可以更加直观地理解结构图特点，方便教师教学讲解。编者也会根据行业发展情况，及时更新二维码所链接的资源，以使书中内容与行业发展结合更为紧密。此外，本书在附录部分提供了 AI 伴学内容及提示词，引导学生利用生成式人工智能（Gen AI）工具，如 DeepSeek、Kimi、豆包、通义千问、文心一言、ChatGPT 等来进行拓展学习。

本书适用于"建筑工程计量与计价"或"建筑工程概预算"等相关课程，建议工程造价专业学生学习时，参考学时为 128 学时；建筑工程技术、建设工程监理等相关专业学生学习时，参考学时为 64 学时。此外，结合"建筑工程计量与计价"课程的实践性教学特点，针对培养学生实际技能的要求，编者另外组织编写了本书的配套实训教材《建筑工程计量与计价实训》同步出版。该书理论联系实际，突出"案例教学法"教学，采用真题实做、任务驱动模式，以提高学生的实际应用能力，与本书相辅相成，有助于读者更好地掌握建筑工程计量与计价的实践技能。

本书由济南工程职业技术学院肖明和、关永冰、韩立国担任主编，济南工程职业技术学院刘宪勇、姜利妍，天元建设集团赵新明，济南工程职业技术学院于颖颖，漳州职业技术学院简红担任副主编，济南工程职业技术学院张培明、李静文、齐高林、王飞参编。

本书第四版由济南工程职业技术学院肖明和、关永冰、韩立国担任主编，天元建设集团赵新明，济南工程职业技术学院姜利妍、刘振霞、于颖颖，漳州职业技术学院简红担任副主编，济南工程职业技术学院张培明、李静文、齐高林、王飞参编。

本书第三版由济南工程职业技术学院肖明和、关永冰，漳州职业技术学院简红担任主编，天元建设集团赵新明，济南工程职业技术学院姜利妍、刘振霞、刘德军、于颖颖担任副主编，济南工程职业技术学院张培明、李静文、齐高林、王飞参编。

本书第二版由济南工程职业技术学院肖明和、漳州职业技术学院简红和济南工程职业技术学院关永冰担任主编，济南工程职业技术学院孙圣华、刘德军、冯松山、柴琦担任副主编，济南工程职业技术学院姜利妍、赵莉、杨勇和谷莹莹参编，冯钢担任主审。

本书第一版由济南工程职业技术学院肖明和、漳州职业技术学院简红担任主编，济南工程职业技术学院孙圣华、刘德军、冯松山、柴琦担任副主编，济南工程职业技术学院姜利妍、赵莉、杨勇、刘宇、朱锋、谷莹莹和滨州职业学院赵培民、淄博职业技术学院张骞参编，冯钢担任主审。

本书在编写过程中参考了部分国内外同类教材和相关资料，在此，一并向原作者表示感谢！并对为本书付出辛勤劳动的编辑同志们表示衷心的感谢！

由于编者水平有限，书中难免有不足之处，恳请读者批评指正。

编 者

2025 年 4 月

资源索引

目录 Contents

第1篇　建筑工程工程量定额计价办法及应用

第1章　绪论
1.1　概述　3
1.2　基本建设预算　9
本章小结　12
习题　12

第2章　建筑工程定额计价
2.1　建筑工程定额计价依据　14
2.2　施工图预算书的编制　15
2.3　建筑工程工程量计算　21
本章小结　27
习题　27

第3章　建筑工程工程量计算与定额应用概述
3.1　建筑工程消耗量定额总说明　31
3.2　建筑工程价目表说明　32
3.3　建设工程费用项目组成及计算规则　32
3.4　建筑面积计算规则　53
本章小结　70
习题　70

第4章　土石方工程
4.1　土石方工程定额说明　73
4.2　土石方工程量计算规则　79
4.3　土石方工程量计算与定额应用　86
本章小结　90
习题　90

第5章　地基处理与边坡支护工程
5.1　地基处理与边坡支护工程定额说明　94
5.2　地基处理与边坡支护工程量计算规则　98
5.3　地基处理与边坡支护工程量计算与定额应用　100
本章小结　103
习题　103

第6章　桩基础工程
6.1　桩基础工程定额说明　106
6.2　桩基础工程量计算规则　108
6.3　桩基础工程量计算与定额应用　110
本章小结　112
习题　112

第7章　砌筑工程
7.1　砌筑工程定额说明　114
7.2　砌筑工程量计算规则　117
7.3　砌筑工程量计算与定额应用　122
本章小结　127
习题　128

第8章　钢筋及混凝土工程
8.1　钢筋及混凝土工程定额说明　131
8.2　钢筋及混凝土工程量计算规则　135
8.3　钢筋及混凝土工程量计算与定额应用　146
本章小结　157
习题　158

第 9 章　金属结构工程
9.1　金属结构工程定额说明 ……… 162
9.2　金属结构工程量计算规则 …… 163
9.3　金属结构工程量计算与定额应用 ………………………… 165
本章小结 ………………………… 168
习题 ……………………………… 168

第 10 章　木结构工程
10.1　木结构工程定额说明 ……… 170
10.2　木结构工程量计算规则 …… 171
10.3　木结构工程量计算与定额应用 ………………………… 174
本章小结 ………………………… 175
习题 ……………………………… 175

第 11 章　门窗工程
11.1　门窗工程定额说明 ………… 177
11.2　门窗工程量计算规则 ……… 177
11.3　门窗工程量计算与定额应用 ………………………… 178
本章小结 ………………………… 180
习题 ……………………………… 181

第 12 章　屋面及防水工程
12.1　屋面及防水工程定额说明 … 183
12.2　屋面及防水工程量计算规则 ………………………… 187
12.3　屋面及防水工程量计算与定额应用 …………………… 193
本章小结 ………………………… 198
习题 ……………………………… 198

第 13 章　保温、隔热、防腐工程
13.1　保温、隔热、防腐工程定额说明 …………………… 202
13.2　保温、隔热、防腐工程量计算规则 ………………… 203
13.3　保温、隔热、防腐工程量计算与定额应用 ………… 205
本章小结 ………………………… 209

习题 ……………………………… 209

第 14 章　楼地面装饰工程
14.1　楼地面装饰工程定额说明 … 212
14.2　楼地面装饰工程量计算规则 ………………………… 214
14.3　楼地面装饰工程量计算与定额应用 …………………… 217
本章小结 ………………………… 220
习题 ……………………………… 221

第 15 章　墙、柱面装饰与隔断、幕墙工程
15.1　墙、柱面装饰与隔断、幕墙工程定额说明 ………… 224
15.2　墙、柱面装饰与隔断、幕墙工程量计算规则 ……… 225
15.3　墙、柱面装饰与隔断、幕墙工程量计算与定额应用 … 226
本章小结 ………………………… 231
习题 ……………………………… 232

第 16 章　天棚工程
16.1　天棚工程定额说明 ………… 235
16.2　天棚工程量计算规则 ……… 238
16.3　天棚工程量计算与定额应用 ………………………… 239
本章小结 ………………………… 242
习题 ……………………………… 242

第 17 章　油漆、涂料及裱糊工程
17.1　油漆、涂料及裱糊工程定额说明 …………………… 246
17.2　油漆、涂料及裱糊工程量计算规则 ………………… 246
17.3　油漆、涂料及裱糊工程量计算与定额应用 ………… 250
本章小结 ………………………… 253
习题 ……………………………… 253

第 18 章　其他装饰工程
18.1　其他装饰工程定额说明 …… 256

18.2 其他装饰工程量计算规则 …… 258
18.3 其他装饰工程量计算与定额应用 …… 259
本章小结 …… 261
习题 …… 261

第19章 构筑物及其他工程

19.1 构筑物及其他工程定额说明 …… 263
19.2 构筑物及其他工程量计算规则 …… 263
19.3 构筑物及其他工程量计算与定额应用 …… 266
本章小结 …… 268
习题 …… 268

第20章 脚手架工程

20.1 脚手架工程定额说明 …… 271
20.2 脚手架工程量计算规则 …… 274
20.3 脚手架工程量计算与定额应用 …… 279
本章小结 …… 282
习题 …… 282

第21章 模板工程

21.1 模板工程定额说明 …… 285
21.2 模板工程量计算规则 …… 286
21.3 模板工程量计算与定额应用 …… 292
本章小结 …… 293
习题 …… 293

第22章 施工运输工程

22.1 施工运输工程定额说明 …… 296
22.2 施工运输工程量计算规则 …… 299
22.3 施工运输工程量计算与定额应用 …… 301
本章小结 …… 306
习题 …… 306

第23章 建筑施工增加

23.1 建筑施工增加定额说明 …… 308
23.2 建筑施工增加工程量计算规则 …… 309
23.3 建筑施工增加工程量计算与定额应用 …… 311
本章小结 …… 311
习题 …… 312

第2篇 建设工程工程量清单计价标准及工程量计算标准应用

第24章 建设工程工程量清单计价标准

24.1 总则及术语 …… 315
24.2 基本规定 …… 322
24.3 工程量清单编制 …… 327
24.4 投标报价编制 …… 331
24.5 最高投标限价编制 …… 335
24.6 任务实施 …… 348
本章小结 …… 359
习题 …… 359

第25章 房屋建筑与装饰工程工程量计算标准应用

25.1 工程量计算标准说明 …… 361
25.2 工程量计算标准应用 …… 362
本章小结 …… 379
习题 …… 379

附录 AI伴学内容及提示词

参考文献 …… 385

第1篇

建筑工程工程量定额计价办法及应用

第 1 章 绪论

教学目标

通过本章的学习，学生应熟悉建设项目的分解；熟悉基本建设程序的概念和基本建设程序各阶段的主要工作内容；熟悉工程造价和计价的特点；熟悉基本建设预算的分类、作用；熟悉基本建设预算与基本建设程序各阶段的对应关系。

教学要求

能力目标	知识要点	相关知识	权重
正确认识建筑工程计价与基本建设程序的关系	熟悉基本概念	建设项目的分解、基本建设程序、工程造价、工程计价等内容	0.4
初步了解建筑工程计价	熟悉基本原理	定额计价模式、工程量清单计价模式	0.3
能够进行基本建设预算的分析	投资估算、设计概算、施工图预算、施工预算、工程结算、竣工决算	基本建设预算与基本建设程序各阶段的对应关系	0.3

章节导读

基本建设是指固定资产扩大再生产的新建、扩建、改建、恢复工程及与之有关的其他工作。实质上，基本建设就是人们使用各种施工机具对各种建筑材料、机械设备等进行建造和安装，使之成为固定资产的过程。在基本建设过程中会出现诸如施工图预算、施工预算、工程结算及竣工决算等概念，如图 1-1 所示，如何正确区分和理解这些概念？在本章中将重点阐述。

第1章 绪 论

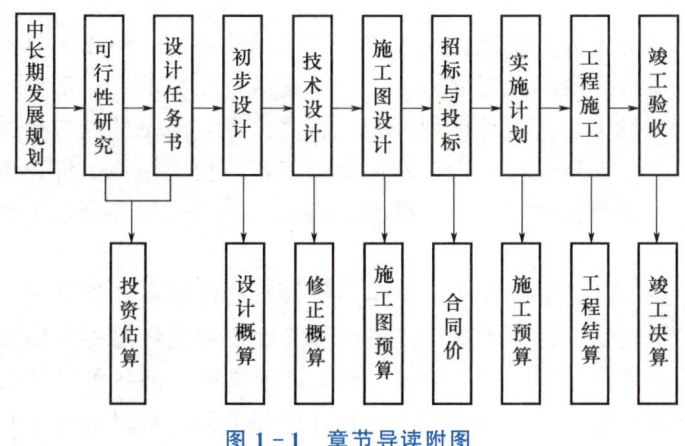

图 1-1 章节导读附图

1.1 概述

1.1.1 基本建设程序

1. 建设项目的分解

（1）建设项目

建设项目是指在一个总体设计或初步设计范围内进行施工，在行政上具有独立的组织形式，经济上实行独立核算，有法人资格，与其他经济实体建立经济往来关系的建设工程实体。一个建设项目可以是一个独立工程，也可能包括更多的工程，一般以一个企业事业单位或独立的工程作为一个建设项目。例如，在工业建设中，一座工厂即是一个建设项目；在民用建设中，一所学校便是一个建设项目，一个大型体育场馆也是一个建设项目。

（2）单项工程

单项工程又称工程项目，是指在一个建设项目中，具有独立的设计文件，可独立组织施工，建成后能够独立发挥生产能力或效益的工程。工业建设项目的单项工程一般是指各个生产车间、办公楼等；非工业建设项目中每幢住宅楼、剧院、商场、教学楼、图书馆等各为一个单项工程。单项工程是建设项目的组成部分。

（3）单位工程

单位工程是指具有独立的设计文件，可独立组织施工，但建成后不能独立发挥生产能力或效益的工程，是单项工程的组成部分。

民用项目的单位工程较容易划分，以一幢住宅楼为例，其中一般土建、给排水、采暖、通风、照明工程等各为一个单位工程。

工业项目由于工程内容复杂，且有时出现交叉，因此单位工程的划分比较困难。以一个车间为例，其中土建工程，工艺设备安装，工业管道安装，给排水、采暖、通风、电气安装，自控仪表安装等各为一个单位工程。

（4）分部工程

分部工程一般是指按单位工程的结构部位、使用的材料、工种或设备种类与型号等的不同而划分的工程，是单位工程的组成部分。

一般土建工程可以划分为土石方工程，地基处理与边坡支护工程，桩基础工程，砌筑工程，钢筋及混凝土工程，金属结构工程，木结构工程，门窗工程，屋面及防水工程，保温、隔热、防腐工程等分部工程。

（5）分项工程

分项工程是按照不同的施工方法、不同的材料及构件规格，将分部工程分解为一些简单的施工过程，它是建设工程中最基本的单位，能够单独地经过一定施工工序完成，并且是可以采用适当计量单位计算的建筑安装工程，即通常所指的各种实物工程量。

分项工程是分部工程的组成部分，如土石方分部工程，可以分为单独土石方、基础土方、基础石方、平整场地及其他等分项工程。

综上所述，一个建设项目是由若干个单项工程组合而成的，一个单项工程是由若干个单位工程组合而成的，一个单位工程是由若干个分部工程组合而成的，一个分部工程又是由若干个分项工程组合而成的。

2. 基本建设程序各阶段

基本建设程序是指建设项目在工程建设的全过程中各项工作所必须遵循的先后顺序，它是基本建设过程及其规律性的反映。

基本建设程序由项目决策阶段、项目设计阶段、项目建设准备阶段、项目建设施工阶段和项目竣工验收阶段等主要阶段组成。每个主要阶段又包括以下具体工作内容。

（1）项目决策阶段

项目决策阶段包括项目建议书阶段和可行性研究阶段。

① 项目建议书阶段。项目建议书是建设单位向国家提出建设某一项目的建议性文件，是对拟建项目的初步设想。项目建议书是确定建设项目和建设方案的重要文件，也是编制设计文件的依据。按照国家有关部门的规定，所有新建、扩建和改建项目，列入国家中长期计划的重点建设项目及技术改造项目，均应向有关部门提交项目建议书，经批准后，才可进行下一步的可行性研究工作。

② 可行性研究阶段。可行性研究是指在项目决策之前，对与拟建项目有关的社会、技术、经济、工程等方面进行深入细致的调查研究，对可能的多种方案进行比较论证，同时对项目建成后的经济、社会效益进行预测和评价的一种投资决策分析研究方法和科学分析活动。

可行性研究的内容应能满足作为项目投资决策的基础和重要依据的要求，可行性研究的基本内容和研究深度应符合国家规定，可以根据不同行业的建设项目，有不同的侧重点。其内容可概括为市场研究、技术研究和效益研究三大部分。

由建设单位或其委托的具有编制资质的工程咨询单位根据我国现行的工程项目建设程序和国家有关规定进行可行性研究报告的编制。可行性研究报告是项目最终决策立项的重要文件，也是初步设计的重要依据。

可行性研究报告均要按规定报相关职能部门审批。可行性研究报告经批准后，不得随意修改和变更。如果在建设规模、产品方案、主要协作关系等方面有变动及突破投资控制限额时,应经原批准单位同意。经过批准的可行性研究报告,可以作为初步设计的依据。可行性研究报告经批准后,工程建设进入设计阶段。

(2) 项目设计阶段

我国大中型建设项目一般采用两个阶段设计,即初步设计(或扩大初步设计)和施工图设计。因此,项目设计阶段也可以分为初步设计阶段和施工图设计阶段。

① 初步设计阶段。初步设计是根据批准的可行性研究报告和必要的设计基础资料,拟定工程建设实施的初步方案,阐明在指定的时间、地点和投资控制限额内,拟建工程在技术上的可行性和经济上的合理性,并编制项目的总概算。建设项目的初步设计文件由设计说明书、设计图纸、主要设备原料表和工程概算书4个部分组成。初步设计文件必须报送有关部门审批,经审批的初步设计文件一般不得随意修改。凡涉及总平面布置、主要工艺流程、主要设备、建筑面积、建筑标准、总定员和总概算等方面的修改,需报经原设计审批机构批准。

② 施工图设计阶段。施工图设计文件是把初步设计文件中确定的设计原则和设计方案,根据建筑安装工程或非标准设备制作的需要,进一步具体化、明确化,把工程和设备各构成部分的尺寸、布置和主要施工方法,以图样及文字的形式加以确定的设计文件。施工图设计文件根据批准的初步设计文件进行编制。

(3) 项目建设准备阶段

项目建设准备阶段要进行工程开工前的各项准备工作,其内容如下。

① 征地和拆迁:征用土地工作是根据我国的土地管理法规和城市规划进行的,通常由征地单位支付一定的土地补偿费和安置补助费。

② 五通一平:包括工程施工现场的路通、水通、电通、通信通、气通和场地平整工作。

③ 组织建设工程施工招投标工作,择优选择施工单位。

④ 建造建设工程临时设施。

⑤ 办理工程开工手续。

⑥ 施工单位的进场准备。

(4) 项目建设施工阶段

项目建设施工阶段是设计意图的实现阶段,也是整个投资意图的实现阶段。这是项目决策实施、建成投产发挥效益的关键环节。新开工建设时间是指建设项目计划文件中规定的任何一项永久性工程第一次破土开槽、开始施工的日期。不需要开槽的工程,以建筑物的基础打桩日为正式开工时间。铁路、公路、水利等需要大量土石方的工程,以开始进行土石方工程日为正式开工时间。分期建设的项目分别按各期工程开工的日期计算。施工活动应按设计要求、合同条款、预算投资、施工程序、施工组织设计,在保证质量、工期、成本计划等目标的前提下进行,应达到竣工标准要求,经过竣工验收后,移交建设单位。

(5) 项目竣工验收阶段

项目竣工验收是建设项目建设全过程的最后一个程序,它是全面考核建设工作,检查工程是否合乎设计要求和质量好坏的重要环节,是投资成果转入生产使用的标志。竣工验收对促进建设项目及时投产,发挥投资效果,总结建设经验,都有重要作用。

国家对建设项目竣工验收的组织工作,一般按隶属关系和建设项目的重要性确定。大中型项目由各部门、各地区组织验收；特别重要的项目经国务院批准组织国家验收委员会验收；小型项目由主管单位组织验收。竣工验收可以是单项工程验收，也可以是全部工程验收。经验收合格的项目形成工程验收报告，办理移交固定资产手续后，交付生产使用，这也标志着工程建设项目的建设过程结束。

1.1.2　工程造价和计价概述

1. 工程造价的概念

工程造价从不同的角度定义有不同含义。通常有两种定义：①从投资者（业主）的角度定义，工程造价是指建设一项工程时预期开支或实际开支的全部固定资产投资费用，包括建筑安装工程费、设备及器具购置费、工程建设其他费用、预备费、建设期贷款利息；②从市场的角度定义，工程造价是指工程价格，即为建成一项工程，预计或实际在土地市场、设备市场、技术劳务市场及承包市场等交易活动中所形成的建筑安装工程的价格和建设工程总价格（这种定义是将工程项目作为特殊的商品形式，通过招投标、发承包和其他交易方式，在多次预估的基础上，最终由市场形成价格）。

一般来说，建筑安装工程费是指承建建筑安装工程所发生的全部费用，即工程造价。

2. 工程造价的特点

（1）工程造价的大额性

由于建设工程项目体积庞大，而且消耗的资源巨大，因此，一个项目造价少则几百万元，多则数亿乃至数百亿元。工程造价的大额性事关有关方面的重大经济利益，另外也使工程承受了重大的经济风险，同时也会对宏观经济的运行产生重大的影响。所以，应当高度重视工程造价的大额性特点。

（2）工程造价的个别性和差异性

任何一项工程项目都有特定的用途、功能、规模，这导致每一项工程项目的结构、造型、内外装饰等都会有不同的要求，直接表现为工程造价的差异性。即使是相同用途、功能、规模的工程项目，由于处在不同的地理位置或不同的建造时间，其工程造价也会有较大差异。工程项目的这种特殊的商品属性，使其具有个别性的特点，即不存在完全相同的两个工程项目。

（3）工程造价的动态性

工程项目从决策到竣工验收交付使用，都有一个较长的建设周期，而且会受到许多来自社会和自然的不可控因素的影响，这必然会导致工程造价的变动。例如，物价变化、不利的自然条件、人为因素等均会影响工程造价。因此，工程造价在整个建设期内都处在不确定的状态，直到竣工结算才能最终确定工程的实际造价。

（4）工程造价的层次性

工程造价的层次性取决于工程的层次性。工程造价可以分为：建设项目总造价、单项工程造价和单位工程造价。单位工程造价还可以细分为分部工程造价和分项工程造价。

（5）工程造价的兼容性

工程造价的兼容性是由其内涵的丰富性决定的。工程造价既可以指建设工程项目的固定资产投资，也可以指建筑安装工程费；既可以指招标的标底，也可以指投标报价。同时，工程造价的构成费用非常广泛、复杂，包括建设用地支出费用、项目可行性研究和设计费用等。

3. 工程造价计价的特点

工程造价计价就是计算和确定建设工程项目工程造价的过程，简称工程计价，也称工程估价。工程计价具体是指工程造价人员在项目实施的各个阶段，根据各阶段的不同要求，遵循计价原则和程序，采用科学的计价方法，对可能实现投资项目的最合理价格做出科学计算，从而确定投资项目的工程造价，编制工程造价的经济文件。

由于工程造价具有大额性、个别性、差异性、动态性、层次性及兼容性等特点，因此工程计价的内容、方法及表现形式各不相同。业主或其委托的咨询单位编制的工程项目投资估算、设计概算、标底，承包方及分包方出的报价，都是工程计价的不同表现形式。

工程造价的特点决定了工程计价具有如下特点。

（1）单件性

建设工程产品的个别性和差异性决定了每个工程都必须单独计价。每个建设工程都有其特点、功能与用途，因而导致其结构不同，工程所在地的气象、地质、水文等自然条件不同，以及建设的地点、社会经济等不同都会直接或间接地影响工程计价。因此每个建设工程都必须根据工程的具体情况进行单独计价，任何工程的计价都是指特定空间一定时间内的价格。即便是完全相同的工程，由于建设地点或建设时间的不同，也应进行单独计价。

（2）多次性

建设工程项目建设周期长、规模大、造价高，这就要求在工程建设的各个阶段多次计价，并对其进行监督和控制，以保证工程造价计算的准确性和控制的有效性。计价的多次性特点决定了工程造价不是固定的、唯一的，而是随着工程的进行逐步深化、细化和接近实际造价的过程。

① 投资估算。在编制项目建议书、进行可行性研究阶段，根据投资估算指标、类似工程的造价资料、现行的设备材料价格并结合工程的实际情况，对拟建项目的投资需要量进行估算。投资估算是可行性研究报告的重要组成部分，是判断项目可行性、进行项目决策、筹资、控制造价的主要依据之一。经批准的投资估算是工程造价的目标限额，是编制概预算的基础。

② 设计概算。在初步设计阶段，根据初步设计的总体布置，采用概算定额或概算指标等编制项目的概算。设计概算是初步设计文件的重要组成部分。经批准的设计概算是确定建设项目总造价、编制固定资产投资计划、签订建设工程项目承包合同和贷款合同的依据，是控制拟建项目投资的最高限额。设计概算造价可分为建设项目概算总造价、单项工程概算综合造价和单位工程概算造价3个层次。

③ 修正概算。当采用三阶段设计（即初步设计、技术设计、施工图设计）时，在技术设计阶段，随着对初步设计的深化，建设规模、结构性质、设备类型等方面可能要进行必要的修改和变动，因此设计概算需要随之做必要的修正和调整。但一般情况下，修正概算造价不能超过设计概算造价。

④ 施工图预算。在施工图设计阶段，可根据施工图纸及各种计价依据和有关规定编制施工图预算，它是施工图设计文件的重要组成部分。经审批的施工图预算是签订建筑安

装工程承包合同、办理建筑安装工程价款结算的依据，它比设计概算造价或修正概算造价更为详尽和准确，但不能超过设计概算造价。

⑤ 合同价。合同价指工程招投标阶段，在签订总承包合同、建筑安装工程承包合同、设备材料采购合同时，由发包方和承包方协商一致作为双方结算基础的工程合同价格。合同价属于市场价格的性质，它是由发承包双方根据市场行情共同议定和认可的成交价格，但它并不等同于最终决算的实际工程造价。

⑥ 工程结算。在合同实施阶段，以合同价为基础，同时考虑实际发生的工程量增减、设备材料差价等影响工程造价的因素，按合同规定的调价范围和调价方法对合同价进行必要的修正和调整，从而确定工程结算。工程结算是该单项工程的实际造价。

⑦ 竣工决算。在竣工验收阶段，根据工程建设过程中实际发生的全部费用，由建设单位编制竣工决算，其反映工程的实际造价和建成交付使用的资产情况，可作为财产交接、考核交付使用财产和登记新增财产价值的依据，它是建设工程项目的最终实际造价。

工程计价的过程是一个由粗到细、由浅入深、由粗略到精确，多次计价后最后达到实际造价的过程。各计价过程之间是相互联系、相互补充、相互制约的关系，前者制约后者，后者补充前者。

(3) 组合性

工程计价是逐步组合而成的，一个建设项目总造价由各个单项工程造价组成；一个单项工程造价由各个单位工程造价组成；一个单位工程造价则按分部分项工程计算得出，这充分体现了计价的组合性。可见，工程计价的过程和顺序是：分部分项工程单价→单位工程造价→单项工程造价→建设项目总造价。

(4) 计价方法的多样性

工程造价在各个阶段具有不同的作用，而且各个阶段对建设工程项目的研究深度也有很大的差异，因而工程计价方法是多种多样的。在可行性研究阶段，工程计价多采用设备系数法、生产能力指数估算法等。在设计阶段，尤其是施工图设计阶段，若设计图纸完整，细部构造及做法均有大样图，工程量已能准确计算，施工方案比较明确，则多采用定额法或实物法。

(5) 计价依据的复杂性

由于工程造价的构成复杂，影响因素多，且计价方法多种多样，因此计价依据的种类也多，主要可分为以下7类。

① 计算工程量的依据，包括项目建议书、可行性研究报告、设计文件等。

② 计算人工、材料、机械等实物消耗量的依据，包括各种定额。

③ 计算工程单价的依据，包括人工单价、材料单价、施工机械台班单价等。

④ 计算设备单价的依据。

⑤ 计算各种费用的依据。

⑥ 政府规定的税费依据。

⑦ 调整工程造价的依据，如文件规定、物价指数、工程造价指数等。

4. 建筑工程计价模式

(1) 定额计价模式

建设工程定额计价是我国长期以来在工程价格形成中采用的计价模式，是国家通过颁布统一的估价指标、概算定额、预算定额和相应的费用定额,对建筑产品价格进行有计划管理的一种方式。在计价中以定额为依据,按定额规定的分部分项子目,逐项计算工程量,套用定额单价(或单位估价表)确定直接工程费,然后按规定取费标准确定构成工程价格的其他费用和利润、税金,以获得建筑安装工程费。建设工程概预算书就是根据不同设计阶段的设计图纸和国家规定的定额、指标及各项费用取费标准等资料,预先计算新建、扩建、改建工程投资额的技术经济文件。由建设工程概预算书所确定的每一个建设项目、单项工程或单位工程的建设费用,实质上就是相应工程的计划价格。

长期以来,我国发承包计价以工程概算、预算定额为主要依据。因为工程概算、预算定额是我国几十年计价实践的总结,具有一定的科学性和实践性,所以用这种方法计算和确定工程造价过程简单、快速、准确,也有利于工程造价管理部门的管理。但工程概算、预算定额是按照计划经济的要求制定、发布、贯彻执行的,定额中工、料、机的消耗量是根据"社会平均水平"综合测定的,费用取费标准是根据不同地区平均测算的,因此企业采用这种模式报价时就会表现为平均主义,企业不能结合项目具体情况、自身技术优势、管理水平和材料采购渠道价格进行自主报价,不能充分调动企业加强管理的积极性,也不能充分体现市场公平竞争的基本原则。

(2) 工程量清单计价模式

工程量清单计价模式是建设工程招投标中,招标人或其委托的有资质的咨询单位按照国家统一的工程量清单计价标准,编制反映工程实体消耗和措施消耗的工程量清单,并作为招标文件的一部分提供给投标人,由投标人依据工程量清单,根据各种渠道所获得的工程造价信息和经验数据,结合企业定额自主报价的计价方式。

与定额计价模式相比,采用工程量清单计价模式,能够反映承建企业的工程个别成本,有利于企业自主报价和公平竞争;同时,工程量清单作为招标文件和合同文件的重要组成部分,对于规范招标人计价行为,在技术上避免招标中弄虚作假和暗箱操作及保证工程款的支付结算都会起到重要作用。由于工程量清单计价模式需要比较完善的企业定额体系及较高水平的市场化环境,短期内难以全面铺开。因此,目前我国建设工程造价实行"双轨制"计价管理办法,即定额计价模式和工程量清单计价模式同时实行。工程量清单计价作为一种市场价格的形成机制,主要在工程招投标和结算阶段使用。

定额计价作为一种计价模式,在我国使用多年,具有一定的科学性和实践性,今后将继续存在于工程发承包计价活动中,即便工程量清单计价模式占据主导地位,它仍是一种补充方式。

1.2　基本建设预算

1.2.1　基本建设预算的分类及作用

在工程建设程序的不同阶段需对建设工程中所支出的各项费用进行准确合理的计算和确定。各种基本建设预算的主要内容和作用如下。

1. 投资估算

投资估算是指在整个投资决策过程中，依据现有的资料和一定的方法，对建设项目的投资额进行估算。

由于投资决策过程可进一步划分为项目建议书阶段、可行性研究阶段，因此，投资估算工作也相应分为上述两个阶段。不同阶段所具备的条件和掌握的资料不同，投资估算的准确程度也不同，进而每个阶段投资估算所起的作用也不同。项目建议书阶段编制的初步投资估算，作为相关权力职能部门审批项目建议书的依据之一，经相关部门批准后，作为拟建项目列入国家中长期计划和开展项目前期工作中控制工程预算的依据；可行性研究阶段的投资估算可作为对项目是否真正可行做出最后决策的依据之一，经相关部门批准后，是编制投资计划、进行资金筹措及申请贷款的主要依据，也是控制设计概算的依据。

2. 设计概算

设计概算是指在初步设计或扩大初步设计阶段，由设计单位根据初步设计图纸、概算定额或概算指标、设备价格、各项费用定额或取费标准、建设地区的技术经济条件等资料，对建设项目费用进行概略计算的文件。它是设计文件的组成部分，其内容包括建设项目从筹建到竣工验收的全部建设费用。

设计概算是确定和控制建设项目总投资的依据，是编制基本建设计划的依据，是实行投资包干和办理工程拨款、贷款的依据，是评价设计方案的经济合理性、选择最优设计方案的重要尺度，同时也是控制施工图预算、考核建设成本和投资效果的依据。

3. 施工图预算

施工图预算是指根据施工图纸、预算定额、取费标准、建设地区的技术经济条件及相关规定等资料编制的，用来确定建筑安装工程全部建设费用的文件。

施工图预算主要是作为确定建筑安装工程预算造价和发承包合同价的依据，同时也是建设单位与施工单位签订施工合同，办理工程价款结算的依据；是落实和调整基本建设计划的依据；是设计单位评价设计方案效益的经济尺度；是发包单位编制标底的依据；是施工单位加强经营管理、实行经济核算、考核工程成本，以及进行施工准备、编制投标报价的依据。

4. 施工预算

施工预算是在施工前，根据施工图纸、施工定额，结合施工组织设计中的平面布置、技术组织措施及现场实际情况等，由施工单位编制的、反映完成一个单位工程所需费用的经济文件。

施工预算是施工企业内部的一种技术经济文件，主要是计算工程施工中所需要的人工、材料及施工机械台班数量。施工预算是施工企业进行施工准备、编制施工作业计划、加强内部经济核算的依据，是向班组签发施工任务单、考核单位用工、限额领料的依据，也是企业开展经济活动分析、进行"两算"对比（"两算"对比是指施工图预算和施工预算的对比）、控制工程成本的主要依据。

5. 工程结算

工程结算是指对建设工程的发承包合同价进行约定和依据合同约定进行工程预付款支付、工程进度款支付、工程竣工结算的活动。按工程施工进度的不同，工程结算有中间结算与竣工结算之分。

① 中间结算是在工程施工过程中，由施工单位按月度或施工进度划分不同阶段进行工程量的统计，经建设单位核定认可，办理工程价款的一种工程结算方式。待将来整个工程竣工后，再做全面的、最终的工程价款结算。

② 竣工结算是在施工单位完成所承包的工程项目，并经建设单位和有关部门验收合格后，施工单位根据施工时现场实际情况记录、工程变更通知书、现场签证、定额等资料，在原有合同价款的基础上编制的、向建设单位办理最后应收取工程价款的文件。竣工结算是施工单位核算工程成本，分析各类资源消耗情况的依据；是施工单位取得最终收入的依据；也是建设单位编制工程竣工决算的主要依据之一。

6. 竣工决算

竣工决算是在整个建设项目或单项工程完工并经验收合格后，由建设单位根据竣工结算等资料，编制的反映整个建设项目或单项工程从筹建到竣工交付使用全过程实际支付的建设费用的文件。

竣工决算是基本建设经济效果的全面反映，是核定新增固定资产价值和办理固定资产交付使用的依据，是考核竣工项目概预算与基本建设计划执行水平的基础资料。

1.2.2 基本建设预算与基本建设程序各阶段的关系

建设工程周期长、规模大、造价高，因此按基本建设程序要求应分阶段进行建设，相应地也要在不同阶段分别计算基本建设预算，以保证工程造价确定与控制的科学性和合理性。

基本建设预算与基本建设程序各阶段对应关系如表1-1所示。

表1-1 基本建设预算与基本建设程序各阶段对应关系

序号	基本建设程序各阶段	基本建设预算	编制主体
1	决策阶段	投资估算	建设单位
2	设计阶段	设计概算、施工图预算	设计单位
3	建设准备阶段	施工图预算	建设单位、施工单位
4	建设施工阶段	施工预算、工程结算	施工单位
5	竣工验收阶段	竣工决算	建设单位

学习启示

党的二十大报告提出，加快建设国家战略人才力量，努力培养造就更多大师、战略科学家、一流科技领军人才和创新团队、青年科技人才、卓越工程师、大国工匠、高技能人才。结合建筑工程造价的内容，通过研读大国工程，培养工匠精神；围绕建筑产业转型升级，构建"智慧造价、低碳发展、建筑工匠、建造强国、家国情怀"的育人理念。你知道我国在哪些大工程上取得了技术性突破吗？大国工匠、卓越工程师是如何体现自身价值的呢？

本章小结

通过本章的学习，要求学生掌握以下内容。

① 基本建设程序是指建设项目在工程建设的全过程中各项工作所必须遵循的先后顺序，它是基本建设过程及其规律性的反映。基本建设程序由项目决策阶段、项目设计阶段、项目建设准备阶段、项目建设施工阶段和项目竣工验收阶段等主要阶段组成。

② 工程造价通常有两种定义：一是从投资者——业主的角度定义，二是从市场的角度定义。建筑安装工程费是指承建建筑安装工程所发生的全部费用，即工程造价。

③ 工程计价即工程估价，是指计算和确定建设工程项目工程造价的过程。工程造价具有大额性、个别性、差异性、动态性、层次性及兼容性等特点，与之相对应，工程计价具有单件性、多次性、组合性、计价方法的多样性和计价依据的复杂性等特点。

④ 基本建设预算与基本建设程序各阶段的对应关系。

习 题

简答题

1. 什么是基本建设程序？它由哪些主要阶段组成？
2. 简述建设项目的分解过程。
3. 简述工程造价的含义及特点。
4. 简述工程计价的含义及特点。
5. 简述基本建设预算与基本建设程序各阶段的对应关系。

第 2 章 建筑工程定额计价

教学目标

通过本章的学习，学生应了解建筑工程定额计价依据；掌握单位工程施工图预算书的编制内容和步骤；掌握建筑工程工程量的计算顺序、计算方法和计算步骤。

教学要求

能力目标	知识要点	相关知识	权重
了解建筑工程定额计价依据	建筑工程定额计价依据	施工图设计文件、施工组织设计、建筑工程消耗量定额等	0.2
掌握单位工程施工图预算书的编制内容和步骤	预算书封面、编制说明、取费程序表、单位工程预（结）算表、工料机分析表及单位工程工料机分析汇总表、工料机差价调整表、工程量计算表	单价法、实物法	0.4
掌握工程量的计算方法和计算步骤	工程量的计算方法和计算步骤、"四线""两面"	基础平面图、详图，建筑平面图、立面图、剖面图和详图	0.4

导入案例

某工程建筑底层平面图如图 2-1 所示，在计算该工程外墙条形基础垫层工程量时，应按外墙中心线长度乘以垫层设计断面面积计算；在计算外墙条形基础工程量时，应按外墙中心线长度乘以基础设计断面面积计算；在计算外墙工程量时，应按外墙中心线长度乘以墙体高度，再乘以墙体厚度计算；等等。可见，在计算工程量时，有许多子项工程量的计算都会用到像外墙中心线长度等这样的基数，它们在整个工程量的计算过程中要反复多次使用。因此，在计算工程量时，可以根据设计图纸的尺寸将这些基数先计算好，然后分别计算与它们各自相关的子项工程量。这类基数还有哪些？如何计算？这些是本章要重点解决的问题。

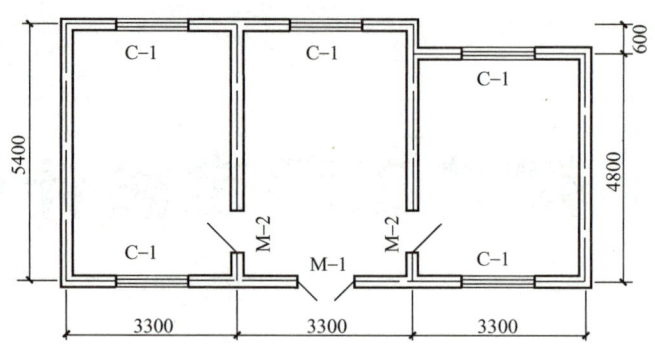

图 2-1 某工程建筑底层平面图

2.1 建筑工程定额计价依据

建筑工程定额计价依据非常广泛，不同建设阶段的计价依据不完全相同，不同的发承包方式其计价依据也有差别。下面主要介绍在编制施工图预算和工程招标控制价时的依据。

1. 经过批准和会审的全部施工图设计文件及相关标准图集

经审定的施工图纸、说明书和相关标准图集，完整地反映了工程的具体情况内容，各部分的具体做法、结构尺寸、技术特征及施工方法，它们是编制施工图预算、计算工程量的主要依据。

2. 经过批准的设计概算

经过批准的设计概算是建设项目投资的最高限额，设计单位必须按照批准的初步设计和设计概算进行施工图设计，施工图预算不得突破设计概算。如确需突破设计概算时，应按规定程序报经批准。

3. 经过批准的施工组织设计或施工方案

施工组织设计或施工方案中包含编制施工图预算必不可少的文件资料，如建设地点的土质、地质情况，土石方开挖的施工方法及余土外运方式和运距，施工机械使用情况，重要的梁柱板施工方案，所以其是编制施工图预算的重要依据。

4. 建筑工程消耗量定额及计价标准

现行建筑工程消耗量定额及计价标准都详细规定了分项工程项目的划分及定额编号（项目编码）、分项工程名称及工程内容、工程量计算规则等内容，是编制施工图预算和招标控制价的主要依据。

5. 建筑工程估价表或价目表

建筑工程估价表或价目表是确定分项工程费用的重要文件，是编制建筑安装工程招标控制价（投标报价）的主要依据，也是计取各项费用的基础和换算定额单价的主要依据。

6. 人工、材料和机械台班预算单价

人工、材料和机械台班预算单价是预算定额的三要素，是构成直接工程费的主要因素，尤其是材料费在工程成本中的比重大，而且在市场经济条件下其价格随市场变化，为使预算造价尽可能接近实际，各地区部门对此都有明确的调价规定，因此合理确定人工、材料和机械台班预算单价及其调价规定是编制施工图预算的重要依据。

7. 建设工程费用项目组成及计算规则

建设工程费用项目组成及计算规则规定了建筑安装工程费中企业管理费、规费、利润和税金的取费标准和取费方法，它是在建筑安装工程人工费、材料费和机械台班使用费计算完毕后，计算其他各项费用的主要依据。

8. 工程承包合同文件

施工单位和建设单位签订的工程承包合同文件中的若干条款，如工程承包形式、材料设备供应方式、材料差价结算、工程款结算方式、费率系数和包干系数等，是编制施工图预算和工程招标控制价的重要依据。

9. 预算（造价）工作手册

预算（造价）工作手册是预算人员必备的预算资料。它主要包括：各种常用数据和计算公式、各种标准构件的工程量和材料量、金属材料规格和计量单位之间的换算，它为准确、快速编制施工图预算提供了方便。

2.2 施工图预算书的编制

施工图预算是指在施工图设计阶段，设计全部完成并经过会审，工程开工之前，咨询单位或施工单位根据施工图纸、施工组织设计、消耗量定额、各项费用取费标准，以及建设地区的自然、技术经济条件等资料，预先计算和确定单项工程和单位工程全部建设费用的经济文件。它是建设单位招标和施工单位投标的依据，也是签订工程合同、确定工程造价的依据。

2.2.1 施工图预算的分类

① 按建设项目组成分类，分为单位工程施工图预算、单项工程综合预算、建设项目总预算。

② 按建设项目费用组成分类，分为建筑工程预算、设备安装工程预算、设备购置预算、工程建设其他预算。

③ 按专业不同分类，分为建筑工程预算、装饰装修工程预算、安装工程预算、市政工程预算、园林绿化工程预算、房屋修缮工程预算等。

2.2.2 施工图预算的作用

施工图预算的作用有如下几个方面。

① 施工图预算是落实或调整基本建设计划的依据。

② 施工图预算是签订工程承包合同的依据。签订工程承包合同时，发包方和承包方可以以施工图预算为基础，确定工程承包的合同价格及与此有关的双方经济责任。

③ 施工图预算是办理工程结算的依据。建设单位与施工单位一般依据已经审核过的施工图预算、已经批准的工程施工进度计划、工程变更文件和施工现场签证办理工程结算。

④ 施工图预算是施工单位编制施工准备计划的依据。编制施工图预算时，可根据分部分项工程的工程量和预算定额，计算、汇总出单位工程所需各类人工和材料的数量，施工单位可据此编制劳动力、材料供应计划，进行施工准备，并且也可参考施工图预算中的有关工程量和造价数据，拟定工程进度计划和成本控制计划。

⑤ 施工图预算是施工单位加强经济核算的依据。施工图预算是工程的预算造价，是施工单位产品的预算价格，施工单位必须在施工图预算的范围内加强经济核算，采取各种技术措施降低工程成本，提高施工单位盈利空间。

⑥ 施工图预算是实行招投标的参考依据。施工图预算是建设单位在实行工程招标时确定招标控制价的依据，也是施工单位参加投标时报价的主要参考依据。

2.2.3　单位工程施工图预算书的编制内容

单位工程施工图预算书是单项工程施工图预算书的组成部分，根据单项工程内容不同可分为建筑工程施工图预算书、安装工程施工图预算书、装饰装修工程施工图预算书等，其内容按装订顺序主要包括：预算书封面、编制说明、取费程序表、单位工程预（结）算表、工料机分析表及单位工程工料机分析汇总表、工料机差价调整表、工程量计算表等。

1. 预算书封面

预算书封面有统一的表格样式，分为建筑、安装、装饰装修等不同种类。每一单位工程用一张预算书封面。在封面空格位置填写相应内容，如结构类型应填写砖混结构、框架结构等；在编制人位置加盖造价师印章，在公章位置加盖单位公章，预算书即时产生法律效力。预算书封面内容如下。

建筑工程施工图预算书封面内容

工程名称：_____　　工程地点：_____

建筑面积：_____　　结构类型：_____

工程造价：_____　　单方造价：_____

建设单位：_____　　施工单位：_____

（公章）　　　　　　　　（公章）

审批部门：_____　　编 制 人：_____

（公章）　　　　　　　　（印章）

　　　　　　　　　　　　年　　月　　日

2. 编制说明

每份单位工程施工图预算书，都应列有编制说明。编制说明的内容没有统一要求，一般包括如下几点。

（1）编制依据

① 所编预算的工程名称及概况。

② 采用的图纸名称和编号。

③ 采用的消耗量定额和单位估价表。
④ 采用的费用项目组成及工程量计算规则。
⑤ 按几类工程计取费用。
⑥ 采用了项目管理实施规划或施工组织设计中的哪些措施。
(2) 是否考虑设计变更或图纸会审记录的内容
(3) 特殊项目的补充单价或补充定额的编制依据
(4) 遗留项目或暂估项目有哪些？并说明遗留或暂估原因
(5) 存在的问题及以后处理的办法
(6) 其他应说明的问题

3. 取费程序表

若按单价法计算工程费用，需按取费程序计算各项费用。取费程序及计算方法详见第3章内容。建设工程费用项目组成及定额计价计算程序如表2-1所示。

表2-1 建设工程费用项目组成及定额计价计算程序

序号	费用名称		计算方法
一	分部分项工程费		$\Sigma\{[$定额Σ（工日消耗量×人工单价）+Σ（材料消耗量×材料单价）+Σ（机械台班消耗量×台班单价)]×分部分项工程量$\}$
	计费基础 JD1		详见《山东省建设工程费用项目组成及计算规则（2022版）》第二章第三节"计费基础说明"
二	措施项目费		2.1+2.2
		2.1 单价措施费	$\Sigma\{[$定额Σ（工日消耗量×人工单价）+Σ（材料消耗量×材料单价）+Σ（机械台班消耗量×台班单价)]×单价措施项目工程量$\}$
		2.2 总价措施费	JD1×相应费率
	计费基础 JD2		详见《山东省建设工程费用项目组成及计算规则（2022版）》第二章第三节"计费基础说明"
三	其他项目费		3.1+3.2+…+3.8
		3.1 暂列金额	按《山东省建设工程费用项目组成及计算规则（2022版）》第一章第二节相关规定计算
		3.2 专业工程暂估价	
		3.3 特殊项目暂估价	
		3.4 计日工	
		3.5 采购保管费	
		3.6 其他检验试验费	
		3.7 总承包服务费	
		3.8 其他	
四	企业管理费		(JD1+JD2)×管理费费率

续表

序号	费用名称	计算方法
五	利润	(JD1+JD2)×利润率
六	规费	6.1+6.2+6.3+6.4+6.5
	6.1 安全文明施工费	(一+二+三+四+五)×费率
	6.2 社会保险费	
	6.3 建设项目工伤保险	
	6.4 优质优价费	
	6.5 住房公积金	
七	设备费	∑(设备单价×设备工程量)
八	税金	(一+二+三+四+五+六+七)×税率
九	工程费用合计	一+二+三+四+五+六+七+八

4. 单位工程预（结）算表

单位工程预（结）算表也有标准表格样式，必须按要求认真填写。定额编号应按分部分项工程从小到大填写，以便预算的审核；工程量应按定额要求保留位数。单位工程预（结）算表如表 2-2 所示。

表 2-2 单位工程预（结）算表

定额编号	项目名称	定额单位	工程量	增值税（简易计税）/元						
				单价（含税）	合价	人工费		材料费		机械费	
						单价	合价	单价（含税）	合价	单价（含税）	合价

5. 工料机分析表及单位工程工料机分析汇总表

工料机分析表前半部分项目栏的填写，与单位工程预（结）算表基本相同，如表 2-3 所示。将每一列的工料机数量合计数填到该列最下面的格子内，然后将该列工料机合计数汇总到单位工程工料机分析汇总表中，如表 2-4 所示。

表 2-3 工料机分析表

定额编号	项目名称	定额单位	工程量	综合工日		机砖		灰浆搅拌机	
				工日		千块		台班	
				单位	数量	单位	数量	单位	数量

表 2-4　单位工程工料机分析汇总表

序号	工料机名称	规格	单位	数量	备注

6. 工料机差价调整表

将表 2-4 中汇总的各种工料机名称和数量填入表 2-5 中，进行工料机差价的计算。例如，差价合计＝(市场单价－预算单价)×数量。

表 2-5　工料机差价调整表

序号	工料机名称	单位	数量	预算单价	市场单价	单价差	差价合计

7. 工程量计算表

工程量应采用表格形式进行计算，表格有横开、竖开两种，由于工程量计算式较多，横开表格比较好用。定额编号和项目名称应与定额要求一致；单位根据实际情况填写；工程量应按宽、高、长、数量、系数在计算公式栏列式；如果只有一个式子，其计算结果可直接填到工程量栏内，式子可不写结果；如果有多个分式出现，每个分式后面都应该有结果，将工程量合计数填到工程量栏内。工程量计算表如表 2-6 所示。

表 2-6　工程量计算表

定额编号	项目名称	计算公式	单位	工程量

2.2.4　单位工程施工图预算书的编制方法和步骤

编制施工图预算书的方法有单价法和实物法，下面分别介绍。

1. 单价法编制施工图预算书

单价法是指对于某单项工程，应根据工程所在地区统一单位估价表中的各分项工程综合单价（或预算定额基价），乘以与该工程对应的各分项工程的工程数量并汇总，即得该单项工程的各个单位工程直接工程费；再以某一单位工程的直接工程费（或人工费）为基数，乘以措施费、间接费、利润和税金等的费率，分别求出所取单位工程的措施费、间接费、利润和税金，将以上各项内容汇总即可得到该单位工程施工图预算。同理可得该单项工程的其他单位工程施工图预算。将各单位工程施工图预算计算过程进行整理，便可得单位工程施工图预算书，其具体步骤如下。

（1）收集编制预算书的基础文件和资料

在编制施工图预算书之前，应首先收集各种依据资料，编制施工图预算书的主要依据资料包括：施工图设计文件、施工组织设计文件、设计概算文件、建筑工程消耗量定额、建设工程费用项目组成及计算规则、工程承包合同文件、材料预算价格及设备预算价格表、人工和机械台班单价，以及预算工作手册等。

（2）熟悉施工图设计文件

施工图纸是编制单位工程施工图预算书的基础。在编制预算书之前，必须结合图纸会审纪要，对工程结构、建筑做法、材料品种及规格和质量、设计尺寸等进行充分熟悉和详细审查。如发现问题，预算人员有责任及时向设计部门和设计人员提出修改意见，其处理结果应取得设计单位签认，以作为编制预算书的依据。当遇到设计图纸和说明书中的规定与消耗量定额规定不同时，要详细记录下来，以便编制预算书时进行调整和补充。

（3）熟悉施工组织设计和施工现场情况

施工组织设计是由施工单位根据工程特点、建筑工地的现场情况等各种有关条件编制的，它与施工图预算书的编制有密切关系。预算人员必须熟悉施工组织设计，对分部分项工程施工方案和施工方法，预制构件的加工方法、运输方式和运距，大型预制构件的安装方案和起重机选择，脚手架形式和安装方法，生产设备订货和运输方式等与编制预算书有关的内容都应该了解清楚。

预算人员还必须掌握施工现场的实际情况。例如，场地平整状况，土方开挖和基础施工状况，工程地质和水文地质状况，主要建筑材料、构配件和制品的供应状况，以及施工方法和技术组织措施的实施状况。这对单位工程施工图预算的准确性影响很大。

（4）划分工程项目与计算工程量

① 合理划分工程项目。工程项目的划分主要取决于施工图纸的要求、施工组织设计所采用的方法和消耗量定额规定的工程内容。一般情况下，项目内容、排列顺序和计量单位均应与消耗量定额一致。这样不仅能够避免重复和漏项，也有利于选套消耗量定额和确定分部分项工程单价。

编写说明

② 正确计算工程量。工程量计算一般采用表格形式，即根据划分的工程项目，按照相应工程量计算规则，逐个计算出各分部分项工程的工程量。

（5）套用预算定额单价

工程量计算完毕并核对无误后，用所得到的分部分项工程量套用单位估价表中相应的定额基价，相乘后汇总，便可求出单位工程的直接工程费。

（6）编制工料机分析表

根据各分部分项工程的实物工程量和建筑工程消耗量定额，计算出各分部分项工程所需的人工、材料及机械数量，相加汇总便可得出单位工程所需的各类人工、材料及机械的数量。

（7）计算各项费用

按定额计价程序计算各项费用并汇总，计算出单位工程总造价。

（8）复核计算

（9）编制说明、填写封面并装订

2. 实物法编制施工图预算书

实物法是指对于某单项工程，应根据工程所在地区统一预算定额，先计算出该工程的各分部分项工程的实物工程量,并分别套用预算定额,按类相加,求出各单位工程所需的各种人工、材料、施工机械台班的消耗量,再分别乘以当时当地各种人工、材料、施工机械台班的市场单价,从而求得各单位工程的人工费、材料费和施工机械使用费,汇总求和可得到各单位工程的直接工程费。各单位工程的措施费、间接费、利润和税金等费用的计算方法均与单价法相同,由此可得各单位工程施工图预算。用实物法编制施工图预算书的具体步骤如下。

① 收集编制预算书的基础文件和资料。

② 熟悉施工图设计文件。

③ 熟悉施工组织设计和施工现场情况。

④ 划分工程项目与计算工程量。

⑤ 工程量计算后,套用建筑工程消耗量定额,求出各分项工程人工、材料、施工机械台班消耗量并汇总得各单位工程所需各类人工、材料、施工机械台班的消耗量。

⑥ 按当时当地的人工、材料、施工机械台班市场单价,计算并汇总人工费、材料费和施工机械使用费。

⑦ 计算各项费用。

⑧ 复核计算。

⑨ 编制说明、填写封面并装订。

实物法

2.3 建筑工程工程量计算

2.3.1 工程量的概念和作用

1. 工程量的概念

工程量以规定的物理计量单位或自然计量单位表示建筑各分部分项工程或结构构件的实物数量。在编制单位工程施工图预算书过程中,工程量计算是既费力又费时的工作,其计算快慢和准确程度直接影响预算速度和质量。因此,必须认真、准确、快速地计算工程量。

2. 工程量的作用

工程量是确定建筑安装工程费用,编制建设工程投标文件、施工组织设计,安排工程施工进度,编制材料供应计划,进行建筑统计和经济核算的依据,也是编制基本建设计划和基本建设管理程序的重要依据。

2.3.2 工程量计算的依据和要求

1. 工程量计算的依据

① 施工图纸及设计说明、相关图集、设计变更等。

② 工程施工合同、招投标文件。

③ 建筑工程消耗量定额和计价标准。

④ 建筑安装工程工程量计算规则。
⑤ 造价工作手册。

2. 工程量计算的要求

① 工程量计算应采取表格形式，定额编号要正确，项目名称要完整，单位要用国际单位制表示，应与消耗量定额中各个项目的单位一致，还要在工程量计算表中列出计算公式，以便计算和审查。

② 工程量计算必须在熟悉和审查图纸的基础上进行，要严格按照定额规定的计算规则，以施工图纸所注位置与尺寸为依据进行计算。数字计算要精确。在计算过程中，结果要保留3位小数，汇总时位数的保留应按有关规定要求确定。

③ 工程量计算要按一定的顺序进行，防止重复和漏算，要结合图纸，尽量做到结构分层计算，内装饰分层分房间计算，外装饰分立面计算或按施工方案的要求分段计算。

④ 计算底稿要整齐，数字清楚，数值准确，切忌草率零乱，辨认不清。工程量计算表是预算的原始单据，计算时要考虑可修改和补充的余地，一般每一个分部工程计算完后，可留一部分空白。

2.3.3 工程量计算顺序

1. 单位工程工程量计算顺序

单位工程工程量计算顺序一般有以下几种。

（1）按图纸顺序计算

根据图纸排列的先后顺序，由建施到结施计算。每个专业图纸由前到后，先算平面，后算立面，再算剖面；先算基本图，再算详图。用这种顺序计算工程量要求对消耗量定额的内容熟知，否则容易漏项。

（2）按消耗量定额的分部分项顺序计算

按消耗量定额的章、节、子目次序，由前到后计算，定额项与图纸设计内容应对应后再计算。使用这种方法时一要熟悉图纸，二要熟练掌握定额。

（3）按施工顺序计算

按施工顺序计算工程量，即由平整场地、挖基础土方、基底钎探算起，直到装饰工程等全部施工内容结束。用这种顺序计算工程量，要求预算人员具有一定的施工经验，能掌握组织施工的全过程，并且要求对定额及图纸内容十分熟悉，否则容易漏项。

（4）按统筹法计算

工程量运用统筹法计算时，必须先行编制工程量计算统筹图和工程量计算手册。其目的是将定额中的项目、单位、计算公式及计算次序，通过统筹安排后反映在统筹图上，这样既能看到整个工程计算的全貌及重点，又能看到每一个具体项目的计算方法和前后关系。编好工程量计算手册，且将多次应用的一些数据，按照标准图册和一定的计算公式，先行算出，纳入手册中。这样可以避免临时进行复杂的计算，以缩短计算过程，做到一次计算，多次应用。

（5）按预算软件程序计算

计算机计算工程量的优点是：快速、准确、简便、完整。预算人员必须掌握预算软件的应用。

(6) 按管线工程顺序进行

水、电、暖工程管道和线路系统总有来龙去脉。计算时，应由进户管线开始，沿着管线的走向，先主管线，再支管线，最后设备，依次进行计算。

2. 分项工程工程量计算顺序

在同一分项工程内部各个组成部分之间，为了防止重复计算或漏算，也应遵循一定的计算顺序。分项工程工程量计算通常采用以下4种顺序。

(1) 按照顺时针方向计算

它是从施工图纸左上角开始，自左至右，然后由上而下，再重新回到施工图纸左上角的计算方法。例如，外墙挖沟槽土方量、外墙条形基础垫层工程量、外墙条形基础工程量、外墙墙体工程量。

(2) 按照横竖分割计算

其按照先横后竖、先左后右、先上后下的顺序计算。在横向采用时，先左后右、从上到下；在竖向采用时，先上后下、从左到右。例如，内墙挖沟槽土方量、内墙条形基础垫层工程量、内墙墙体工程量。

(3) 按照图纸分项编号计算

其主要用于在图纸上进行分类编号的钢筋混凝土结构，门窗、钢筋等构件工程量的计算。

(4) 按照图纸轴线编号计算

对于造型或结构复杂的工程可以根据施工图纸轴线编号确定工程量计算顺序。

2.3.4　工程量计算的方法和步骤

1. 工程量计算的方法

建筑工程中，工程量计算的原则是"先分后合，先零后整"。分别计算工程量后，如果各部分均套同一定额，可以合并套用。例如，某工程柱子用HRB400 Φ25mm钢筋、梁用HRB400 Φ25mm钢筋，在计算钢筋工程量时，可以分别计算，合并套用《山东省建筑工程消耗量定额》中的5-4-7。

工程量计算的一般方法有分段法、分层法、分块法、补加补减法、平衡法或近似法。

(1) 分段法

若基础断面不同，所有基础垫层和基础等都应分段计算。

(2) 分层法

如遇多层建筑物的各楼层建筑面积不等，或者各层的墙厚及砂浆强度等级不同，应分层计算。

(3) 分块法

如果楼地面、天棚、墙面抹灰等有多种构造和做法时，应分别计算。即先计算小块面积，然后在总面积中减去这些小块面积，即得最大的一块面积。

(4) 补加补减法

如每层墙体都一样，只是顶层多一隔墙，这样可按每层都有（无）这一隔墙计算，然后在其他层补减（补加）这一隔墙。

（5）平衡法或近似法

当工程量不大或因计算复杂难以计算时，可采用平衡抵消或近似计算的方法。例如，复杂地形土方工程就可以采用近似法计算。

2. 工程量计算的步骤

工程量计算的步骤大体上可分为熟悉图纸、基数计算、计算分项工程量、计算不能用基数计算的其他项目工程量、整理与汇总5个步骤。

在掌握基础资料、熟悉图纸之后，不要急于计算，应先把在计算工程量中需要的数据统计并计算出来，其内容包括如下几个方面。

（1）计算出基数

所谓基数是指在计算工程量中需要反复使用的基本数据。常用的基数有"四线""两面"。

（2）编制统计表

所谓统计表在土建工程中主要是指门窗统计表和构件统计表。另外，还应统计好各种预制构件的数量、体积及所在位置。

（3）编制预制构件加工委托计划

为不影响正常的施工进度，一般需要把预制构件加工委托或订购计划提前编出来。这些工作多由预算人员来做，需要注意的是：此项委托计划应把施工现场自己加工的、委托预制厂加工的或向厂家订购的预制构件分开编制，以满足施工实际需要。

（4）计算工程量

计算工程量要按照一定的顺序进行，根据各分部分项工程的相互关系统筹安排，既能保证不重复、不漏算，还能加快预算速度。

（5）计算其他项目

不能用基数计算的其他项目工程量，如水槽、花台、阳台、台阶等，这些零星项目应分别计算工程量，列入各章节内，要特别注意清点，防止漏算。

（6）工程量整理、汇总

最后按章节对工程量进行整理、汇总，核对无误，为套用定额做准备。

2.3.5 运用统筹法原理计算工程量

1. 统筹法在计算工程量中的运用

统筹法是按照事物内部固有的规律性，逐步地、系统地、全面地加以解决问题的一种方法。利用统筹法原理计算工程量，就是通过分析工程量计算中各分部分项工程量计算之间的固有规律和相互之间的依赖关系来计算工程量，这样可以节约时间、提高工效并准确地计算出工程量。

2. 统筹法计算工程量的基本要求

统筹法计算工程量的基本要求是：统筹程序、合理安排；利用基数、连续计算；一次算出、多次应用；结合实际、灵活机动。

（1）统筹程序、合理安排

按以往习惯，工程量大多数是按施工顺序或消耗量定额顺序进行计算的，这种方式往往不能利用数据间的内在联系而导致重复计算。按统筹法计算，则无重复劳动出现的情况。例如，按消耗量定额顺序应先计算墙体后计算门窗，墙体工程量应扣除门窗所占墙体体积，这样就会出现在计算墙体工程量时先计算一遍门窗工程量，而在计算门窗工程量时再计算一遍的情况，增加了劳动量。利用统筹法则可打破这个顺序，先计算门窗再计算墙体。

（2）利用基数、连续计算

利用基数、连续计算就是根据图纸的尺寸，把"四线""两面"先算好，作为基数，然后利用基数分别计算与它们各自有关的分项工程量，使前面计算项目为后面的计算项目创造条件。后面的计算项目利用前面计算项目的数值连续计算，可减少许多重复劳动，提高计算速度。

（3）一次算出、多次应用

一次算出、多次应用就是把不能用基数进行连续计算的项目，预先组织力量，一次编好，汇编成工程量计算手册，供计算工程量时使用。例如，需要换算定额的项目，可一次性换算出，以后就能多次应用，这种方法方便易行。

（4）结合实际、灵活机动

建筑物造型、各楼层面积大小、墙厚、基础断面、砂浆强度等级等都可能不同，所以不能都用以上基数进行计算，具体情况要结合图纸灵活计算。

3. 基数计算

一般基数计算包括以下几个内容。

（1）四线

$L_{中}$——建筑平面图中设计外墙中心线的总长度。

$L_{内}$——建筑平面图中设计内墙净长线长度。

$L_{外}$——建筑平面图中外墙外边线的总长度。

$L_{净}$——建筑基础平面图中内墙混凝土基础或垫层净长度。

（2）两面

$S_{底}$——建筑物底层建筑面积。

$S_{房}$——建筑平面图中房间净面积。

基数使用范围

（3）一册（或一表）

一册——工程量计算手册（造价手册）。

一表——门窗统计表或构件统计表。

【应用案例 2-1】

某工程建筑底层平面图如图 2-1 所示，墙厚均为 240mm，试计算有关基数。

解：$L_{中} = (3.3 \times 3 + 5.4) \times 2 = 30.6(\text{m})$

$L_{内} = 5.4 - 0.24 + 4.8 - 0.24 = 9.72(\text{m})$

$L_{外} = L_{中} + 0.24 \times 4 = 30.6 + 0.96 = 31.56(\text{m})$

$S_{底} = (3.3 \times 3 + 0.24) \times (5.4 + 0.24) - 3.3 \times 0.6 \approx 55.21(\text{m}^2)$

$S_{房} = (3.3 - 0.24) \times (5.4 - 0.24) \times 2 + (3.3 - 0.24) \times (4.8 - 0.24) \approx 45.53(\text{m}^2)$

【应用案例 2-2】

某工程底层（基础）平面图与断面图如图 2-2 所示，门窗尺寸如下：M-1，1200mm×2400mm（带纱镶板门，单扇带亮）；M-2，900mm×2100mm（无纱胶合板门，单扇无亮);C-1,1500mm×1500mm(铝合金双扇推拉窗,带亮、带纱,纱扇尺寸800mm×950mm);C-2,1800mm×1500mm(铝合金双扇推拉窗,带亮、带纱,纱扇尺寸900mm×950mm);C-3,2000mm×1500mm(铝合金三扇推拉窗,带亮、带纱,纱扇尺寸700mm×950mm,2扇)。

要求:①计算"四线""两面";②计算散水工程量;③编制门窗统计表。

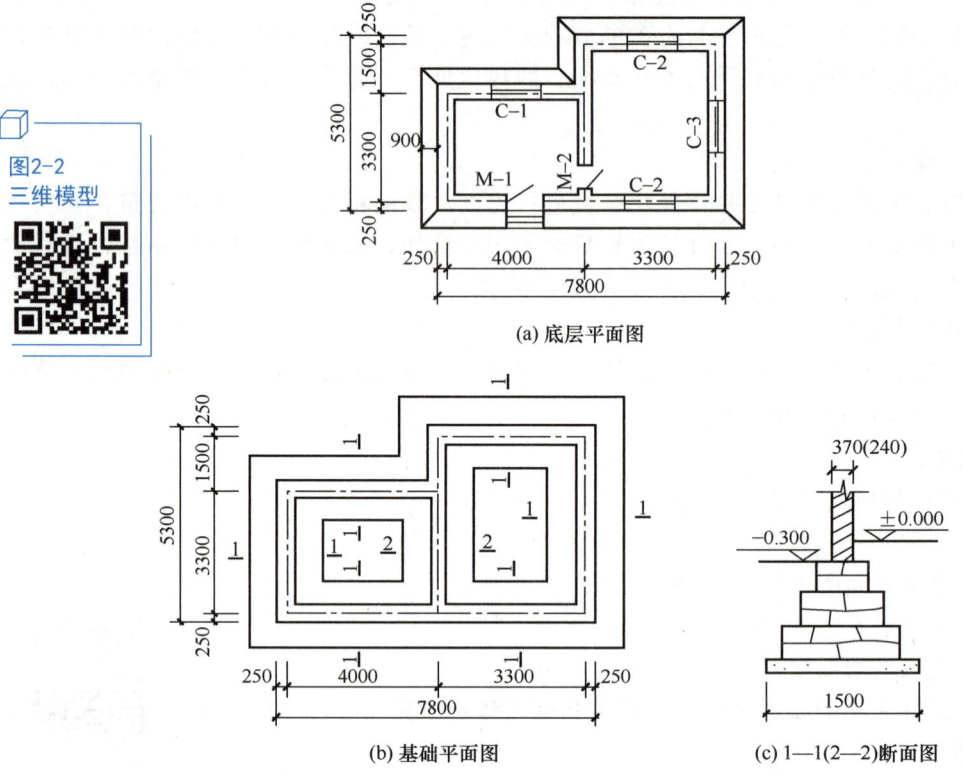

图 2-2 应用案例 2-2 附图

解:(1) 计算"四线""两面"

$L_{外} = (7.80 + 5.30) \times 2 = 26.20(\text{m})$

$L_{中} = L_{外} - 4 \times 墙厚 = 26.20 - 4 \times 0.37 = 24.72(\text{m})$

$L_{内} = 3.30 - 0.24 = 3.06(\text{m})$

$L_{净} = L_{内} + 墙厚 - 垫层宽 = 3.06 + 0.37 - 1.50 = 1.93(\text{m})$

$S_{底} = 7.80 \times 5.30 - 4.00 \times 1.50 = 35.34(\text{m}^2)$

$S_{房} = S_{底} - L_{中} \times 墙厚 - L_{内} \times 内墙厚 = 35.34 - 24.72 \times 0.37 - 3.06 \times 0.24 \approx 25.46(\text{m}^2)$

(2) 计算散水工程量

散水中心线长度 $L_{散水中} = L_{外} + 4 \times 散水宽 = 26.20 + 4 \times 0.9 = 29.80(\text{m})$

$S_{散水} = 29.80 \times 0.9 - 1.2 \times 0.9 = 25.74(\text{m}^2)$

(3) 编制门窗统计表(表 2-7)

表 2-7 门窗统计表

类别	门窗编号	洞口尺寸 宽/mm	洞口尺寸 高/mm	数量	备注
门	M-1	1200	2400	1	带纱镶板门，单扇带亮
门	M-2	900	2100	1	无纱胶合板门，单扇无亮
窗	C-1	1500	1500	1	铝合金双扇推拉窗，带亮、带纱，纱扇尺寸 800mm×950mm
窗	C-2	1800	1500	2	铝合金双扇推拉窗，带亮、带纱，纱扇尺寸 900mm×950mm
窗	C-3	2000	1500	1	铝合金三扇推拉窗，带亮、带纱，纱扇尺寸 700mm×950mm，2 扇

学习启示

通过学习建筑工程定额计价，计算工程量时，要充分用好"四线""两面"基数，运用统筹法原理计算工程量，做到"统筹程序、合理安排，利用基数、连续计算，一次算出、多次应用，结合实际、灵活机动"。我们要学会避免计算工程量时的重复计算，减少重复劳动，节约成本，提高效率。

本章小结

通过本章学习，学生应掌握以下内容。
① 建筑工程定额计价依据。
② 单位工程施工图预算书的编制内容和步骤，单位工程施工图预算书包括：预算书封面、编制说明、取费程序表、单位工程预（结）算表、工料机分析表及单位工程工料机分析汇总表、工料机差价调整表、工程量计算表等。
③ 工程量计算，其中要求重点掌握工程量的计算顺序、计算方法及"四线""两面"的计算。

一、简答题

1. 编制施工图预算书的依据资料有哪些？
2. 建筑工程单位工程施工图预算书主要包括哪些内容？
3. 简述单位工程施工图预算书的编制步骤。

4. 工程量计算依据有哪些?
5. 工程量计算的一般方法有哪些?
6. 简述一般线面基数的含义。

二、案例分析

1. 某工程底层平面图如图 2-3 所示,墙厚均为 240mm,试计算有关基数。

图 2-3 某工程底层平面图

2. 某工程基础平面图和断面图如图 2-4 所示,试计算有关基数。

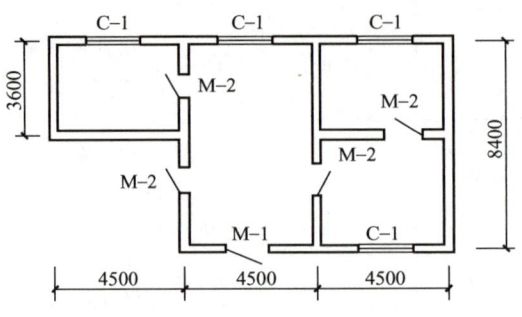

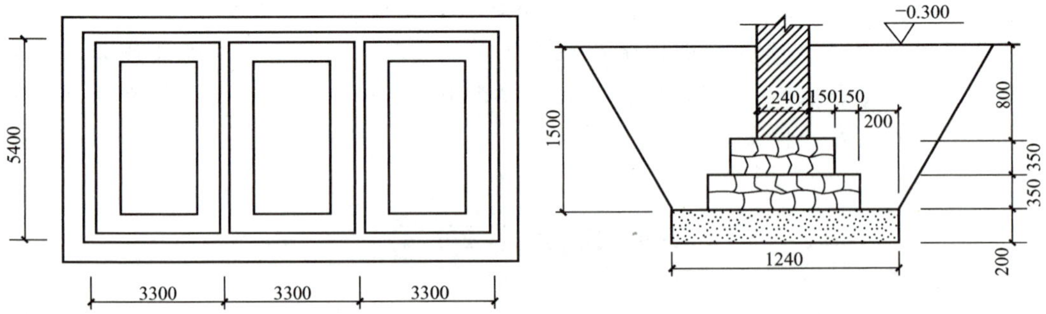

(a) 基础平面图 (b) 基础断面图

图 2-4 某工程基础平面图和断面图

3. 某工程底层平面图和墙身节点详图如图 2-5 所示,外墙厚 370mm(轴线居中),内墙厚 240mm,女儿墙厚 240mm,门窗尺寸如下:M-1,900mm×2400mm(带纱胶合板

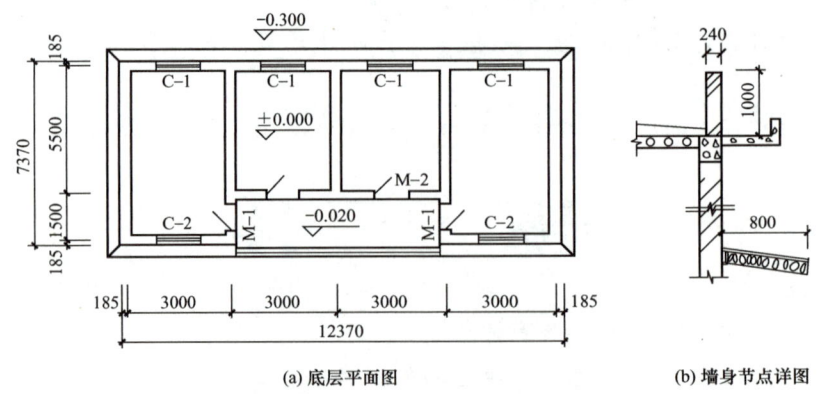

(a) 底层平面图 (b) 墙身节点详图

图 2-5 某工程底层平面图和墙身节点详图

门，单扇带亮)；M-2，1000mm×2400mm（带纱胶合板门，单扇带亮)；C-1，1500mm×1500mm（塑钢推拉窗，带纱扇，成品)；C-2，1800mm×1500mm（塑钢推拉窗，带纱扇，成品)。

要求：①计算基数；②计算散水、女儿墙工程量；③编制门窗统计表。

第 3 章 建筑工程工程量计算与定额应用概述

教学目标

通过本章的学习，学生应掌握建筑工程消耗量定额总说明包含的内容；掌握建筑工程价目表说明包含的内容；掌握建设工程费用项目组成及计算规则包含的内容；掌握计算建筑面积的范围和不应计算建筑面积的范围。

教学要求

能力目标	知识要点	相关知识	权重
掌握建筑工程价目表说明中人工费、材料费和施工机具使用费单价的确定原则	人工单价、材料单价和施工机械台班单价的确定	《山东省建筑工程价目表（2020）》	0.2
掌握建设工程费用项目组成及计算规则包含的内容	① 建设工程费用项目组成；② 企业管理费费率、利润率和措施费费率的确定；③ 建设工程费用计算程序的确定	《山东省建筑工程消耗量定额》（SD 01-31-2016）及《山东省建筑工程价目表（2020）》	0.3
掌握计算建筑面积的方法	① 不同结构形式建筑的建筑面积计算方法；② 计算全面积、1/2 面积时层高界线的划分；③ 不应计算建筑面积的范围	《建筑工程建筑面积计算规范》（GB/T 50353—2013）	0.5

导入案例

某五层建筑物（顶层为坡屋顶），轴线间尺寸为 27000mm×12000mm，墙体厚度为 240mm，1~4 层层高为 3000mm，顶层坡屋顶檐口净高为 1200mm，屋面坡度为 30°，1~4 层每层的建筑面积应按外墙结构外围的水平面积计算，即 $S_{每层}=(27+0.24)\times(12+0.24)\approx 333.42(m^2)$，在计算坡屋顶部分的建筑面积时，其计算结果是否也为 333.42m²？

3.1 建筑工程消耗量定额总说明

①《山东省建筑工程消耗量定额》(SD 01-31-2016)，以下简称山东省定额，包括土石方工程，地基处理与边坡支护工程，桩基础工程，砌筑工程，钢筋及混凝土工程，金属结构工程，木结构工程，门窗工程，屋面及防水工程，保温、隔热、防腐工程，楼地面装饰工程，墙、柱面装饰与隔断、幕墙工程，天棚工程，油漆、涂料及裱糊工程，其他装饰工程，构筑物及其他工程，脚手架工程，模板工程，施工运输工程，建筑施工增加共20章。

② 山东省定额适用于山东省行政区域内的一般工业与民用建筑的新建、扩建和改建工程及新建装饰工程。

③ 山东省定额是完成规定计量单位分部分项工程所需的人工、材料、施工机械台班消耗量的标准，是编制招标标底（招标控制价）、施工图预算、确定工程造价的依据，以及编制概算定额、估算指标的基础。

④ 山东省定额以国家和有关部门发布的国家现行设计规范、施工验收规范、技术操作规程、质量评定标准、产品标准和安全操作规程，现行工程量清单计价规范和计算规范（现已更新为工程量清单计价标准和计算标准，此处与山东省定额内容保持一致，以下涉及该内容将不再修改）为依据，并参考了有关地区和行业标准定额编制而成。

⑤ 山东省定额是按照正常的施工条件，合理的施工工期、施工组织设计编制的，反映了建筑行业的平均水平。

⑥ 山东省定额中人工工日消耗量是以《全国建筑安装工程统一劳动定额》为基础计算的，人工每工日按8小时工作制计算，内容包括：基本用工、辅助用工、超运距用工及人工幅度差，人工工日不分工种、技术等级，以综合工日表示。

⑦ 山东省定额中材料（包括成品、半成品、零配件等）是按施工中采用的符合质量标准和设计要求的合格产品确定的，主要包括以下内容。

A. 山东省定额中的材料包括施工中消耗量的主要材料、辅助材料和周转性材料。

B. 山东省定额中材料消耗量包括净用量和损耗量。损耗量包括：从工地仓库、现场集中堆放点（或现场加工点）至操作（或安装）点的施工场内运输损耗、施工操作损耗、施工现场堆放损耗等。

C. 山东省定额中所有（各类）砂浆均按现场拌制考虑，若实际采用预拌砂浆，各章定额项目按以下规定进行调整。

a. 使用预拌砂浆（干拌）的，除将定额中的现拌砂浆调换成预拌砂浆（干拌）外，另按相应定额中每立方米砂浆扣除人工0.382工日、增加预拌砂浆罐式搅拌机0.041台班，并扣除定额中灰浆搅拌机台班的数量。

b. 使用预拌砂浆（湿拌）的，除将定额中的现拌砂浆调换成预拌砂浆（湿拌）外，另按相应定额中每立方米砂浆扣除人工0.58工日，并扣除定额中灰浆搅拌机台班的数量。

⑧ 山东省定额中机械消耗量如下。

A. 山东省定额中的机械按常用机械、合理机械配备和施工企业的机械化装备程度，并结合工程实际综合确定。

　　B. 山东省定额的机械台班消耗量是按正常机械施工工效并考虑机械幅度差综合确定的，以不同种类的机械分别表示。

　　C. 除山东省定额项目中所列的小型机具外，其他单位价值 2000 元以内、使用年限在一年以内的不构成固定资产的施工机械，不列入机械台班消耗量，作为工具用具在企业管理费中考虑。

　　D. 大型机械安拆及场外运输，按《山东省建设工程费用项目组成及计算规则（2022版）》中的有关规定计算。

　　⑨ 山东省定额中的工作内容已说明了主要的施工工序，次要工序虽未说明，但均已包括在定额中。

　　⑩ 山东省定额注有"×××以内"或"×××以下"者均包括×××本身；"×××以外"或"×××以上"者则不包括×××本身。

　　⑪ 凡本说明未尽事宜，详见各章说明。

3.2　建筑工程价目表说明

　　①《山东省建筑工程价目表（2020）》（以下简称"山东省价目表"）是依据山东省定额中的人工、材料、施工机械台班消耗量，计入现行人工、材料、施工机械台班单价计算而得的。

　　② 山东省价目表中的项目名称、定额编号与山东省定额相对应，使用时与山东省定额、《山东省建设工程费用项目组成及计算规则（2022 版）》配套使用。

　　③ 山东省定额人工单价和山东省价目表是编制招标控制价和投标报价、进行工程结算等工程计价活动的重要参考。

　　④ 山东省定额人工单价和山东省价目表应作为措施费、企业管理费、利润等各项费用的计算基础。

　　⑤ 山东省价目表中的人工单价：山东省定额建筑工程按 128 元/工日、装饰工程按 138 元/工日，《山东省建设工程施工机械台班费用编制规则（2020）》按 130 元/工日计入。

　　⑥ 山东省定额人工单价及山东省价目表自 2020 年 11 月 10 日起执行。

3.3　建设工程费用项目组成及计算规则

3.3.1　总说明

　　① 根据住房和城乡建设部、财政部关于印发《建筑安装工程费用项目组成》的通知（建标〔2013〕44 号），为统一山东省建设工程费用项目组成、计价程序并发布相应费率，

制定《山东省建设工程费用项目组成及计算规则（2022 版）》。

② 《山东省建设工程费用项目组成及计算规则（2022 版）》所称建设工程费用，是指建筑、装饰、安装、市政、园林绿化、城市地下综合管廊、房屋修缮、市政养护维修、仿古建筑等工程建造、设备购置及安装费用，适用于山东省行政区域内上述工程的计价活动，包括编制最高投标限价、投标报价和签订施工合同价以及确定工程结算等内容。

③ 《山东省建设工程费用项目组成及计算规则（2022 版）》与山东省现行建筑、安装、市政、园林绿化、城市地下综合管廊、房屋修缮、市政养护维修、仿古建筑工程消耗量定额配套使用，包括定额计价和工程量清单计价两种计价方式，其中规费、税金必须按规定计取，不得作为竞争性费用。

④ 规费中的社会保险费，按照《山东省政府办公厅关于贯彻国办发〔2017〕19 号文件促进建筑业改革发展的实施意见》（鲁政办发〔2017〕57 号）和省住房城乡建设厅、省财政厅《关于停止实施主管部门代收、代拨建筑企业养老保障金制度的通知》（鲁建建管字〔2018〕17 号）等有关规定，由建设单位按照规定费率直接向施工企业支付。

⑤ 工程类别划分标准是根据不同的单位工程，按其施工难易程度，结合山东省实际情况确定的。

3.3.2　建设工程费用项目组成

1. 建设工程费用项目组成（按费用构成要素划分）

建设工程费按照费用构成要素划分为：人工费、材料费（设备费）、施工机具使用费、企业管理费、利润、规费和税金（图 3-1）。

（1）人工费

人工费是指按工资总额构成规定，支付给从事建筑安装工程施工的生产工人和附属生产单位工人的各项费用，内容包括以下几方面。

① 计时工资或计件工资：按计时工资标准和工作时间或对已做工作按计件单价支付给个人的劳动报酬。

② 奖金：对超额劳动和增收节支支付给个人的劳动报酬，如节约奖、劳动竞赛奖等。

③ 津贴、补贴：为补偿职工特殊或额外的劳动消耗和因其他特殊原因支付给个人的津贴，以及为保证职工工资水平不受物价影响支付给个人的物价补贴，如流动施工津贴、特殊地区施工津贴、高温（寒）作业临时津贴、高空津贴等。

④ 加班加点工资：按规定支付的在法定节假日工作的加班工资和在法定日工作时间外延时工作的加点工资。

⑤ 特殊情况下支付的工资：根据国家法律、法规和政策规定，因病、工伤、产假、计划生育假、婚丧假、事假、探亲假、定期休假、停工学习、执行国家或社会义务等原因，按计时工资标准或计时工资标准的一定比例支付的工资。

（2）材料费（设备费）

材料费是指施工过程中耗费的原材料、辅助材料、构配件、零件、半成品或成品的费用。

设备费是指构成或计划构成永久工程一部分的机电设备、金属结构设备、仪器装置及

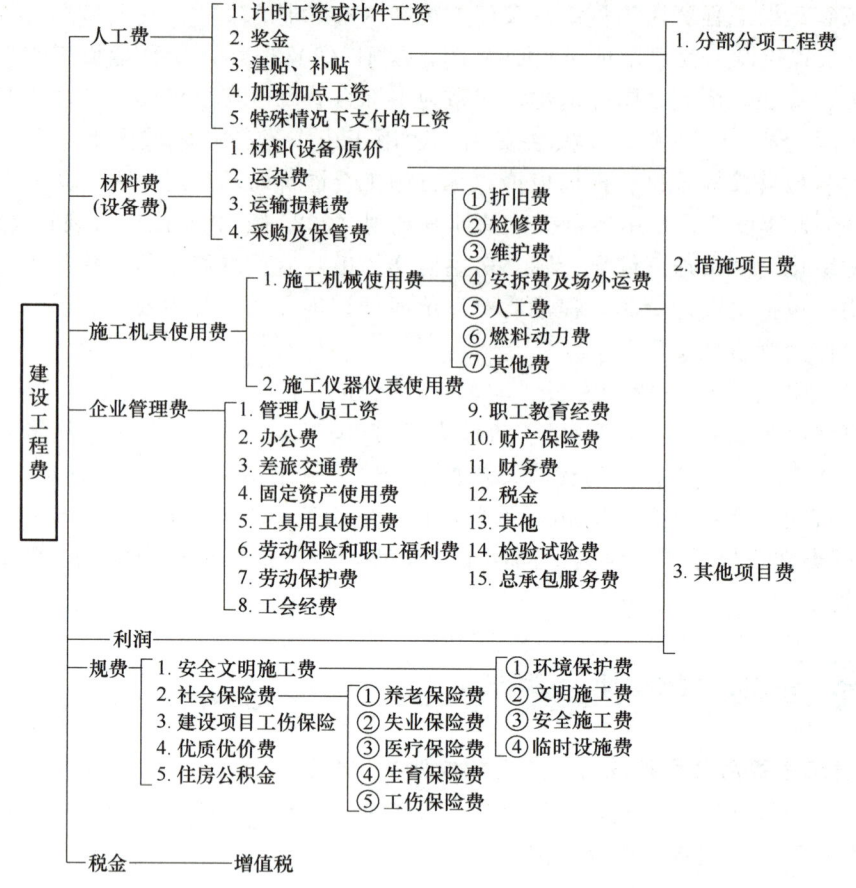

图 3-1 建设工程费用项目组成（按费用构成要素划分）

其他类似的设备和装置的费用。

① 材料费（设备费）的内容包括如下几方面。

a. 材料（设备）原价：材料、设备的出厂价格或商家供应价格。

b. 运杂费：材料、设备自来源地运至工地仓库或指定堆放地点所发生的全部费用。

c. 运输损耗费：材料在运输装卸过程中不可避免的损耗费用。

d. 采购及保管费：采购、供应和保管材料、设备过程中所需要的各项费用，包括采购费、仓储费、工地保管费、仓储损耗。

② 材料（设备）单价＝{[材料(设备)原价＋运杂费]×(1＋材料运输损耗率)}×(1＋采购及保管费费率)。

（3）施工机具使用费

施工机具使用费是指施工作业所发生的施工机械、施工仪器仪表的使用费或其租赁费。

① 施工机械使用费由下列7项费用组成。

a. 折旧费：施工机械在规定的耐用总台班内，陆续收回其原值的费用。

b. 检修费：施工机械在规定的耐用总台班内，按规定的检修间隔进行必要的检修，以恢复其正常功能所需的费用。

c. 维护费：施工机械在规定的耐用总台班内，按规定的维护间隔进行各级维护和临时故障排除所需的费用。维护费包括：保障机械正常运转所需替换设备与随机配备工具附具的摊销费用，机械运转及日常维护所需润滑与擦拭的材料费用及机械停滞期间的维护费用等。

d. 安拆费及场外运费：安拆费是指施工机械在现场进行安装与拆卸所需的人工、材料、机械和试运转费用及机械辅助设施的折旧、搭设、拆除等费用；场外运费是指施工机械整体或分体自停放地点运至施工现场，或由一施工地点运至另一施工地点的运输、装卸、辅助材料等费用。

e. 人工费：机上司机（司炉）和其他操作人员的人工费。

f. 燃料动力费：施工机械在运转作业中所耗用的燃料及水、电等费用。

g. 其他费：施工机械按照国家规定应缴纳的车船税、保险费及检测费等。

② 施工仪器仪表使用费由下列 4 项费用组成。

a. 折旧费：施工仪器仪表在耐用总台班内，陆续收回其原值的费用。

b. 维护费：施工仪器仪表各级维护、临时故障排除所需的费用及保证仪器仪表正常使用所需备件（备品）的维护费用。

c. 校检费：国家与地方政府规定的标定与检验的费用。

d. 动力费：施工仪器仪表在使用过程中所耗用的电费。

（4）企业管理费

企业管理费是指施工企业组织施工生产和经营管理所需要的费用。内容包括如下几方面。

① 管理人员工资：按规定支付给管理人员的计时工资、奖金、津贴、补贴、加班加点工资及特殊情况下支付的工资等。

② 办公费：企业管理办公用的文具、纸张、账表、印刷、邮电、书报、办公软件、现场监控、会议、水电、烧水、集体取暖和降温（包括现场临时宿舍取暖和降温）等费用。

③ 差旅交通费：职工因公出差、调动工作的差旅费、住勤补助费，市内交通费和误餐补助费，职工探亲路费，劳动力招募费，职工退休、退职一次性路费，工伤人员就医路费，工地转移费及管理部门使用的交通工具的油料、燃料等费用。

④ 固定资产使用费：管理和试验部门及附属生产单位使用的属于固定资产的房屋、设备、仪器等的折旧、大修、维修或租赁费。

⑤ 工具用具使用费：企业施工生产和管理使用的不属于固定资产的工具、器具、家具、交通工具和检验、试验、测绘、消防用具等的购置、维修和摊销费。

⑥ 劳动保险和职工福利费：由企业支付的职工退职金、按规定支付给离休干部的经费，集体福利费、夏季防暑降温补贴、冬季取暖补贴、上下班交通补贴等。

⑦ 劳动保护费：企业按规定发放的劳动保护用品的支出，如工作服、手套、防暑降温饮料及在有碍身体健康的环境中施工的保健费用等。

⑧ 工会经费：企业按《中华人民共和国工会法》规定的全部职工工资总额比例计提的工会经费。

⑨ 职工教育经费：按职工工资总额的规定比例计提，企业为职工进行专业技术和职业技能培训，专业技术人员继续教育、职工职业技能鉴定、职业资格认定及根据需要对职工进行各类文化教育所发生的费用。

⑩ 财产保险费：施工管理用财产、车辆等的保险费用。

⑪ 财务费：企业为施工生产筹集资金或提供预付款担保、履约担保、职工工资支付担保等所发生的各种费用。

⑫ 税金：企业按规定缴纳的房产税、车船使用税、土地使用税、印花税、城市维护建设税、教育费附加及地方教育附加、水利建设基金等。

⑬ 其他：包括技术转让费、技术开发费、投标费、业务招待费、绿化费、广告费、公证费、法律顾问费、审计费、咨询费、保险费等。

⑭ 检验试验费：施工企业按照有关标准规定，对建筑及材料、构件和建筑安装物进行一般鉴定、检查所发生的费用，包括自设试验室进行试验所耗用的材料等费用。

一般鉴定、检查是指按相应规范所规定的材料品种、材料规格、取样批量、取样数量、取样方法和检测项目等内容所进行的鉴定、检查。例如，砌筑砂浆配合比设计、砌筑砂浆抗压试块、混凝土配合比设计、混凝土抗压试块等施工单位自制或自行加工材料按规范规定的内容所进行的鉴定、检查。

⑮ 总承包服务费：总承包人为配合、协调发包人根据国家有关规定进行专业工程发包、自行采购材料和设备等进行现场接收、管理（非指保管）及施工现场管理、竣工资料汇总整理等服务所需的费用。

（5）利润

利润是指施工企业完成所承包工程获得的盈利。

（6）规费

规费是指按国家法律、法规规定，由省级政府和省级有关部门规定必须缴纳或计取的费用，包括以下几方面。

① 安全文明施工费。

a. 环境保护费：施工现场为达到环保部门要求所需要的各项费用。

b. 文明施工费：施工现场文明施工所需要的各项费用。

c. 安全施工费：施工现场安全施工所需要的各项费用。

d. 临时设施费：施工企业为进行建设工程施工所必须搭设的生活和生产用临时建筑物、构筑物和其他临时设施费用。

临时设施包括办公室、加工场（棚）、仓库、堆放场地、宿舍、卫生间、食堂、文化卫生用房与构筑物，以及规定范围内的道路、水、电、管线等临时设施和小型临时设施。

临时设施费包括临时设施的搭设、维修、拆除、清理或摊销等费用。

② 社会保险费。

a. 养老保险费：企业按照规定标准为职工缴纳的基本养老保险费。

b. 失业保险费：企业按照规定标准为职工缴纳的失业保险费。

c. 医疗保险费：企业按照规定标准为职工缴纳的基本医疗保险费。

d. 生育保险费：企业按照规定标准为职工缴纳的生育保险费。

e. 工伤保险费：企业按照规定标准为职工缴纳的工伤保险费。

③ 建设项目工伤保险。

按照省人力资源和社会保障厅等4部门《关于转发人社部发〔2014〕103号文件明确建筑业参加工伤保险有关问题的通知》（鲁人社发〔2015〕15号）和《关于进一步做好建

筑业工伤保险工作的通知》（鲁人社字〔2020〕69号）等有关规定，建筑施工企业对相对固定的职工，应按用人单位参加工伤保险；对不能按用人单位参保、建筑项目使用的建筑业职工特别是农民工（包括总承包单位和专业承包单位、劳务分包单位使用的农民工，但不包括已按用人单位参加工伤保险的职工），按建设项目参加工伤保险。按建设项目为单位参加工伤保险的，应在建设项目所在地参保。

按建设项目为单位参加工伤保险的，建设项目确定中标企业后，建设单位在项目开工前将工伤保险费一次性拨付给总承包单位，由总承包单位为该建设项目使用的所有职工统一办理工伤保险参保登记和缴费手续。

④ 优质优价费。

按照省人民政府办公厅《关于进一步促进建筑业改革发展的十六条意见》（鲁政办字〔2019〕53号）和省住房城乡建设厅等12部门《关于促进建筑业高质量发展的十条措施的通知》（鲁建发〔2021〕2号）等有关规定，在房屋建筑和市政工程中落实"优质优价"政策，鼓励工程建设各方创建优质工程。依法招标的工程，应按招标文件提出的创建目标（国家级、省级、市级）计列优质优价费；不须招标的工程，应按发承包双方合同约定的创建目标计列。

建设工程达到合同约定的创建目标时，按照达到等次计取优质优价费；未达到或超出合同约定目标时，合同有明确约定的，根据合同约定计取，合同未明确约定的，由发承包双方协商确定。

⑤ 住房公积金。

其是指企业按规定标准为职工缴纳的住房公积金。

（7）税金。

税金是指国家税法规定应计入建筑安装工程造价内的增值税。采取增值税一般计税方法的建设工程，税前工程造价的各个构成要素均以不包含增值税（可抵扣进项税额）的价格计算；采取增值税简易计税方法的建设工程，税前工程造价的各个构成要素均包含进项税额。上述两种计税模式中，甲供材料、甲供设备均不作为增值税计税基础。

2. 建设工程费用项目组成（按造价形成划分）

建设工程费按照工程造价形成由分部分项工程费、措施项目费、其他项目费、规费、税金组成（图3-2）。

（1）分部分项工程费

分部分项工程费是指各专业工程的分部分项工程应予列支的各项费用。

① 专业工程：按现行国家计量标准划分的房屋建筑与装饰工程、通用安装工程、市政工程、园林绿化工程等各类工程。

② 分部分项工程：按现行国家计量标准或现行消耗量定额，对各专业工程划分的项目。例如，房屋建筑与装饰工程划分的土石方工程、地基处理与边坡支护工程、桩基础工程、砌筑工程、钢筋及混凝土工程等。

（2）措施项目费

措施项目费是指为完成工程项目施工，发生于该工程施工准备和施工过程中的技术、生活、安全、环境保护等方面的项目费用。

① **总价措施费**：省建设行政主管部门根据建筑市场状况和多数企业经营管理情况、

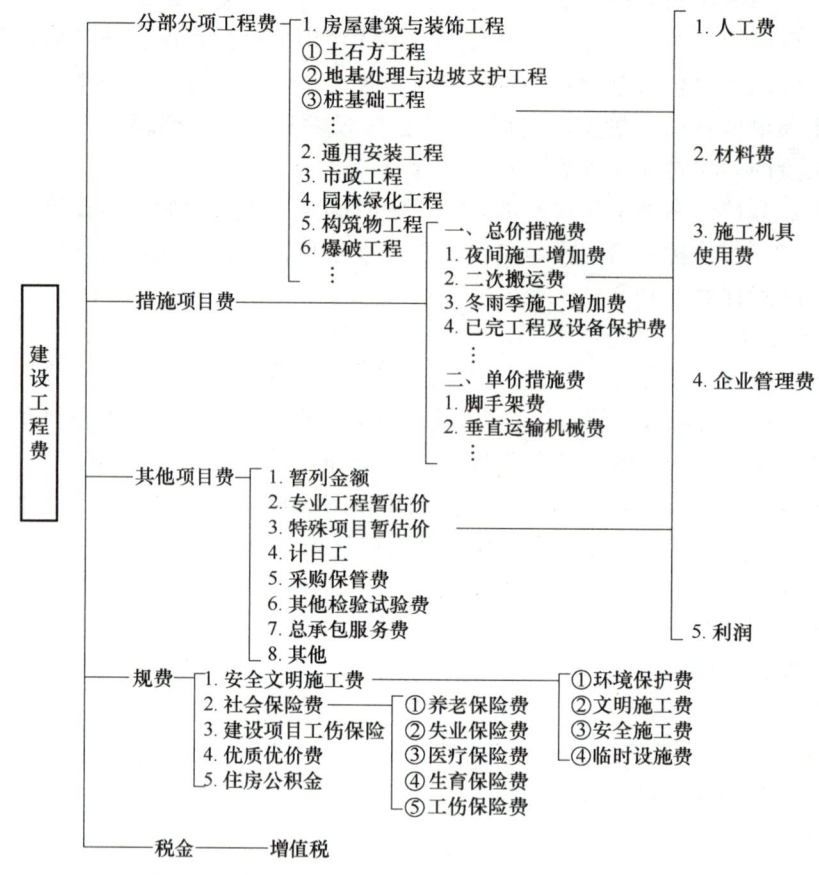

图 3-2 建设工程费用项目组成（按造价形成划分）

技术水平等测算发布了费率的措施项目费用。

总价措施费的主要内容包括以下几方面。

a. 夜间施工增加费：因夜间施工所发生的夜班补助、夜间施工降效、夜间施工照明设备摊销及照明用电等费用。

b. 二次搬运费：因施工场地条件限制而发生的材料、构配件、半成品等一次运输不能到达堆放地点，必须进行二次或多次搬运所发生的费用。

因工程规模、工程地点、周边情况等因素的不同，施工现场场地的大小各不相同，一般情况下，以场地周边围挡范围内的区域为施工现场。

若确因场地狭窄，按经过批准的施工组织设计，必须在施工现场之外存放材料或必须在施工现场采用立体架构形式存放材料时，其由场外到场内的运输费用或立体架构所发生的搭设费用，按实另计。

c. 冬雨季施工增加费：在冬季或雨季施工需增加的临时设施、防滑、排除雨雪、人工及施工机械效率降低等费用。

冬雨季施工增加费不包括混凝土、砂浆的骨料搅拌、提高强度等级及掺入其中的早强、抗冻等外加剂的费用。

d. 已完工程及设备保护费：竣工验收前，对已完工程及设备采取的必要保护措施所发生的费用。

② 单价措施费：消耗量定额中列有子目，并规定了计算方法的措施项目费用。

单价措施项目如表 3-1 所示。其中，建筑工程的智慧工地单价措施费，是根据《山东省住房和城乡建设厅关于印发〈全省房屋建筑和市政工程智慧工地建设指导意见〉的通知》（鲁建质安字〔2021〕7 号），参照相关评价标准区分不同星级，按照建设项目的建筑面积进行计算的。该费用不再计取企业管理费、利润、规费，仅计取税金。

表 3-1 单价措施项目

序号	措施项目名称	备注
1	建筑工程与装饰工程	
1.1	脚手架	消耗量定额中列有子目，并规定了计算方法的单价措施项目
1.2	垂直运输机械	
1.3	构件吊装机械	
1.4	混凝土泵送	
1.5	混凝土模板及支架	
1.6	大型机械进出场	
1.7	施工降排水	
1.8	智慧工地	按建设项目的建筑面积进行计算，其中一星级 2～5 元/m^2，二星级 4～8 元/m^2，三星级 6～10 元/m^2。该费用不再计取企业管理费、利润、规费，仅计取税金

（3）其他项目费

① 暂列金额：建设单位在工程量清单中暂定并包括在工程合同价款中的一笔款项，用于施工合同签订时尚未确定或不可预见的材料、设备、服务的采购，施工中可能发生的工程变更、合同约定调整因素出现时工程价款的调整及发生的索赔、现场签证等费用。

暂列金额包含在投标总价和合同总价中，但只有施工过程中实际发生了并且符合合同约定的价款支付程序，才能纳入结算价款中。暂列金额扣除实际发生金额后的余额，仍属于建设单位所有。

暂列金额一般可按分部分项工程费的 10%～15% 估列。

② 专业工程暂估价：建设单位根据国家相应规定，预计需由专业承包人另行组织施工、实施单独分包（总承包人仅对其进行总承包服务），但暂时不能确定准确价格的专业工程价款。

专业工程暂估价应区分不同专业，按有关计价规定估价，并仅作为计取总承包服务费的基础，不计入总承包人的工程总造价。

③ 特殊项目暂估价：未来工程中肯定发生，其他费用项目均未包括，但由于材料、设备或技术工艺的特殊性，没有可参考的计价依据，事先难以准确确定其价格，对造价影响较大的项目费用。

④ 计日工：在施工过程中，承包人完成建设单位提出的工程合同范围以外的、突发

性的零星项目或工作，按合同中约定的单价计价的项目费用。

计日工不仅指人工，零星项目或工作使用的材料、机械均应计列于本项之中。

⑤ 采购保管费：采购、供应和保管材料、设备过程中所需要的各项费用，包括采购费、仓储费、工地保管费、仓储损耗。

⑥ 其他检验试验费：除企业管理费中包含的检验试验费之外，开展特殊性鉴定、检查等所发生的费用，包括规范规定之外要求增加鉴定、检查产生的费用；新结构、新材料的试验费用；对构件做破坏性检验试验的费用；建设单位委托第三方机构开展检验试验，并由施工单位支付的检验试验费用；其他特殊性检验试验项目。此类检测发生的费用在该项中列支。

建设单位对施工单位提供的、具有出厂合格证明的材料要求进行再检验，经检测不合格的，该检测费用由施工单位支付，不计入工程造价。

⑦ 总承包服务费：总承包人为配合、协调发包人根据国家有关规定进行专业工程发包、自行采购材料和设备等进行现场接收、管理（非指保管）及施工现场管理、竣工资料汇总整理等服务所需的费用。

总承包服务费＝专业工程暂估价（不含设备费）×相应费率

⑧ 其他：包括工期奖惩、质量奖惩等，均可计列于本项之中。

（4）规费

规费是指按国家法律、法规规定，由省级政府和省级有关部门规定必须缴纳或计取的费用，包括如下几方面。

① 安全文明施工费。建设工程安全文明施工措施项目清单，如表3-2所示。

表3-2 建设工程安全文明施工措施项目清单

类别			项目名称
安全施工费	一般防护	1.1	安全网
		1.2	安全帽
		1.3	安全带
	通道棚	1.4	杆架、扣件、脚手板
	防护围栏	1.5	配电箱、施工机械等防护棚
		1.6	起重机械安全防护费
		1.7	施工机具安全防护设施费
		1.8	卷扬机安全防护设施
	消防安全防护	1.9	口罩
		1.10	灭火器
		1.11	消防栏
		1.12	砂箱、砂池
		1.13	消防水桶
		1.14	消防铁锹

续表

类别			项 目 名 称
安全施工费	消防安全防护	1.15	消防水管
		1.16	加压泵
		1.17	消防用水
		1.18	水池
	临边洞口交叉高处作业防护	1.19	楼板、屋面、阳台、槽坑等临边防护
		1.20	通道口防护
		1.21	预留洞口防护
		1.22	电梯井口防护
		1.23	楼梯口防护
		1.24	垂直方向交叉作业防护
		1.25	高空作业防护
	安全警示标志牌	1.26	安全警示牌及操作规程
	其他补充	1.27	对讲机
		1.28	工人工作证
		1.29	作业人员其他必备安全防护用品如胶鞋、雨衣等
		1.30	安全培训
		1.31	安全员培训
		1.32	特殊工种培训
		1.33	塔式起重机防碰撞系统、空间限制器
		1.34	电阻仪、力矩扳手、漏保测试仪等检测器具
		1.35	安全生产责任保险
环境保护费	材料堆放	2.1	材料堆放标牌、覆盖
	垃圾清运	2.2	垃圾清运
		2.3	垃圾通道
		2.4	垃圾池

续表

类别		项目名称	
环境保护费	污染源控制	2.5	有毒有害气味控制
		2.6	除"四害"措施费用
		2.7	开挖、预埋污水排放管线
	粉尘噪声控制	2.8	视频监控及扬尘噪声监测仪
		2.9	噪声控制
		2.10	密目网
		2.11	雾炮
		2.12	喷淋设施
		2.13	洒水车及人工
		2.14	洗车平台及基础
		2.15	洗车泵
		2.16	渣土车辆100%密闭运输
	扬尘治理补充	2.17	扬尘治理用水
		2.18	扬尘治理用电
		2.19	人工清理路面
		2.20	司机、汽柴油费用
文明施工费	施工现场围挡	3.1	现场及生活区彩钢围挡
	五板一图	3.2	八牌二图
		3.3	项目岗位职责牌
	企业标志	3.4	企业标志及企业宣传图
		3.5	企业各类图表
		3.6	会议室形象墙
		3.7	效果图及架子
	场容场貌	3.8	现场及生活区地面硬化处理
		3.9	绿化
		3.10	彩旗
		3.11	现场画面喷涂
		3.12	现场标语条幅
		3.13	围墙墙面美化
	其他补充	3.14	工人防暑降温、防蚊虫叮咬
		3.15	食堂洗涤、消毒设施

续表

类别			项目名称
文明施工费	其他补充	3.16	施工现场各门禁保安服务费用
		3.17	职业病预防及保健费用
		3.18	现场医药、器材急救措施
		3.19	室外LED显示屏
		3.20	不锈钢伸缩门
		3.21	铺设钢板路面
		3.22	施工现场铺设砖
		3.23	砖砌围墙
		3.24	大门及喷绘
		3.25	槽边、路边防护栏杆等设施（含底部砖墙）
		3.26	路灯
临时设施费	现场办公生活设施	4.1	工地办公室、宿舍
		4.2	现场监控线路及摄像头
		4.3	办公室、宿舍热水器等设施
		4.4	食堂、卫生间、淋浴室、娱乐室、急救室
		4.5	空调
		4.6	阅读栏
		4.7	生活区衣架等设施
		4.8	生活区喷绘宣传
		4.9	宿舍区外墙大牌
	施工现场临时用电	4.10	配电线路电缆
		4.11	配电总箱及维护架
		4.12	配电分箱及维护架
		4.13	配电开关箱及维护架
		4.14	接地保护装置
		4.15	漏电开关保护装置
		4.16	电源线路敷设
	施工现场临时用水	4.17	施工现场饮用水
		4.18	生活用水
		4.19	施工用水
		4.20	临时给排水设施

续表

类别	项目名称	
临时设施费	其他补充	4.21 木工棚、钢筋棚
		4.22 太阳能
		4.23 空气能
		4.24 办公区及生活用电
		4.25 工人宿舍场外租赁
		4.26 临时用电
		4.27 化粪池、仓库、楼层临时厕所
		4.28 变频柜

② 社会保险费：养老保险费、失业保险费、医疗保险费、生育保险费、工伤保险费。
③ 建设项目工伤保险。定义同前。
④ 优质优价费。定义同前。
⑤ 住房公积金。定义同前。
（5）税金
定义同前。

3.3.3 建设工程费用计算程序

① 建设工程费定额计价计算程序，如表 3-3 所示。

表 3-3 建设工程费定额计价计算程序

序号	费用名称	计算方法
一	分部分项工程费	$\sum\{[定额\sum(工日消耗量×人工单价)+\sum(材料消耗量×材料单价)+\sum(机械台班消耗量×台班单价)]×分部分项工程量\}$
	计费基础 JD1	详见表 3-5 各专业工程计费基础的计算方法
二	措施项目费	2.1+2.2
	2.1 单价措施费	$\sum\{[定额\sum(工日消耗量×人工单价)+\sum(材料消耗量×材料单价)+\sum(机械台班消耗量×台班单价)]×单价措施项目工程量\}$
	2.2 总价措施费	JD1×相应费率
	计费基础 JD2	详见表 3-5 各专业工程计费基础的计算方法
三	其他项目费	3.1+3.2+…+3.8
	3.1 暂列金额	按《山东省建设工程费用项目组成及计算规则（2022 版）》第一章第二节相应规定计算（即本书 3.3.2 节相应规定）
	3.2 专业工程暂估价	
	3.3 特殊项目暂估价	
	3.4 计日工	
	3.5 采购保管费	
	3.6 其他检验试验费	
	3.7 总承包服务费	
	3.8 其他	

续表

序号	费用名称	计算方法
四	企业管理费	(JD1+JD2)×管理费费率
五	利润	(JD1+JD2)×利润率
六	规费	6.1+6.2+6.3+6.4+6.5
	6.1 安全文明施工费	(一+二+三+四+五)×费率
	6.2 社会保险费	
	6.3 建设项目工伤保险	
	6.4 优质优价费	
	6.5 住房公积金	
七	设备费	∑（设备单价×设备工程量）
八	税金	(一+二+三+四+五+六+七)×税率
九	工程费用合计	一+二+三+四+五+六+七+八

注：① 单价措施费中的智慧工地费用，除税金外不参与其他费用的计取。

② 增值税一般计税法下，税前造价各构成要素均以不含税（可抵扣进项税额）价格计算；增值税简易计税法下，税前造价各构成要素均以含税价格计算。

② 建设工程费工程量清单计价计算程序，如表3-4所示。

表3-4 建设工程费工程量清单计价计算程序

序号	费用名称	计算方法
一	分部分项工程费	∑（J_i×分部分项工程量）
	分部分项工程综合单价	J_i=1.1+1.2+1.3+1.4+1.5
	1.1 人工费	每计量单位∑（工日消耗量×人工单价）
	1.2 材料费	每计量单位∑（材料消耗量×材料单价）
	1.3 施工机具使用费	每计量单位∑（机械台班消耗量×台班单价）
	1.4 企业管理费	JQ1×管理费费率
	1.5 利润	JQ1×利润率
	计费基础 JQ1	详见表3-5各专业工程计费基础的计算方法
二	措施项目费	2.1+2.2
	2.1 单价措施费	∑{[每计量单位∑（工日消耗量×人工单价）+∑（材料消耗量×材料单价）+∑（机械台班消耗量×台班单价）+JQ2×（管理费费率+利润率）]×单价措施项目工程量}
	计费基础 JQ2	详见表3-5各专业工程计费基础的计算方法
	2.2 总价措施费	∑[(JQ1×分部分项工程量)×措施费费率+(JQ1×分部分项工程量)×省发措施费费率×H×（管理费费率+利润率）]

续表

序号	费用名称	计算方法
三	其他项目费	3.1＋3.2＋…＋3.8
	3.1 暂列金额	按《山东省建设工程费用项目组成及计算规则（2022版）》第一章第二节相应规定计算（即本书3.3.2节相应规定）
	3.2 专业工程暂估价	
	3.3 特殊项目暂估价	
	3.4 计日工	
	3.5 采购保管费	
	3.6 其他检验试验费	
	3.7 总承包服务费	
	3.8 其他	
四	规费	4.1＋4.2＋4.3＋4.4＋4.5
	4.1 安全文明施工费	（一＋二＋三）×费率
	4.2 社会保险费	
	4.3 建设项目工伤保险	
	4.4 优质优价费	
	4.5 住房公积金	按工程所在地设区市相关规定计算
五	设备费	∑（设备单价×设备工程量）
六	税金	（一＋二＋三＋四＋五）×税率
七	工程费用合计	一＋二＋三＋四＋五＋六

注：① 单价措施费中的智慧工地费用，除税金外不参与其他费用的计取。

② 增值税一般计税法下，税前造价各构成要素均以不含税（可抵扣进项税额）价格计算；增值税简易计税法下，税前造价各构成要素均以含税价格计算。

③ 计费基础说明。各专业工程计费基础的计算方法，如表3-5所示。

表3-5 各专业工程计费基础的计算方法

专业工程	计费基础		计算方法
建筑、装饰、安装、园林绿化工程，城市地下综合管廊安装工程，房屋修缮、仿古建筑工程	人工费定额计价	JD1	分部分项工程的省价人工费之和
			∑［分部分项工程定额∑（工日消耗量×省人工单价）×分部分项工程量］
		JD2	单价措施项目的省价人工费之和＋总价措施费中的省价人工费之和
			∑［单价措施项目定额∑（工日消耗量×省人工单价）×单价措施项目工程量］＋∑（JD1×省发措施费费率×H）
		H	总价措施费中人工费含量（%）

续表

专业工程	计费基础		计算方法
建筑、装饰、安装、园林绿化工程，城市地下综合管廊安装工程，房屋修缮、仿古建筑工程	人工费	工程量清单计价 JQ1	分部分项工程每计量单位的省价人工费之和
			分部分项工程每计量单位（工日消耗量×省人工单价）
		JQ2	单价措施项目每计量单位的省价人工费之和
			单价措施项目每计量单位Σ（工日消耗量×省人工单价）
		H	总价措施费中人工费含量（%）

注：单价措施费中的智慧工地费用，不计入计费基础。

3.3.4 建设工程费用费率

① 措施费（建筑工程、装饰工程）费率，如表3-6～表3-7所示。

表3-6 一般计税法下措施费费率（除税）

专业名称	夜间施工费/(%)	二次搬运费/(%)	冬雨季施工增加费/(%)	已完工程及设备保护费/(%)
建筑工程	2.55	2.18	2.91	0.15
装饰工程	3.64	3.28	4.10	0.15

表3-7 简易计税法下措施费费率（含税）

专业名称	夜间施工费/(%)	二次搬运费/(%)	冬雨季施工增加费/(%)	已完工程及设备保护费/(%)
建筑工程	2.80	2.40	3.20	0.15
装饰工程	4.00	3.60	4.50	0.15

注：① 建筑工程、装饰工程中已完工程及设备保护费的计费基础为省价人、材、机之和。
② 措施费中的人工费含量如表3-8所示。

表3-8 措施费中的人工费含量

专业名称	夜间施工费/(%)	二次搬运费/(%)	冬雨季施工增加费/(%)	已完工程及设备保护费/(%)
建筑工程、装饰工程	25	25	25	10

② 企业管理费费率、利润率，如表3-9～表3-10所示。

表 3-9　一般计税法下企业管理费费率、利润率（除税）

专业名称		企业管理费/(%)			利润/(%)		
		Ⅰ	Ⅱ	Ⅲ	Ⅰ	Ⅱ	Ⅲ
建筑工程	工业和民用建筑工程	43.4	34.7	25.6	35.8	20.3	15.0
	构筑物工程	34.7	31.3	20.8	30.0	24.2	11.6
	单独土石方工程	28.9	20.8	13.1	22.3	16.0	6.8
	桩基础工程	23.2	17.9	13.1	16.9	13.1	4.8
装饰工程		66.2	52.7	32.2	36.7	23.8	17.3

注：企业管理费费率中，不包括总承包服务费费率。

表 3-10　简易计税法下企业管理费费率、利润率（含税）

专业名称		企业管理费/(%)			利润/(%)		
		Ⅰ	Ⅱ	Ⅲ	Ⅰ	Ⅱ	Ⅲ
建筑工程	工业和民用建筑工程	43.2	34.5	25.4	35.8	20.3	15.0
	构筑物工程	34.5	31.2	20.7	30.0	24.2	11.6
	单独土石方工程	28.8	20.7	13.0	22.3	16.0	6.8
	桩基础工程	23.1	17.8	13.0	16.9	13.1	4.8
装饰工程		65.9	52.4	32.0	36.7	23.8	17.3

注：企业管理费费率中，不包括总承包服务费费率。

③ 总承包服务费、采购保管费费率，如表 3-11 所示。

表 3-11　总承包服务费、采购保管费费率

费用名称		费率/(%)
总承包服务费		3.0
采购保管费	材料	2.5
	设备	1.0

④ 规费（建筑工程、装饰工程）费率，如表 3-12～表 3-13 所示。

表 3-12　一般计税法下规费费率（除税）

费用名称	建筑工程/(%)	装饰工程/(%)
安全文明施工费	5.64	5.32
其中：1. 安全施工费	3.51	3.51
2. 环境保护费	0.56	0.12
3. 文明施工费	0.65	0.10

续表

费用名称		建筑工程/(%)	装饰工程/(%)
4. 临时设施费		0.92	1.59
社会保险费		1.52	
建设项目工伤保险		0.105	
优质优价费	国家级	1.76	
	省级	1.16	
	市级	0.93	
住房公积金		按工程所在地设区市相关规定计算	

表 3-13 简易计税法下规费费率（含税）

费用名称		建筑工程/(%)	装饰工程/(%)
安全文明施工费		5.44	5.12
其中：1. 安全施工费		3.31	3.31
2. 环境保护费		0.56	0.12
3. 文明施工费		0.65	0.10
4. 临时设施费		0.92	1.59
社会保险费		1.40	
建设项目工伤保险		0.10	
优质优价费	国家级	1.66	
	省级	1.10	
	市级	0.88	
住房公积金		按工程所在地设区市相关规定计算	

⑤ 税金费率，如表 3-14 所示。

表 3-14 税金费率

费用名称	税金费率/(%)
增值税（一般计税，除税）	9
增值税（简易计税，含税）	3

注：甲供材料、甲供设备不作为增值税计税基础。

3.3.5 工程类别划分标准

1. 说明

① 工程类别的确定，以单位工程为划分对象。

一个单项工程的单位工程，包括建筑工程、装饰工程、水卫工程、暖通工程、电气工程等若干个相对独立的单位工程。一个单位工程只能确定一个工程类别。

② 工程类别划分标准缺项时，拟定为Ⅰ类工程的项目，由省工程造价管理机构核准；Ⅱ、Ⅲ类工程项目，由市工程造价管理机构核准，并同时报省工程造价管理机构备案。

2. 建筑工程

（1）建筑工程类别划分标准

建筑工程类别划分标准如表 3-15 所示。

表 3-15 建筑工程类别划分标准

工程特征			单位	工程类别		
				Ⅰ	Ⅱ	Ⅲ
工业厂房工程	钢结构	跨度	m	>30	>18	≤18
		建筑面积	m²	>25000	>12000	≤12000
	其他结构	单层 跨度	m	>24	>18	≤18
		单层 建筑面积	m²	>15000	>10000	≤10000
		多层 檐高	m	>60	>30	≤30
		多层 建筑面积	m²	>20000	>12000	≤12000
民用建筑工程	钢结构	檐高	m	>60	>30	≤30
		建筑面积	m²	>30000	>12000	≤12000
	混凝土结构	檐高	m	>60	>30	≤30
		建筑面积	m²	>20000	>10000	≤10000
	其他结构	层数	层	—	>10	≤10
		建筑面积	m²	—	>12000	≤12000
	别墅工程（≤3层）	栋数	栋	≤5	≤10	>10
		建筑面积	m²	≤500	≤700	>700
构筑物工程	烟囱	混凝土结构高度	m	>100	>60	≤60
		砖结构高度	m	>60	>40	≤40
	水塔	高度	m	>60	>40	≤40
		容积	m³	>100	>60	≤60
	筒仓	高度	m	>35	>20	≤20
		容积（单体）	m³	>2500	>1500	≤1500
	储池	容积（单体）	m³	>3000	>1500	≤1500
桩基础工程		桩长	m	>30	>12	≤12
单独土石方工程		土石方	m³	>30000	>12000	5000～12000

注：表中的"层数"指建筑物地上层数。

(2) 建筑工程类别划分说明

工程类别划分标准中有两个指标的,确定工程类别时,需满足其中一项指标。

① 建筑工程确定类别时,应首先确定工程类型。

建筑工程的工程类型,按工业厂房工程、民用建筑工程、构筑物工程、桩基础工程、单独土石方工程 5 个类型分列。

a. 工业厂房工程指直接从事物质生产的生产厂房或生产车间。

工业建筑中,为物质生产配套和服务的实验室、化验室、食堂、宿舍、医疗、卫生及管理用房等独立建筑物,按民用建筑工程确定工程类别。

b. 民用建筑工程指直接用于满足人们物质和文化生活需要的非生产性建筑物。

c. 构筑物工程指与工业或民用建筑配套或独立于工业与民用建筑之外的工程,如烟囱、水塔、仓库、水池等工程。

d. 桩基础工程指浅基础不能满足建筑物的稳定性要求而采用的一种深基础工艺,主要包括各种现浇和预制混凝土桩及其他材质的桩基础。桩基础工程适用于建设单位直接发包的桩基础工程。

e. 单独土石方工程指建筑物、构筑物、市政设施等基础土石方以外的,挖方或填方工程量大于 5000m³ 且需要单独编制概预算的土石方工程,包括土石方的挖、运、填等。

f. 同一建筑物工程类型不同时,按建筑面积大的工程类型确定其工程类别。

② 房屋建筑工程的结构形式。

a. 钢结构指柱、梁(屋架)、板等承重构件用钢材制作的建筑物。

b. 混凝土结构指柱、梁(屋架)、板等承重构件用现浇或预制钢筋混凝土制作的建筑物。

c. 同一建筑物结构形式不同时,按建筑面积大的结构形式确定其工程类别。

③ 工程特征。

a. 建筑物檐高指设计室外地坪至檐口滴水(或屋面板板顶)的高度。突出建筑物主体屋面楼梯间、电梯间、水箱间部分高度不计入檐口高度。

b. 建筑物的跨度指设计图示轴线间的宽度。

c. 建筑物的建筑面积按建筑面积计算规范的规定计算。

d. 构筑物高度指设计室外地坪至构筑物主体结构顶坪的高度。

e. 构筑物的容积指设计净容积。

f. 桩长指设计桩长(包括桩尖长度)。

④ 与建筑物配套的零星项目,如水表井、消防水泵接合器井、热力入户井、排水检查井、雨水沉砂池等,按相应建筑物的类别确定工程类别。

其他附属项目,如场区大门、围墙、挡土墙、庭院甬路、室外管道支架等,按建筑工程Ⅲ类确定工程类别。

⑤ 工业厂房的设备基础,单体混凝土体积＞1000m³,按构筑物工程Ⅰ类确定工程类别;单体混凝土体积＞600m³,按构筑物工程Ⅱ类确定工程类别;单体混凝土体积≤600m³ 且＞50m³,按构筑物工程Ⅲ类确定工程类别;单体混凝土体积≤50m³,按相应建筑物或构筑物的工程类别确定工程类别。

⑥ 强夯工程,按单独土石方工程Ⅱ类确定工程类别。

3. 装饰工程

(1) 装饰工程类别划分标准

装饰工程类别划分标准如表 3-16 所示。

表 3-16 装饰工程类别划分标准

工程特征	工程类别		
	Ⅰ	Ⅱ	Ⅲ
工业与民用建筑	特殊公共建筑，包括观演展览建筑、交通建筑、体育场馆、高级会堂等	一般公共建筑，包括办公建筑、文教卫生建筑、科研建筑、商业建筑等	居住建筑 工业厂房工程
	四星级及以上宾馆	三星级宾馆	二星级以下宾馆
单独外墙装饰（包括幕墙、各种外墙干挂工程）	幕墙高度＞50m	幕墙高度＞30m	幕墙高度≤30m
单独招牌、灯箱、美术字等工程	—	—	单独招牌、灯箱、美术字等工程

(2) 装饰工程类别划分说明

① 装饰工程，指建筑物主体结构完成后，在主体结构表面及相关部位进行抹灰、镶贴和铺装面层等施工，以达到建筑设计效果的施工内容。

a. 作为地面各层次的承载体，在原始地基或回填土上铺筑的垫层，属于建筑工程。附着于垫层或主体结构的找平层仍属于建筑工程。

b. 为主体结构及其施工服务的边坡支护工程，属于建筑工程。

c. 门窗（不含门窗零星装饰）作为建筑物围护结构的重要组成部分，属于建筑工程。工艺门扇，以及门窗的包框、镶嵌和零星装饰，属于装饰工程。

d. 位于墙柱结构外表面以外、楼板（含屋面板）以下的各种龙骨（骨架）、各种找平层、面层，属于装饰工程。

e. 具有特殊功能的防水层（含其下的找平层）、保温层（含其上的保护层、抗裂层），属于建筑工程；防水层、保温层以外的其他层次，属于装饰工程。

f. 为整体工程或主体结构工程服务的脚手架、垂直运输、水平运输、大型机械进出场，属于建筑工程；单纯为装饰工程服务的，属于装饰工程。

g. 建筑工程的施工增加（山东省定额第二十章），属于建筑工程；装饰工程的施工增加，属于装饰工程。

② 特殊公共建筑，包括观演展览建筑（如影剧院、影视制作播放建筑、城市级图书馆、博物馆、展览馆、纪念馆等）、交通建筑（如汽车、火车、飞机、轮船的站房建筑等）、体育场馆（如体育训练、比赛场馆等）、高级会堂等。

③ 一般公共建筑，包括办公建筑、文教卫生建筑（如教学楼、实验楼、学校图书馆、门诊楼、病房楼、检验化验楼等）、科研建筑、商业建筑等。

④ 宾馆、饭店的星级，按《旅游饭店星级的划分与评定》（GB/T 14308—2023）确定。

3.4 建筑面积计算规则

3.4.1 概述

① 为规范工业与民用建筑工程建设全过程的建筑面积计算,统一计算方法,特制定《建筑工程建筑面积计算规范》(GB/T 50353—2013)。

② GB/T 50353—2013 适用于新建、扩建、改建的工业与民用建筑工程建设全过程的建筑面积计算。

③ 建筑工程的建筑面积计算,除应符合 GB/T 50353—2013 外,尚应符合国家现行有关标准的规定。

建筑面积、自然层

3.4.2 计算建筑面积的范围

① 建筑物的建筑面积应按自然层外墙结构外围水平面积之和计算。结构层高在 2.20m 及以上的,应计算全面积;结构层高在 2.20m 以下的,应计算 1/2 面积。

② 建筑物内设局部楼层(图 3-3)时,对于局部楼层的二层及以上楼层,有围护结构的应按其围护结构外围水平面积计算,无围护结构的应按其结构底板水平面积计算,且结构层高在 2.20m 及以上的,应计算全面积,结构层高在 2.20m 以下的,应计算 1/2 面积。

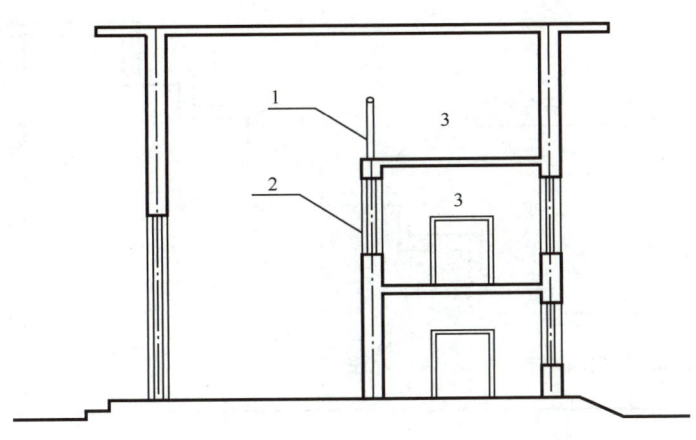

1—围护设施;2—围护结构;3—局部楼层
图 3-3 建筑物内设局部楼层

特别提示

围护结构:围合建筑空间的墙体、门、窗。

③ 对于形成建筑空间的坡屋顶，结构净高在 2.10m 及以上的部位应计算全面积；结构净高在 1.20～2.10m 的部位应计算 1/2 面积；结构净高在 1.20m 以下的部位不应计算建筑面积。

④ 对于场馆看台下的建筑空间，结构净高在 2.10m 及以上的部位应计算全面积；结构净高在 1.20～2.10m 的部位应计算 1/2 面积；结构净高在 1.20m 以下的部位不应计算建筑面积。室内单独设置的有围护设施的悬挑看台，应按看台结构底板水平投影面积计算建筑面积。有顶盖无围护结构的场馆看台应按其顶盖水平投影面积的 1/2 计算面积（图 3-4）。

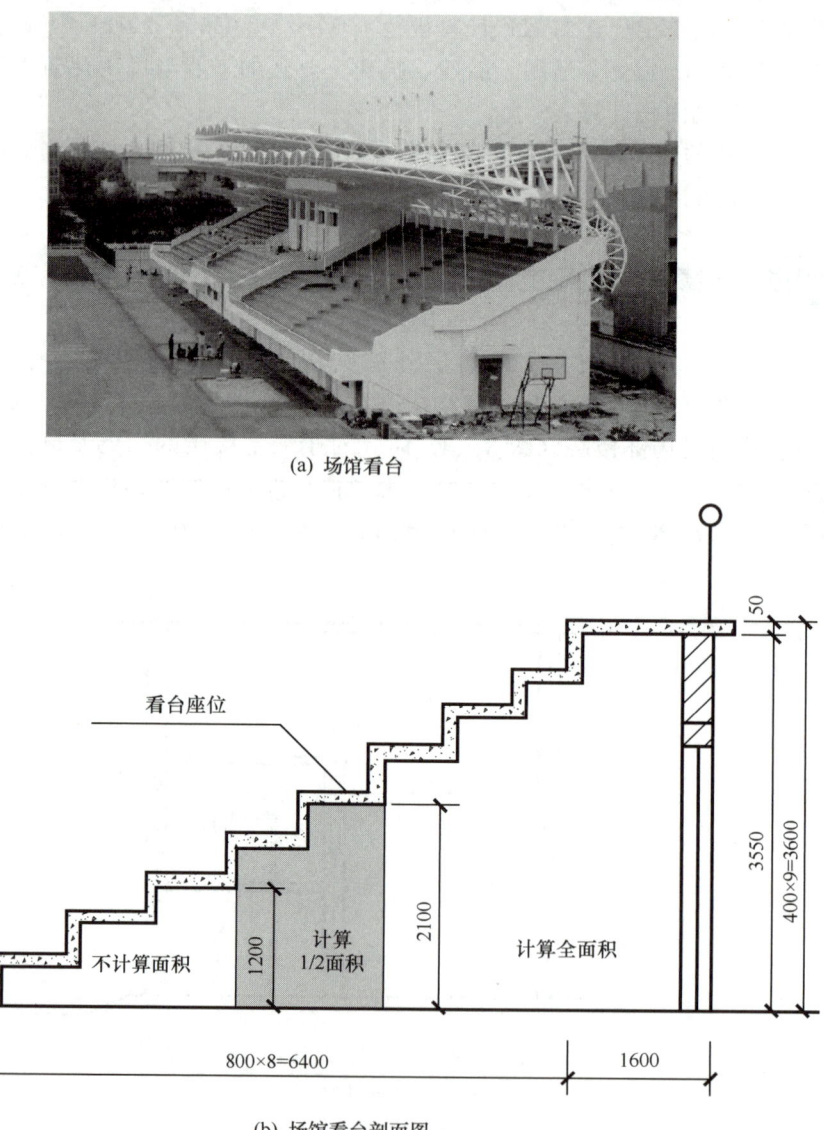

(a) 场馆看台

(b) 场馆看台剖面图

图 3-4 场馆看台示意

⑤ 地下室、半地下室应按其结构外围水平面积计算。结构层高在2.20m及以上的,应计算全面积;结构层高在2.20m以下的,应计算1/2面积(图3-5)。

⑥ 出入口外墙外侧坡道有顶盖的部位,应按其外墙结构外围水平面积的1/2计算面积(图3-6)。

地下室、出入口坡道

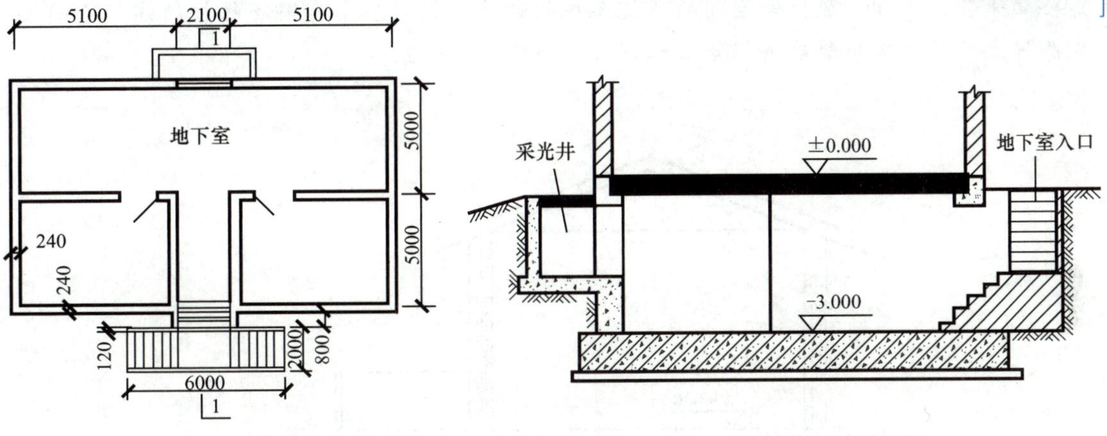

图3-5 地下室示意

图3-6 地下室出入口

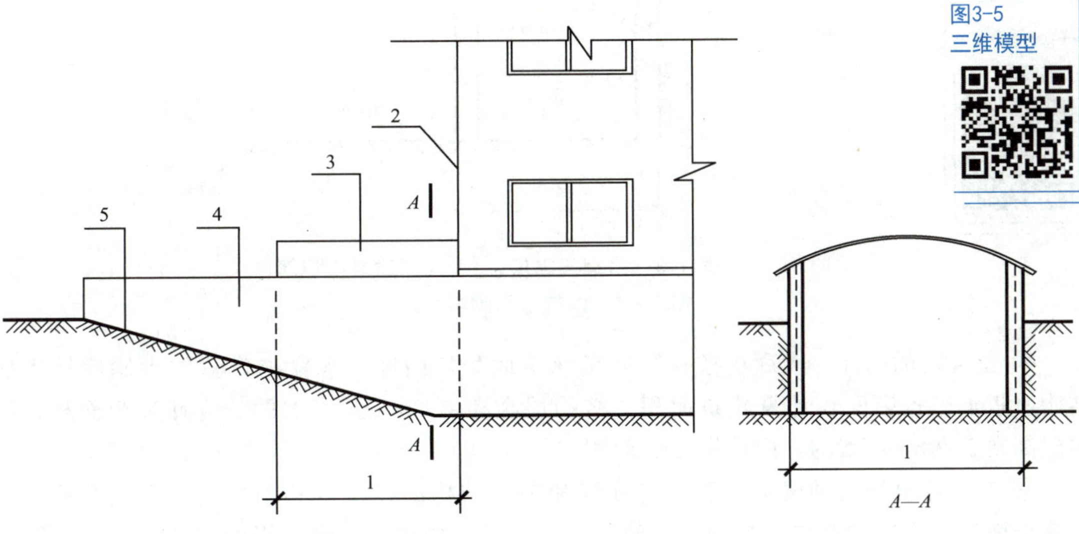

1—计算1/2投影面积部位;2—主体建筑;3—出入口顶盖;
4—封闭出入口侧墙;5—出入口坡道

⑦ 建筑物架空层及坡地建筑物吊脚架空层,应按其顶板水平投影计算建筑面积。结构层高在2.20m及以上的,应计算全面积;结构层高在2.20m以下的,应计算1/2面积。

特别提示

① 架空层：仅有结构支撑而无外围护结构的开敞空间层。

② 本条既适用于建筑物吊脚架空层、深基础架空层建筑面积的计算，也适用于目前部分住宅、学校教学楼等工程在底层架空或在二楼或以上某个甚至多个楼层架空，作为公共活动、停车、绿化等空间的建筑面积的计算。架空层中有围护结构的建筑空间按相关规定计算。建筑物吊脚架空层如图 3-7 所示。

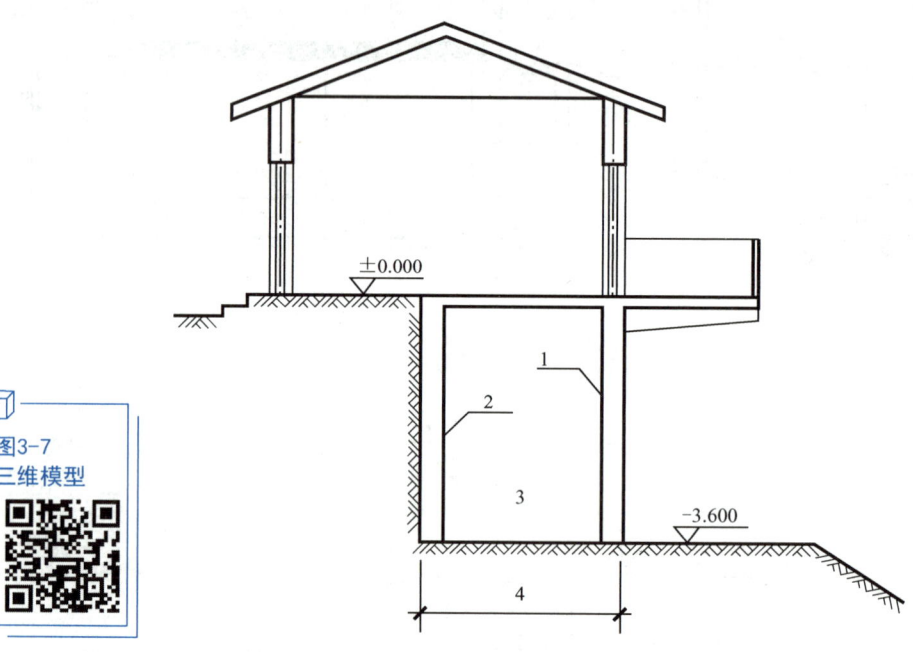

1—柱；2—墙；3—吊脚架空层；4—计算建筑面积部位

图 3-7 建筑物吊脚架空层

⑧ 建筑物的门厅、大厅应按一层计算建筑面积，门厅、大厅内设置的走廊应按走廊结构底板水平投影面积计算建筑面积。结构层高在 2.20m 及以上的，应计算全面积；结构层高在 2.20m 以下的，应计算 1/2 面积（图 3-8）。

⑨ 对于建筑物间的架空走廊，有顶盖和围护结构的，应按其围护结构外围水平面积计算全面积；无围护结构、有围护设施的，应按其结构底板水平投影面积计算 1/2 面积。

特别提示

① 架空走廊：专门设置在建筑物的二层或二层以上，作为不同建筑物之间水平交通的空间。

② 无围护结构的架空走廊如图 3-9 所示。有围护结构的架空走廊如图 3-10 所示。

图3-8 门厅、大厅示意

1—栏杆；2—架空走廊
图3-9 无围护结构的架空走廊示意

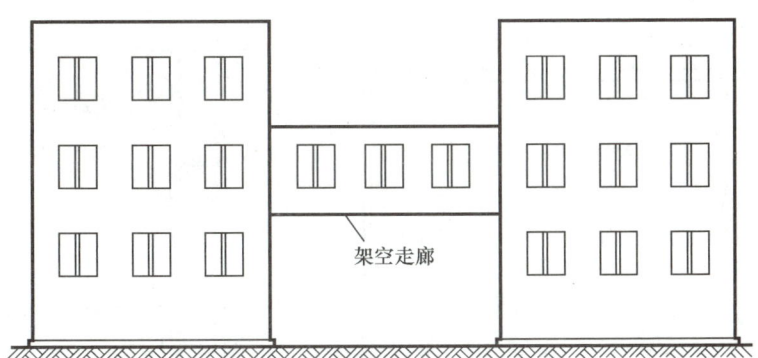

图3-10 有围护结构的架空走廊示意

⑩ 对于立体书库、立体仓库、立体车库（图3-11），有围护结构的，应按其围护结构外围水平面积计算建筑面积；无围护结构、有围护设施的，应按其结构底板水平投影面积计算建筑面积。无结构层的应按一层计算，有结构层的应按其结构层面积分别计算。结构层高在2.20m及以上的，应计算全面积；结构层高在2.20m以下的，应计算1/2面积。

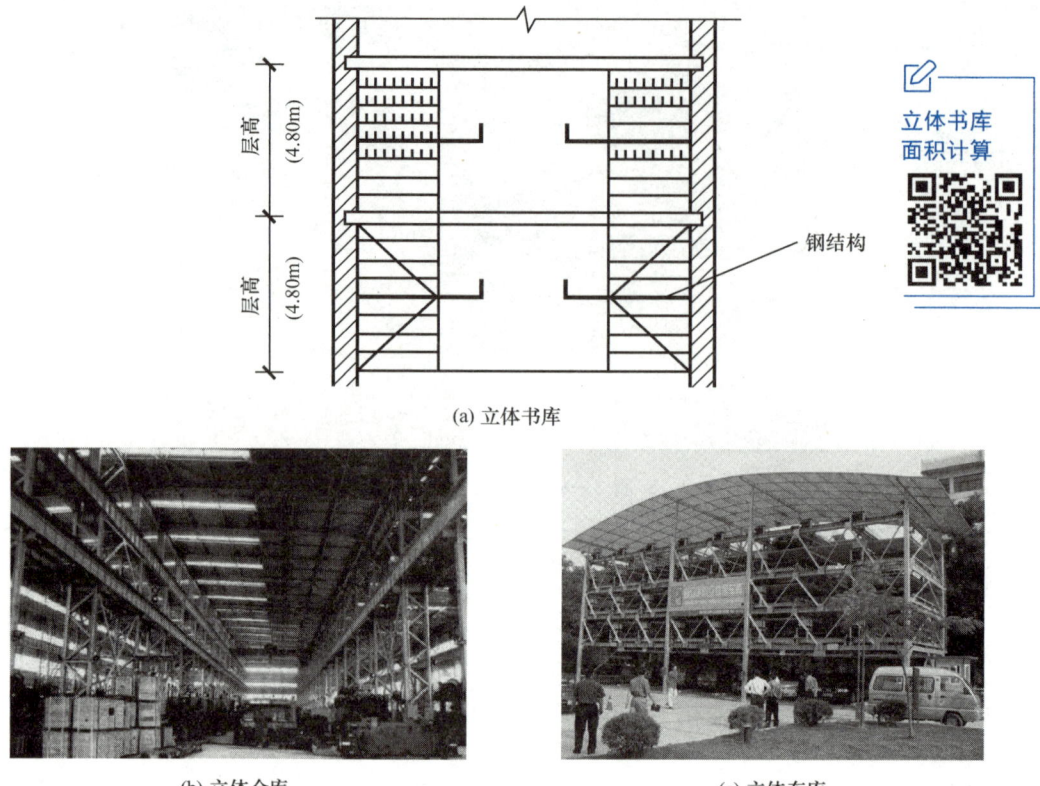

(a) 立体书库

(b) 立体仓库

(c) 立体车库

图 3-11 立体书库、立体仓库、立体车库示意

⑪ 有围护结构的舞台灯光控制室（图 3-12），应按其围护结构外围水平面积计算。结构层高在 2.20m 及以上的，应计算全面积；结构层高在 2.20m 以下的，应计算 1/2 面积。

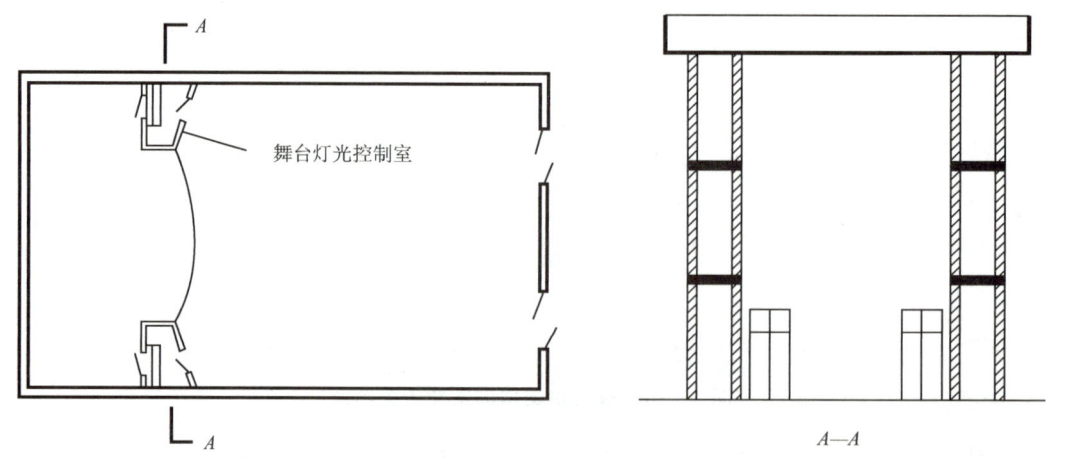

图 3-12 舞台灯光控制室示意

⑫ 附属在建筑物外墙的落地橱窗，应按其围护结构外围水平面积计算。结构层高在 2.20m 及以上的，应计算全面积；结构层高在 2.20m 以下的，应计算 1/2 面积。

第3章 建筑工程工程量计算与定额应用概述

 **特别提示**

落地橱窗：突出外墙面且根基落地的橱窗（图3-13）。落地橱窗是在商业建筑临街面设置的下槛落地、可落在室外地坪也可落在室内首层地板，用来展览各种样品的玻璃窗。

图3-13 落地橱窗示意

⑬ 窗台与室内楼地面高差在0.45m以下且结构净高在2.10m及以上的凸（飘）窗，应按其围护结构外围水平面积计算1/2面积。

 **特别提示**

凸窗（飘窗）：突出建筑物外墙面的窗户（图3-14）。凸窗（飘窗）既作为窗，就有别于楼（地）板的延伸，也就是不能把楼（地）板延伸出去的窗称为凸窗（飘窗）。凸窗（飘窗）的窗台应只是墙面的一部分且距（楼）地面有一定高度。

图3-14 凸窗（飘窗）示意

⑭ 有围护设施的室外走廊（挑廊），应按其结构底板水平投影面积计算 1/2 面积；有围护设施（或柱）的檐廊，应按其围护设施（或柱）外围水平面积计算 1/2 面积（图 3-15、图 3-16）。

走廊

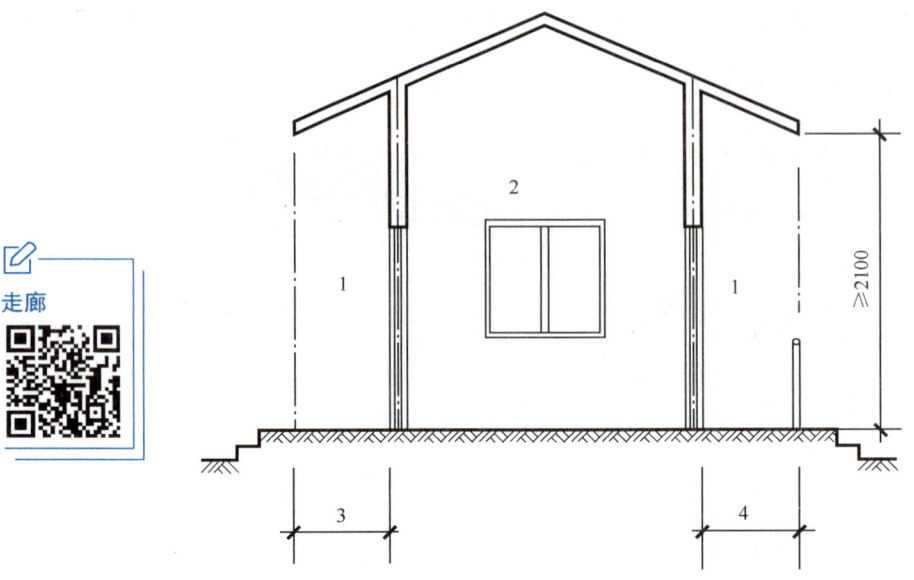

1—檐廊；2—室内；3—不计算建筑面积部位；4—计算 1/2 建筑面积部位

图 3-15 檐廊示意

图 3-16 挑廊示意

⑮ 门斗应按其围护结构外围水平面积计算建筑面积，且结构层高在 2.20m 及以上的，应计算全面积；结构层高在 2.20m 以下的，应计算 1/2 面积。

> **特别提示**
>
> 门斗：建筑物入口处两道门之间的空间（图3-17）。

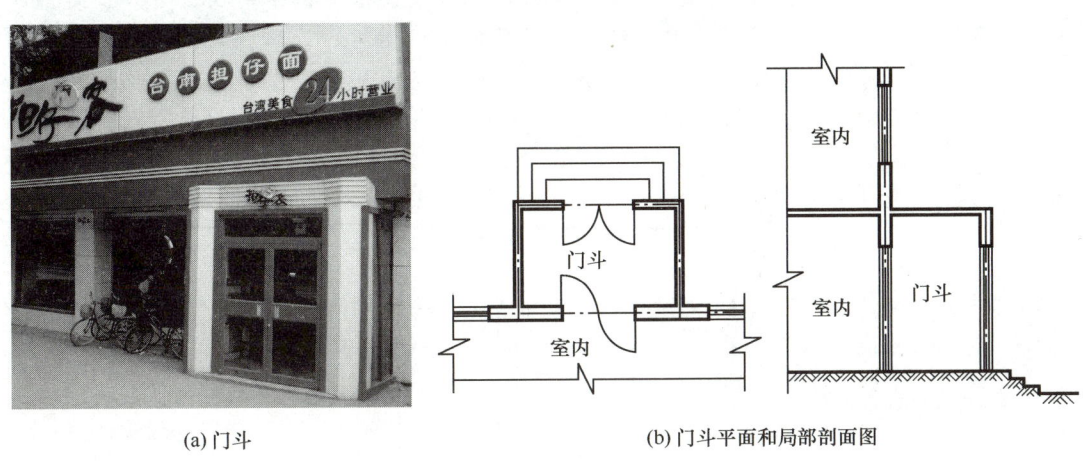

(a) 门斗　　　　　　　　　　　(b) 门斗平面和局部剖面图

图3-17　门斗示意

⑯ 门廊应按其顶板水平投影面积的1/2计算建筑面积；有柱雨篷应按其结构板水平投影面积的1/2计算建筑面积；无柱雨篷的结构外边线至外墙结构外边线的宽度在2.10m及以上的，应按雨篷结构板的水平投影面积的1/2计算建筑面积。

⑰ 设在建筑物顶部的、有围护结构的楼梯间、水箱间、电梯机房等，结构层高在2.20m及以上的应计算全面积；结构层高在2.20m以下的，应计算1/2面积（图3-18）。

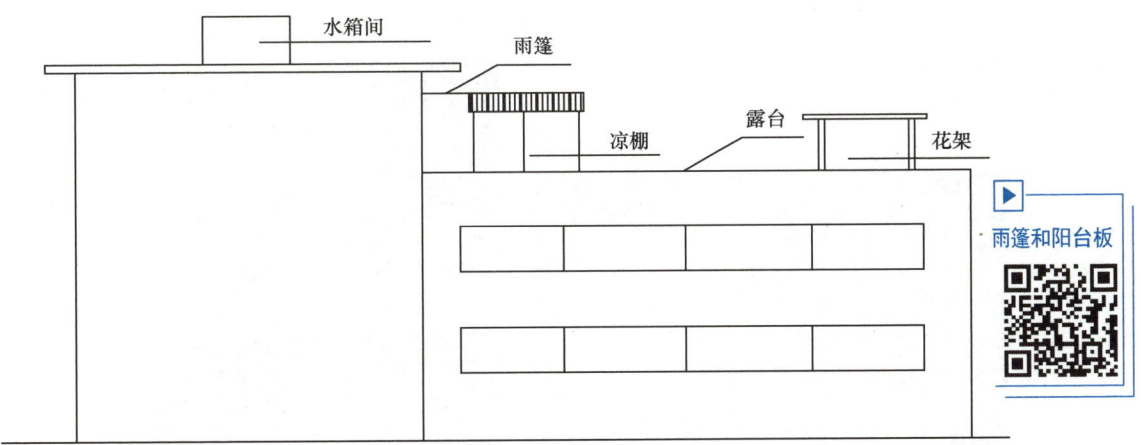

图3-18　屋顶水箱间示意

⑱ 围护结构不垂直于水平面的楼层，应按其底板面的外墙外围水平面积计算。结构净高在2.10m及以上的部位，应计算全面积；结构净高在1.20~2.10m的部位，应计算1/2面积；结构净高在1.20m以下的部位，不应计算建筑面积。

特别提示

本条规定对围护结构向内、向外倾斜均适用。在划分高度上，本条使用的是"结构净高"，与其他正常平楼层按层高划分不同，但与斜屋面的划分原则一致。由于目前很多建筑设计追求新、奇、特，造型越来越复杂，很多时候根本无法明确区分什么是围护结构、什么是屋顶，因此对于斜围护结构与斜屋顶采用相同的计算规则，即只要外壳倾斜，就按结构净高划段，分别计算建筑面积。斜围护结构如图3-19、图3-20所示。

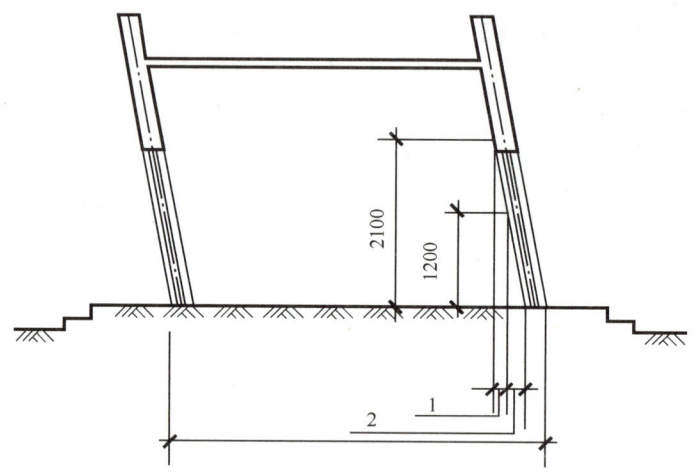

1—计算1/2建筑面积部位；2—不计算建筑面积部位

图3-19 斜围护结构示意

图3-20 围护结构不垂直于水平面的建筑物示意

⑲ 建筑物的室内楼梯、电梯井、提物井、管道井、通风排气竖井、烟道，应并入建筑物的自然层计算建筑面积。有顶盖的采光井应按一层计算面积，且结构净高在2.10m

及以上的,应计算全面积;结构净高在2.10m以下的,应计算1/2面积。

**特别提示**

> 建筑物的楼梯间层数按建筑物的层数计算。有顶盖的采光井包括建筑物中的地下室采光井和采光井(如电梯井),如图3-21、图3-22所示。

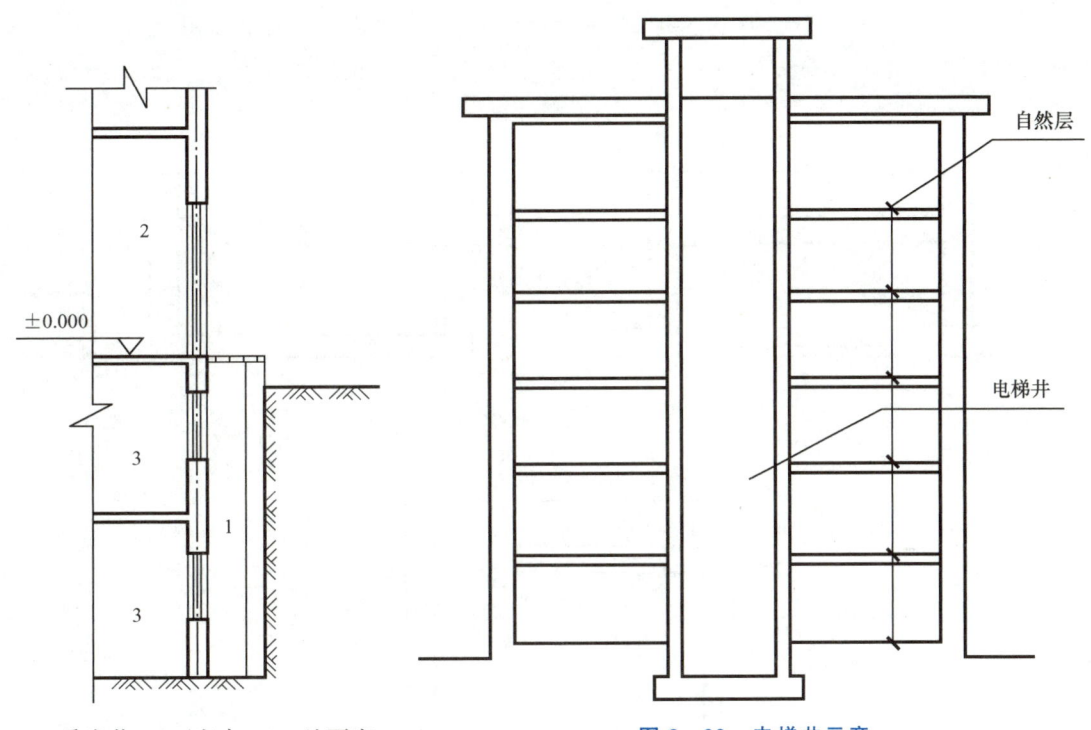

1—采光井;2—室内;3—地下室
图3-21 地下室采光井示意

图3-22 电梯井示意

⑳ 室外楼梯应并入所依附建筑物自然层,并应按其水平投影面积的1/2计算建筑面积(图3-23)。

图3-23 室外楼梯示意

㉑ 在主体结构内的阳台,应按其结构外围水平面积计算全面积;在主体结构外的阳台,应按其结构底板水平投影面积计算 1/2 面积。

特别提示

① 主体结构:接受、承担和传递建设工程所有上部荷载,维持上部结构整体性、稳定性和安全性的有机联系的构造。

② 阳台:附设于建筑物外墙,设有栏杆或栏板,可供人活动的室外空间。建筑物的阳台,不论其形式如何,均以建筑物主体结构为界分别计算建筑面积(图 3-24)。

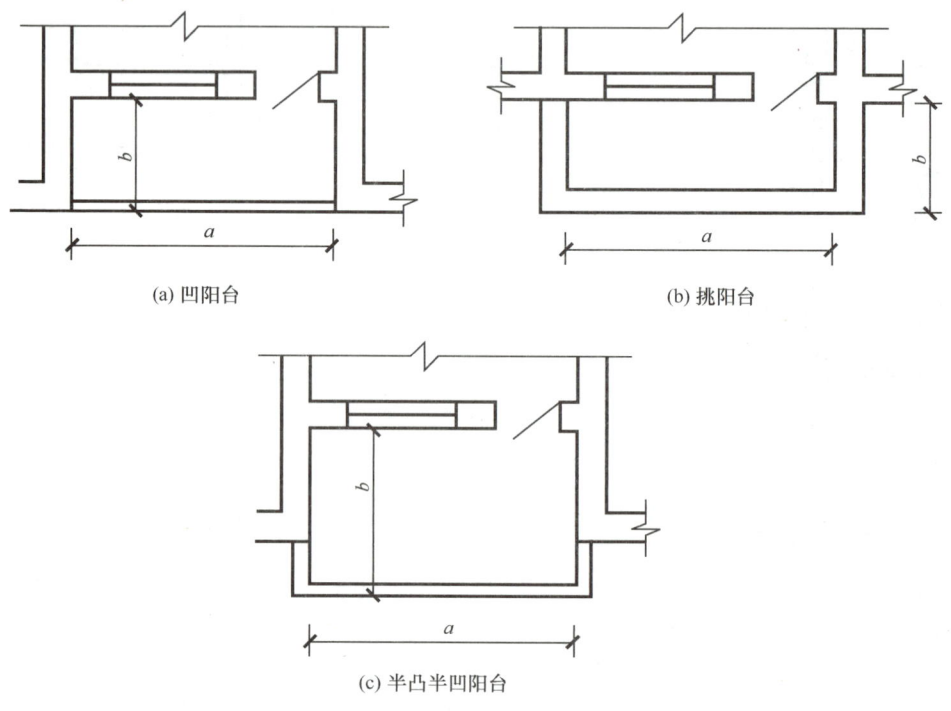

图 3-24　阳台种类

㉒ 有顶盖无围护结构的车棚、货棚、站台、加油站、收费站等,应按其顶盖水平投影面积的 1/2 计算建筑面积(图 3-25)。

图 3-25　有顶盖无围护结构的车棚、加油站示意

㉓ 以幕墙作为围护结构的建筑物，应按幕墙外边线计算建筑面积。

特别提示

幕墙以其在建筑物中所起的作用和功能来区分，直接作为外墙起围护作用的幕墙，按其外边线计算建筑面积（图 3-26）；设置在建筑物墙体外起装饰作用的幕墙，不计算建筑面积。

图 3-26　围护性幕墙示意

㉔ 建筑物的外墙外保温层，应按其保温材料的水平截面面积计算，并计入自然层建筑面积。

特别提示

为贯彻国家节能要求，鼓励建筑外墙采取保温措施，GB/T 50353—2013 将保温材料的厚度计入建筑面积。建筑物外墙外侧有保温隔热层的，保温隔热层以保温材料的净厚度乘以外墙结构外边线长度，按建筑物的自然层计算建筑面积，其外墙外边线长度不扣除门窗和建筑物外已计算建筑面积构件（如阳台、室外走廊、门斗、落地橱窗等部件）所占长度。当建筑物外已计算建筑面积的构件（如阳台、室外走廊、门斗、落地橱窗等部件）有保温隔热层时，其保温隔热层也不再计算建筑面积。外墙是斜面者按楼面楼板处的外墙外边线长度乘以保温材料的净厚度计算。外墙外保温以沿高度方向满铺为准，某层外墙外保温铺设高度未达到全部高度时（不包括阳台、室外走廊、门斗、落地橱窗、雨篷、飘窗等），不计算建筑面积。保温隔热层的建筑面积是以保温隔热材料的厚度来计算的，不包含抹灰层、防潮层、保护层（墙）的厚度。建筑外墙外保温及其构造如图 3-27 所示。

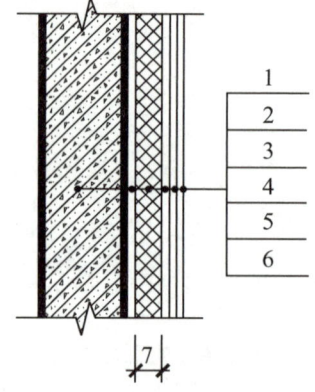

(a) 外墙外保温　　　　　(b) 外墙外保温构造层次

1—墙体；2—黏结胶浆；3—保温材料；4—标准网；5—加强网；
6—抹面胶浆；7—计算建筑面积部位

图 3-27　建筑外墙外保温及其构造示意

㉕ 与室内相通的变形缝，应按其自然层合并在建筑物建筑面积内计算。对于高低联跨的建筑物，当高低跨内部连通时，其变形缝应计入低跨面积内（图 3-28）。

变形缝说明

沉降缝

图 3-28　变形缝示意

㉖ 对于建筑物内的设备层、管道层、避难层等有结构层的楼层，结构层高在 2.20m 及以上的，应计算全面积；结构层高在 2.20m 以下的，应计算 1/2 面积。

 **特别提示**

> 设备层、管道层虽然其具体功能与普通楼层不同，但在结构上及施工消耗上并无本质区别，且 GB/T 50353—2013 定义自然层为"按楼地面结构分层的楼层"，因此设备、管道楼层归为自然层，其计算规则与普通楼层相同。在吊顶空间内设置管道的，则吊顶空间部分不能被视为设备层、管道层。

3.4.3 不应计算建筑面积的范围

① 与建筑物内不连通的建筑部件。
② 骑楼、过街楼底层的开放公共空间和建筑物通道（图3-29）。
③ 舞台及后台悬挂幕布和布景的天桥、挑台等。
④ 露台、露天游泳池、花架、屋顶的水箱及装饰性结构构件。
⑤ 建筑物内的操作平台、上料平台、安装箱和罐体的平台。

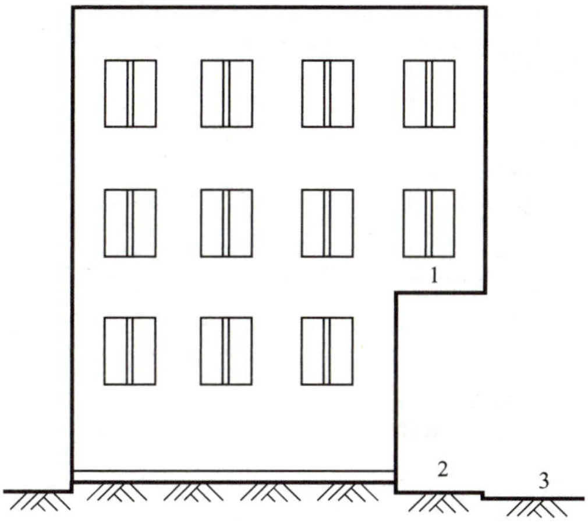

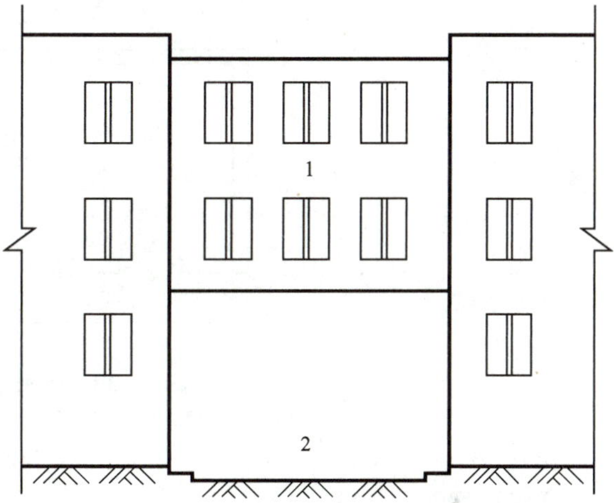

图3-29 骑楼、过街楼和建筑物通道示意

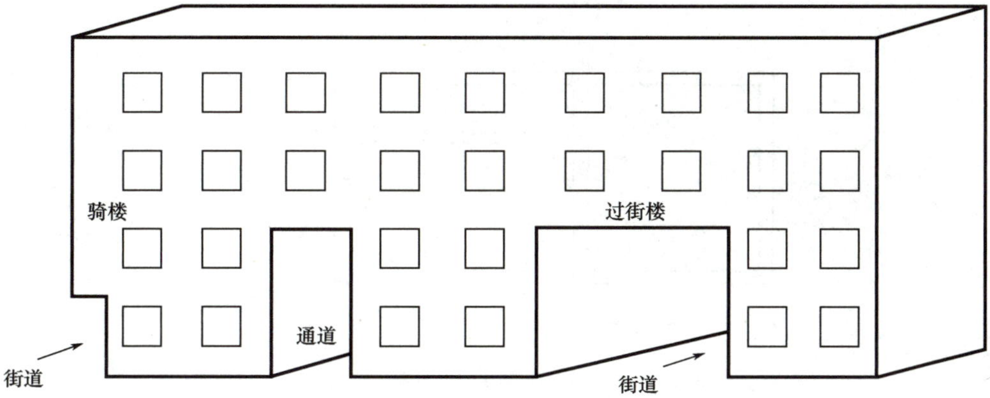

⑥ 勒脚、附墙柱、垛、台阶、墙面抹灰、装饰面、镶贴块料面层、装饰性幕墙，主体结构外的空调室外机搁板（箱）、构件、配件，挑出宽度在2.10m以下的无柱雨篷和顶盖高度达到或超过两个楼层的无柱雨篷。
⑦ 窗台与室内地面高差在0.45m以下且结构净高在2.10m以下的凸（飘）窗，窗台

与室内地面高差在 0.45m 及以上的凸（飘）窗。

⑧ 室外爬梯、室外专用消防钢楼梯。

⑨ 无围护结构的观光电梯。

⑩ 建筑物以外的地下人防通道，独立的烟囱、烟道、地沟、油（水）罐、气柜、水塔、储油（水）池、储仓、栈桥等构筑物。

【应用案例 3-1】

某单层建筑物内设有局部楼层，尺寸如图 3-30 所示，$L=9240\text{mm}$，$B=8240\text{mm}$，$a=3240\text{mm}$，$b=4240\text{mm}$，试计算该建筑物的建筑面积。

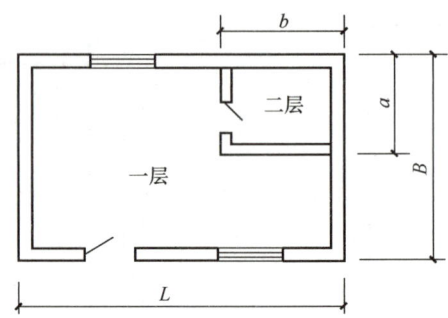

图 3-30 应用案例 3-1 附图

解： 建筑面积 $S=LB+ab=9.24\times8.24+3.24\times4.24\approx89.88(\text{m}^2)$。

【应用案例 3-2】

某建筑物六层，建筑物内设电梯，建筑物顶部设有围护结构的电梯机房，层高为 2.2m，其平面图如图 3-31 所示，试计算该建筑物的建筑面积。

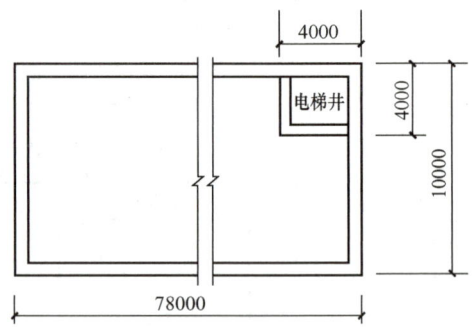

图 3-31 应用案例 3-2 附图

解： 建筑面积 $S=78\times10\times6+4\times4=4696(\text{m}^2)$。

【应用案例 3-3】

某工程底层平面图与 1—1 剖面图如图 3-32 所示（该工程为两坡同坡屋面，坡屋顶内空间可加以利用），图中未注明墙体厚度均为 240mm，现浇板厚均为 120mm，试计算其建筑面积。

解： ① 1~5 层建筑面积 $=(19.5+0.24)\times(14.4+0.24)\times5\approx1444.97(\text{m}^2)$。

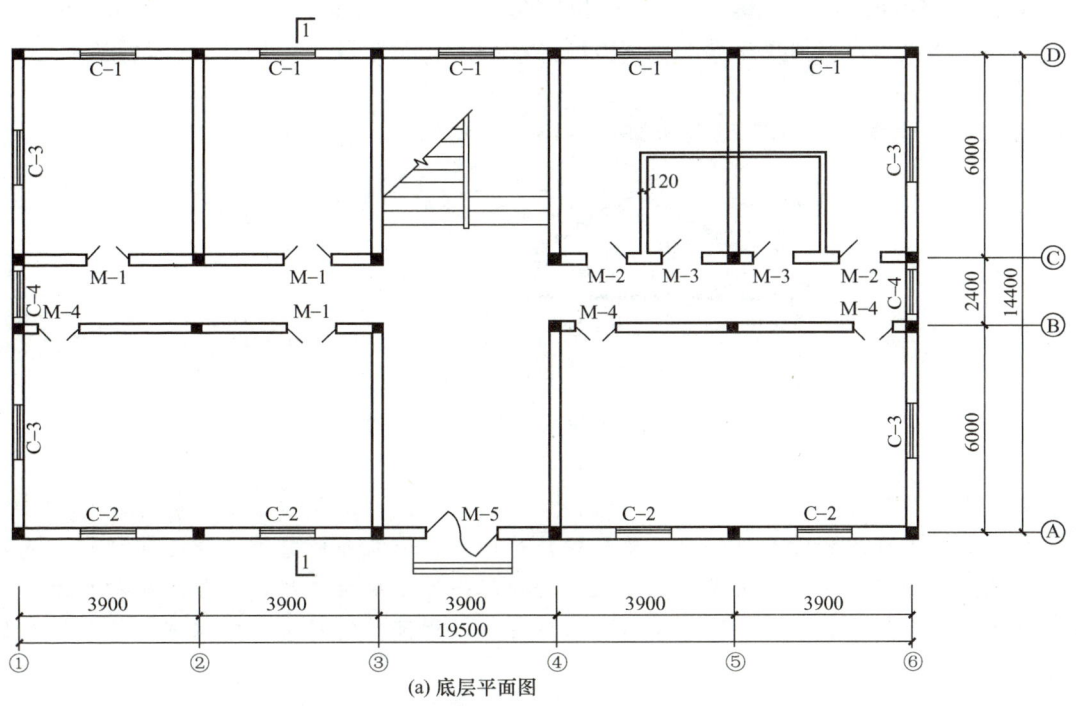

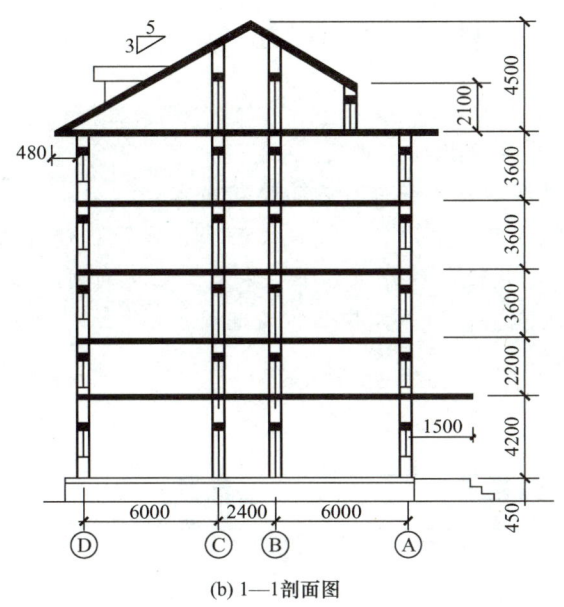

(a) 底层平面图

(b) 1—1剖面图

图 3-32 应用案例 3-3 附图

注意：二层层高正好为 2.2m，根据建筑面积计算规则计算全面积。

② 计算坡屋顶内空间建筑面积。

坡屋顶节点详图如图 3-33 所示。

$H_1 = 2.1 - \sqrt{5^2+3^2} \times 0.12/5 + 0.24 \times 3/5 \approx 2.104(\mathrm{m})$，Ⓑ轴右侧建筑面积应算至Ⓐ轴墙体的外边线。

$B_1=2.4\times5/3=4(m)$；$B_2=(2.4-0.14)\times5/3\approx3.77(m)$；$B_3=0.9\times5/3=1.5(m)$。

因此，坡屋顶内空间建筑面积$=(19.5+0.24)\times(4+3.77)+(19.5+0.24)\times1.5/2\approx168.18(m^2)$。

③ 总建筑面积$=1444.97+168.18=1613.15(m^2)$。

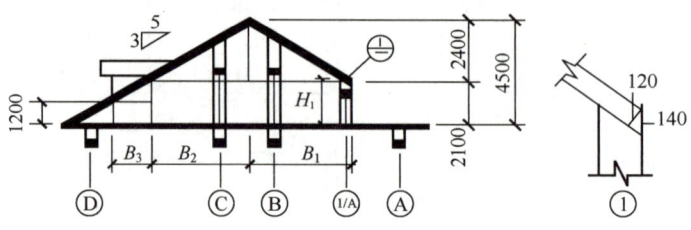

图 3-33 应用案例 3-3 节点详图

学习启示

计算建筑工程工程量和价格时，要严格执行国家、省发布的标准、规范等规定，规定不允许调整的内容绝对不能调整，规定缺项的内容一定要报请工程造价管理机构核准、备案，养成严谨、认真、细致、一丝不苟的工作作风，增强新时代学生对国家政策、规范的执行力。

本章小结

通过本章的学习，要求学生掌握以下内容。
① 建筑工程消耗量定额和建筑工程价目表的说明内容。
② 建设工程费用项目组成的基本内容、建设工程费定额计价计算程序和建设工程费工程量清单计价计算程序、建设工程费用各项费率及工程类别划分标准的确定方法。
③ 计算建筑面积的范围和不应计算建筑面积的范围。

习 题

一、简答题

1. 建设工程费用包括哪些内容？
2. 工程类别划分标准是什么？
3. 简述建设工程费用计算程序。
4. 措施费、规费包括哪些内容？
5. 简述挑廊、檐廊、回廊及地下室、半地下室的区别。

二、案例分析

1. 某民用住宅平面图与立面图如图 3-34 所示，图中尺寸为轴线间尺寸，墙厚均为 240mm，雨篷水平投影面积为 3300mm×1500mm，试计算其建筑面积。

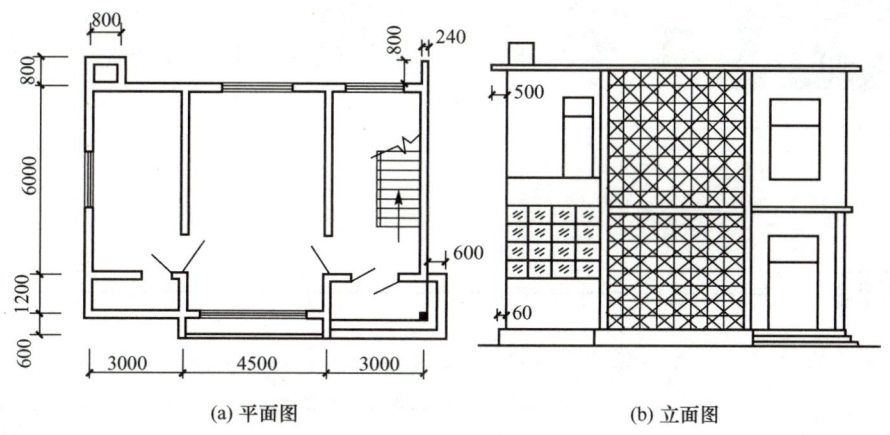

(a) 平面图　　　　(b) 立面图

图 3-34　某民用住宅平面图与立面图

2. 某工程地下室平面图与剖面图如图 3-35 所示，轴线间尺寸如图所示，地下室入口处有永久性顶盖，试计算其建筑面积。

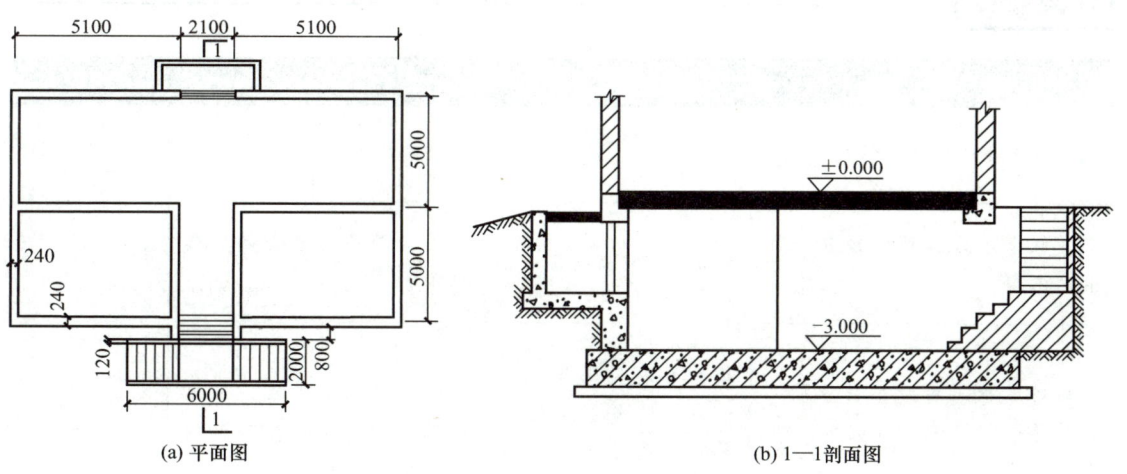

(a) 平面图　　　　(b) 1—1 剖面图

图 3-35　某工程地下室平面图与剖面图

第 4 章 土石方工程

教学目标

通过本章的学习,学生应掌握土壤及岩石的分类;掌握单独土石方、基础土方、基础石方、平整场地等定额说明;熟练掌握单独土石方、沟槽(包括管道沟槽)、地坑、一般土石方、平整场地、土方回填及竣工清理等项目的工程量计算规则及正确套用定额项目。

大开挖土方施工

教学要求

能力目标	知识要点	相关知识	权重
掌握土壤及岩石的分类	普通土、坚土、松石、坚石	土壤及岩石的名称	0.1
掌握土石方工程定额包含的内容	定额说明及定额项目	各定额项目包含的工作内容	0.4
熟练掌握土石方工程量的计算并能正确套用定额项目	单独土石方工程量的计算规则、基础土方工程量的计算规则及基础石方工程量的计算规则	土方竖向布置图、土方开挖深度、基础施工工作面宽度、土方放坡系数	0.5

导入案例

某墙下钢筋混凝土条形基础平面图及断面图如图 4-1 所示,垫层为混凝土,在基础埋深范围内,距离室外地坪 0.6m 处遇到地下水,在开挖基坑时,采用人工挖土或机械挖土,则地下水位以上的土层开挖和地下水位以下的土层开挖,其人工或机械费用有何差异?

第4章 土石方工程

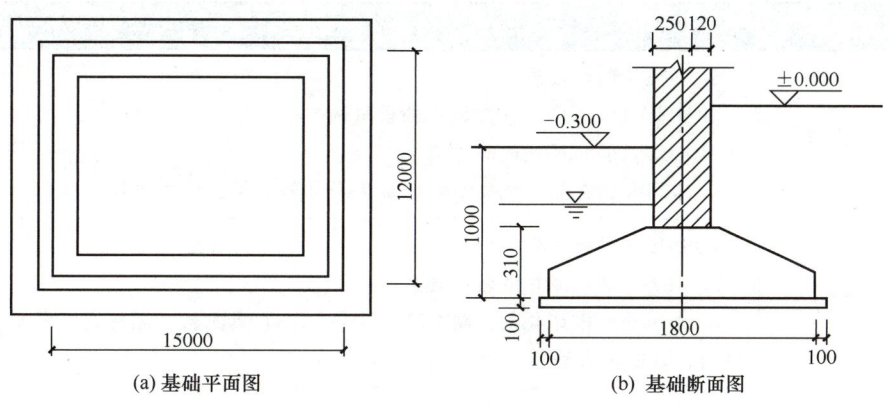

(a) 基础平面图　　(b) 基础断面图

图 4-1　导入案例附图

4.1 土石方工程定额说明

本部分定额包括单独土石方、基础土方、基础石方、平整场地及其他 4 节。

1. 土壤、岩石类别的划分

本部分土壤及岩石按普通土、坚土、松石、坚石分类，其具体分类如表 4-1 和表 4-2 所示。

表 4-1　土壤分类（GB/T 50854—2024）

土壤分类	土壤名称
一、二类土	粉土、砂土（粉砂、细砂、中砂、粗砂、砾砂）、粉质黏土、弱中盐渍土、软土（淤泥质土、泥炭、泥炭质土）、软塑红黏土、冲填土
三类土	黏土、碎石土（圆砾、角砾）、混合土、可塑红黏土、硬塑红黏土、强盐渍土、素填土、压实填土
四类土	碎石土（卵石、碎石、漂石、块石）、坚硬红黏土、超盐渍土、杂填土

表 4-2　岩石分类（GB/T 50854—2024）

岩石分类		代表性岩石
软质岩	极软岩	1. 全风化的各种岩石 2. 强风化的软岩 3. 各种半成岩

073

续表

岩石分类		代表性岩石
软质岩	软岩	1. 强风化的坚硬岩 2. 中等（弱）风化~强风化的较坚硬岩 3. 中等（弱）风化的较软岩 4. 未风化的泥岩、泥质页岩、绿泥石片岩、绢云母片岩等
软质岩	较软岩	1. 强风化的坚硬岩 2. 中等（弱）风化的较坚硬岩 3. 未风化~微风化的：凝灰岩、千枚岩、砂质泥岩、泥灰岩、泥质砂岩、粉砂岩、砂质页岩等
硬质岩	较坚硬岩	1. 中等（弱）风化的坚硬岩 2. 未风化~微风化的：熔结凝灰岩、大理岩、板岩、白云岩、石灰岩、钙质砂岩、粗晶大理岩等
硬质岩	坚硬岩	未风化~微风化的：花岗岩、正长岩、闪长岩、辉绿岩、玄武岩、安山岩、片麻岩、硅质板岩、石英岩、硅质胶结的砾岩、石英砂岩、硅质石灰岩等

2. 干土、湿土、淤泥的划分

（1）干土、湿土的划分

干土、湿土的划分，以地质勘测资料的地下常水位为准。地下常水位以上为干土，以下为湿土，如图 4-2 所示。

液限概念

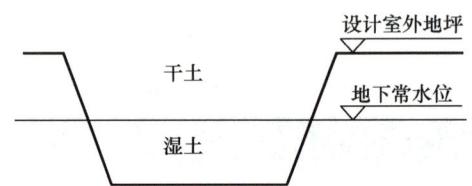

图 4-2 干土、湿土的划分界限

地表水排出后，土壤含水率≥25%时为湿土。含水率超过液限，土和水的混合物呈现流动状态时为淤泥。温度在 0℃及以下，并夹含有冰的土壤为冻土。山东省定额中的冻土指短时冻土和季节冻土。

（2）土方子目按干土编制

人工挖、运湿土时，相应子目人工乘以系数 1.18；机械挖、运湿土时，相应子目人工、机械乘以系数 1.15。采取降水措施后，人工挖、运土相应子目人工乘以系数 1.09，机械挖、运土不再乘系数。

3. 单独土石方、基础土石方的划分

土石方工程定额第一节单独土石方子目，适用于自然地坪与设计室外地坪之间、挖方或填方工程量＞5000m³ 的土石方工程，如图 4-3 所示；且同时适用于建筑、安装、市政、园林绿化、修缮等工程中的单独土石方工程。

土石方工程定额除第一节单独土石方子目外，均为基础土石方子目，适用于设计室外

第4章 土石方工程

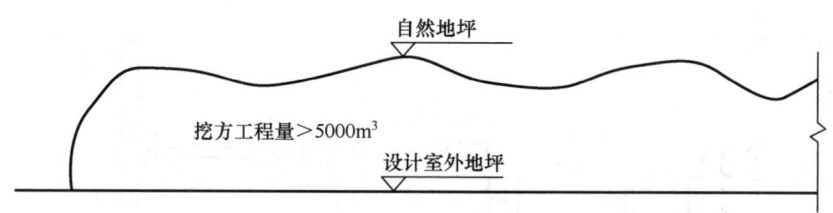

图 4-3 单独土石方

地坪以下的基础土石方工程,以及自然地坪与设计室外地坪之间、挖方或填方工程量≤5000m³ 的土石方工程。

单独土石方子目不能满足施工需要时,可以借用基础土石方子目,但应乘以系数 0.90。

4. 沟槽、地坑、一般土石方的划分

底宽(设计图示垫层或基础的底宽,下同)≤3m,且底长>3倍底宽为沟槽,如图 4-4(a)所示。

坑底面积≤20m²,且底长≤3倍底宽为地坑,如图 4-4(b)所示。

超出上述范围,又非平整场地的,为一般土石方,如图 4-4(c)所示。

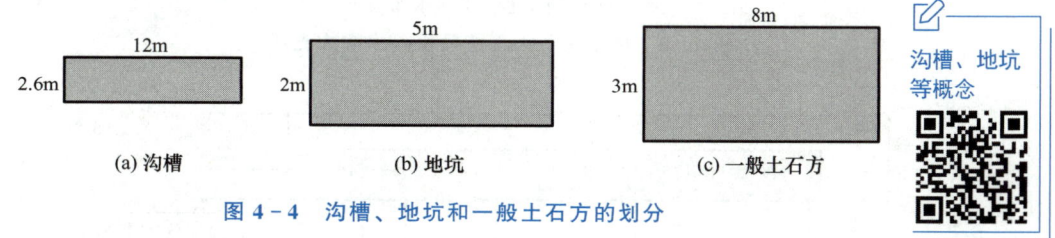

图 4-4 沟槽、地坑和一般土石方的划分

5. 小型挖掘机

小型挖掘机系指斗容量≤0.30m³ 的挖掘机,适用于基础(含垫层)底宽≤1.20m 的沟槽土方工程或底面面积≤8m² 的地坑土方工程。

6. 土石方工程相应子目系数的规定

① 人工挖一般土方、沟槽土方、地坑土方,6m<深度≤7m 时,按深度≤6m 相应子目人工乘以系数 1.25;7m<深度≤8m 时,按深度≤6m 相应子目人工乘以系数 1.25^2;以此类推。

② 挡土板下人工挖槽坑时,相应子目人工乘以系数 1.43,如图 4-5 所示。

③ 桩间挖土不扣除桩体和空孔所占体积,相应子目人工、机械乘以系数 1.50,如图 4-6 所示。

特别提示

> 桩间挖土系指桩承台外缘向外 1.20m 范围内、桩顶设计标高以上 1.20m(不足时按实计算)至基础(含垫层)底的挖土;但相邻桩承台外缘间距离≤4.00m 时,其间(竖向同上)的挖土全部为桩间挖土。

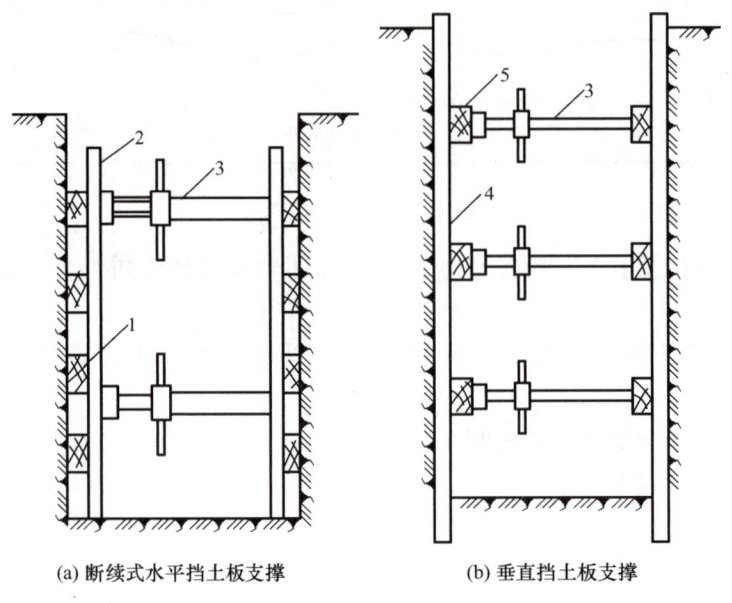

(a) 断续式水平挡土板支撑　　　　(b) 垂直挡土板支撑

1—水平挡土板；2—垂直支撑；3—工具式支撑；
4—垂直挡土板；5—水平支撑

图 4-5　挡土板下人工挖槽坑（横撑式支撑）

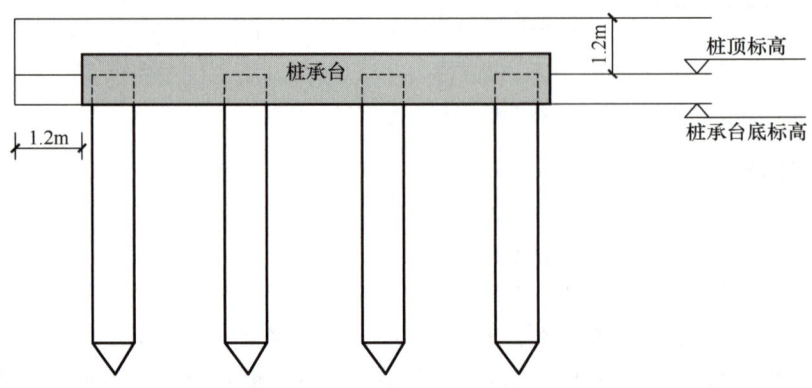

图 4-6　桩间挖土示意

④ 在强夯后的地基上挖土方和进行基底钎探，相应子目人工、机械乘以系数 1.15。

⑤ 满堂基础垫层底以下局部加深的槽坑，按槽坑相应规则计算工程量，相应子目人工、机械乘以系数 1.25。

⑥ 人工清理修整系指机械挖土后，对于基底和边坡遗留厚度≤0.30m 的土方，由人工进行的基底清理与边坡修整。

机械挖土及机械挖土后的人工清理修整，按机械挖土相应规则一并计算挖方总量。其中，机械挖土按挖方总量执行相应子目，乘以表 4-3 规定的系数；人工清理修整，按挖方总量执行表 4-3 规定的子目并乘以相应系数。

第4章 土石方工程

表 4-3 机械挖土及人工清理修整系数

基础类型	机械挖土		人工清理修整	
	执行子目	系数	执行子目	系数
一般土方	相应子目	0.95	1-2-1	0.063
沟槽土方		0.90	1-2-6	0.125
地坑土方		0.85	1-2-11	0.188

注：① 人工挖土方，不计算人工清底修边。
② 以支护桩、喷浆护壁、地下连续墙方式等进行了边坡支护的一般土方，按基底面积乘以 0.3 执行 1-2-1 子目。

⑦ 推土机推运土（不含平整场地）、装载机装运土土层平均厚度≤0.30m 时，相应子目人工、机械乘以系数 1.25。

⑧ 挖掘机挖筑、维护施工坡道（施工坡道斜面以下）土方，相应子目人工、机械乘以系数 1.50。

⑨ 挖掘机在垫板上作业时，相应子目人工、机械乘以系数 1.25。挖掘机下铺设垫板、汽车运输道路上铺设材料时，其人工、材料、机械按实另计，如图 4-7 所示。

图 4-7 挖掘机挖土、自卸汽车运土

⑩ 场区（含地下室顶板以上）回填，相应子目人工、机械乘以系数 0.90。

7. 土石方运输

① 土石方工程土石方运输，按施工现场范围内运输编制。在施工现场范围之外的市政道路上运输，不适用土石方工程定额。弃土外运及弃土处理等其他费用，按各地市有关规定执行。

② 土石方运输的运距上限，是根据合理的施工组织设计设置的。超出运距上限的土石方运输，不适用土石方工程定额。自卸汽车、拖拉机运输土石方子目，定额虽未设定运距上限，但仅限于施工现场范围内增加运距。

③ 土石方运距，按挖土区重心至填方区（或堆放区）重心间的最短运输距离计算。

④ 人工、人力车、汽车的负载上坡（坡度≤15%）降效因素已综合在相应运输子目中，不另计算。推土机、装载机、铲运机负载上坡时，其降效因素按坡道斜长乘以表 4-4

规定的系数计算。

表 4-4 负载上坡降效系数

坡度/(%)	≤10	≤15	≤20	≤25
系数	1.75	2.00	2.25	2.50

8. 平整场地

平整场地是指建筑物（构筑物）所在现场厚度在±30cm 以内的就地挖、填及平整，挖填土方厚度超过 30cm 时，全部厚度按一般土方相应规定另行计算，但仍应计算平整场地，如图 4-8 所示。

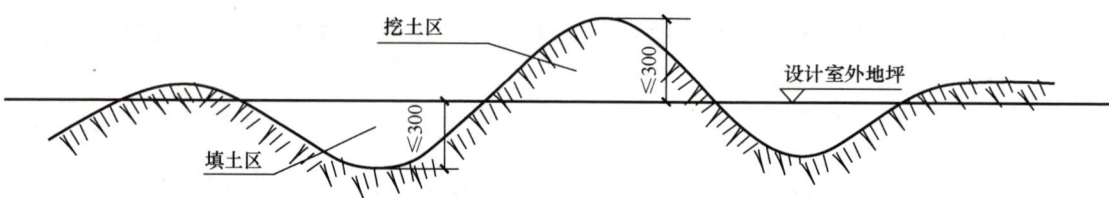

图 4-8 平整场地示意

 **特别提示**

在任何情况下，总包单位均应全额计算一次平整场地。

9. 竣工清理

竣工清理是指建筑物（构筑物）内、外围四周 2m 范围内建筑垃圾的清理、场内运输和场内指定地点的集中堆放，建筑物（构筑物）竣工验收前的清理、清洁等工作内容。

 **特别提示**

在任何情况下，总包单位均应全额计算一次竣工清理。

10. 砂

土石方工程定额中的砂为符合规范要求的过筛净砂，包括配制各种砂浆、混凝土时的操作损耗。毛砂过筛是指来自砂场的毛砂进入施工现场后的过筛。砌筑砂浆、抹灰砂浆等各种砂浆以外的混凝土及其他用砂，不计算过筛用工。

11. 基础（地下室）周边回填材料

基础（地下室）周边回填材料按山东省定额"第二章 地基处理与边坡支护工程"相应子目，人工、机械乘以系数 0.90。

12. 土石方工程定额不包括内容

土石方工程定额不包括施工现场障碍物清除、边坡支护、地表水排除及地下常水位以下施工降水等内容，实际发生时，另按其他章节相应规定计算。

4.2 土石方工程量计算规则

① 土石方开挖、运输，均按开挖前的天然密实体积计算。土方回填按回填后的竣工体积计算。不同状态的土石方体积按表4-5规定换算。

表4-5 土石方体积换算系数

名称	虚方	松填	天然密实	夯填
土方	1.00	0.83	0.77	0.67
	1.20	1.00	0.92	0.80
	1.30	1.08	1.00	0.87
	1.50	1.25	1.15	1.00
石方	1.00	0.85	0.65	—
	1.18	1.00	0.76	—
	1.54	1.31	1.00	—
块石	1.75	1.43	1.00	（码方）1.67
砂夹石	1.07	0.94	1.00	—

② 自然地坪与设计室外地坪之间的单独土石方，依据设计土方竖向布置图，以体积计算。

③ 基础土石方的开挖深度，按基础（含垫层）底标高至设计室外地坪之间的高度计算。如图4-9所示，H即为土方开挖深度。交付施工场地标高与设计室外地坪标高不同时，应按交付施工场地标高计算。

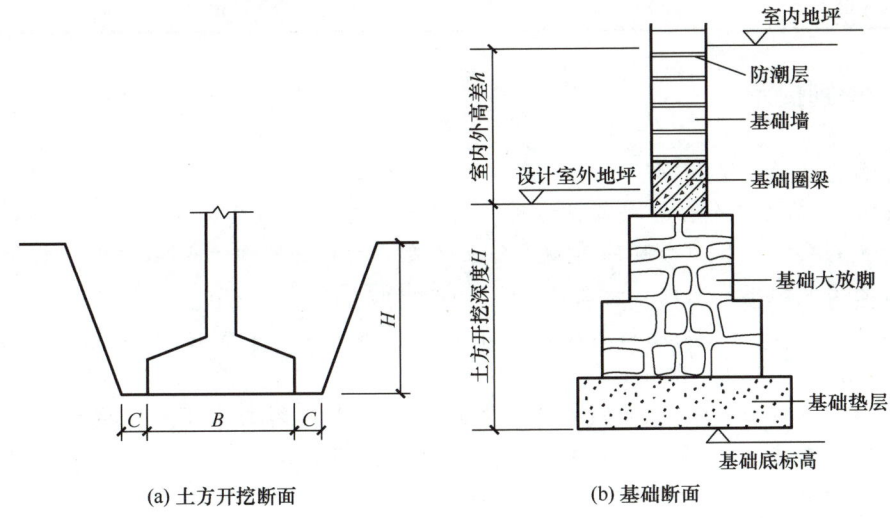

(a) 土方开挖断面　　(b) 基础断面

图4-9 土方开挖深度示意

岩石爆破时，基础石方的开挖深度，还应包括岩石爆破的允许超挖深度。

④ 基础施工的工作面宽度按设计规定计算；设计无规定时，按施工组织设计（经过批准，下同）规定计算；设计、施工组织设计均无规定时，自基础（含垫层）外沿向外，按下列规定计算。

a. 基础材料不同或做法不同时，其工作面宽度按表 4-6 规定计算。

表 4-6　基础施工单面工作面宽度计算　　　　　　　　　　　　　单位：mm

基础材料	单面工作面宽度
砖基础	200
毛石、方整石基础	250
混凝土基础（支模板）	400
混凝土基础垫层（支模板）	150
基础垂直面做砂浆防潮层	400（自防潮层外表面）
基础垂直面做防水层或防腐层	1000（自防水、防腐层外表面）
支挡土板	100（在上述宽度外另加）

b. 基础施工需要搭设脚手架时，其工作面宽度，条形基础按 1.50m 计算（只计算一面）；独立基础按 0.45m 计算（四面均计算）。

c. 基坑土方大开挖需做边坡支护时，其工作面宽度均按 2.00m 计算。

d. 基坑内施工各种桩时，其工作面宽度均按 2.00m 计算。

e. 管道施工单面工作面宽度按表 4-7 规定计算。

表 4-7　管道施工单面工作面宽度计算　　　　　　　　　　　　　单位：mm

管道材质	管道基础宽度（无基础时指管道外径）			
	≤500	≤1000	≤2500	>2500
混凝土管、水泥管	400	500	600	700
其他管道	300	400	500	600

特别提示

工作面宽度的含义如下。

① 构成基础的各个台阶（各种材料），均应按表 4-6 所列的相应规定，满足其各自工作面宽度的要求。各个台阶的单面工作面宽度，均指在台阶底坪高程上、台阶外边线至土方边坡之间的水平宽度，如图 4-10（a）中的 C_1、C_2、C_3。

② 基础的工作面宽度是指基础的各个台阶（各种材料）要求的工作面宽度的"最大者"，如图 4-10（b）所示。

③ 在确定基础上一个台阶的工作面宽度时，要考虑到由于下一个台阶的厚度所带来的土方放坡宽度（Kh_1），如图 4-10（b）所示，图中 $d = C_2 - t_{12} - C_1 - Kh_1$。

④ 土方的每一面边坡（含直坡），均应为连续坡（边坡不允许出现错台），如图 4-10（c）所示。

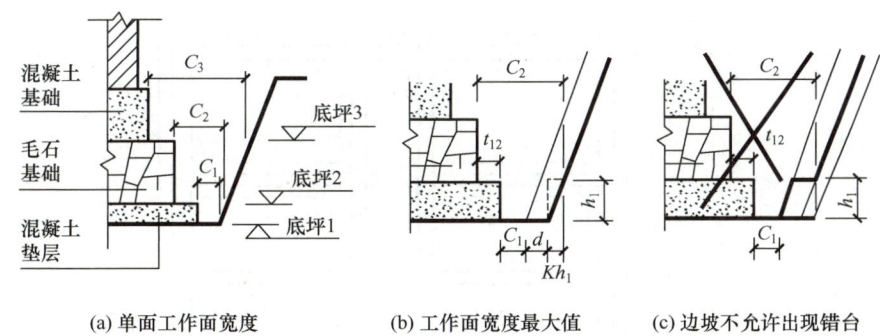

(a) 单面工作面宽度　　(b) 工作面宽度最大值　　(c) 边坡不允许出现错台

图 4-10　基础施工工作面宽度示意

⑤ 基础土方放坡。

a. 土方放坡的起点深度和放坡坡度，设计、施工组织设计无规定时，按表 4-8 的规定计算。

表 4-8　土方放坡的起点深度和放坡坡度

土壤类别	起点深度 /m	放坡坡度			
		人工挖土	机械挖土		
			基坑内作业	基坑上作业	槽坑上作业
普通土	>1.20	1∶0.50	1∶0.33	1∶0.75	1∶0.50
坚土	>1.70	1∶0.30	1∶0.20	1∶0.50	1∶0.30

b. 基础土方放坡，自基础（含垫层）底标高算起，如图 4-11 所示。

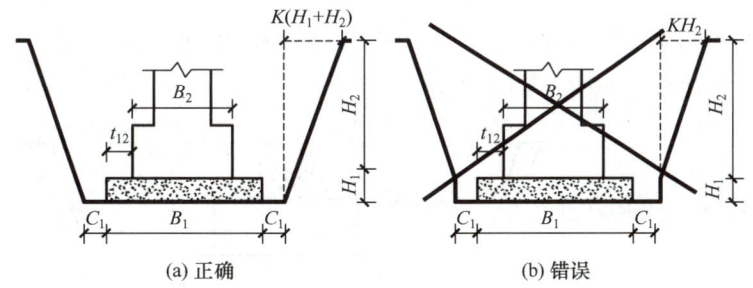

(a) 正确　　(b) 错误

图 4-11　基础土方放坡示意

图 4-11 中 H_1+H_2 表示放坡深度 H，$K(H_1+H_2)$ 为放坡宽度 d，$H∶d=1∶d/H=1∶K$ 表示土方的放坡坡度，其中 $K=d/H$ 称为放坡系数，即表 4-8 中人工挖土的 0.50、0.30 等数据。

c. 混合土质的基础土方，其放坡的起点深度和放坡系数，按不同土类厚度加权平均计算。

d. 计算基础土方放坡时，不扣除放坡交叉处的重复工程量，如图 4-12 所示。

e. 基础土方支挡土板时，土方放坡不另计算。

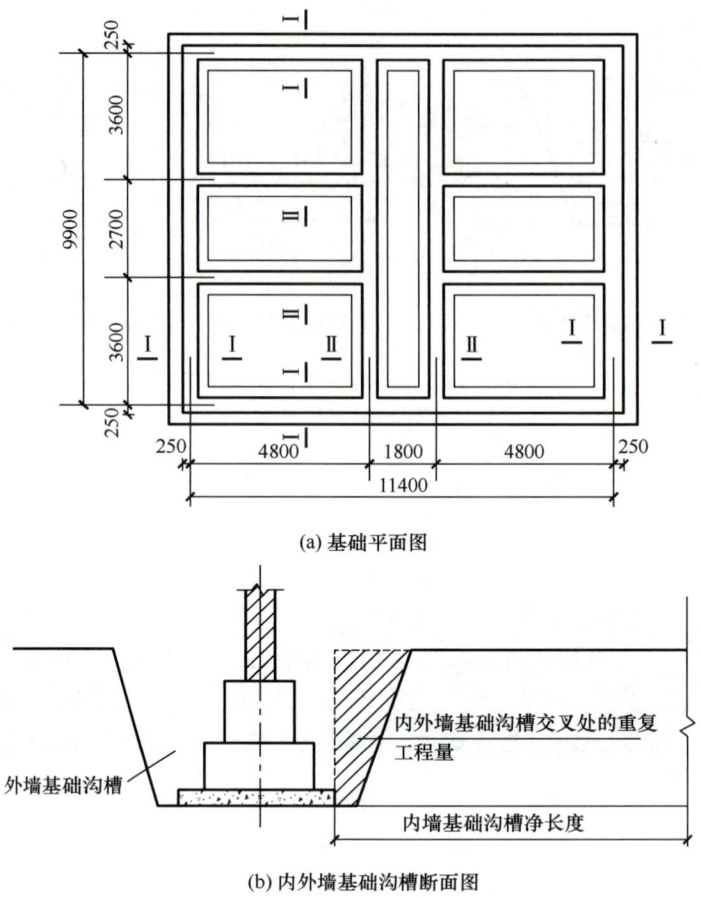

(a) 基础平面图

(b) 内外墙基础沟槽断面图

图 4-12 基础土方工程量

f. 土方开挖实际未放坡或实际放坡小于土石方工程定额相应规定时，仍应按规定的放坡系数计算土方工程量，如图 4-13 所示。

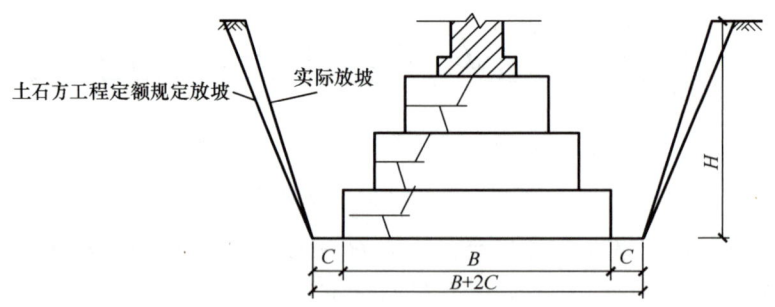

图 4-13 某基础沟槽实际放坡断面图

g. 机械挖沟槽以槽上退挖方式施工时，按基坑内作业放坡。

⑥ 基础石方爆破时，槽坑四周及底部的允许超挖量，设计、施工组织设计无规定时，按松石 0.20m、坚石 0.15m 计算。

⑦ 沟槽土石方，按设计图示沟槽长度乘以沟槽断面面积，以体积计算。

A. 条形基础的沟槽长度,设计无规定时,按下列规定计算。
a. 外墙条形基础沟槽,按外墙中心线长度计算。
b. 内墙条形基础沟槽,按内墙条形基础的垫层(基础底坪)净长度计算。
c. 框架间墙条形基础沟槽,按框架间墙条形基础的垫层(基础底坪)净长度计算,如图 4-14 所示。

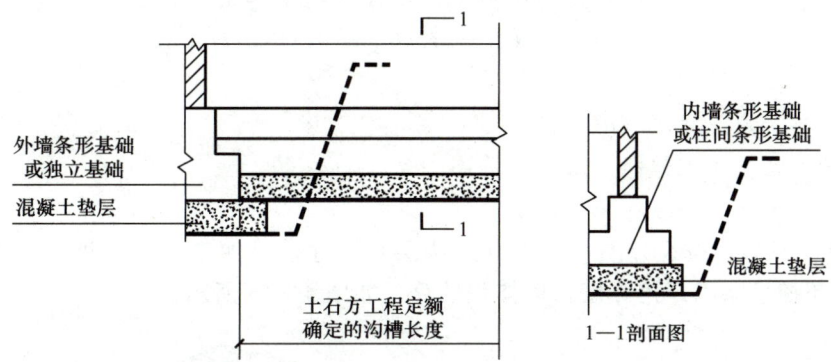

图 4-14 框架间墙条形基础沟槽长度计算示意

d. 突出墙面的墙垛沟槽,按墙垛突出墙面的中心线长度,并入相应工程量内计算。

B. 管道的沟槽长度,按设计规定计算;设计无规定时,以设计图示管道垫层(无垫层时,按管道)中心线长度(不扣除下口直径或边长≤1.5m 的井池)计算。下口直径或边长>1.5m 的井池的土石方,另按地坑的相应规定计算。

C. 沟槽的断面面积应包括工作面、土方放坡或石方允许超挖量的面积。

 知识链接

沟槽土方按设计图示沟槽长度乘以沟槽断面面积,以体积计算。等坡沟槽断面图,如图 4-15 所示。

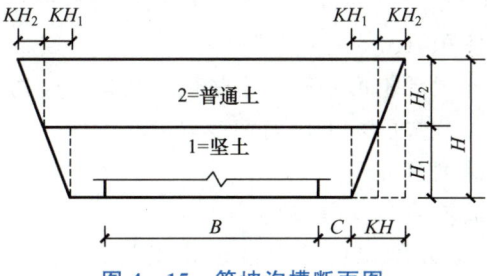

图 4-15 等坡沟槽断面图

沟槽土方体积为

$$V_{沟槽}=(B+2C+KH)HL$$

式中 B——设计图示条形基础(含垫层)的宽度(m);
C——沟槽基础(含垫层)工作面宽度(m);
H——沟槽开挖深度(m);
L——沟槽长度(m);

K——土方综合放坡系数（等坡）；

$V_{沟槽}$——沟槽土方体积（m³）。

等坡沟槽梯形断面的断面面积为
$$S = (B + 2C + KH)H$$

若沟槽为混合土质，则：
$$V_坚 = (B + 2C + KH_坚)H_坚 L$$
$$V_普 = (B + 2C + 2KH_坚 + KH_普)H_普 L$$

式中 $H_坚$——坚土深度（m）；

$H_普$——普通土深度（m）；

$V_坚$——坚土土方体积（m³）；

$V_普$——普通土土方体积（m³）。

⑧ 地坑土石方，按设计图示基础（含垫层）尺寸，另加工作面宽度、土方放坡宽度或石方允许超挖量乘以开挖深度，以体积计算，如图 4-16 所示。

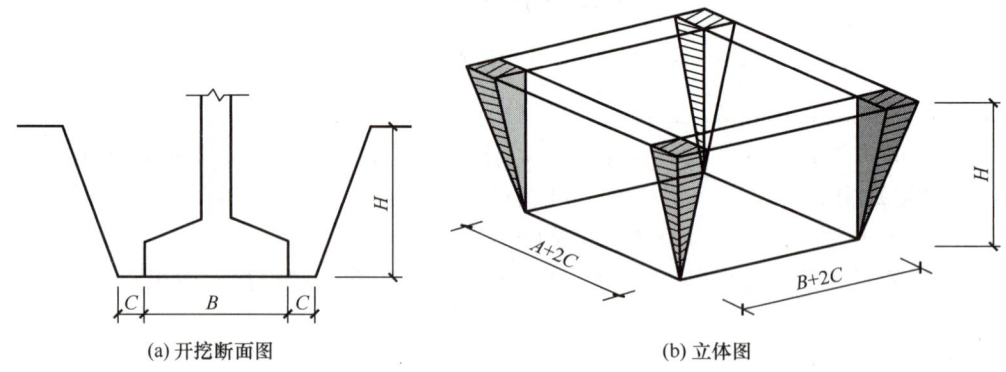

图 4-16 地坑土石方开挖断面图与立体图示意

a. 矩形等坡地坑土方体积可用最直观、最简单的公式计算。
$$V_{地坑} = (A + 2C + KH) \times (B + 2C + KH)H + 1/3\,K^2H^3$$

式中 $V_{地坑}$——地坑土方体积（m³）；

A、B——分别为设计图示矩形基础（含垫层）长边、短边的宽度（m）；

C——矩形基础（含垫层）工作面宽度（m）；

H——地坑开挖深度（m）；

K——土方综合放坡系数（等坡）。

b. 正方形等坡地坑的土方体积也可用棱台体积公式直接计算，误差率<1‰，精度极高。

体积 = $1/3$[上顶面积 + (上顶面积 × 下底面积)$^{1/2}$ + 下底面积] × 深度

其中：下底面积 $S_底 = (A + 2C) \times (B + 2C)$

上顶面积 $S_顶 = (A + 2C + 2KH) \times (B + 2C + 2KH)$

⑨ 一般土石方，按设计图示基础（含垫层）尺寸，另加工作面宽度、土方放坡宽度或石方允许超挖量乘以开挖深度，以体积计算。

机械施工坡道的土石方工程量，并入相应工程量内计算。

⑩ 桩孔土石方，按桩（含桩壁）设计断面面积乘以桩孔中心线深度，以体积计算。

⑪ 淤泥流砂，按设计或施工组织设计规定的位置、界限，以实际挖方体积计算。

⑫ 岩石爆破后人工检底修边，按岩石爆破的规定尺寸（含工作面宽度和允许超挖量），以槽坑底面面积计算。

⑬ 建筑垃圾，以实际堆积体积计算。

⑭ 平整场地，按设计图示尺寸，以建筑物首层建筑面积（或构筑物首层结构外围内包面积）计算。建筑物（构筑物）地下室结构外边线突出首层结构外边线时，其突出部分的建筑面积（结构外围内包面积）合并计算。

补充规定

⑮ 竣工清理，按设计图示尺寸，以建筑物（构筑物）结构外围内包的空间体积计算。

钢结构建筑物（含建筑物的钢结构部分），其竣工清理子目乘以系数 0.3。建筑物（钢结构除外）层高＞3.60m 时，其超过部分竣工清理子目乘以系数 0.5。

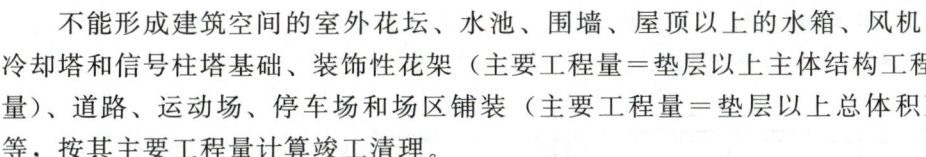
房心回填

不能形成建筑空间的室外花坛、水池、围墙、屋顶以上的水箱、风机、冷却塔和信号柱塔基础、装饰性花架（主要工程量＝垫层以上主体结构工程量）、道路、运动场、停车场和场区铺装（主要工程量＝垫层以上总体积）等，按其主要工程量计算竣工清理。

⑯ 基底钎探，按垫层（或基础）底面面积计算。

⑰ 毛砂过筛，按砌筑砂浆、抹灰砂浆等各种砂浆用砂的定额消耗量之和计算。

⑱ 原土夯实与碾压，按设计或施工组织设计规定的尺寸，以面积计算。

⑲ 回填，按下列规定，以体积计算。

a. 槽坑回填，按挖方体积减去设计室外地坪以下建筑物（构筑物）、基础（含垫层）的体积计算。

b. 管道沟槽回填，按挖方体积减去管道基础和表 4-9 管道折合回填体积计算。

表 4-9 管道折合回填体积 单位：m³/m

管道	公称直径					
	500mm	600mm	800mm	1000mm	1200mm	1500mm
混凝土、钢筋混凝土管道	—	0.33	0.60	0.92	1.15	1.45
其他材质管道	—	0.22	0.46	0.74	—	—

c. 房心（含地下室内）回填，按主墙间净面积（扣除连续底面面积＞2m² 的设备基础等面积）乘以平均回填厚度计算。

d. 场区（含地下室顶板以上）回填，按回填面积乘以平均回填厚度计算。

⑳ 土方运输，按挖土总体积减去回填土（折合天然密实）总体积，以体积计算。

㉑ 钻孔桩泥浆运输，按桩设计断面尺寸乘以桩孔中心线深度，以体积计算。

4.3 土石方工程量计算与定额应用

【应用案例 4-1】

某工程设计室外地坪以上有石方（松石）5290m³ 需要开挖，因周围有建筑物，采用液压锤破碎岩石，试计算液压锤破碎岩石工程量和省价分部分项工程费。

解：液压锤破碎岩石工程量 $= 5290 \times 0.9 = 4761(m^3)$，套用定额 1-3-23（本书应用案例计算均套用山东省定额），单价（含税）$= 828.56$ 元$/(10m^3)$，省价分部分项工程费 $= 4761/10 \times 828.56 \approx 394477.42$（元）。

【应用案例 4-2】

某工程基础平面图和断面图如图 4-17 所示，土质为普通土，采用挖掘机挖土（大开挖，坑内作业），自卸汽车运土，运距为 500m，试计算该基础土石方工程量（不考虑坡道挖土），并列表计算省价分部分项工程费。

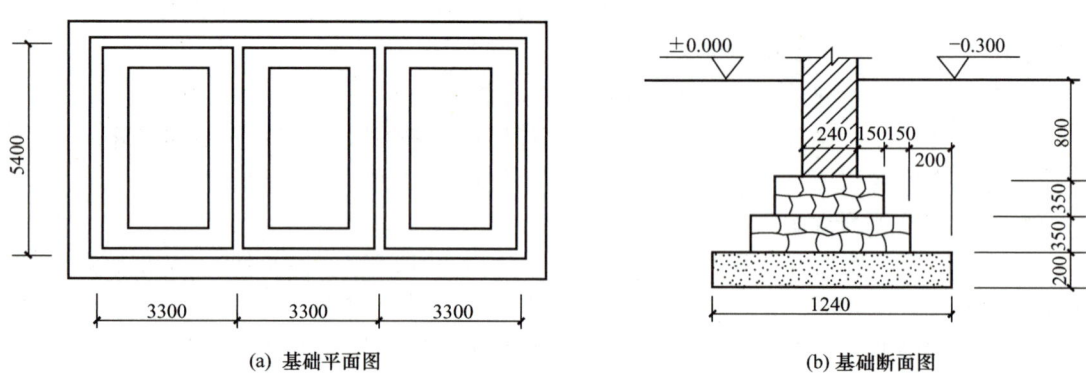

(a) 基础平面图　　　　　　　　　(b) 基础断面图

图 4-17　应用案例 4-2 附图

图4-17
三维模型

解：① 计算挖土方总体积。

基坑底面面积 $S_{底} = (A+2C) \times (B+2C) = (3.3 \times 3 + 1.24) \times (5.4 + 1.24) \approx 73.97(m^2)$

基坑顶面面积 $S_{顶} = (A+2C+2KH) \times (B+2C+2KH) = (3.3 \times 3 + 1.24 + 2 \times 0.33 \times 1.7) \times (5.4 + 1.24 + 2 \times 0.33 \times 1.7) \approx 95.18(m^2)$

挖土方总体积 $V = \dfrac{H}{3} \times (S_{底} + S_{顶} + \sqrt{S_{底} \times S_{顶}}) = 1.7/3 \times (73.97 + 95.18 + \sqrt{73.97 \times 95.18}) \approx 143.40(m^3)$

② 挖掘机挖装土方工程量 $= 143.40 \times 0.95 = 136.23(m^3)$，

套用定额 1-2-41，

单价（含税）$= 57.43$ 元$/(10m^3)$。

③ 自卸汽车运土方工程量 $= 136.23(m^3)$，

套用定额 1-2-58，自卸汽车运土方，运距 1km 以内，单价(含税)=64.89 元/(10m³)。

④ 人工清理修整工程量=143.40×0.063≈9.03(m³)，

套用定额 1-2-3，

单价(含税)=605.44 元/(10m³)。

⑤ 人工装车工程量=9.03m³，

套用定额 1-2-25，人工装车，土方，

单价(含税)=183.04 元/(10m³)。

⑥ 自卸汽车运土方工程量=9.03(m³)，

套用定额 1-2-58，自卸汽车运土方，运距 1km 以内，

单价(含税)=64.89 元/(10m³)。

⑦ 列表计算省价分部分项工程费，如表 4-10 所示。

表 4-10 应用案例 4-2 省价分部分项工程费

序号	定额编号	项目名称	单位	工程量	增值税（简易计税）/元	
					单价(含税)	总价
1	1-2-41	挖掘机挖装一般土方，普通土	10m³	13.623	57.43	782.37
2	1-2-58	自卸汽车运土方，运距 1km 以内	10m³	13.623	64.89	884.00
3	1-2-3	人工清理修整	10m³	0.903	605.44	546.71
4	1-2-25	人工装车，土方	10m³	0.903	183.04	165.29
5	1-2-58	自卸汽车运土方，运距 1km 以内	10m³	0.903	64.89	58.60
		省价分部分项工程费合计	元			2436.97

知识链接

计算土方开挖总体积时，如果利用 $V_{地坑}=(A+2C+KH)×(B+2C+KH)H+1/3K^2H^3$ 进行精确计算，其工程量=(3.3×3+1.24+0.33×1.7)×(5.4+1.24+0.33×1.7)×1.7+1/3×0.33²×1.7³≈143.42(m³)，与原题按棱台体积公式计算结果相比，误差为(143.42-143.40)/143.42×100‰≈0.14‰，可忽略不计。因此，在实际工程计算土方大开挖工程量时，可根据工程的实际情况任选一种方法进行计算。

特别提示

① 土方开挖深度 $H=0.8+0.35×2+0.2=1.7(m)$，大于 1.2m，机械开挖普通土，允许放坡。

② 毛石基础工作面宽度=0.2+C=0.2+0.33×0.2=0.266(m)，大于 0.25m，满足毛石基础工作面要求。

【应用案例 4-3】

某小区铺设混凝土排水管道 2000m，管道直径 800mm（外径 960mm），土质为坚土，用挖掘机挖深 1.5m 沟槽，自卸汽车运土，土方全部运至 1.8km 处，管道铺设后全部用石屑回填。试计算土方开挖及回填土工程量，并列表计算省价分部分项工程费。

解： ① 土质为坚土，开挖深度 1.5m＜1.7m，不用放坡；管道外径 960mm＜1000mm，查表确定管道施工单面工作面宽度为 500mm，因此土方开挖宽度＝0.96+2×0.5=1.96(m)。

土方开挖工程量 $V_{挖}$＝1.96×1.5×2000＝5880(m^3)。

② 挖掘机挖装槽坑土方工程量＝5880×0.9＝5292(m^3)，

套用定额 1-2-46，

单价（含税）＝71.06 元/(10m^3)。

③ 自卸汽车运土方工程量＝5292m^3，

套用定额 1-2-58（运距≤1km），

单价（含税）＝64.89 元/(10m^3)。

套用定额 1-2-59（每增运 1km），

单价（含税）＝13.86 元/(10m^3)。

④ 人工清理修整工程量＝5880×0.125＝735(m^3)，

套用定额 1-2-8，

单价（含税）＝906.24 元/(10m^3)。

⑤ 人工装车工程量＝735(m^3)，

套用定额 1-2-25，人工装车，土方，

单价（含税）＝183.04 元/(10m^3)。

⑥ 自卸汽车运土方工程量＝735(m^3)，

套用定额 1-2-58（运距≤1km），

单价（含税）＝64.89 元/(10m^3)。

套用定额 1-2-59（每增运 1km），

单价（含税）＝13.86 元/(10m^3)。

⑦ 石屑回填工程量＝$V_{挖}$－$V_{管道折合}$＝5880－0.92×2000＝4040(m^3)，

套用定额 2-1-36，

单价（含税）＝2288.72 元/(10m^3)，

单价（含税，换算）＝535.04×0.9+1748.55+5.13×0.9≈2234.70[元/(10m^3)]。

特别提示

基础（地下室）周边回填材料时，按山东省定额"第二章 地基处理与边坡支护工程"相应子目，人工、机械乘以系数 0.90。

⑧ 列表计算省价分部分项工程费，如表 4-11 所示。

表4-11 应用案例4-3省价分部分项工程费

序号	定额编号	项目名称	单位	工程量	增值税（简易计税）/元	
					单价(含税)	合价
1	1-2-46	挖掘机挖装槽坑土方，坚土	10m³	529.2	71.06	37604.95
2	1-2-58	自卸汽车运土方，运距≤1km	10m³	529.2	64.89	34339.79
3	1-2-59	自卸汽车运土方，每增运1km	10m³	529.2	13.86	7334.71
4	1-2-8	人工挖沟槽土方，槽深≤2m，坚土（人工清理修整）	10m³	73.5	906.24	66608.64
5	1-2-25	人工装车，土方	10m³	73.5	183.04	13453.44
6	1-2-58	自卸汽车运土方，运距≤1km	10m³	73.5	64.89	4769.42
7	1-2-59	自卸汽车运土方，每增运1km	10m³	73.5	13.86	1018.71
8	2-1-36	石屑回填	10m³	404	2234.70	902818.80
		省价分部分项工程费合计	元			1067948.42

【应用案例4-4】

某建筑物平面图和1—1剖面图如图4-18所示，墙厚240mm，试计算人工平整场地工程量，并计算省价分部分项工程费。

解： 建筑物底层建筑面积 $S_{底} = (3.3 \times 3 + 0.24) \times (5.4 + 0.24) - 3.3 \times 0.6 \approx 55.21 (m^2)$，

套用定额1-4-1，平整场地，人工，

单价(含税)=53.76元/(10m²)，

省价分部分项工程费=55.21/10×53.76≈296.81(元)。

【应用案例4-5】

某建筑物平面图和1—1剖面图如图4-18所示，墙厚240mm，试计算竣工清理工程量，并计算省价分部分项工程费。

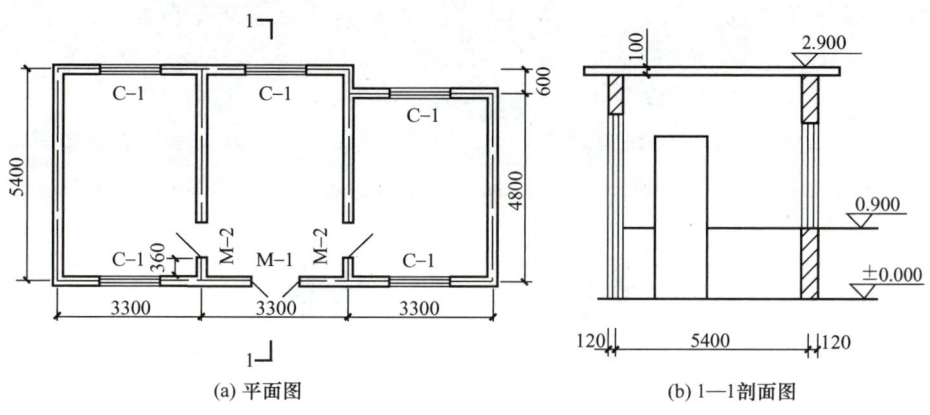

图4-18 应用案例4-4、4-5附图

解： 竣工清理工程量 $V = S_底 \times 2.9 = 55.21 \times 2.9 \approx 160.11(m^3)$，

套用定额 1-4-3，

单价(含税) $= 28.16$ 元$/(10m^3)$，

省价分部分项工程费 $= 160.11/10 \times 28.16 \approx 450.87($元$)$。

学习启示

我国幅员辽阔，土层分布复杂，土壤类别分为一类土、二类土、三类土、四类土，土壤类别不同，直接影响土层的开挖方式、影响开挖时的周围环境、影响土石方工程量的计算、影响土石方价格的生成等。结合土石方工程内容，培养"精打细算"计算工程量的工匠精神，养成遵纪守法、一丝不苟计算工程造价的良好习惯。

本章小结

通过本章的学习，要求学生应掌握以下内容。

① 土壤及岩石分为普通土、坚土、松石、坚石四大类。

② 单独土石方定额，包括人工挖土方、推土机推运土方、装载机装运土方、铲运机铲运土方、挖掘机挖装土方自卸汽车运土方、人工清石渣人力车运石渣、挖掘机挖石渣自卸汽车运石渣等内容，适用于自然地坪与设计室外地坪之间，且挖方或填方工程量≥5000m³ 的土石方工程。

③ 基础土方定额包括人工基础土方和机械基础土方。人工基础土方包括人工挖一般土方、人工挖沟槽土方、人工挖地坑土方、人工挖桩孔土方、人工挖冻土、人工挖淤泥流砂等内容；机械基础土方包括推土机推运一般土方、装载机装运一般土方、挖掘机挖一般土方、挖掘机挖装一般土方、挖掘机挖槽坑土方、挖掘机挖装槽坑土方、小型挖掘机挖槽坑土方、小型挖掘机挖装槽坑土方、自卸汽车运土方等内容。

④ 基础石方定额包括人工基础石方和机械基础石方。人工基础石方包括人工凿一般石方、人工凿沟槽石方、人工凿地坑石方、人工凿桩孔石方、人工检底修边、人工清石渣等内容；机械基础石方包括液压锤破碎石方、风镐破碎石方、推土机推运石渣、挖掘机挖石渣、挖掘机挖装石渣、挖掘机装车、自卸汽车运石渣等内容。

⑤ 平整场地及其他定额包括平整场地、竣工清理、基底钎探、松填土、原土夯实、夯填土、机械碾压等内容。

⑥ 单独土石方、基础土方及基础石方等工程量的计算规则并能正确地套用定额项目。

习 题

一、简答题

1. 什么是单独土石方？
2. 土石方的开挖、运输、回填体积是按什么状态确定的？
3. 一般土石方、沟槽、地坑是怎样划分的？

4. 机械挖土方的工程量应该怎样计算？
5. 土方开挖的放坡深度和放坡系数，定额是怎样规定的？
6. 挖沟槽的工程量是怎样计算的？
7. 如何计算回填土工程量？
8. 如何计算竣工清理工程量？

二、案例分析

1. 某墙下钢筋混凝土条形基础平面图及断面图如图 4-1 所示，垫层为混凝土，在基础埋深范围内，距离室外地坪 0.6m 处遇到地下水，在开挖基坑时，采用人工挖土，试计算挖土方工程量，并计算省价分部分项工程费。

2. 某工程基础平面图和断面图如图 4-19 所示，土质为普通土，采用挖掘机挖土（大开挖，坑内作业），自卸汽车运土，运距为 1km，试计算该基础土石方工程量，并计算省价分部分项工程费。

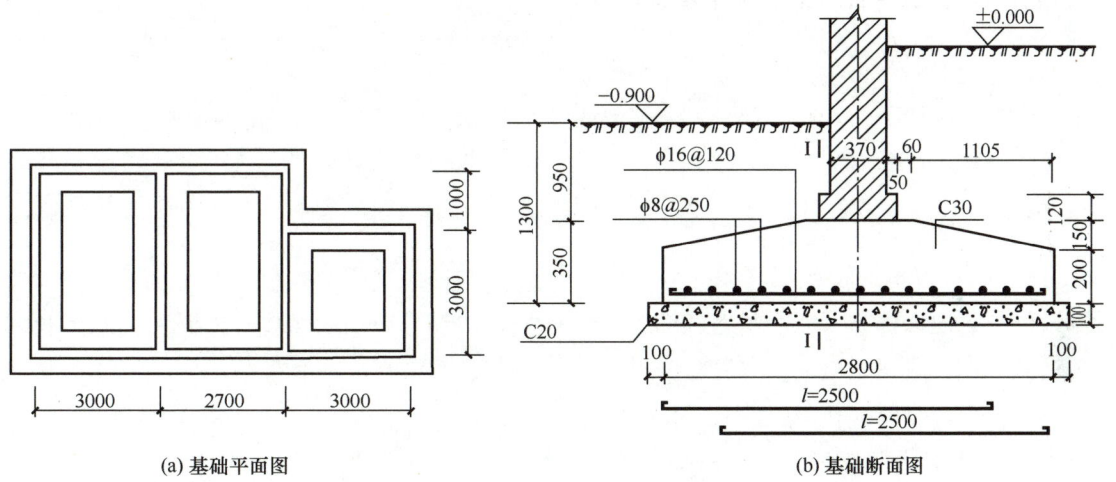

图 4-19 案例分析 2 附图

3. 某建筑物平面图如图 4-20 所示，试计算人工平整场地工程量，并计算省价分部分项工程费。

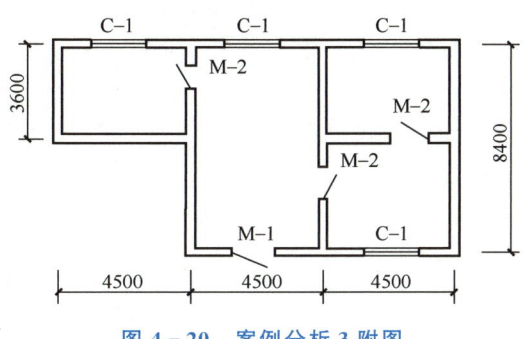

图 4-20 案例分析 3 附图

4. 某建筑物平面图和 1—1 剖面图如图 4-21 所示，试计算竣工清理工程量，并计算省价分部分项工程费。

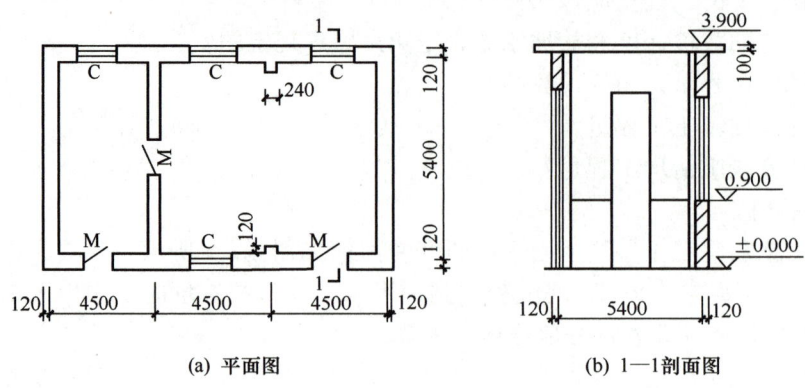

(a) 平面图　　　　　　　(b) 1—1剖面图

图 4-21　案例分析 4 附图

5. 计算如图 4-21 所示工程的房心回填土工程量（假定地面垫层及面层厚度为 100mm），并计算省价分部分项工程费。

第 5 章　地基处理与边坡支护工程

教学目标

通过本章的学习，学生应正确理解地基处理与边坡支护工程定额说明及工程量的计算规则；掌握垫层、填料加固、强夯、注浆地基、支护桩、基坑与边坡支护、排水与降水等工程量的计算与正确套用定额项目。

教学要求

能力目标	知识要点	相关知识	权重
掌握垫层、填料加固工程量的计算与正确套用定额项目	定额说明；工程量的计算规则	垫层的种类	0.4
掌握强夯、注浆地基、支护桩工程量的计算与正确套用定额项目	定额说明；工程量的计算规则	夯击能量、夯点密度；各种支护桩	0.3
掌握基坑与边坡支护、排水与降水工程量的计算与正确套用定额项目	定额说明；工程量的计算规则	基坑与边坡支护种类；排水与降水的方法	0.3

导入案例

某工程基础平面图与断面图如图 5-1 所示，试考虑在计算混凝土垫层工程量时，可以用到哪些基数？在套用定额项目时，定额是按地面垫层编制的，若定额中没有相应的基础垫层，应该如何处理？

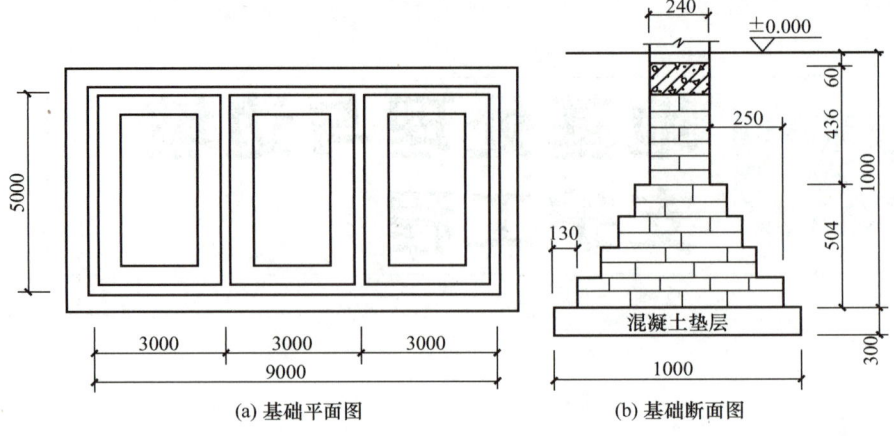

图 5-1　导入案例附图

5.1　地基处理与边坡支护工程定额说明

地基处理与边坡支护工程定额包括地基处理、基坑与边坡支护、排水与降水 3 节。

1. 地基处理

（1）垫层

① 机械碾压垫层定额适用于厂区道路垫层采用压路机械的情况。

② 机械振动垫层定额按地面垫层编制。若为基础垫层，人工、机械分别乘以下列系数：条形基础 1.05，独立基础 1.10，满堂基础 1.00。若为场区道路垫层，人工乘以系数 0.9。

③ 在原土上打夯（碾压）者另按山东省定额"第一章　土石方工程"相应项目执行。垫层材料配合比与定额不同时，可以调整。

④ 灰土垫层及填料加固夯填灰土就地取土时，应扣除灰土配合比中的黏土。

⑤ 褥垫层套用地基处理相应项目。

（2）填料加固

填料加固定额用于软弱地基挖土后的换填材料加固工程。

（3）土工合成材料

土工合成材料定额用于软弱地基加固工程。

（4）强夯

① 强夯定额中每单位面积夯点数，指设计文件规定单位面积内的夯点数量。若设计文件中夯点数与定额不同，则采用内插法计算消耗量。

② 强夯的夯击击数系指强夯机械就位后，夯锤在同一夯点上下起落的次数（落锤高度应满足设计夯击能量的要求，否则按低锤满拍计算）。

③ 强夯工程量应区别不同夯击能量与夯点密度，按设计图示夯击范围及夯击遍数分别计算。

(5) 注浆地基

① 注浆地基所用的浆体材料用量与定额不同时可以调整。

② 注浆定额中注浆管消耗量为摊销量，若为一次性使用，可按实际用量进行调整。废泥浆处理及外运套用山东省定额"第一章 土石方工程"相应项目。

(6) 支护桩

① 桩基施工前场地平整、压实地表、地下障碍物处理等，定额均未考虑，发生时另行计算。

特别提示

地基处理与边坡支护工程的桩基础相关说明仅适用于支护桩，工程桩相关说明详见山东省定额相应章节。

② 探桩位已综合考虑在各类桩基定额内，不另行计算。

③ 支护桩已包括桩体充盈部分的消耗量。其中灌注砂、石桩还包括级配密实的消耗量。

④ 深层水泥搅拌桩定额已综合了正常施工工艺需要的重复喷浆（粉）和搅拌。空搅部分按相应定额的人工及搅拌桩机台班乘以系数 0.5 计算。

⑤ 水泥搅拌桩定额按不掺添加剂（如石膏粉、木质素硫酸钙、硅酸钠等）编制，如设计有要求，定额应按设计要求增加添加剂材料费，其余不变。

⑥ 深层水泥搅拌桩定额按 1 喷 2 搅施工编制，实际施工为 2 喷 4 搅时，定额的人工、机械乘以系数 1.43；2 喷 2 搅、4 喷 4 搅分别按 1 喷 2 搅、2 喷 4 搅计算。

⑦ 三轴水泥搅拌桩的水泥掺入量按加固土重（1800kg/m³）的 18% 考虑，如设计不同时，按深层水泥搅拌桩每增减 1% 定额计算；三轴水泥搅拌桩定额按 2 搅 2 喷施工工艺考虑，设计不同时，每增（减）1 搅 1 喷按相应定额人工和机械费增（减）40% 计算。空搅部分按相应定额的人工及搅拌桩机台班乘以系数 0.5 计算。

⑧ 三轴水泥搅拌桩设计要求全断面套打时，相应定额的人工及机械乘以系数 1.5，其余不变。

⑨ 高压旋喷桩定额已综合接头处的复喷工料；高压旋喷桩中设计水泥用量与定额不同时可以调整。

⑩ 打、拔钢板桩时，定额仅考虑打、拔施工费用，未包含钢工具桩制作、除锈和刷油，实际发生时另行计算。打、拔槽钢或钢轨，其机械用量乘以系数 0.77。

⑪ 钢工具桩在桩位半径≤15m 内移动、起吊和就位，已包括在打桩子目中。桩位半径＞15m 时的场内运输按构件运输≤1km 子目的相应规定计算。

⑫ 单位（群体）工程打桩工程量少于表 5-1 者，相应定额的打桩人工及机械乘以系数 1.25。

表 5-1 打桩工程量

桩　　类	工程量
碎石桩、砂石桩	60m³

续表

桩　类	工程量
钢板桩	50t
水泥搅拌桩	100m³
高压旋喷桩	100m³

⑬ 打桩工程按陆地打垂直桩编制。设计要求打斜桩时，斜度≤1∶6时，相应定额人工、机械乘以系数1.25；斜度＞1∶6时，相应定额人工、机械乘以系数1.43。

⑭ 桩间补桩或在地槽（坑）中及强夯后的地基上打桩时，相应定额人工、机械乘以系数1.15。

⑮ 单独打试桩、锚桩时，按相应定额的打桩人工及机械乘以系数1.5。

⑯ 试验桩按相应定额人工、机械乘以系数2.0。

2. 基坑与边坡支护

① 挡土板定额分为疏板和密板。疏板是指间隔支挡土板，且板间净空≤150cm的情况；密板是指满堂支挡土板或板间净空≤30cm的情况。

② 钢支撑仅适用于基坑开挖的大型支撑安装、拆除。

③ 土钉与锚喷联合支护的工作平台套用山东省定额"第十七章 脚手架工程"相应项目。锚杆的制作与安装套用山东省定额"第五章 钢筋及混凝土工程"相应项目。

 **特别提示**

> 防护工程的钢筋锚杆、钢索锚杆、护壁钢筋、钢筋网，按设计用量以质量计算，执行山东省定额"第五章 钢筋及混凝土工程"项目。

④ 地下连续墙适用于黏土、砂土及冲填土等软土层；导墙土方的运输、回填，套用山东省定额"第一章 土石方工程"相应项目；废泥浆处理及外运套用山东省定额"第一章 土石方工程"相应项目；地基处理与边坡支护工程的钢筋加工套用山东省定额"第五章 钢筋及混凝土工程"相应项目。

 **知识链接**

以专门的挖槽设备，沿着深基础或地下构筑物周边，采用泥浆护壁，按设计宽度、长度和深度开挖沟槽，待槽段形成后，在槽内设置钢筋笼，采用导管法浇筑混凝土，从而筑成的一个单元槽段混凝土墙体称为地下连续墙（图5-2）。依次继续挖槽、浇筑施工，并以某种接头方式将相邻单元槽段墙体连接起来形成一道连续的地下钢筋混凝土墙或帷幕，以作为防渗、挡土、承重的地下墙体结构。

3. 排水与降水

① 抽水机集水井排水定额，以每台抽水机工作24小时为一台日。

② 井点降水分为轻型井点、喷射井点、大口径井点、水平井点、电渗井点和射流泵井点。井点间距应根据地质条件和施工降水要求，依据设计文件或施工组织设计确定。设

第5章 地基处理与边坡支护工程

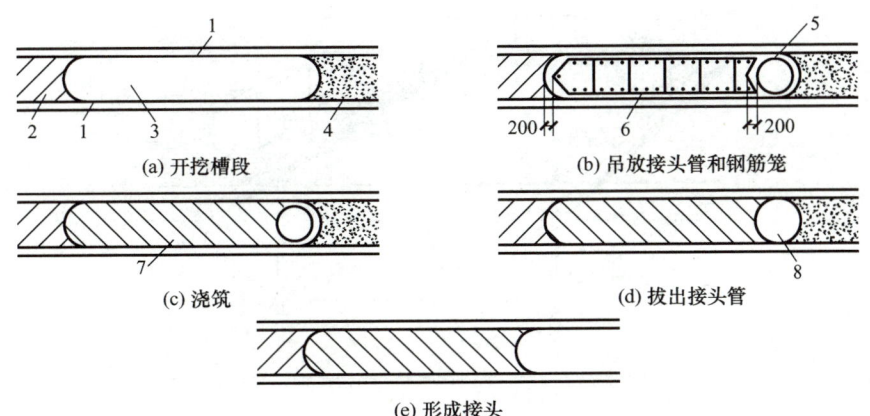

1—导墙；2—已浇筑混凝土的单元槽段；3—开挖槽段；4—未开挖槽段；5—接头管；
6—钢筋笼；7—正浇筑混凝土的单元槽段；8—接头管拔出后的孔洞

图 5-2　地下连续墙施工程序

计无规定时，可按轻型井点管距 0.8～1.6m，喷射井点管距 2～3m 确定。井点设备使用套的组成如下：轻型井点 50 根/套、喷射井点 30 根/套、大口径井点 45 根/套、水平井点 10 根/套、电渗井点 30 根/套，累计不足一套者按一套计算。井点设备使用以每昼夜 24 小时为一天。

③ 以"台日""每套每天"为计量单位的子目中，水泵类型、管径与定额不一致时，可以调整。

 知识链接

① 以下三种方法在土石方工程中采用较多的是明排水法和轻型井点降水。

a. 明排水法是在基坑开挖过程中，在坑底设置集水坑，并沿坑底周围或中央开挖排水沟，使水流入集水坑，然后用水泵抽走（图 5-3），抽出的水应引开，以防倒流。

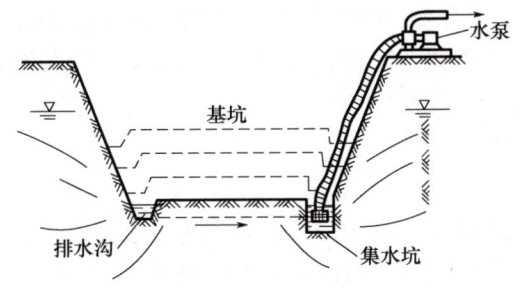

图 5-3　明排水法示意

b. 轻型井点降水是沿基坑四周以一定间距埋入直径较细的井点管至地下蓄水层内，井点管的上端通过弯联管与总管相连，利用抽水设备将地下水从井点管内不断抽出，使原有地下水位降至坑底以下（图 5-4）。

c. 大口径深井降水适用于一井一泵的情况下，大口径深井降水打井按设计文件（或施工组织设计）规定的井深，以长度计算，降水抽水按设计文件或施工组织设计规定的时

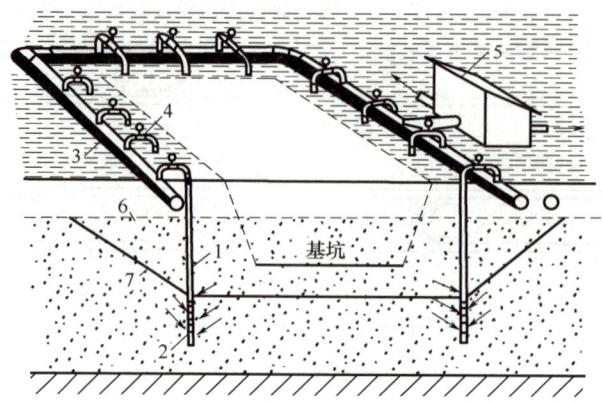

1—井点管；2—滤管；3—总管；4—弯联管；5—水泵房；
6—原有地下水位线；7—降低后地下水位线

图 5-4 轻型井点降水示意

间，以"台日"计算。

② 地基处理与边坡支护工程未包括锚喷使用的脚手架，实际发生时，按山东省定额"第十七章 脚手架工程"相应规定，另行计算。

③ 地基处理与边坡支护工程未包括大型机械进出场（如碾压垫层机械、强夯机械、锚喷中的钻孔机械等），实际发生时，按山东省定额"第十九章 施工运输工程"相应规定，另行计算。

5.2 地基处理与边坡支护工程量计算规则

1. 垫层

① 地面垫层按室内主墙间净面积乘以设计厚度，以体积计算。计算时应扣除凸出地面的构筑物、设备基础、室内铁道、地沟及单个面积 $>0.3m^2$ 的孔洞、独立柱等所占体积。不扣除间壁墙、附墙烟囱、墙垛及单个面积 $\leq 0.3m^2$ 的孔洞等所占体积，门洞、空圈、暖气壁龛等开口部分也不增加。

$$V_{地面垫层}=[S_{房}-独立柱面积-孔洞面积（单个面积>0.3m^2）-\sum(构筑物、设备基础、地沟等面积)]\times 垫层厚度$$

其中，$S_{房}=S_{底}-\sum(L_{中}\times 外墙厚)-\sum(L_{内}\times 内墙厚)$

② 基础垫层按下列规定，以体积计算。

a. 条形基础垫层，外墙按外墙中心线长度、内墙按其设计净长度乘以垫层平均断面面积以体积计算。柱间条形基础垫层，按柱基础（含垫层）之间的设计净长度乘以垫层平均断面面积，以体积计算。

$$V_{基础垫层}=\sum(L_{中}\times 外墙基础垫层断面面积+L_{净}\times 内墙基础垫层断面面积)$$

b. 独立基础垫层和满堂基础垫层，按设计图示尺寸乘以平均厚度，以体积计算。

③ 场区道路垫层按其设计长度乘以宽度乘以厚度，以体积计算。

④ 爆破岩石增加垫层的工程量，按现场实测结果，以体积计算。

2. 填料加固

填料加固按设计图示尺寸以体积计算。

填料加固与垫层区分

3. 土工合成材料

土工合成材料按设计图示尺寸以面积计算，平铺以坡度≤15％为准。

4. 强夯

强夯按设计图示强夯处理范围，以面积计算。设计无规定时，按建筑物基础外围轮廓线每边各加4m以面积计算。

强夯工程量计算步骤

5. 注浆地基

① 分层注浆钻孔按设计图示钻孔深度以长度计算，注浆按设计图纸注明的加固土体以体积计算。

② 压密注浆钻孔按设计图示深度以长度计算。注浆按下列规定以体积计算。

a. 设计图纸明确加固土体体积的，按设计图纸注明的体积计算。

b. 设计图纸以布点形式图示土体加固范围的，则按两孔间距的一半作为扩散半径，以布点边线各加扩散半径，形成计算平面，计算注浆体积。

c. 如果设计图纸注浆点在钻孔灌注桩之间，按两个灌注桩中心间距的一半作为每孔的扩散半径，依此圆柱体积计算注浆体积。

6. 支护桩

① 填料桩、深层水泥搅拌桩按设计桩长（有桩尖时包括桩尖）乘以设计桩外径截面面积，以体积计算。填料桩、深层水泥搅拌桩截面有重叠时，不扣除重叠面积。

② 预钻孔道高压旋喷（摆喷）水泥桩工程量，成（钻）孔按自然地坪标高至设计桩底的长度计算，喷浆按设计桩外径截面面积乘以设计桩长以体积计算。

③ 三轴水泥搅拌桩按设计桩长（有桩尖时包括桩尖）乘以设计桩外径截面面积，以体积计算。

④ 三轴水泥搅拌桩设计要求全断面套打时，相应定额的人工及机械乘以系数1.5，其余不变。

⑤ 凿桩头适用于深层搅拌水泥桩、三轴水泥搅拌桩、高压旋喷水泥桩定额子目，按凿除桩头的长度乘以桩断面面积以体积计算。

⑥ 打、拔钢板桩工程量按设计图示桩的尺寸以质量计算，安、拆导向夹具，按设计图示尺寸以长度计算。

7. 基坑与边坡支护

① 挡土板按设计文件（或施工组织设计）规定的支挡范围，以面积计算。袋土围堰按设计文件（或施工组织设计）规定的支挡范围，以体积计算。

② 钢支撑按设计图示尺寸以质量计算。不扣除孔眼质量，焊条、铆钉、螺栓等不另外增加质量。

③ 砂浆土钉的钻孔灌浆，按设计文件（或施工组织设计）规定的钻孔深度，以长度计算。土层锚杆机械钻孔、注浆，按设计钻孔深度，以长度计算。喷射混凝土护坡区分土层与岩层，按设计文件（或施工组织设计）规定的尺寸，以面积计算。锚头制作、安装、张拉、锁定按设计图示以数量计算。

④ 现浇导墙混凝土按设计图示，以体积计算。现浇导墙混凝土模板按混凝土与模板接触面的面积，以面积计算。成槽工程量按设计长度乘以墙厚及成槽深度（设计室外地坪至连续墙底），以体积计算。锁口管以"段"为单位（段指槽壁单元槽段），锁口管吊拔按连续墙段数计算，定额中已包括锁口管的摊销费用。清底置换以"段"为单位（段指槽壁单元槽段）。连续墙混凝土浇筑工程量按设计长度乘以墙厚及墙身高度加0.5m，以体积计算。凿地下连续墙超灌混凝土，设计无规定时，其工程量按墙体断面面积乘以0.5m，以体积计算。

8. 排水与降水

① 抽水机基底排水分不同排水深度，按设计基底以面积计算。

② 集水井按不同成井方式，分别以设计文件（或施工组织设计）规定的数量，以"座"计算，或按成井长度以"米"计算。抽水机集水井排水按设计文件（或施工组织设计）规定的抽水机台数和工作天数，以"台日"计算。

③ 井点降水区分不同的井管深度，其井管安拆，按设计文件或施工组织设计规定的井管数量，以数量计算；设备使用按设计文件（或施工组织设计）规定的使用时间，以"每套每天"计算。

④ 大口径深井降水打井按设计文件（或施工组织设计）规定的井深，以长度计算。降水抽水按设计文件或施工组织设计规定的时间，以"台日"计算。

5.3 地基处理与边坡支护工程量计算与定额应用

【应用案例 5-1】

某工程基础平面图及断面图如图 5-5 所示，地面为水泥砂浆地面，垫层为 100mm 厚 C15 混凝土；基础为 M10.0 水泥砂浆砌筑砖基础（3:7 灰土垫层采用电动夯实机打夯）。试计算垫层工程量，并计算省价分部分项工程费。

解：（1）计算地面垫层工程量

$V_{地面垫层} = (16.5 - 0.24 \times 2) \times (9.00 - 0.24) \times 0.10 \approx 14.03 (m^3)$，

套用定额 2-1-28，单价（含税）= 5537.97 元/（10m³）。

（2）计算条形基础 3:7 灰土垫层工程量

$L_{中} = (9.00 + 16.5) \times 2 + 0.24 \times 3 = 51.72 (m)$，

$L_{净垫层} = 9.00 - 1.2 = 7.8 (m)$，

$V_{基础垫层} = 1.2 \times 0.30 \times 51.72 + 1.20 \times 0.30 \times 7.8 \approx 21.43 (m^3)$，

套用定额 2-1-1（H），条形基础 3:7 灰土垫层，

单价（含税）= 2017.78 + (880.64 + 14.12) × 0.05 ≈ 2062.52 元/（10m³）。

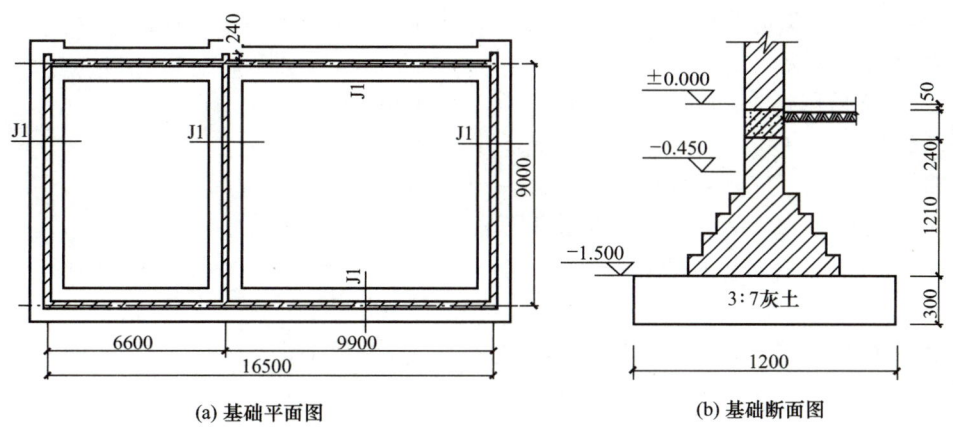

(a) 基础平面图　　(b) 基础断面图

图 5-5　应用案例 5-1 附图

(3) 列表计算省价分部分项工程费 (表 5-2)

表 5-2　应用案例 5-1 省价分部分项工程费

序号	定额编号	项目名称	单位	工程量	增值税（简易计税）/元	
					单价(含税)	合价
1	2-1-28	C15 混凝土垫层（无筋）	10m³	1.403	5537.97	7769.77
2	2-1-1(H)	条形基础 3∶7 灰土垫层（机械振动）	10m³	2.143	2062.52	4419.98
		省价分部分项工程费合计	元			12189.75

【应用案例 5-2】

如图 5-6 所示，实线范围为地基强夯范围，长度为 40m，宽度为 20m。

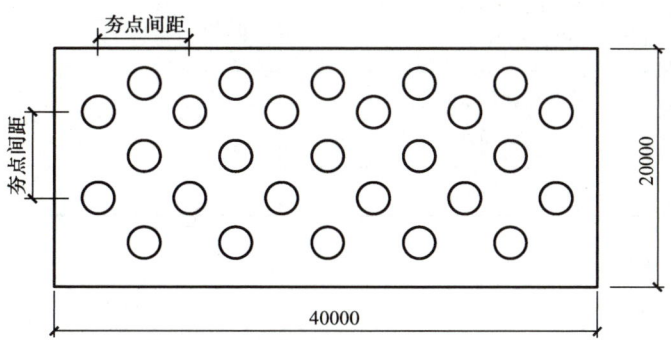

图 5-6　应用案例 5-2 附图

(1) 设计要求

不间隔夯击，设计击数为 8 击，夯击能 5000kN·m，一遍夯击。试计算工程量，并计算省价分部分项工程费。

(2) 设计要求

间隔夯击，间隔夯击点不大于 8m，设计击数为 10 击，分两遍夯击，第一遍 5 击，第二遍 5 击，第二遍夯击完后要求低锤满拍，夯击能 4000kN·m。试计算工程量，并计算省价分部分项工程费。

解： ① 不间隔夯击，工程量＝40×20＝800(m^2)，

夯点密度＝27/(40×20)×10≈1 夯点/(10m^2)，

套用定额 2-1-66，4 夯点以内 4 击，

再套用定额 2-1-67，4 夯点以内每增减 1 击（共增 4 击）。

② 间隔夯击，分两遍夯击，每遍 5 击，合计工程量＝40×20×2＝1600(m^2)，

套用定额 2-1-61，4 夯点以内 4 击，

再套用定额 2-1-62，4 夯点以内每增减 1 击（共增 1 击），

低锤满拍工程量＝800m^2，

套用定额 2-1-63。

③ 列表计算省价分部分项工程费（表 5-3）。

表 5-3 应用案例 5-2 省价分部分项工程费

序号	定额编号	项目名称	单位	工程量	增值税（简易计税）/元	
					单价(含税)	合价
1	2-1-66	夯击能≤5000kN·m（≤4 夯点 4 击）	10m^2	80	168.56	13484.80
2	2-1-67	夯击能≤5000kN·m [≤4 夯点每增减 1 击（共增 4 击）]	10m^2	320	32.68	10457.60
		省价分部分项工程费合计	元			23942.40
1	2-1-61	夯击能≤4000kN·m（≤4 夯点 4 击）	10m^2	160	146.45	23432.00
2	2-1-62	夯击能≤4000kN·m [≤4 夯点每增减 1 击（共增 1 击）]	10m^2	160	27.72	4435.20
3	2-1-63	夯击能≤4000kN·m（低锤满拍）	10m^2	80	426.25	34100.00
		省价分部分项工程费合计	元			61967.20

【应用案例 5-3】

某工程采用轻型井点降水，降水范围长 75m，宽 16m，井点间距 4m，降水 40 天。试计算轻型井点降水工程量，并计算省价措施项目费。

解： ① 井管安装、拆除工程量＝(75＋16)×2÷4≈46(根)，

井管安装、拆除，套用定额 2-3-12，

单价(含税)＝3525.96 元/(10 根)。

② 设备使用套数＝46÷50≈1(套)，

设备使用工程量＝1×40＝40(每套每天)，套用定额 2-3-13，

单价(含税)＝878.62 元/(每套每天)。

③ 列表计算省价措施项目费（表5-4）。

表5-4 应用案例5-3省价措施项目费

序号	定额编号	项目名称	单位	工程量	增值税(简易计税)/元	
					单价(含税)	合价
1	2-3-12	轻型井点（深7m）降水，井管安装、拆除	10根	4.6	3525.96	16219.42
2	2-3-13	轻型井点（深7m）降水，设备使用	每套每天	40	878.62	35144.80
		省价措施项目费合计	元			51364.22

学习启示

党的二十大报告提出，坚持安全第一、预防为主，建立大安全大应急框架，完善公共安全体系，推动公共安全治理模式向事前预防转型。房屋垫层、地基处理方式繁多，混凝土强度等级又分若干级别，如果施工与算量环节出现偏差，就可能引起地基的不均匀沉降，甚至导致建筑物的倒塌，给国家财产造成巨大损失，给人的生命造成巨大威胁，因此，必须贯彻执行党的二十大精神，培养学生的大局意识、安全意识、质量意识。

本章小结

通过本章的学习，学生应掌握以下内容。
① 垫层、填料加固、强夯、基坑与边坡支护、排水与降水等项目的定额说明。
② 定额中垫层是按地面垫层编制的，计算基础垫层时，人工、机械的消耗量要进行相应的换算，条形基础乘1.05，独立基础乘1.10，满堂基础乘1.00。若为场区道路垫层，人工乘以系数0.9。
③ 垫层、填料加固、强夯、基坑与边坡支护、排水与降水等项目的工程量计算规则。

习 题

一、简答题

1. 条形基础垫层工程量应怎样计算？
2. 地基垫层工程量应怎样计算？
3. 地基强夯工程量应怎样计算？
4. 现浇导墙混凝土工程量应怎样计算？
5. 施工排水与降水工程量应怎样计算？

二、案例分析

1. 某工程基础平面图与断面图如图 5-1 所示，如果基础垫层采用 C15 混凝土，试计算基础垫层工程量，确定套用的定额项目；如果地面垫层采用 C20 混凝土，厚度为 60mm，试计算地面垫层工程量，确定套用的定额项目。

2. 某工程降水范围长为 40m，宽为 25m，施工组织设计采用大口径井点降水，其为环形布置，井点间距 5m，降水时间 45 天。试计算大口径井点降水工程量，并计算省价措施项目费。

第6章 桩基础工程

教学目标

通过本章的学习,学生应正确理解桩基础工程定额说明及工程量计算规则;掌握打桩(预制钢筋混凝土方桩、预应力钢筋混凝土管桩、钢管桩等)、灌注桩(钻孔灌注桩、旋挖灌注桩、沉管灌注桩)工程量的计算与正确套用定额项目。

教学要求

能力目标	知识要点	相关知识	权重
掌握打桩工程量的计算与正确套用定额项目	预制钢筋混凝土方桩、预应力钢筋混凝土管桩、钢管桩等工程量的计算	定额说明;打桩的种类	0.5
掌握灌注桩工程量的计算与正确套用定额项目	各种灌注桩工程量的计算	定额说明;灌注桩的种类	0.5

导入案例

某工程用打桩机,打如图6-1所示的预制钢筋混凝土方桩,共100根。现结合山东省定额和山东省价目表计算该桩基础工程量并思考在套用定额项目时,需要考虑哪些因素。

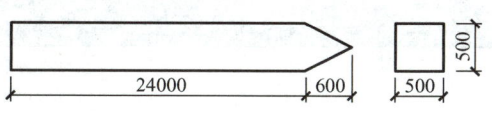

图6-1 导入案例附图

6.1 桩基础工程定额说明

① 桩基础工程定额包括打桩、灌注桩两节。

② 桩基础工程定额适用于陆地上的桩基础工程，所列打桩机械的规格、型号是按常规施工工艺和方法综合取定的。桩基础工程定额已综合考虑了各类土层、岩石层的分类因素，对施工场地的土质、岩石级别进行了综合取定。

③ 桩基施工前的场地平整、压实地表、地下障碍物处理等，定额均未考虑，发生时另行计算。

④ 探桩位已综合考虑在各类桩基定额内，不另行计算。

⑤ 单位（群体）工程的桩基础工程量少于表6-1对应数量时，相应定额人工、机械乘以系数1.25。灌注桩单位（群体）工程的桩基础工程量指灌注混凝土量。

表6-1 单位工程的桩基础工程量

项　　目	单位工程的桩基础工程量	项　　目	单位工程的桩基础工程量
预制钢筋混凝土方桩	200m³	钻孔、旋挖成孔灌注桩	150m³
预应力钢筋混凝土管桩	1000m³	沉管、冲击灌注桩	100m³
预制钢筋混凝土板桩	100m³	钢管桩	50t

⑥ 打桩。

a. 单独打试桩、锚桩，按相应定额的打桩人工及机械乘以系数1.5。

b. 打桩工程按陆地打垂直桩编制。设计要求打斜桩时，斜度≤1∶6时，相应定额人工、机械乘以系数1.25；斜度＞1∶6时，相应定额人工、机械乘以系数1.43。

c. 打桩工程以平地（坡度≤15°）打桩为准，坡度＞15°打桩时，按相应定额人工、机械乘以系数1.15。如在基坑内（基坑深度＞1.5m，基坑面积≤500m²）打桩或在地坪上打坑槽内（坑槽深度＞1m）桩时，按相应定额人工、机械乘以系数1.11。

d. 在桩间补桩或在强夯后的地基上打桩时，相应定额人工、机械乘以系数1.15。

e. 打桩工程，如遇送桩时，可按打桩相应定额人工、机械乘以表6-2中的深度系数。

表6-2 送桩深度系数

送桩深度/m	系　　数
≤2	1.25
≤4	1.43
＞4	1.67

f. 打、压预制钢筋混凝土桩、预应力钢筋混凝土管桩，定额按购入成品构件考虑，已包含桩位半径≤15m内的移动、起吊、就位。桩位半径＞15m时的构件场内运输，按山东省定额"第十九章 施工运输工程"中的预制构件水平运输1km以内的相应项目执行。

g. 桩基础工程定额内未包括预应力钢筋混凝土管桩钢桩尖制作安装（简称"制安"）项目，实际发生时按山东省定额"第五章 钢筋及混凝土工程"中的预埋铁件定额执行。

h. 预应力钢筋混凝土管桩桩头灌芯部分按人工挖孔桩灌桩芯定额执行。

⑦ 灌注桩。

a. 旋挖、冲击钻机成孔等灌注桩设计要求进入岩石层时执行入岩子目，入岩指钻入中风化的坚硬岩。

b. 旋挖、冲击钻机成孔灌注桩定额按湿作业成孔考虑，如采用干作业成孔工艺，则扣除相应定额中的黏土、水和机械中的泥浆泵。

c. 定额各种灌注桩的材料用量中，均已包括了充盈系数和材料损耗率，如表6-3所示。

表6-3 灌注桩充盈系数和材料损耗率

项目名称	充盈系数	损耗率/(%)
旋挖、冲击钻机成孔灌注桩	1.25	1
回旋、螺旋钻机钻孔灌注桩	1.20	1
沉管桩机成孔灌注桩	1.15	1

d. 桩孔空钻部分回填应根据施工组织设计的要求套用相应定额，填土者按山东省定额"第一章 土石方工程"松填土方定额计算，填碎石者按山东省定额"第二章 地基处理与边坡支护工程"碎石垫层定额乘以0.7计算。

e. 旋挖桩、螺旋桩、人工挖孔桩等采用干作业成孔工艺的桩的土石方场内、场外运输，执行山东省定额"第一章 土石方工程"相应项目及规定。

 知识链接

某桩基础工程采用旋挖钻机干作业成孔工艺（图6-2），孔径1200mm、桩长30m、成孔深度35m。地层由杂填土、粉质黏土、黏土（局部含姜石）、粗砂层等组成，地层稳定，地下水位埋深≥40m。

f. 桩基础工程定额内未包括泥浆池制作，实际发生时按山东省定额"第四章 砌筑工程"的相应项目执行。

g. 桩基础工程定额内未包括废泥浆场内、外运输，实际发生时按山东省定额"第一章 土石方工程"相关项目及规定执行。

h. 桩基础工程定额内未包括桩钢筋笼、铁件制安项目，实际发生时按山东省定额"第五章 钢筋及混凝土工程"的相应项目执行。

i. 桩基础工程定额内未包括沉管灌注桩的预制桩尖制安项目，实际发生时按山东省定额"第五章 钢筋及混凝土工程"中的小型构件定额执行。

j. 灌注桩后压浆注浆管、声测管埋设，注浆管、声测管如遇材质、规格不同时，可以换算，其余不变。

k. 注浆管埋设定额按桩底注浆考虑，如设计采用侧向注浆，则相应定额人工、机械乘以系数1.2。

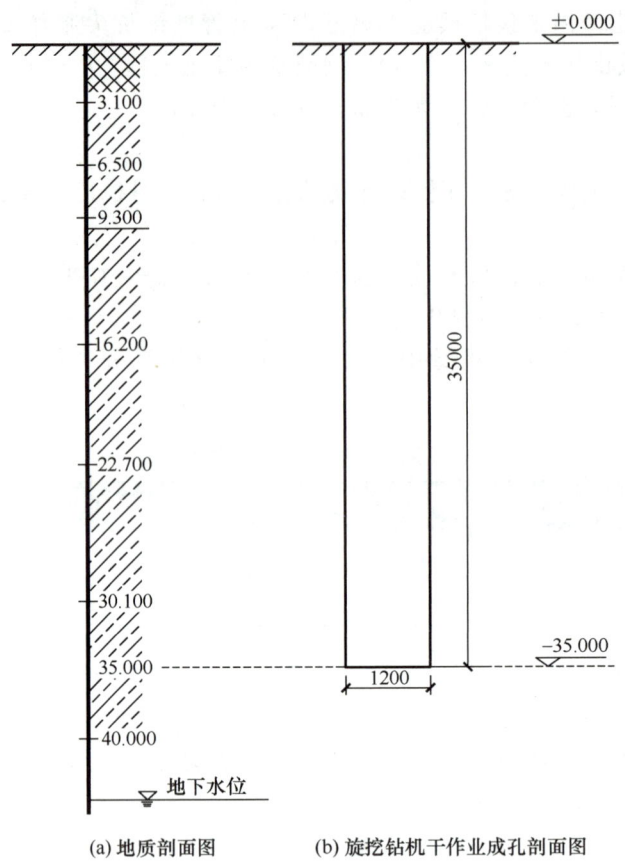

图 6-2 旋挖钻机干作业成孔工艺

6.2 桩基础工程量计算规则

1. 打桩

（1）预制钢筋混凝土方桩

打、压预制钢筋混凝土方桩按设计桩长（包括桩尖）乘以桩截面面积，以体积计算。

（2）预应力钢筋混凝土管桩

① 打、压预应力钢筋混凝土管桩按设计桩长（不包括桩尖），以长度计算。

② 预应力钢筋混凝土管桩钢桩尖按设计图示尺寸，以质量计算。

③ 预应力钢筋混凝土管桩，如设计要求加注填充材料时，填充部分另按桩基础工程钢管桩填芯相应项目执行，如管桩内填充混凝土材料，则套用 3-1-34 钢管内取土、填芯（管内填混凝土）项目。

④ 桩头灌芯按设计尺寸以灌注体积计算。

（3）钢管桩

① 钢管桩按设计要求的桩体质量计算。

② 钢管桩内切割、精割盖帽按设计要求的数量计算。

③ 钢管桩管内钻孔取土、填芯，按设计桩长（包括桩尖）乘以填芯截面面积，以体积计算。

（4）打桩工程的送桩深度

其按设计桩顶标高至打桩前的自然地坪标高另加 0.5m 计算。

$$送桩深度＝设计桩顶标高至自然地坪标高＋0.5m$$

（5）预制混凝土桩、钢管桩电焊接桩

其按设计要求接桩头的数量计算。

（6）预制混凝土桩截桩

其按设计要求截桩的数量计算。截桩长度≤1m 时，不扣减相应桩的打桩工程量（打桩工程量按设计桩长计算）；截桩长度＞1m 时，其超过部分按实扣减打桩工程量（打桩工程量按设计桩长扣减 1m 计算），但桩体的价格和预制混凝土桩场内运输的工程量不扣除（场内运输工程量按设计桩长计算）。

（7）预制混凝土桩凿桩头

其按设计图示桩截面面积乘以凿桩头长度，以体积计算。凿桩头长度设计无规定时，凿桩头长度按桩体高 40d（d 为桩体主筋直径，主筋直径不同时取大者）计算；灌注桩凿桩头按设计超灌高度（设计有规定按设计要求，设计无规定按 0.5m）乘以桩截面面积，以体积计算。

$$预制混凝土桩凿桩头工程量＝桩截面面积×40d$$
$$灌注桩凿桩头工程量＝桩截面面积×0.5m$$

（8）桩头钢筋整理

其按所整理桩的数量计算。

2. 灌注桩

① 钻孔灌注桩、旋挖灌注桩成孔工程量按成孔前自然地坪标高至设计桩底标高的成孔长度乘以设计桩截面面积，以体积计算。入岩增加工程量按实际入岩深度乘以设计桩截面面积，以体积计算。

$$钻孔灌注桩、旋挖灌注桩成孔工程量＝自然地坪标高至桩底标高的长度×桩截面面积$$
$$入岩增加工程量＝实际入岩深度×桩截面面积$$

② 钻孔灌注桩、旋挖灌注桩灌注混凝土工程量按设计桩截面面积乘以设计桩长（包括桩尖）另加加灌长度，以体积计算。加灌长度设计有规定者，按设计要求计算；无规定者，按 0.5m 计算。

$$钻孔灌注桩、旋挖灌注桩灌注混凝土工程量＝（设计桩长＋加灌长度）×桩截面面积$$

③ 沉管成孔工程量按打桩前自然地坪标高至设计桩底标高（不包括预制桩尖）的成孔长度乘以钢管外径截面面积，以体积计算。

$$沉管成孔工程量＝自然地坪标高至设计桩底标高长度×钢管外径截面面积$$

④ 沉管灌注桩灌注混凝土工程量按钢管外径截面面积乘以设计桩长（不包括预制桩尖）另加加灌长度，以体积计算。加灌长度设计有规定者，按设计要求计算，无规定者，按 0.5m 计算。

$$沉管灌注桩灌注混凝土工程量＝（设计桩长＋加灌长度）×钢管外径截面面积$$

⑤ 人工挖孔灌注桩护壁和桩芯工程量，分别按设计图示截面面积乘以设计桩长另加加灌长度，以体积计算。加灌长度设计有规定者，按设计要求计算；无规定者，按0.25m计算。

灌注桩护壁工程量＝(设计桩长＋加灌长度)×护壁图示截面面积
灌注桩桩芯工程量＝(设计桩长＋加灌长度)×桩芯图示截面面积

⑥ 钻孔灌注桩、人工挖孔灌注桩设计要求扩底时，其扩底工程量按设计尺寸，以体积计算，并入相应桩的工程量内。

⑦ 桩孔回填工程量按桩加灌长度顶面至成孔前自然地坪标高的长度乘以桩孔截面面积，以体积计算。

⑧ 钻孔压浆桩工程量按设计桩顶标高至设计桩底标高的长度另加0.5m，以长度计算。

钻孔压浆桩工程量＝设计桩顶标高至设计桩底标高长度＋0.5m

⑨ 注浆管、声测管埋设工程量按成孔前的自然地坪标高至设计桩底标高的长度另加0.5m，以长度计算。

埋设工程量＝自然地坪标高至设计桩底标高长度＋0.5m

⑩ 桩底（侧）后压浆工程量按设计注入水泥用量，以质量计算。

6.3 桩基础工程量计算与定额应用

桩基础项目计算说明

【应用案例6-1】

某工程用打桩机打预制钢筋混凝土方桩，共100根，如图6-1所示，试计算工程量，并计算省价分部分项工程费。

解：工程量＝0.5×0.5×(24＋0.6)×100＝615.00(m^3)
因工程量≥200m^3，套用定额3-1-2，
单价(含税)＝2500.75元/(10m^3)，
省价分部分项工程费＝615.00/10×2500.75≈153796.13(元)。

【应用案例6-2】

某工程采用振动式沉管成孔，制作C30钢筋混凝土灌注桩，设计桩长12m（不包括桩尖），桩顶至自然地坪高差0.6m，钢管外径0.5m，桩根数为100根，试计算桩基础工程量，并计算省价分部分项工程费。

解：① 沉管成孔工程量＝3.14÷4×0.5²×(12＋0.6)×100≈247.28(m^3)，
套用定额3-2-19，
单价(含税)＝2288.10元/(10m^3)。
② 灌注混凝土工程量＝3.14÷4×0.5²×(12＋0.5)×100≈245.31(m^3)
因工程量≥100m^3，套用定额3-2-29，
单价(含税)＝6386.88元/(10m^3)。
③ 列表计算省价分部分项工程费（表6-4）。

表 6-4　应用案例 6-2 省价分部分项工程费

序号	定额编号	项目名称	单位	工程量	增值税（简易计税）/元	
					单价(含税)	合价
1	3-2-19	沉管桩成孔（桩长≤12m，振动式）	10m³	24.728	2288.10	56580.14
2	3-2-29	灌注桩混凝土沉管成孔	10m³	24.531	6386.88	156676.55
		省价分部分项工程费合计	元			213256.69

【应用案例 6-3】

某建筑物基础采用预制钢筋混凝土方桩，设计混凝土桩 170 根，将桩送至自然地坪以下 0.6m，桩尺寸如图 6-3 所示。试计算：①打桩工程量及省价分部分项工程费；②打送桩工程量及省价分部分项工程费。

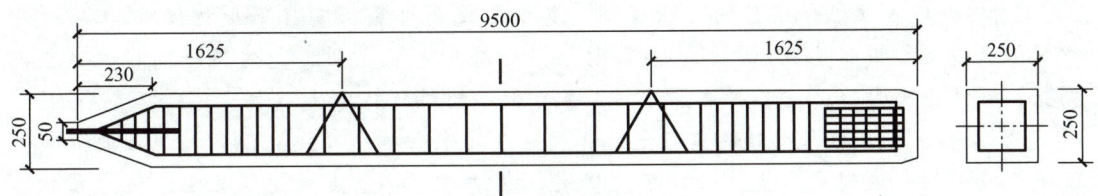

图 6-3　应用案例 6-3 附图

解：（1）计算打桩工程量

$V = S \times L \times N = 0.25 \times 0.25 \times 9.5 \times 170 \approx 100.94 (m^3)$

$V \leq 200 m^3$。

套用定额 3-1-1（H），

单价(含税) $= 2171.13 + (1021.44 + 1043.32) \times 0.25 = 2687.32$ 元/(10m³)。

（2）计算打送桩工程量

送桩深度 = 设计送桩深度 + 0.50m = 1.1m，

送桩工程量 $= 0.25 \times 0.25 \times 1.1 \times 170 \approx 11.69 (m^3)$，

套用定额 3-1-1（H），打预制钢筋混凝土方桩 12m 内（送桩 2m 内），

单价(含税) $= 2171.13 + (1021.44 + 1043.32) \times 0.25 = 2687.32$ 元/(10m³)。

（3）列表计算省价分部分项工程费（表 6-5）

表 6-5　应用案例 6-3 省价分部分项工程费

序号	定额编号	项目名称	单位	工程量	增值税（简易计税）/元	
					单价(含税)	合价
1	3-1-1(H)	打预制钢筋混凝土方桩（桩长≤12m）	10m³	10.094	2687.32	27125.81
2	3-1-1(H)	打预制钢筋混凝土方桩［桩长≤12m（送桩2m内）］	10m³	1.169	2687.32	3141.48
		省价分部分项工程费合计	元			30267.29

学习启示

随着城市的快速发展，房屋建筑越建越高，基础埋置越来越大，桩基础、箱形基础等深基础已得到广泛应用，在承载力均能满足要求的前提下，如何正确选择基础形式尤为重要，因此，从成本核算的角度来说，学生应能够正确选择桩基础类型、正确选择打桩机械，利用国家消耗量定额精准进行桩基础造价计算，维护国家标准的权威性，提高资金的使用效率，养成精益求精的工作作风。

桩计算说明

本章小结

通过本章的学习，学生应掌握以下内容。

① 打桩、灌注桩等项目的定额说明。其中打桩项目重点掌握单独打试桩、锚桩、打斜桩、坡地打桩、基坑内打桩、桩间补桩、强夯地基上打桩、打送桩等项目的系数调整；灌注桩项目应注意各种灌注桩的充盈系数和材料损耗率。

② 打桩、灌注桩等项目的工程量计算规则。其中打桩项目重点注意打送桩的长度规定、截桩的长度规定、凿桩头的长度规定；灌注桩项目重点注意钻孔灌注桩（旋挖灌注桩）灌注混凝土的计算长度规定、沉管灌注桩灌注混凝土的计算长度规定、人工挖孔灌注桩的计算长度规定、钻孔压浆桩的计算长度规定。

习 题

一、简答题

1. 什么是送桩？其工程量怎样计算？
2. 什么是截桩？其工程量怎样计算？
3. 单位工程的桩基础工程量小于多少时，相应定额人工、机械乘以系数 1.25？
4. 预制混凝土桩的工程量应怎样计算？
5. 沉管灌注桩灌注混凝土工程量应怎样计算？

二、案例分析

1. 某建筑物基础采用预制钢筋混凝土方桩，共 60 根，将桩送至地面以下 1m 处，桩长 30m（包括桩尖），桩的断面尺寸为 500mm×500mm。试计算：①打桩工程量及省价分部分项工程费；②打送桩工程量及省价分部分项工程费。

2. 某工程采用锤击式沉管成孔，制作 C40 钢筋混凝土灌注桩，设计桩长 20m（不包括桩尖），桩顶至自然地坪高差 2.8m，钢管外径 0.5m，桩根数为 200 根，试计算桩基础工程量，并计算省价分部分项工程费。

第7章 砌筑工程

教学目标

通过本章的学习，学生应了解砖砌体、砌块砌体、石砌体、轻质板墙等砌筑的常用材料、做法及相关知识；掌握基础、墙体及其他砌筑工程量的计算规则；学会正确套用相应定额项目。

教学要求

能力目标	知识要点	相关知识	权重
掌握基础砌筑工程量的计算和定额套项	基础砌筑工程量的计算规则；定额说明	定额中基础砌筑包括的内容；基础与墙体的界线划分、大放脚的概念	0.4
掌握墙体砌筑工程量的计算和定额套项	墙体砌筑工程量的计算规则；定额说明	定额中墙体砌筑包括的内容；内外墙高度和长度的界定	0.4
掌握其他砌筑工程量的计算和定额套项	其他砌筑工程量的计算规则；定额说明	定额中其他砌筑包括的内容，如砖砌地沟、零星砌体项目等	0.2

导入案例

某建筑物平面图和墙身详图如图 7-1 所示，层高 3.3m，M5.0 混水砖墙，内外墙墙厚 240mm，M-1：1000mm×2400mm，M-2：1200mm×2400mm，C-1：1500mm×1500mm，C-2：1800mm×1500mm，门窗上安装钢筋混凝土过梁，过梁断面尺寸为 240mm×240mm，根据所学知识，计算墙体工程量。在计算过程中，思考墙体的砌筑体积和门窗、过梁体积之间有什么样的扣减关系。

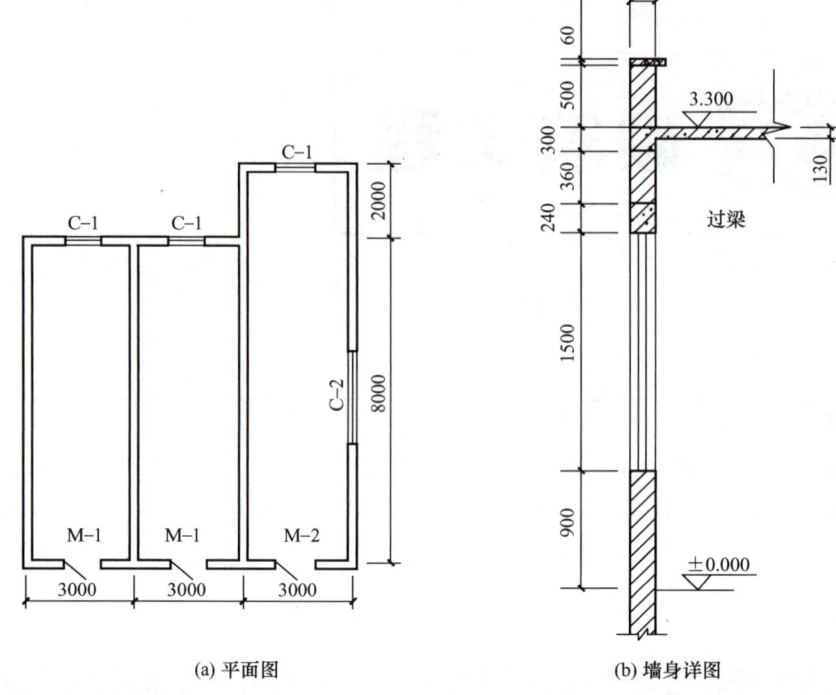

图 7-1 导入案例附图

使用说明

7.1 砌筑工程定额说明

砌筑工程定额包括砖砌体、砌块砌体、石砌体和轻质板墙 4 节。

砌筑工程定额中砖、砌块和石料按标准或常用规格编制,设计材料规格与定额不同时允许换算,但每定额单位消耗量不变。

砌筑砂浆按现场搅拌编制,定额所列砌筑砂浆的强度等级和种类,设计与定额不同时允许换算。

定额中各类砖、砌块、石砌体的砌筑均按直形砌筑编制。如为圆弧形砌筑时,按相应定额人工用量乘以系数 1.1,材料用量乘以系数 1.03。

1. 砖砌体、砌块砌体、石砌体

① 标准砖砌体计算厚度,按表 7-1 计算。

表 7-1 标准砖砌体计算厚度

墙厚/皮砖	1/4	1/2	3/4	1	1.5	2	2.5
计算厚度/mm	53	115	180	240	365	490	615

墙厚与砖规格的关系如图 7-2 所示。

② 砌筑工程砌筑材料选用如下规格(单位为 mm)。

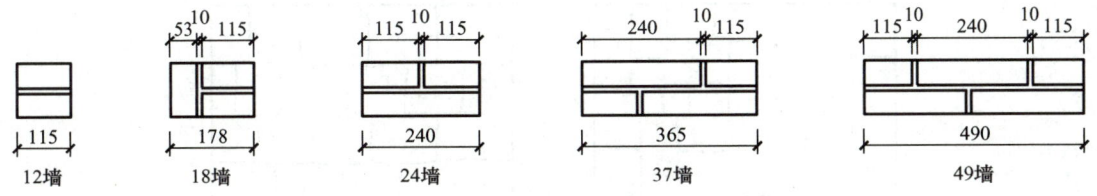

图 7-2 墙厚与砖规格的关系

实心砖：240×115×53；多孔砖：M 型 190×90×90 或 190×190×90，P 型 240×115×90；空心砖：240×115×115、240×180×115；加气混凝土砌块：600×200×240；空心砌块：390×190×190、290×190×190；装饰混凝土砌块：390×90×190；毛料石：1000×300×300；方整石墙：400×220×200；方整石柱：450×220×200；零星方整石：400×200×100。

③ 定额中的墙体砌筑层高是按 3.6m 编制的，如超过 3.6m，其超过部分工程量的定额人工乘以系数 1.3。

④ 砖砌体均包括原浆勾缝用工，加浆勾缝时，按山东省定额"第十二章 墙、柱面装饰与隔断、幕墙工程"的规定另行计算。

⑤ 零星砌体系指台阶、台阶挡墙、阳台栏板、施工过人洞、梯带、蹲台、池槽、池槽腿、花台、隔热板下砖墩、炉灶、锅台，以及石墙和轻质墙中的墙角、窗台、门窗洞口立边、梁垫、楼板或梁下零星砌砖等。

⑥ 砖砌挡土墙，墙厚＞2 皮砖执行砖基础相应项目，墙厚≤2 皮砖执行砖墙相应项目。

⑦ 砖柱和零星砌体等子目按实心砖列项，如用多孔砖砌筑，则按相应子目乘以系数 1.15。

⑧ 砌块砌体中已综合考虑了墙底小青砖所需工料，使用时不得调整。墙顶部与楼板或梁的连接依据《蒸压加气混凝土砌块墙体构造（建筑·结构）》（L22J126）按铁件连接考虑，铁件制作和安装按山东省定额"第五章 钢筋及混凝土工程"的规定另行计算。

⑨ 装饰砌块夹芯保温复合墙体是指由外叶墙（非承重）、保温层、内叶墙（承重）3 部分组成的集装饰、保温、承重于一体的复合墙体。

⑩ 砌块零星砌体执行砖零星砌体子目，人工含量不变。

⑪ 砌块墙中用于固定门窗或吊柜、窗帘盒、暖气片等配件所需的灌注混凝土或预埋构件，按山东省定额"第五章 钢筋及混凝土工程"的规定另行计算。

⑫ 定额中石材按其材料加工程度，分为毛石、毛料石、方整石，如图 7-3 所示，使用时应根据石料名称、规格分别执行。

⑬ 毛石护坡高度＞4m 时，定额人工乘以系数 1.15。

⑭ 方整石零星砌体子目，适用于窗台、门窗洞口立边、压顶、台阶、栏杆、墙面点缀石等定额未列项目的方整石的砌筑。

⑮ 石砌体子目中均不包括勾缝用工，勾缝按山东省定额"第十二章 墙、柱面装饰与隔断、幕墙工程"的规定另行计算。

材料净用量计算方法

使用说明

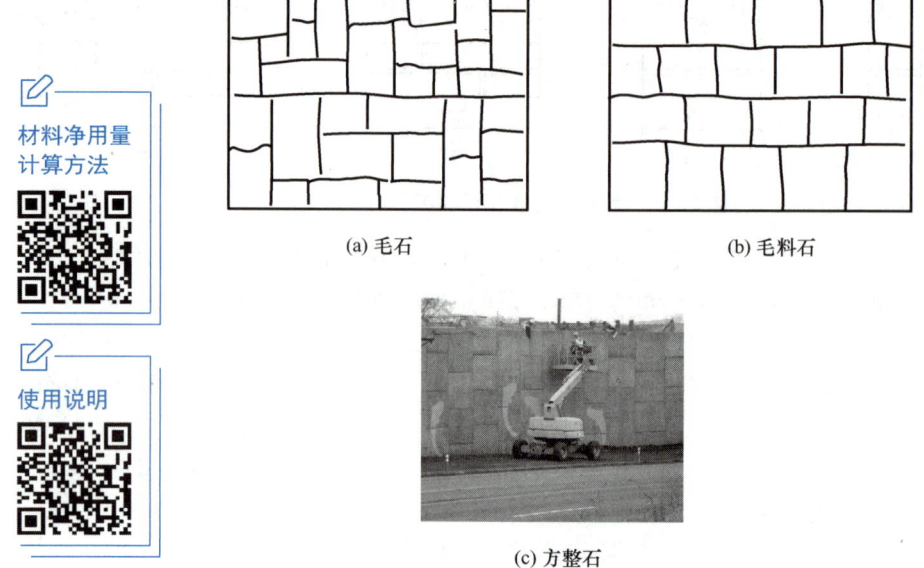

(a) 毛石

(b) 毛料石

(c) 方整石

图 7-3 石材分类

⑯ 设计用于各种砌体中的砌体加固筋,如图 7-4 所示,按山东省定额"第五章 钢筋及混凝土工程"的规定另行计算。

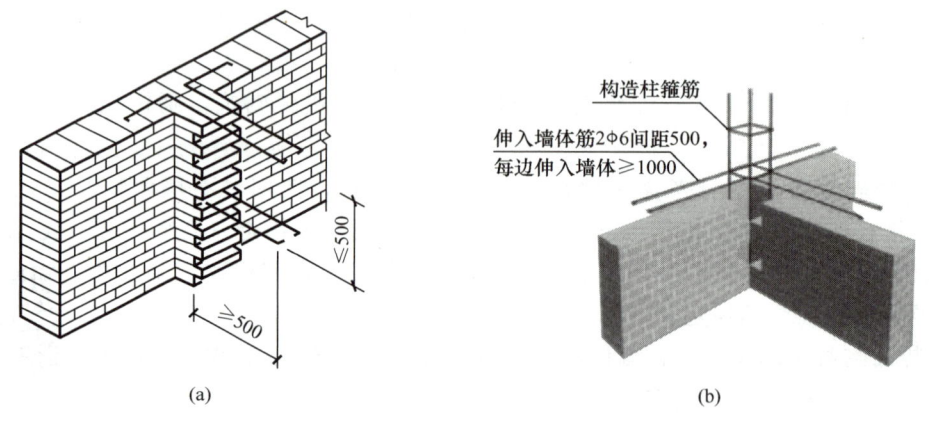

图 7-4 砌体中的砌体加固筋

2. 轻质板墙

① 轻质板墙适用于框架、框剪结构中的内外墙或隔墙。定额按不同材质和板型编制,设计与定额不同时,可以换算。

② 轻质板墙不论空心板或实心板,均按厂家提供的板墙半成品(包括板内预埋件,配套吊挂件、U 形卡、S 形钢檩条、螺栓、铆钉等),现场安装编制。

③ 轻质板墙中与门窗连接的钢筋码和钢板(预埋件),定额已综合考虑。

钢丝网水泥夹芯板墙如图 7-5 所示。

第7章 砌筑工程

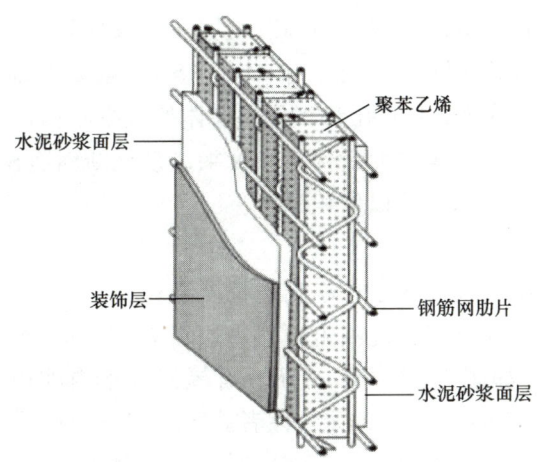

图 7-5 钢丝网水泥夹芯板墙示意

7.2 砌筑工程量计算规则

1. 砌筑界线划分

① 基础与墙体：以设计室内地坪为界，有地下室者，以地下室设计室内地坪为界，以下为基础，以上为墙体。

② 室内柱以设计室内地坪为界；室外柱以设计室外地坪为界，以下为柱基础，以上为柱。

③ 围墙以设计室外地坪为界，以下为基础，以上为墙体。

④ 挡土墙以设计地坪标高低的一侧为界，以下为基础，以上为墙体。

2. 基础工程量计算

① 条形基础：按墙体长度乘以设计断面面积，以体积计算。

② 基础工程量包括附墙垛基础宽出墙体部分体积，扣除地梁（圈梁）、构造柱所占体积，不扣除基础大放脚T形接头处的重叠部分（图7-6），以及嵌入基础的钢筋、铁件、管道、基础防潮层和单个面积≤0.3m²的孔洞所占体积，但靠墙暖气沟的挑檐亦不增加。

分界线说明

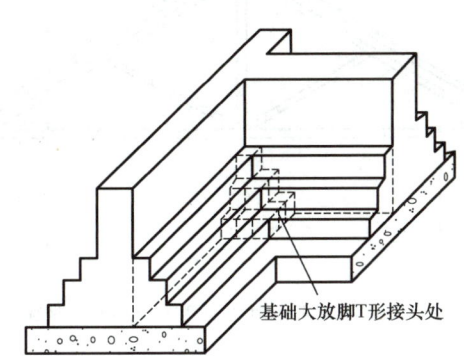

图 7-6 基础大放脚T形接头处重叠部分示意

117

③ 基础长度：外墙按外墙中心线，内墙按内墙净长线计算。

$$基础砌筑工程量 = S_{外墙基础断面} \times L_中 + S_{内墙基础断面} \times L_内 - V_{扣除}$$

式中 $V_{扣除}$——面积在 0.3m² 以上的孔洞、伸入墙体的混凝土构件（梁、柱）的体积。

④ 柱间条形基础，按柱间墙体的设计净长度乘以设计断面面积，以体积计算。

⑤ 独立基础：按设计图示尺寸以体积计算。

3. 墙体工程量计算

① 墙长度：外墙按中心线、内墙按净长线长度计算。

② 外墙高度：平屋面算至钢筋混凝土板顶，如图 7-7（a）所示；斜（坡）屋面无檐口天棚者算至屋面板底，如图 7-7（b）所示；有屋架且室内外均有天棚者算至屋架下弦底另加 200mm，如图 7-7（c）所示；无天棚者算至屋架下弦底另加 300mm，出檐宽度超过 600mm 时按实砌高度计算，如图 7-7（d）所示；有钢筋混凝土楼板隔层者算至板顶。

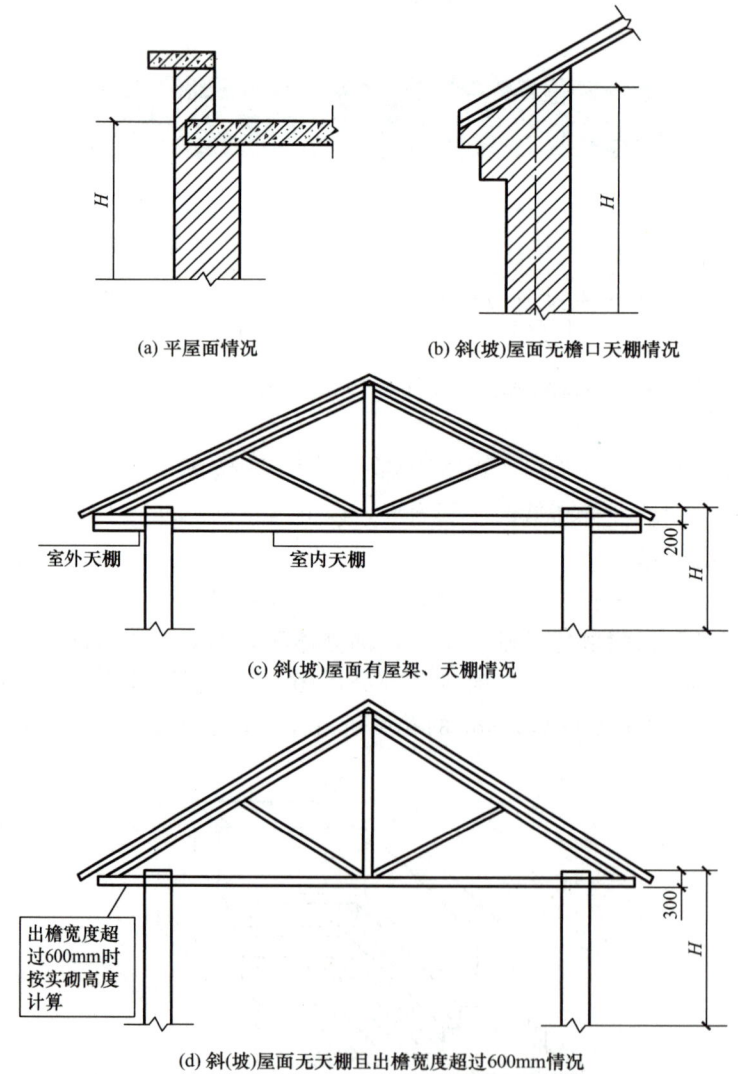

图 7-7 外墙高度确定

③ 内墙高度：位于屋架下弦者，算至屋架下弦底，如图 7-8（a）所示；无屋架者算至天棚底另加 100mm，如图 7-8（b）所示；有钢筋混凝土楼板隔层者算至楼板底，如图 7-8（c）所示；有框架梁时算至梁底，如图 7-8（d）所示。

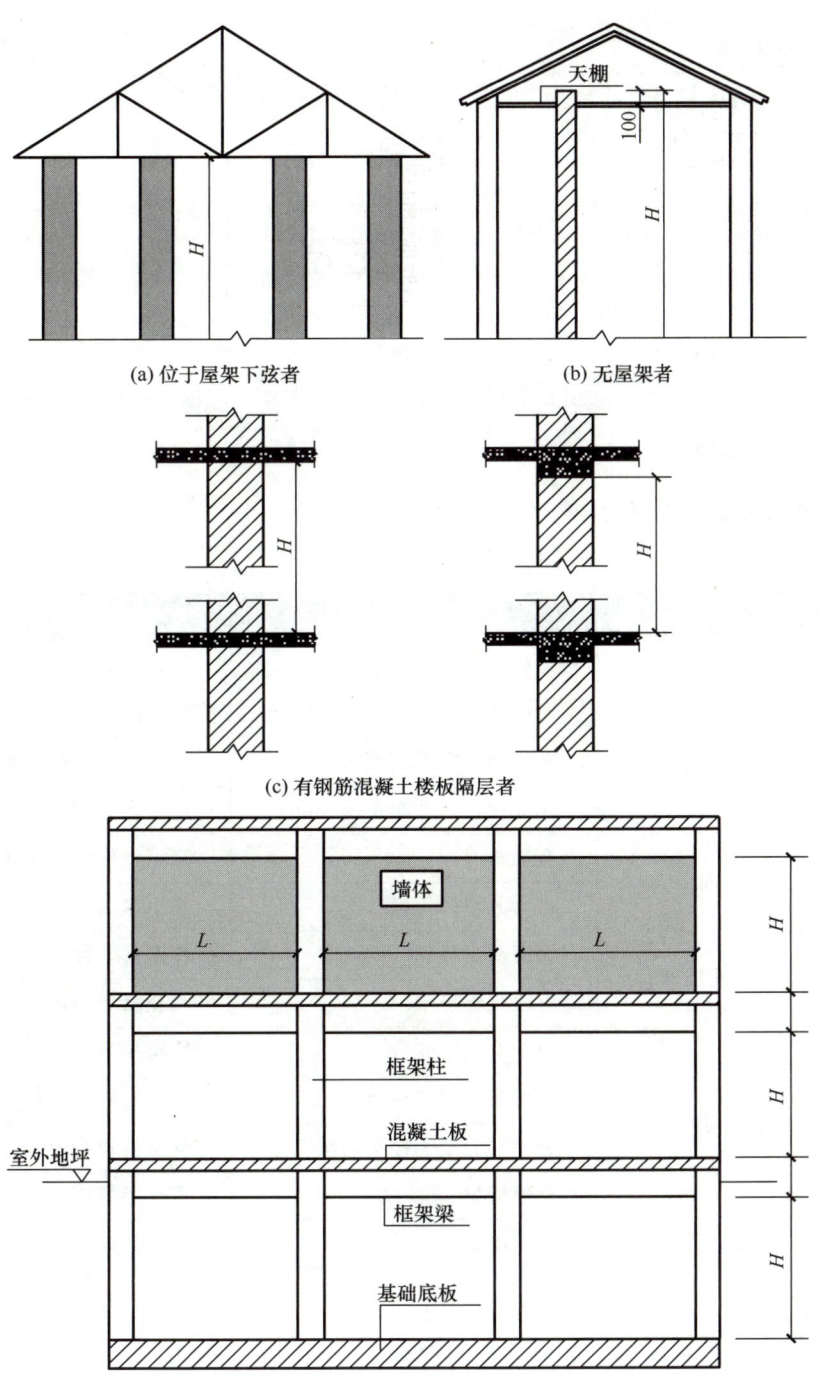

图 7-8　内墙高度确定

④ 女儿墙高度，从屋面板上表面算至女儿墙顶面（如有混凝土压顶时算至压顶下表面），如图7-9所示。

⑤ 内外山墙高度：按其平均高度计算，如图7-10所示。

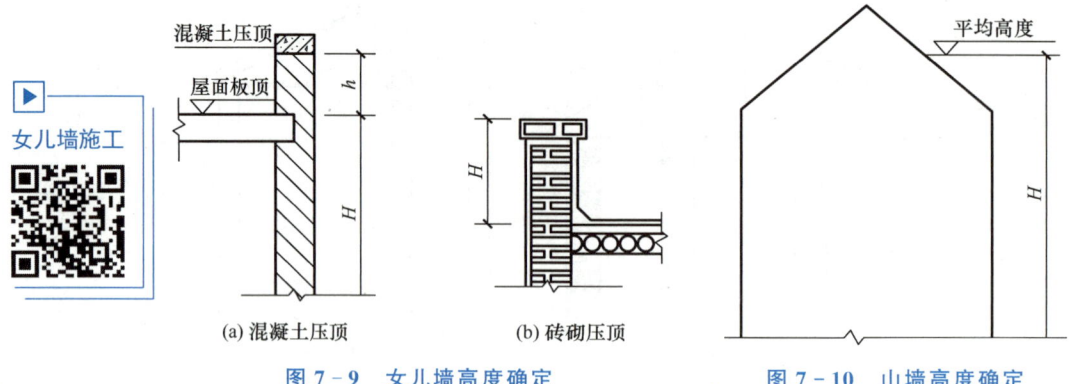

图7-9 女儿墙高度确定　　　　图7-10 山墙高度确定

知识链接

墙体计算高度汇总如表7-2所示。

表7-2　墙体计算高度汇总

名称	屋面类型	檐口构造	定额墙体计算高度
外墙	坡屋面	无檐口天棚者	算至屋面板底
		有屋架，室内外均有天棚者	算至屋架下弦底另加200mm
		有屋架，无天棚者	算至屋架下弦底另加300mm
		无天棚，檐宽超过600mm	按实砌高度计算
	平屋面	有挑檐	算至钢筋混凝土板底面
		有女儿墙，无檐口	算至屋面板顶面
	女儿墙	无混凝土压顶	算至女儿墙顶面
		有混凝土压顶	算至女儿墙压顶下表面
内墙	平顶	位于屋架下弦者	算至屋架下弦底
		无屋架，有天棚者	算至天棚底另加100mm
		有钢筋混凝土楼板隔层者	算至楼板底面
		有框架梁	算至梁底面
山墙	有山尖	内外山墙	按平均高度计算

⑥ 框架间墙：不分内外墙按墙体净尺寸以体积计算。

⑦ 围墙：高度算至压顶上表面（如有混凝土压顶时算至压顶下表面），围墙柱并入围墙体积内。

⑧ 墙体体积：按设计图示尺寸以体积计算。计算墙体工程量时，应扣除门窗洞口、嵌入墙内的钢筋混凝土柱、梁、圈梁、挑梁、过梁及凹进墙内的壁龛、管槽、暖气槽、消

火栓箱所占体积。不扣除梁头、外墙板头、檩头、垫木、木楞头、沿椽木、木砖、门窗走头、墙内的加固钢筋、木筋、铁件、钢管及每个面积≤0.3m² 孔洞等所占体积。凸出墙面的窗台虎头砖、压顶线、山墙泛水、烟囱根、门窗套及 3 皮砖以内的腰线和挑檐等体积亦不增加。凸出墙面的砖垛、3 皮砖以上的腰线和挑檐等体积，并入所附墙体体积内计算。

砌筑工程量＝墙体长度×墙体计算高度×墙体计算厚度－$V_{扣}$

式中 $V_{扣}$——门窗洞口、空圈及嵌入墙内的钢筋混凝土柱、梁等构件所占墙体的体积。

 **特别提示**

> ① 外墙体积 $V_{外墙}=L_{中}×$外墙计算高度×外墙计算厚度－门窗洞口 $V_{M,C}-V_{构件}$
> ② 内墙体积 $V_{内墙}=L_{内}×$内墙计算高度×内墙计算厚度－门窗洞口 $V_{M,C}-V_{构件}$
> ③ 女儿墙体积 $V_{女儿墙}=L_{女儿墙中}×$女儿墙计算高度×女儿墙计算厚度－$V_{构件}$

⑨ 附墙烟囱（包括附墙通风道、垃圾道，混凝土烟风道除外），按其外形体积并入所依附的墙体积内计算。

4. 柱工程量计算

各种柱均按基础分界线以上的柱高乘以柱断面面积，以体积计算。

5. 轻质板墙工程量计算

轻质板墙工程量按设计图示尺寸以面积计算。

6. 其他砌筑工程量计算

① 砖砌地沟不分沟底、沟壁按设计图示尺寸以体积计算。

② 零星砌体项目，均按设计图示尺寸以体积计算。

③ 多孔砖墙、空心砖墙和空心砌块墙，按相应规定计算墙体外形体积，不扣除砌体材料中的孔洞和空心部分的体积。

④ 装饰砌块夹芯保温复合墙体按实砌复合墙体以面积计算。

⑤ 混凝土烟风道按设计混凝土砌块体积，以体积计算。计算墙体工程量时，应按混凝土烟风道工程量，扣除其所占墙体的体积。

⑥ 变压式排烟气道，区分不同断面，以长度计算工程量（楼层交接处的混凝土垫块及垫块安装灌缝已综合在子目中，不单独计算），如图 7-11 所示。计算时，自设计室内地坪或安装起点，计算至上一层楼板的上表面；顶端遇坡屋面时，按其高点计算至屋面板面。

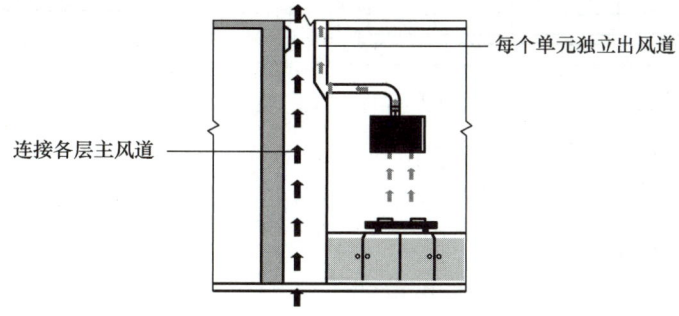

图 7-11 变压式排烟气道

⑦ 混凝土镂空花格墙按设计空花部分外形面积（空花部分不予扣除）以面积计算。定额中混凝土镂空花格按半成品考虑。

⑧ 石砌护坡按设计图示尺寸以体积计算。

⑨ 砖背里（填充）和毛石背里（填充）按设计图示尺寸以体积计算，如图 7-12 所示。

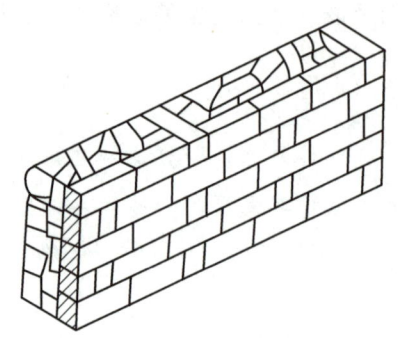

图 7-12　方整石墙毛石背里（填充）示意

⑩ 砌筑工程定额中用砂为符合规范要求的过筛净砂，不包括施工现场的筛砂用工，现场筛砂用工按山东省定额"第一章　土石方工程"的规定另行计算。

7.3　砌筑工程量计算与定额应用

【应用案例 7-1】

某工程基础平面图和断面图如图 7-13 所示，M5.0 砂浆砌筑，试计算基础工程量，并计算省价分部分项工程费。

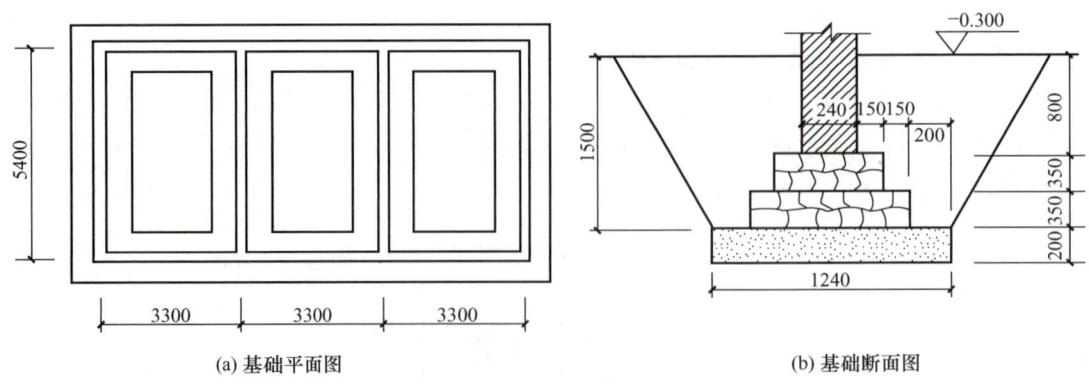

(a) 基础平面图　　　(b) 基础断面图

图 7-13　应用案例 7-1 附图

解：（1）计算基数

$L_{中} = (3.30 \times 3 + 5.40) \times 2 = 30.60 \text{(m)}$

$L_{内} = (5.40 - 0.24) \times 2 = 10.32 \text{(m)}$

(2) 计算砖基础工程量

砖基础工程量=(0.80+0.30)×0.24×(30.60+10.32)≈10.80(m³)，

套用定额 4-1-1，M5.0 砂浆砖基础，

单价(含税)=6387.30 元/(10m³)，

省价分部分项工程费=10.80/10×6387.30≈6898.28(元)。

(3) 计算毛石基础工程量

毛石基础工程量=[(1.24-0.20×2)×0.35+(0.84-0.15×2)×0.35]×(30.60+10.32)≈19.76(m³)，

套用定额 4-3-1，M5.0 砂浆毛石基础，

单价(含税)=5321.42 元/(10m³)，

省价分部分项工程费=19.76/10×5321.42≈10515.13(元)。

【应用案例 7-2】

对导入案例的解答如下。

解：(1) 计算基数

$L_{中}=(3.00×3+8.00+2.00)×2=38.00(m)$，

$L_{内}=(8.00-0.24)×2=15.52(m)$，

外墙高度 $H_{外}=3.3-0.3=3.0(m)$，

女儿墙高度 $H_{女儿墙}=0.5(m)$。

(2) 计算应扣除部分工程量

$V_{扣}=[1.00×2.40×2+1.20×2.40+1.50×1.50×3+1.80×1.50+(1.50×2+1.70+2.00×3+2.30)×0.24]×0.24=4.86(m³)$。

(3) 计算墙体工程量

240 砖外墙工程量=38×3×0.24-4.86=22.50(m³)，

240 砖内墙工程量=15.52×(3.3-0.13)×0.24≈11.81(m³)，

240 砖女儿墙工程量=38×0.5×0.24=4.56(m³)，

240 砖墙工程量=22.50+11.81+4.56=38.87(m³)。

(4) 套用定额，计算省价分部分项工程费

套用定额 4-1-7，M5.0 混合砂浆，

单价(含税)=6702.70 元/(10m³)，

省价分部分项工程费=38.87/10×6702.70≈26053.39(元)。

【应用案例 7-3】

某单层框架结构，尺寸如图 7-14 所示，墙身用 M5.0 混合砂浆加气混凝土砌块砌筑，女儿墙为烧结煤矸石空心砖，混凝土压顶断面尺寸为 240mm×60mm，墙厚均为 240mm，内墙为 80mm 厚石膏空心条板墙。框架柱断面尺寸为 240mm×240mm，直通女儿墙顶，框架梁断面尺寸为 240mm×500mm，门窗洞口上均采用现浇钢筋混凝土过梁，断面尺寸为 240mm×180mm。M-1：1560mm×2700mm，M-2：1000mm×2700mm，C-1：1800mm×1800mm，C-2：1560mm×1800mm。试计算墙体工程量，并列表计算省价分部分项工程费。

解：(1) 计算基数

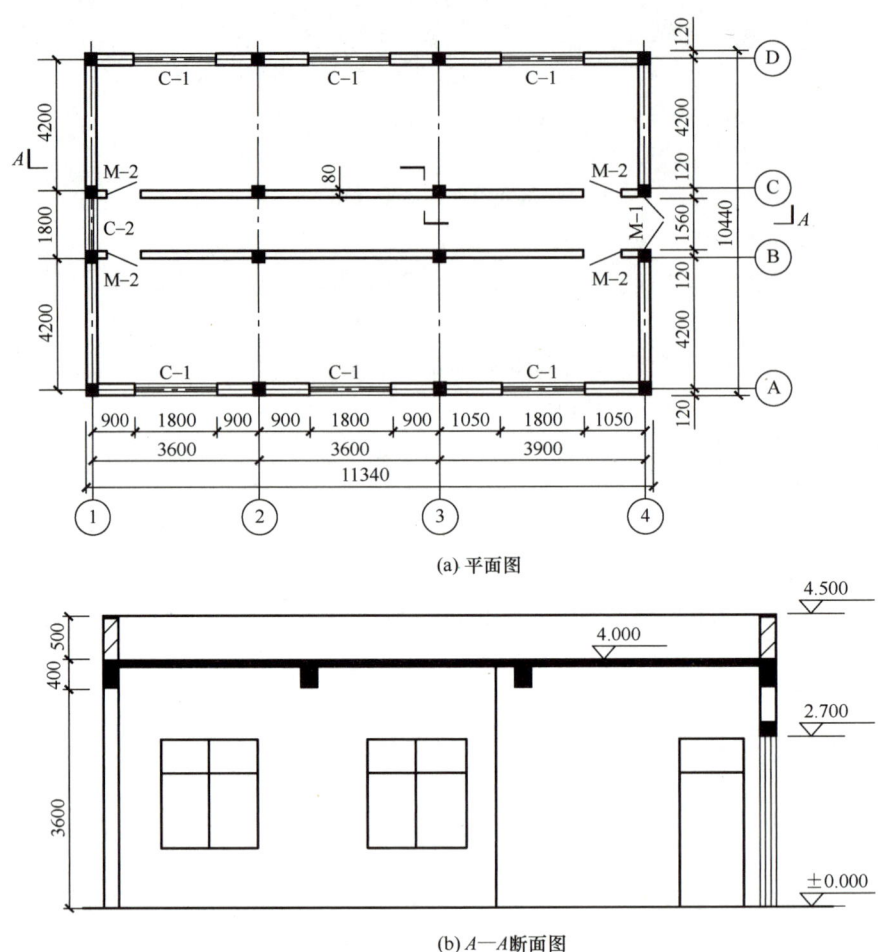

图 7-14 应用案例 7-3 附图

$L_{中}=(11.34-0.24\times4+10.44-0.24\times4)\times2=39.72(m)$,
$L_{内}=(11.34-0.24\times4)\times2=20.76(m)$。

(2) 计算应扣减部分工程量

应扣减部分工程量计算如表 7-3 所示。

表 7-3 应扣减部分工程量计算

门窗类别	洞口宽度/mm	洞口高度/mm	数量	单个面积/m²	总面积/m²	过梁长度/m	过梁断面面积（宽度×高度）/m²	单个体积/m³	总体积/m³
M-1	1560	2700	1	4.212	4.212	1.56	0.24×0.18 =0.0432	0.067	0.067
M-2	1000	2700	4	2.70	10.80	—	—	—	—
C-1	1800	1800	6	3.24	19.44	2.30	0.0432	0.099	0.594
C-2	1560	1800	1	2.808	2.808	1.56	0.0432	0.067	0.067
小计					外墙 26.46 内墙 10.80				0.728

(3) 计算墙体工程量

① 加气混凝土砌块墙工程量 = 39.72×3.6×0.24 − 26.46×0.24 − 0.728 ≈ 27.24(m^3),

套用定额 4-2-1,

单价(含税) = 5150.89 元/(10m^3)。

② 煤矸石空心砖墙工程量 = 39.72×(0.5−0.06)×0.24 ≈ 4.19(m^3),

套用定额 4-1-18,

单价(含税) = 5364.22 元/(10m^3)。

③ 石膏空心条板墙工程量 = 20.76×3.6−10.8 ≈ 63.94(m^2)。

套用定额 4-4-9,

单价(含税) = 959.99 元/(10m^2)。

(4) 列表计算省价分部分项工程费

应用案例 7-3 省价分部分项工程费如表 7-4 所示。

表 7-4 应用案例 7-3 省价分部分项工程费

序号	定额编号	项目名称	单位	工程量	增值税（简易计税）/元	
					单价(含税)	总价
1	4-2-1	M5.0 混合砂浆加气混凝土砌块墙	10m^3	2.724	5150.89	14031.02
2	4-1-18	M5.0 混合砂浆空心砖墙（墙厚240mm）	10m^3	0.419	5364.22	2247.61
3	4-4-9	石膏空心条板墙（板厚80mm）	10m^2	6.394	959.99	6138.18
		省价分部分项工程费合计	元			22416.81

【应用案例 7-4】

已知某建筑物平面图和剖面图如图 7-15 所示,三层,层高均为 3.0m,实心砖墙,内外墙墙厚均为 240mm,M5.0 混合砂浆砌筑;外墙有女儿墙,高 900mm,厚 240mm;现浇钢筋混凝土楼板、屋面板厚度均为 120mm。门窗洞口尺寸,M-1:1400mm×2700mm,M-2:1200mm×2700mm,C-1:1500mm×1800mm(二、三层 M-1 换成 C-1)。门窗上设置圈梁兼过梁,断面尺寸为 240mm×180mm。试计算墙体工程量,并计算省价分部分项工程费。

解：$L_{中}$ = (3.6×3+5.8)×2 = 33.2(m),

$L_{内}$ = (5.8−0.24)×2 = 11.12(m),

240 砖外墙工程量 = {33.2×[3.00−(0.18+0.12)]×3−1.4×2.7−1.5×1.8×17}×0.24 ≈ 52.62(m^3),

240 砖内墙工程量 = [11.12×(3.00−0.18−0.12)×3−1.2×2.7×6]×0.24 ≈ 16.95(m^3),

240 砖女儿墙工程量 = 33.2×0.9×0.24 ≈ 7.17(m^3),

240 砖墙工程量 = 52.62+16.95+7.17 = 76.74(m^3),

套用定额 4-1-7,M5.0 混合砂浆实心砖墙,

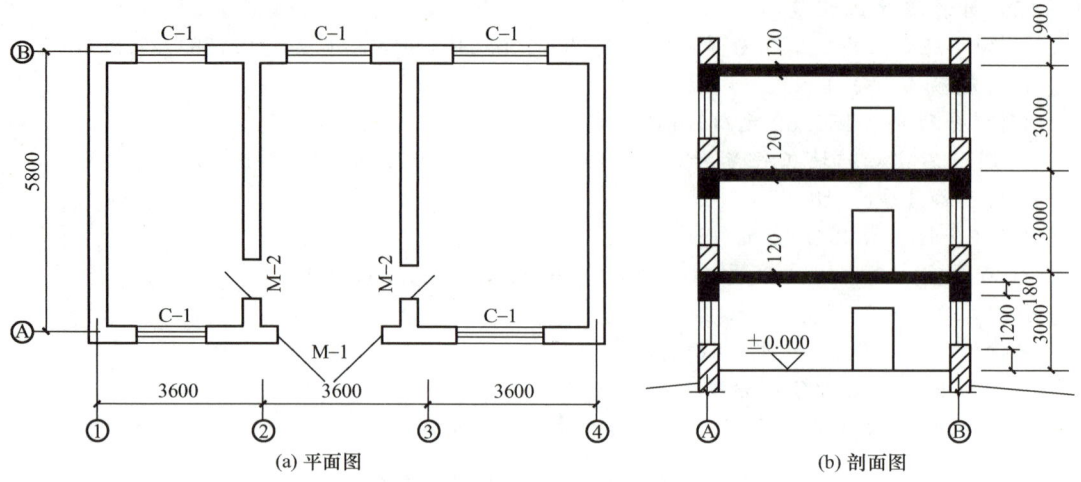

图 7-15 应用案例 7-4 附图

单价(含税)=6702.70 元/(10m³),

省价分部分项工程费=76.74/10×6702.70≈51436.52(元)。

【应用案例 7-5】

某建筑物平面图、墙体剖面图如图 7-16 所示,M5.0 混合砂浆实心砖墙,M-1:1800mm×2700mm,C-1:1500mm×1800mm,试计算墙体工程量(不考虑柱马牙槎,墙垛不伸入女儿墙),并计算省价分部分项工程费。

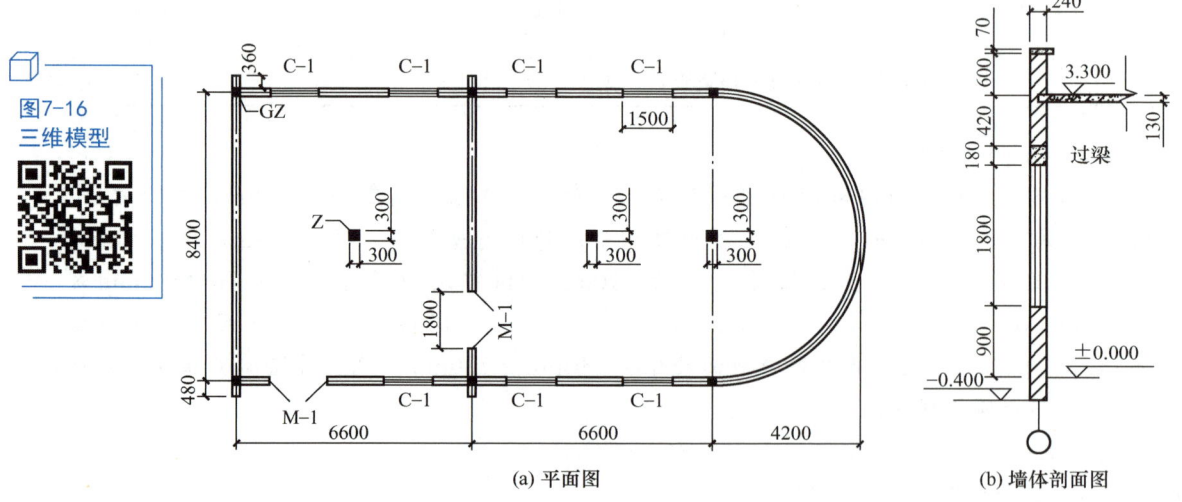

图 7-16 应用案例 7-5 附图

解:(1) 计算基数

$L_{中直形}=(6.60+6.60)\times 2+8.40-0.24\times 5+0.36\times 4=35.04(m)$,

$L_{中弧形}=3.14\times 4.20-0.24\approx 12.95(m)$,

$L_{内}=8.40-0.24=8.16(m)$,

$L_{中女儿墙}=(6.60+6.60)\times 2+8.40-0.24\times 6+3.14\times 4.20\approx 46.55(m)$。

(2) 计算墙体工程量

直形外墙工程量=[35.04×3.30-1.50×1.80×7-1.80×2.70-(1.50+0.50)×0.18×7-(1.80+0.50)×0.18]×0.24≈21.35(m^3),

内墙工程量=[8.16×(3.30-0.13)-1.80×2.70-(1.80+0.50)×0.18]×0.24≈4.94(m^3),

弧形外墙工程量=12.95×0.24×3.30≈10.26(m^3),

240 砖女儿墙工程量=46.55×0.60×0.24≈6.70(m^3),其中弧形女儿墙工程量=12.95×0.60×0.24≈1.86(m^3),

直形墙体工程量合计=21.35+4.94+6.70-1.86=31.13(m^3)。

套用定额 4-1-7,M5.0 混合砂浆实心砖墙,

单价(含税)=6702.70 元/(10m^3),

省价分部分项工程费=31.13/10×6702.70≈20865.51(元)。

弧形墙体工程量合计=10.26+1.86=12.12(m^3),

套用定额 4-1-7(换),M5.0 混合砂浆实心砖墙,

单价(含税)=6702.70+1628.16×0.1+5015.46×0.03≈7015.98 元/(10m^3),

省价分部分项工程费=12.12/10×7015.98≈8503.36(元)。

学习启示

党的二十大报告提出,中国式现代化是人与自然和谐共生的现代化。人与自然是生命共同体,无止境地向自然索取甚至破坏自然必然会遭到大自然的报复。我们坚持可持续发展,坚持节约优先、保护优先、自然恢复为主的方针,像保护眼睛一样保护自然和生态环境,坚定不移走生产发展、生活富裕、生态良好的文明发展道路,实现中华民族永续发展。

砌筑工程材料种类繁多,砂浆强度等级又分若干等级,如果施工与算量环节出现偏差,就可能影响建筑物的建造质量和工程造价。例如,黏土实心砖是国家限制使用的砌筑材料,其保温性能较差,不符合建筑节能工作要求,且生产过程能耗高、污染大、毁地严重,因此,正确选择砌筑材料,对于提高建筑能效水平、推动大气污染防治具有重要作用。

本章小结

通过本章的学习,学生应掌握以下内容。

(1) 基础与墙体的界限划分

① 基础与墙体采用同一种材料时,以设计室内地坪为界(有地下室的,以地下室设计室内地坪为界),以下为基础,以上为墙体。

② 基础与墙体使用不同材料时,若两种材料的交界处在设计室内地坪±300mm 以

内时，以交界处为分界线，若超过±300mm时，以设计室内地坪为分界线。

③ 砖、石围墙，以设计室外地坪为界，以下为基础，以上为墙体。

（2）墙体高度与长度的确定

① 内外墙高度按表7-2计算。

② 外墙长度，按设计外墙中心线长度计算。

③ 内墙长度，按设计墙间净长线长度计算。

④ 女儿墙长度，按女儿墙中心线长度计算。

（3）能够熟练地套用定额项目，并能列表计算省价分部分项工程费

习　题

一、简答题

1. 墙体的高度定额规则是如何规定的？
2. 标准砖砌体中，每立方米砌体砖和砂浆的用量是多少？写出计算公式。
3. 条形基础怎样计算工程量？
4. 墙体怎样计算工程量？

二、案例分析

1. 某工程基础平面图和断面图如图7-17所示，M5.0水泥砂浆砌筑，试计算毛石基础、砖基础工程量，并计算省价分部分项工程费。

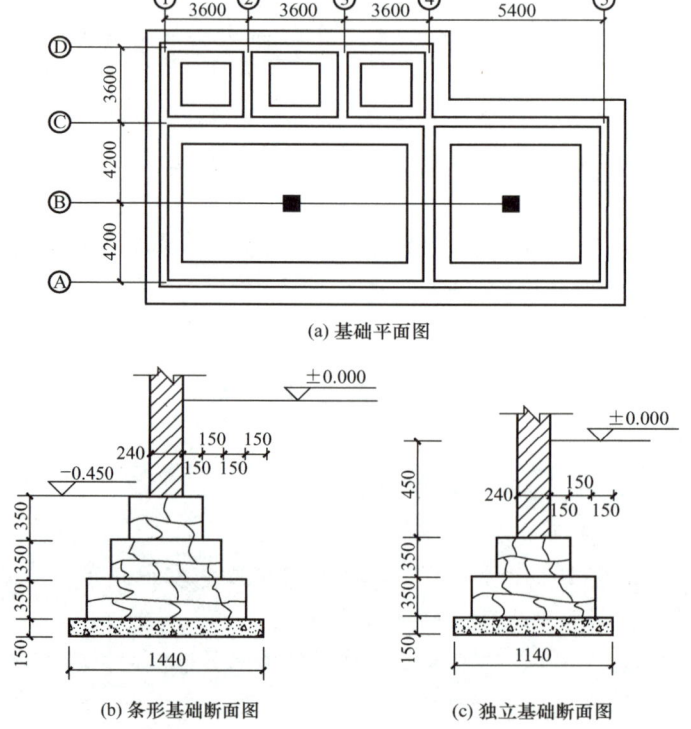

图7-17　案例分析1附图

2. 如图 7-18 所示，某建筑物为框架结构，一层，层高 3.6m，墙身用 M5.0 混合砂浆加气混凝土砌块砌筑，墙厚均为 240mm，女儿墙砌筑煤矸石空心砖，高 550mm，混凝土压顶断面尺寸为 240mm×50mm。框架柱断面尺寸为 240mm×240mm，到女儿墙顶，框架梁断面尺寸为 240mm×500mm，门窗洞口上均设置钢筋混凝土过梁，断面尺寸为 240mm×180mm。M-1：2200mm×2700mm，M-2：1000mm×2700mm，C-1：1800mm×1800mm，C-2：2200mm×1800mm。试计算墙体工程量，并计算省价分部分项工程费。

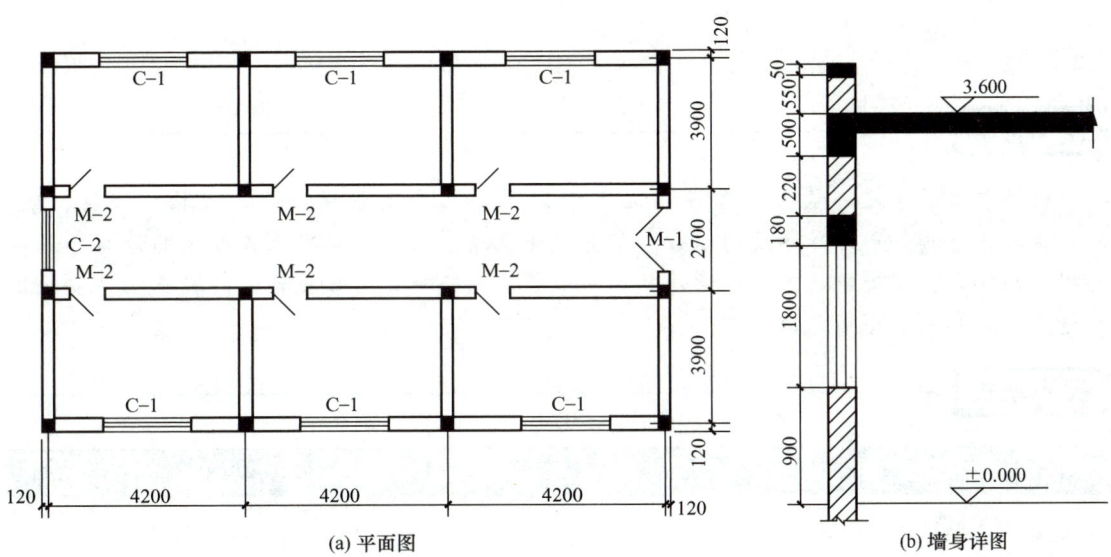

图 7-18 案例分析 2 附图

第 8 章 钢筋及混凝土工程

教学目标

通过本章的学习，学生应掌握相应定额说明并熟悉定额项目；掌握构件（柱、梁、墙、板及其他构件）计算界线的划分；掌握现浇混凝土与预制混凝土工程量的计算和正确套用定额项目；掌握钢筋工程量的计算和正确套用定额项目；掌握预制混凝土构件安装工程量的计算和正确套用定额项目。

教学要求

能力目标	知识要点	相关知识	权重
掌握现浇混凝土工程量的计算和正确套用定额项目	定额说明；现浇混凝土工程量的计算规则	基础、柱、梁、墙、板、楼梯、阳台、雨篷等构件施工图的阅读	0.4
掌握钢筋工程量的计算和正确套用定额项目	定额说明；钢筋工程量的计算规则	构件长度、保护层厚度、弯钩长度、锚固长度、搭接长度、线密度；钢筋施工图的阅读	0.4
掌握预制混凝土、预制混凝土构件安装工程量的计算和正确套用定额项目	定额说明；预制混凝土、预制混凝土构件安装工程量的计算规则	预制混凝土构件施工图的阅读	0.2

导入案例

某现浇花篮梁如图 8-1 所示，混凝土强度等级为 C25，梁垫尺寸为 490mm×600mm×240mm。试计算该花篮梁混凝土和钢筋工程量。在计算钢筋工程量时，试考虑混凝土保护层如何选择，弯起钢筋的增加长度如何计算，箍筋的间距有什么要求。

第8章 钢筋及混凝土工程

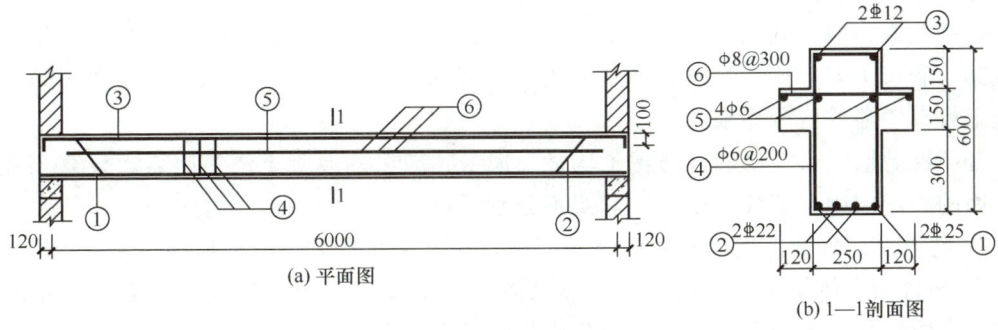

图 8-1 导入案例附图

图8-1
三维模型

8.1 钢筋及混凝土工程定额说明

钢筋及混凝土工程定额包括现浇混凝土、预制混凝土、混凝土搅拌制作及泵送、钢筋、预制混凝土构件安装 5 节。

1. 混凝土

① 定额内混凝土搅拌项目包括筛砂子、筛洗石子、搅拌、前台运输上料等内容，混凝土浇筑项目包括润湿模板、浇灌、捣固、养护等内容。

② 毛石混凝土，系按毛石占混凝土总体积 20% 计算的。如设计要求不同时，允许换算。

③ 小型混凝土构件，系指单件体积≤0.1m³ 的定额未列项目，如图 8-2 所示。

混凝土工程

图 8-2 小型混凝土构件（预制混凝土桩尖）

④ 现浇钢筋混凝土柱、墙定额项目，定额综合了底部灌注 1∶2 水泥砂浆的用量。现浇钢筋混凝土梁、板、墙和基础底板的后浇带（定额综合了底部灌注 1∶1 水泥砂浆的用量），按各自相应规则和施工组织设计规定的尺寸，以体积计算。

⑤ 定额中已列出常用混凝土强度等级，如与设计要求不同时，允许换算，但消耗量不变。

⑥ 混凝土柱、墙连接时，柱单面突出墙面大于墙厚或双面突出墙面时，柱按其完整断面计算，墙长算至柱侧面；柱单面突出墙面小于墙厚时，其突出部分并入墙体积内计算。

⑦ 轻型框剪墙是轻型框架剪力墙的简称，结构设计中也称为短肢剪力墙结构。轻型框剪墙由墙柱、墙身、墙梁 3 种构件构成。墙柱即短肢剪力墙，也称边缘构件（又分为约

束边缘构件和构造边缘构件），呈十字形、T形、Y形、L形、一字形等形状，柱式配筋。墙身为一般剪力墙。墙柱与墙身相连，还可能形成工、[、Z形等。墙梁处于填充墙大洞口或其他洞口上方，梁式配筋。通常情况下，墙柱、墙身、墙梁厚度（≤300mm）相同，构造上没有明显的区分界限。

轻型框剪墙子目，已综合考虑了墙柱、墙身、墙梁的混凝土浇筑因素，计算工程量时执行墙的相应规则，墙柱、墙身、墙梁不分别计算。

⑧ 叠合箱、蜂巢芯混凝土楼板浇筑时，混凝土子目中人工、机械乘以系数1.15。

⑨ 阳台指主体结构外的阳台，定额已综合考虑了阳台的各种类型因素，使用时不得分解。主体结构内的阳台，按梁、板相应规定计算。

⑩ 劲性混凝土柱（梁）中的混凝土在执行定额相应子目时，人工、机械乘以系数1.15。

⑪ 有梁板及平板的区分，如图8-3所示。

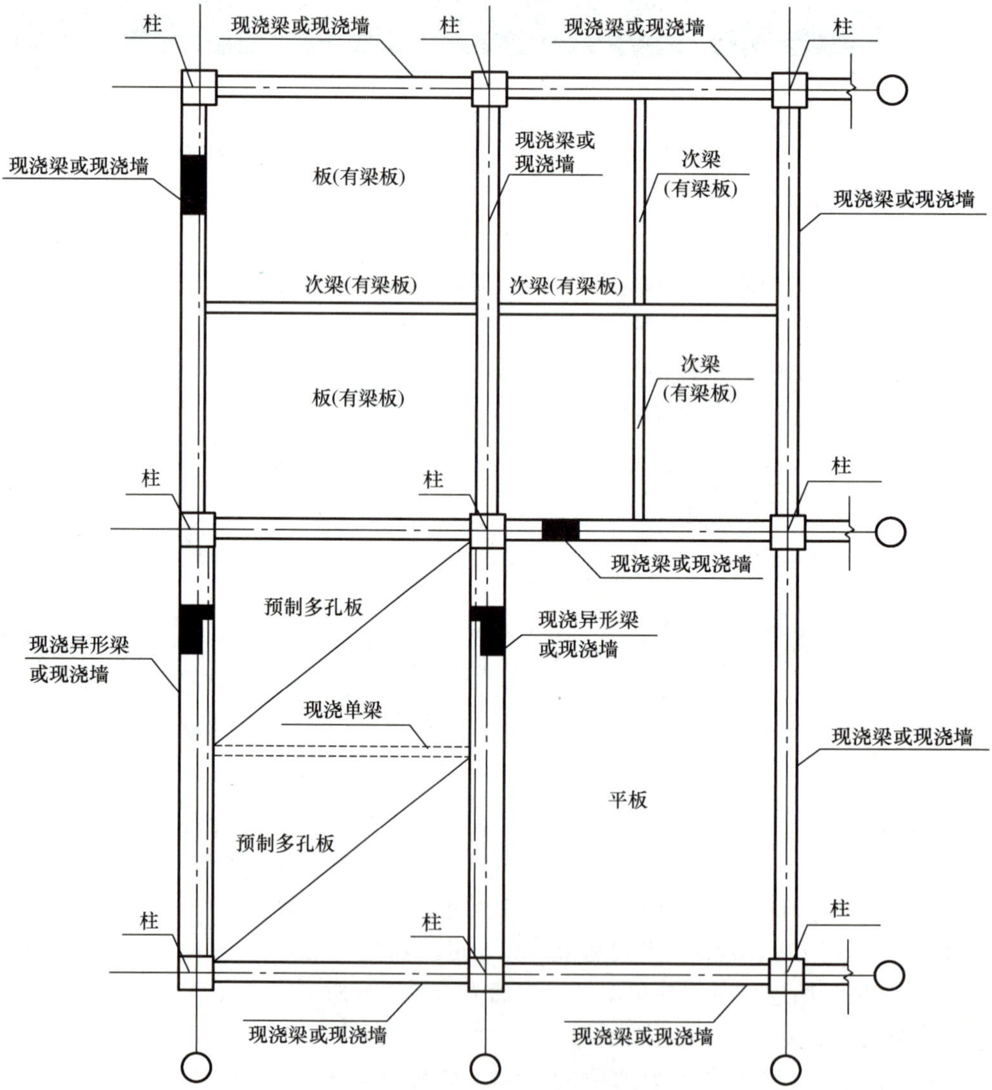

图8-3 有梁板及平板区分示意

2. 钢筋

① 定额按钢筋新平法规定的 HPB300、HRB400、HRB500 综合规格编制，并按现浇构件钢筋、预制构件钢筋、预应力钢筋及箍筋分别列项。

② 预应力构件中非预应力钢筋按预制钢筋相应项目计算。

③ 绑扎低碳钢丝、成型点焊和接头焊接用的电焊条已综合在定额项目内，不另行计算。

④ 非预应力钢筋不包括冷加工，如设计要求冷加工时，另行计算。

⑤ 预应力钢筋如设计要求人工时效处理时，另行计算。

⑥ 后张法钢筋锚固是按钢筋帮条焊、U 形插垫编制的。如采用其他方法锚固时，可另行计算，如图 8-4 所示。

补充说明

图 8-4 后张法钢筋锚固

⑦ 表 8-1 所列构件，其钢筋可按表内系数调整人工、机械用量。

表 8-1 钢筋人工、机械调整系数

项目	预制构件钢筋		现浇构件钢筋	
系数范围	拱梯形屋架	托架梁	小型构件（或小型池槽）	构筑物
人工、机械调整系数	1.16	1.05	2	1.25

⑧ 钢筋及混凝土工程定额设置了马凳钢筋子目，发生时按实计算。

⑨ 锚喷护壁钢筋、钢筋网按设计用量以 t 计算，如图 8-5 所示。防护工程的钢筋锚杆，护壁钢筋、钢筋网执行现浇构件钢筋子目。

⑩ 冷轧扭钢筋，执行冷轧带肋钢筋子目。

⑪ 砌体加固钢筋按设计用量以 t 计算，定额按焊接连接编制。实际采用非焊接方式连接时，不得调整。

⑫ 构件箍筋按钢筋规格 HPB300 编制，实际箍筋采用 HRB400 及以上规格钢筋时，执行构件箍筋 HPB300 子目，换算钢筋种类，机械乘以系数 1.38。

图 8-5　锚喷护壁钢筋

⑬ 圆钢筋电渣压力焊接头，执行螺纹钢筋电渣压力焊接头子目，换算钢筋种类，其他不变，如图 8-6 所示。

图 8-6　电渣压力焊接头

⑭ 预制混凝土构件中，不同直径的钢筋点焊成一体时，按各自的直径计算钢筋工程量，按不同直径钢筋的总工程量，执行最小直径钢筋的点焊子目。如果最大与最小钢筋的直径比大于 2 时，最小直径钢筋点焊子目的人工乘以系数 1.25。

⑮ 劲性混凝土柱（梁）中的钢筋人工乘以系数 1.25。

⑯ 定额中设置钢筋间隔件子目，发生时按实计算。

⑰ 对拉螺栓增加子目，主要适用于混凝土墙中设置不可周转使用的对拉螺栓的情况，按照混凝土墙的模板接触面积乘以系数 0.5 计算，如地下室墙体止水螺栓。

钢筋连接说明

⑱ 植筋子目已包含钢筋植入及裸露尺寸的综合取定值。设计与定额不同时，可按实调整钢筋用量（损耗率：≤ϕ10，2%；>ϕ10，4%），其他不变。

3. 预制混凝土构件安装

① 本节定额的安装高度≤20m。

② 本节定额中机械吊装是按单机作业编制的。

③ 本节定额安装项目是以轮胎式起重机、塔式起重机（塔式起重机台班消耗量包括在垂直运输机械项目内）分别列项编制的。如使用汽车式起重机时，按轮胎起重机相应定额项目乘以系数 1.05。

④ 小型构件安装是指单件体积≤0.1m³，且本节定额中未单独列项的构件。

⑤ 升板预制柱加固是指柱安装后，至楼板提升完成期间所需要的加固搭设。

⑥ 预制混凝土构件安装子目均不包括为安装工程所搭设的临时性脚手架及临时平台，发生时按有关规定另行计算。

⑦ 预制混凝土构件必须在跨外安装就位时，按相应构件安装子目中的人工、机械台班乘以系数 1.18。使用塔式起重机安装时，不再乘以系数。

补充说明

8.2 钢筋及混凝土工程量计算规则

1. 现浇混凝土工程量计算

混凝土工程量除另有规定者外，均按图示尺寸以体积计算，不扣除构件内钢筋、铁件及墙、板中≤0.3m² 的孔洞所占体积，但劲性混凝土中的金属构件、空心楼板中的预埋管道所占体积应予以扣除。

（1）基础

① 带形基础，外墙按设计外墙中心线长度、内墙按设计内墙基础净长度乘以设计断面面积，以体积计算。

特别提示

> 带形基础，不分有梁式与无梁式，分别按"毛石混凝土带形基础""混凝土带形基础"定额子目套用。

② 满堂基础，按设计图示尺寸以体积计算。

③ 箱式满堂基础分别按无梁式满堂基础、柱、墙、梁、板有关规定计算，套用相应定额子目，如图 8-7 所示。

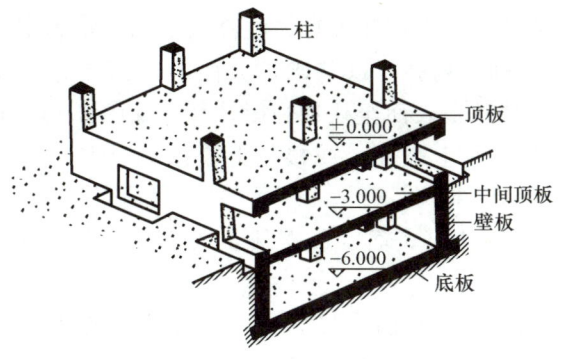

图 8-7 箱式满堂基础

特别提示

有梁式满堂基础,当肋高>0.4m 时,套用有梁式满堂基础定额子目;当肋高≤0.4m 或设有暗梁、下翻梁时,套用无梁式满堂基础定额子目,如图 8-8 所示。

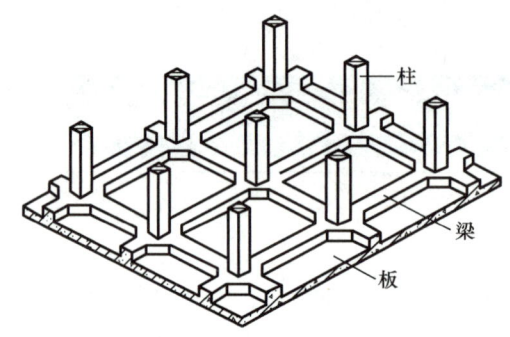

图 8-8 有梁式满堂基础

④ 独立基础,包括各种形式的独立基础及柱墩,其工程量按图示尺寸以体积计算。柱与柱基的划分以柱基的扩大顶面为分界线。

⑤ 带形桩承台按带形基础的计算规则计算,独立桩承台按独立基础的计算规则计算。不扣除伸入承台基础的桩头所占体积,如图 8-9 所示。

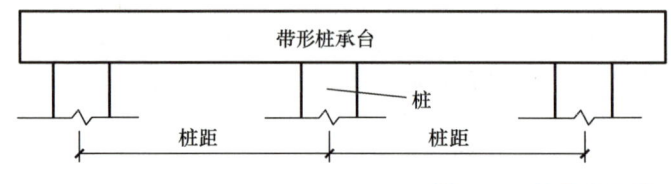

图 8-9 桩承台示意

⑥ 设备基础,除块体基础外,分别按基础、柱、梁、板、墙等有关规定计算,套用相应定额子目。楼层上的钢筋混凝土设备基础,按有梁板项目计算。

(2) 柱

柱按图示断面尺寸乘以柱高以体积计算,柱高按下列规定确定。

① 现浇混凝土柱与基础的划分,以基础扩大面的顶面为分界线,以下为基础,以上为柱。框架柱的柱高,自柱基上表面至柱顶高度计算,如图 8-10 (a) 所示。

② 有梁板的柱高,自柱基上表面(或楼板上表面)至上一层楼板上表面之间的高度计算,如图 8-10 (b) 所示。

③ 无梁板的柱高,自柱基上表面(或楼板上表面)至柱帽下表面之间的高度计算,如图 8-10 (c) 所示。

④ 构造柱按设计高度计算,与墙嵌接部分(马牙槎)的体积,按构造柱出槎长度的一半(有槎与无槎的平均值)乘以出槎宽度,再乘以构造柱柱高,并入构造柱体积内计算,如图 8-10 (d) 所示。

⑤ 依附柱上的牛腿，并入柱体积内计算。

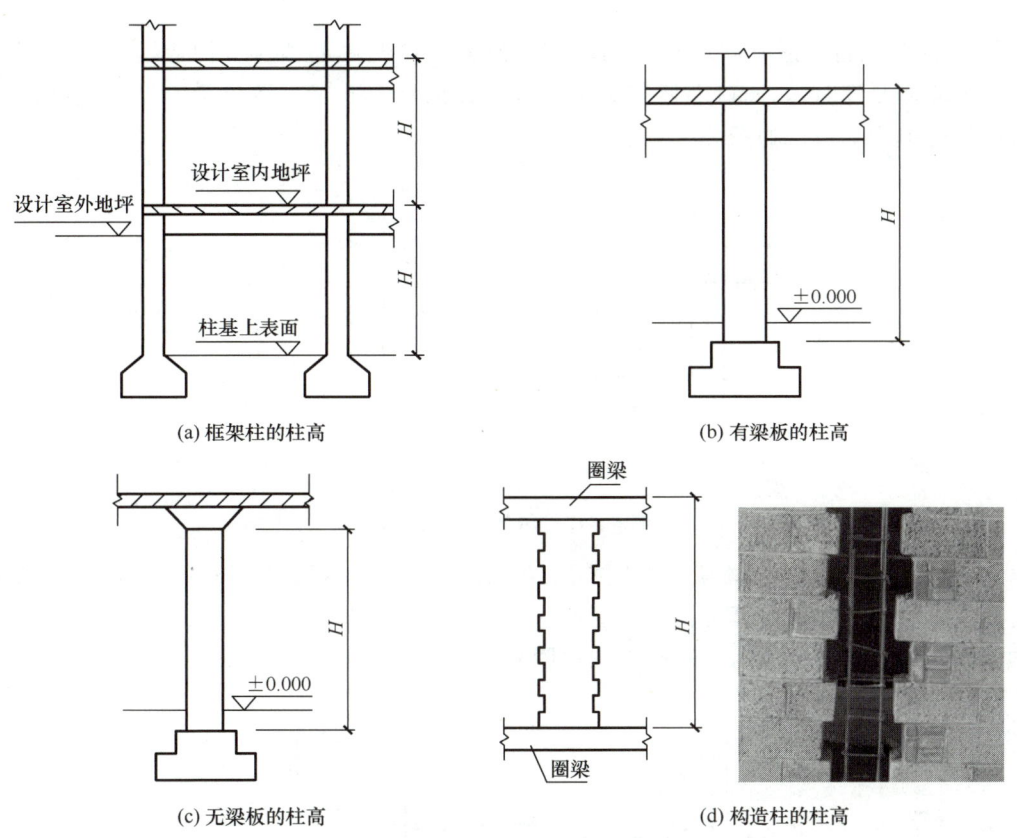

图 8-10 柱高的规定

（3）梁

梁按图示断面尺寸乘以梁长以体积计算，梁长及梁高按下列规定确定。

① 梁与柱连接时，梁长算至柱侧面，如图 8-11（a）所示。

② 主梁与次梁连接时，次梁长算至主梁侧面。伸入墙体内的梁头、梁垫体积并入梁体积内计算，如图 8-11（b）所示。

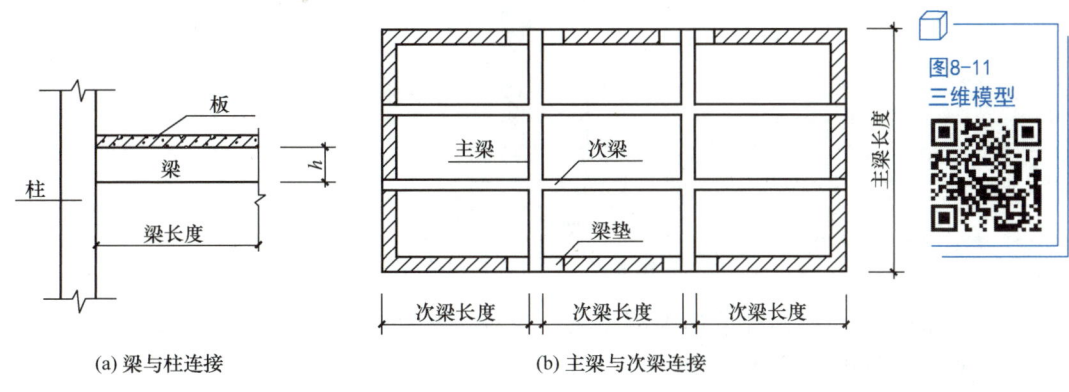

图 8-11 梁长的规定

③ 过梁长度按设计规定计算，设计无规定时，按门窗洞口宽度，两端各加 250mm 计算。

④ 房间与阳台连通（即取消其间的墙，使得洞口两侧的墙垛、构造柱或柱单面突出小于所附墙体厚度时），洞口上坪与圈梁连成一体的混凝土梁，按过梁的计算规则计算工程量，执行单梁子目，如图 8-12 所示。

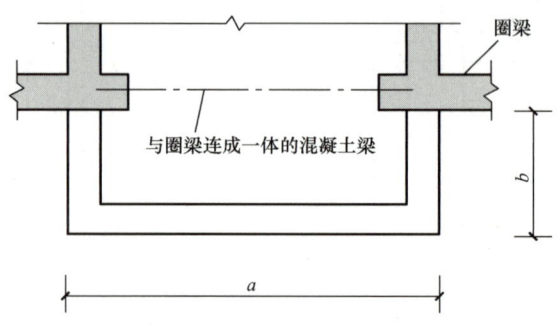

图 8-12　房间与阳台连通

⑤ 圈梁与梁连接时，圈梁体积应扣除伸入圈梁内的梁体积，如图 8-13 所示。圈梁与构造柱连接时，圈梁长度算至构造柱侧面。构造柱有马牙槎时，圈梁长度算至构造柱主断面的侧面，如图 8-14 所示。基础圈梁按圈梁计算。

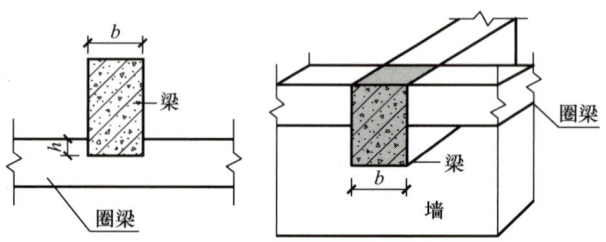

图 8-13　圈梁与梁连接

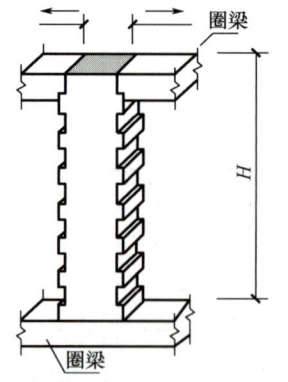

图 8-14　圈梁与构造柱连接

⑥ 在圈梁部位挑出外墙的混凝土梁，以外墙外边线为界限，挑出部分按图示尺寸以体积计算，执行单梁子目。

⑦ 梁（单梁、框架梁、圈梁、过梁）与板整体现浇时，梁高计算至板底。

 **特别提示**

砌体墙根部现浇混凝土带（如卫生间混凝土防水台）执行圈梁相应项目。

（4）墙

墙按图示中心线长度尺寸乘以设计高度及墙体厚度，以体积计算，扣除门窗洞口及单个面积>0.3m² 孔洞的体积，墙垛突出部分并入墙体积内计算。

① 现浇混凝土墙（柱）与基础的划分以基础扩大面的顶面为分界线，以下为基础，以上为墙（柱）身。

② 现浇混凝土柱、梁、墙、板的分界。

a. 混凝土墙中的暗柱、暗梁，并入相应墙体积内，不单独计算。

b. 混凝土柱、墙连接时，柱单面突出墙面大于墙厚或双面突出墙面时，柱、墙分别单独计算，墙算至柱侧面；柱单面突出墙面小于墙厚时，其突出部分并入墙体积内计算。

c. 梁、墙连接时，墙高算至梁底。

d. 墙、墙相交时，外墙按外墙中心线长度计算，内墙按墙间净长度计算。

e. 柱、墙与板相交时，柱和外墙的高度算至板上坪；内墙的高度算至板底；板的宽度按外墙间净宽度（无外墙时，按板边缘之间的宽度）计算，不扣除柱、垛所占板的面积。

 **特别提示**

后浇带墙不管实际墙厚为多少，均套用后浇带墙子目，墙厚已综合考虑。

③ 电梯井壁，工程量计算执行外墙的相应规定。

④ 轻型框剪墙，由剪力墙柱、剪力墙身、剪力墙梁 3 类构件构成，计算工程量时按混凝土墙的计算规则合并计算。

（5）板

板按图示面积乘以板厚以体积计算。

① 有梁板包括主、次梁及板，工程量按梁、板体积之和计算，如图 8-15 所示。

(a) 有梁板示意图

图 8-15 有梁板

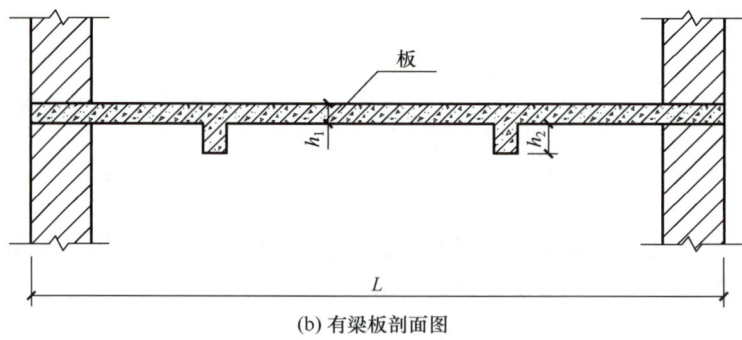

(b) 有梁板剖面图

图 8-15 有梁板（续）

有梁板体积 $V_{有梁板}$ ＝图示长度×图示宽度×板厚＋主梁及次梁体积 $V_{主梁及次梁}$

$V_{主梁及次梁}$ ＝主梁长度×主梁宽度×肋高＋次梁净长度×次梁宽度×肋高

② 无梁板按板和柱帽体积之和计算。

③ 平板按板图示体积计算，伸入墙内的板头、平板边沿的翻檐，均并入平板体积内计算。

④ 轻型框剪墙支撑的板按现浇混凝土平板的计算规则，以体积计算。

⑤ 斜屋面按板断面面积乘以斜长，有梁时，梁板合并计算。屋脊处加厚混凝土已包括在混凝土消耗量内，不单独计算。

⑥ 预制混凝土板补现浇板缝，当 40mm＜板底缝宽≤100mm 时，按小型构件计算；当板底缝宽＞100mm，按平板计算，如图 8-16 所示。

补充说明

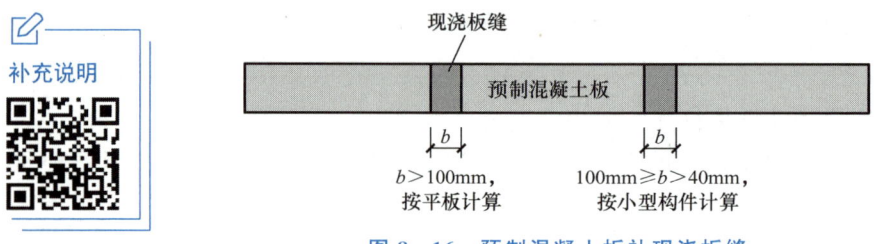

图 8-16 预制混凝土板补现浇板缝

⑦ 坡屋面顶板，按斜板计算，有梁时，梁板合并计算。屋脊处八字脚的加厚混凝土（素混凝土）已包括在消耗量内，不单独计算。若屋脊处八字脚的加厚混凝土配置钢筋作梁使用，应按设计尺寸并入斜板工程量内计算，如图 8-17 所示。

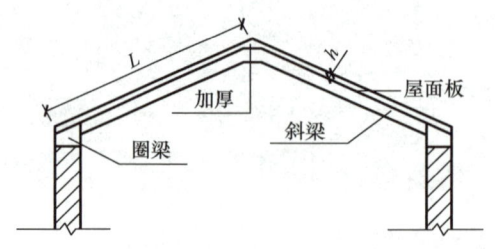

图 8-17 坡屋面顶板

⑧ 现浇挑檐与板（包括屋面板）连接时，以外墙外边线为界限，与圈梁（包括其他

梁）连接时，以梁外边线为界限。外边线以外为挑檐。

⑨ 叠合箱、蜂巢芯混凝土楼板扣除构件内叠合箱、蜂巢芯所占体积，按有梁板相应规则计算。

（6）其他

① 整体楼梯包括休息平台、平台梁、楼梯底板、斜梁及楼梯的连接梁、楼梯段，按水平投影面积计算，不扣除宽度≤500mm 的楼梯井，伸入墙内部分不另增加，如图 8-18 所示。旋转楼梯，按其楼梯部分的水平投影面积乘以周数计算（不包括中心柱），如图 8-19 所示。

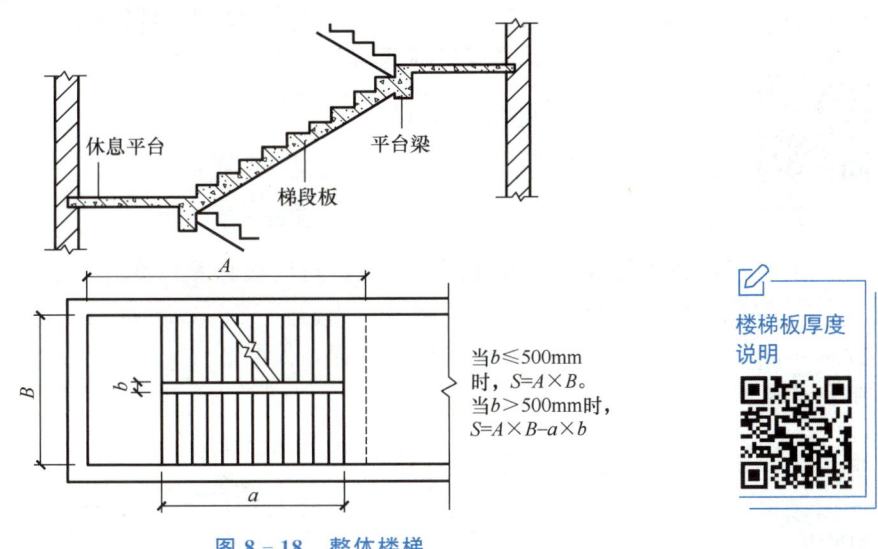

图 8-18　整体楼梯

a. 混凝土楼梯（含直形和旋转形）与楼板，以楼梯顶部与楼板的连接梁为界，连接梁以外为楼板；楼梯基础按基础的相应规定计算。

b. 楼梯底板、休息平台的板厚不同时，应分别计算。楼梯底板的水平投影面积包括底板和连接梁；休息平台的投影面积包括平台板和平台梁。

c. 弧形楼梯，按旋转楼梯计算，如图 8-20 所示。

图 8-19　旋转楼梯

图 8-20　弧形楼梯

d. 独立式单跑楼梯间，楼梯踏步两端的板，均视为楼梯的休息平台板。非独立式单跑楼梯间，楼梯踏步两端宽度（自连接梁外边沿起）≤1.2m 的板，均视为楼梯的休息平台板。单跑楼梯侧面与楼板之间的空隙视为单跑楼梯的楼梯井。

② 阳台、雨篷按伸出外墙部分的水平投影面积计算，伸出外墙的牛腿不另计算，其嵌入墙内的梁另按梁有关规定单独计算，如图 8-21 所示；雨篷的翻檐按展开面积，并入雨篷内计算。井字梁雨篷，按有梁板计算规则计算。

阳台、雨篷板厚度说明

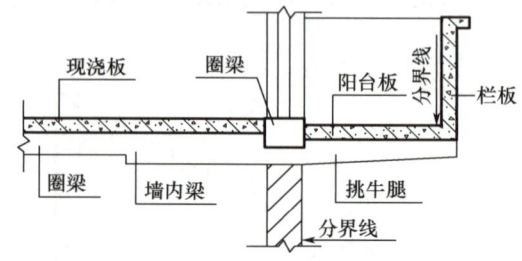

图 8-21 阳台示意

③ 栏板以体积计算，伸入墙内的栏板，与栏板合并计算。

④ 混凝土挑檐、阳台、雨篷的翻檐，当总高度≤300mm 时，按展开面积并入相应工程量内；当总高度>300mm 时，按栏板计算，如图 8-22 所示。三面梁式雨篷，按有梁式阳台计算。

小型构件项目说明

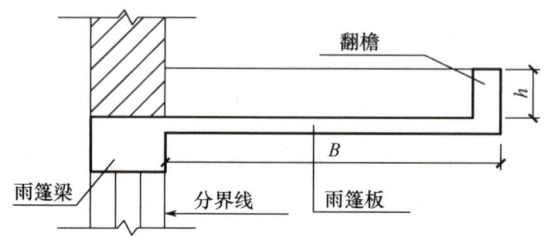

图 8-22 翻檐示意

⑤ 飘窗左右的混凝土立板，按混凝土栏板计算。飘窗上下的混凝土挑板、空调室外机的混凝土搁板，按混凝土挑檐计算。图 8-23 所示为飘窗。

预制构件定额子目说明

图 8-23 飘窗示意

⑥ 单件体积≤0.1m³ 且定额未列子目的构件，按小型构件以体积计算。

2. 预制混凝土工程量计算

① 混凝土工程量均按图示尺寸以体积计算，不扣除构件内钢筋、铁件、预应力钢筋所占的体积。

② 混凝土与钢构件组合的结构，混凝土部分按构件实体积以体积计算。钢构件部分按理论质量，以 t 计算，分别执行相应的定额子目。

3. 混凝土搅拌制作和泵送子目计算

其按各混凝土构件的混凝土消耗量之和，以体积计算。

4. 钢筋工程量及定额应用

① 钢筋工程应区别现浇、预制构件，不同钢种和规格，计算时分别按设计长度乘以单位理论质量，以 t 计算。钢筋电渣压力焊接接头、套筒挤压接头等，按数量计算，如图 8-24 所示。

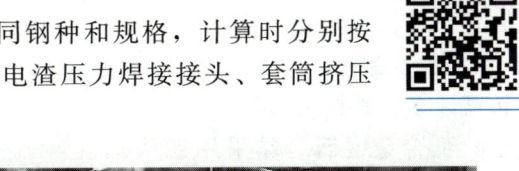

现浇混凝土项目说明

(a) 套筒挤压连接

(b) 直螺纹套筒连接

图 8-24 套筒连接

② 计算钢筋工程量时，设计规定钢筋搭接的，按规定搭接长度计算；设计、规范未规定的，已包括在钢筋的损耗率之内，不另计算搭接长度。设计未规定的钢筋锚固、结构性搭接，按施工规范规定计算；设计、施工规范均未规定的，不单独计算。

箍筋长度及根数计算公式如下（图 8-25）。

补充说明

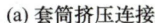

图 8-25 梁的配筋

a. 箍筋长度＝构件截面周长－8×保护层厚度＋2×弯钩长度＝2×(b+h)－8c＋2×弯钩长度；

当箍筋直径<8mm 时，单肢弯钩长度＝$1.9d+75$；

当箍筋直径≥8mm 时，单肢弯钩长度＝$1.9d+10d=11.9d$；

当梁不考虑抗震要求时，单肢弯钩长度＝$1.9d+5d=6.9d$。

b. 箍筋根数＝配置范围/@＋1＝(L－2c)/@＋1。

③ 先张法预应力钢筋，按构件外形尺寸计算长度；后张法预应力钢筋按设计规定的预应力钢筋预留孔道长度，并区别不同的锚具类型，分别按下列规定计算。

a. 低合金钢筋两端采用螺杆锚具时，预应力钢筋按预留孔道长度减 0.35m，螺杆另行计算。

b. 低合金钢筋一端采用镦头插片，另一端为螺杆锚具时，预应力钢筋长度按预留孔道长度计算，螺杆另行计算。

c. 低合金钢筋一端采用镦头插片，另一端采用帮条锚具时，预应力钢筋长度增加 0.15m；两端均采用帮条锚具时，预应力钢筋长度共增加 0.3m。

d. 低合金钢筋采用后张混凝土自锚时，预应力钢筋长度增加 0.35m。

e. 低合金钢筋或钢绞线采用 JM、XM、QM 型锚具，当孔道长度≤20m 时，预应力钢筋长度增加 1m；当孔道长度>20m 时，预应力钢筋长度增加 1.8m。

f. 碳素钢丝采用锥形锚具，当孔道长度≤20m 时，预应力钢筋长度增加 1m；当孔道长度>20m 时，预应力钢筋长度增加 1.8m。

g. 碳素钢丝两端采用镦粗头时，预应力钢丝长度增加 0.35m。

④ 其他。

a. 马凳钢筋。

马凳钢筋在现场是通长设置，按设计图纸规定或已审批的施工方案计算。

设计有规定的按设计规定计算（图 8-26，一字形马凳钢筋），设计无规定时现场马凳钢筋布置方式是其他形式的（图 8-27），马凳钢筋的材料应比底板钢筋降低一个规格（当底板钢筋规格不同时，按其中规格大的钢筋降低一个规格计算），长度按底板厚度的 2 倍加 200mm 计算，按 1 个/m² 计入马凳钢筋工程量。

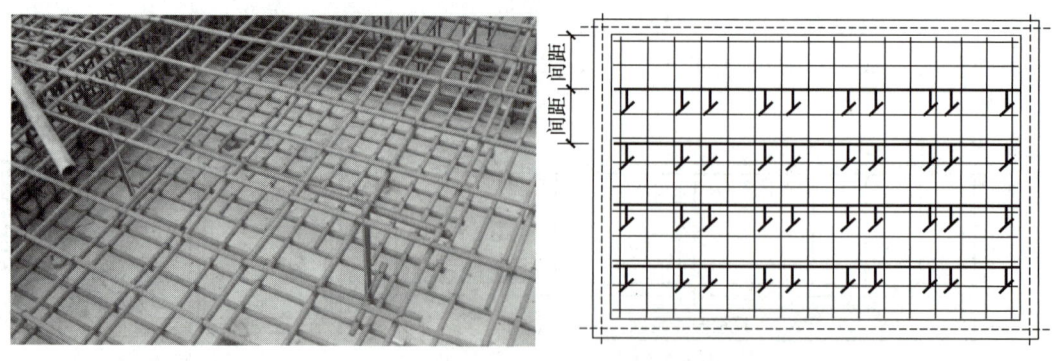

图 8-26 一字形马凳钢筋

b. 砌体加固钢筋按设计用量以质量计算。

c. 锚喷护壁钢筋、钢筋网按设计用量以质量计算。防护工程的钢筋锚杆、护壁钢筋、

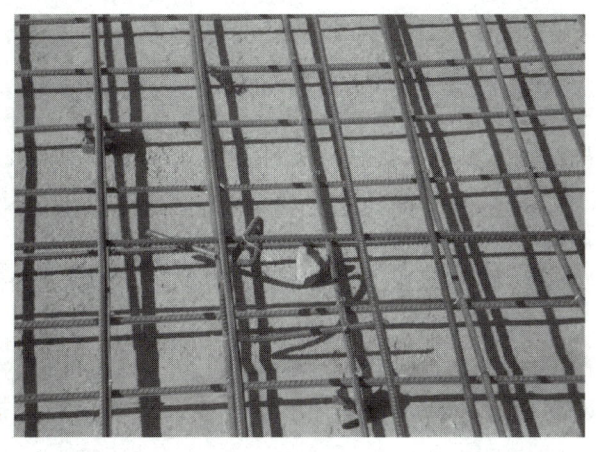
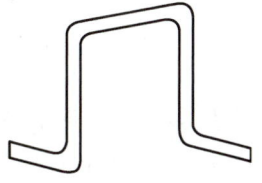

图 8-27 简易马凳钢筋

钢筋网执行现浇构件钢筋子目。

d. 螺纹套筒接头、冷挤压带肋钢筋接头、电渣压力焊接头，按设计要求或按施工组织设计规定，以数量计算。

e. 混凝土构件预埋铁件工程量，按设计图纸尺寸，以质量计算。

特别提示

> 计算预埋铁件工程量时，不扣除孔眼、切肢、切边的质量，焊条的质量不另计算。对于不规则形状的钢板，按其最长对角线乘以最大宽度所形成的矩形面积计算，如图 8-28 所示。

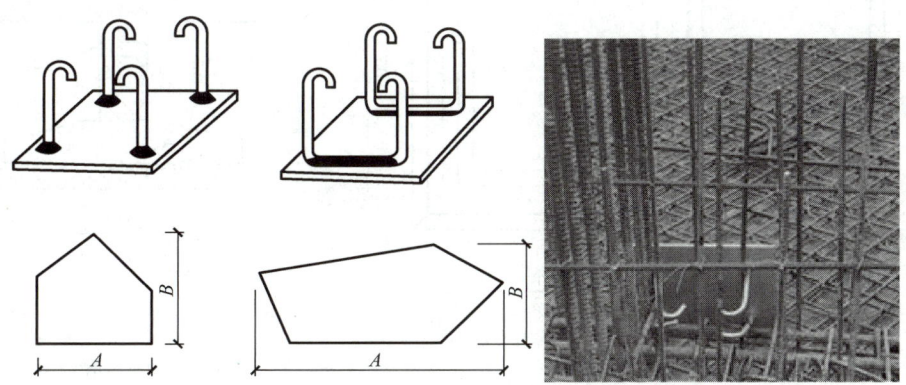

图 8-28 预埋铁件

f. 桩基工程钢筋笼制作安装，按设计图示长度乘以理论质量，以质量计算。

g. 钢筋间隔件子目，发生时按实际计算。编制标底时，按水泥基类间隔件 1.21 个/m²（模板接触面积）计算编制。设计与定额不同时（如材料为塑料类或金属类等），可以换算。结算时，按实计算。

h. 对拉螺栓增加子目，按照混凝土墙的模板接触面积乘以系数 0.5 计算。

5. 预制混凝土构件安装

预制混凝土构件安装均按图示尺寸,以体积计算。

① 预制混凝土构件安装子目中的安装高度,指建筑物的总高度。

② 焊接成型的预制混凝土框架结构,其柱安装按框架柱计算;梁安装按框架梁计算。

③ 预制钢筋混凝土工字形柱、矩形柱、空腹柱、双肢柱、空心柱、管道支架等的安装,均按柱安装计算。

④ 柱加固子目,是指柱安装后至楼板提升完成前的预制混凝土柱的搭设加固。其工程量按提升混凝土板的体积计算。

⑤ 组合屋架安装,以混凝土部分的实体体积计算,钢杆件部分不另计算。

⑥ 预制钢筋混凝土多层柱安装,首层柱按柱安装计算,二层及二层以上按柱接柱计算。

8.3 钢筋及混凝土工程量计算与定额应用

【应用案例 8-1】

某现浇钢筋混凝土条形基础平面图与 1—1(2—2)断面图如图 8-29 所示,已知 1—1 断面①筋为 Φ12@150,②筋为 Φ10@200,2—2 断面①筋为 Φ14@150,②筋为 Φ10@200,试计算钢筋工程量,并列表计算省价分部分项工程费。

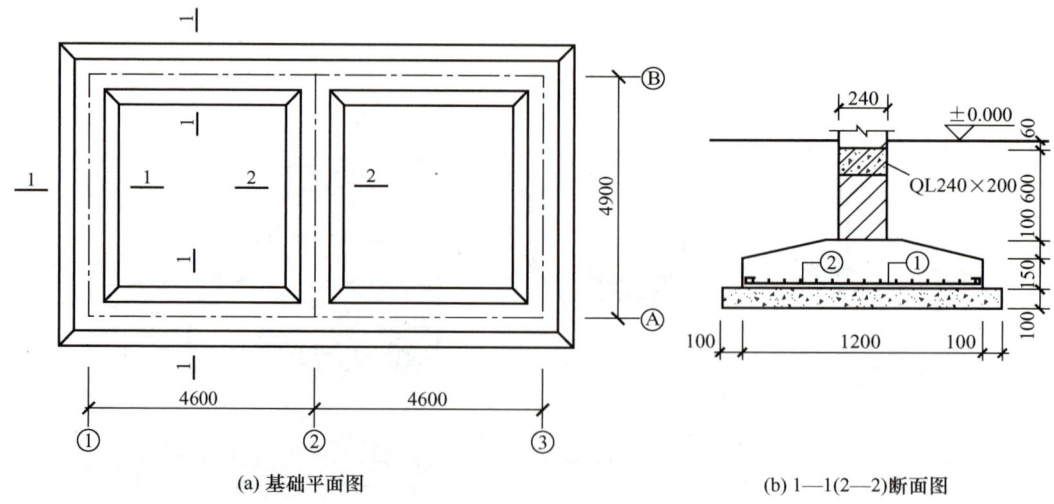

图 8-29 应用案例 8-1 附图

分析:

① 该基础为砌体墙下条形基础,其断面配筋如图 8-30 所示。

② 在计算条形基础底板钢筋工程量时,必须结合 22G101 图集中有关基础底板 L 形、T 形相交处的底板配筋构造来计算钢筋工程量,如图 8-31 所示。

解: ① 计算钢筋工程量,如表 8-2 所示。

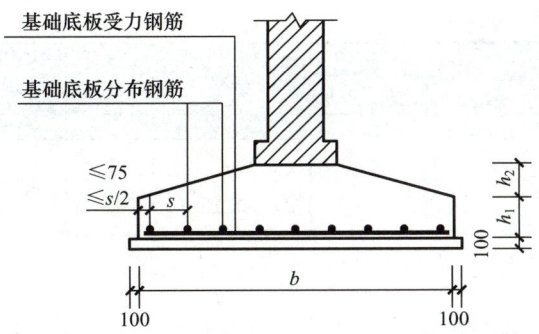

图 8-30 砌体墙下条形基础断面配筋示意

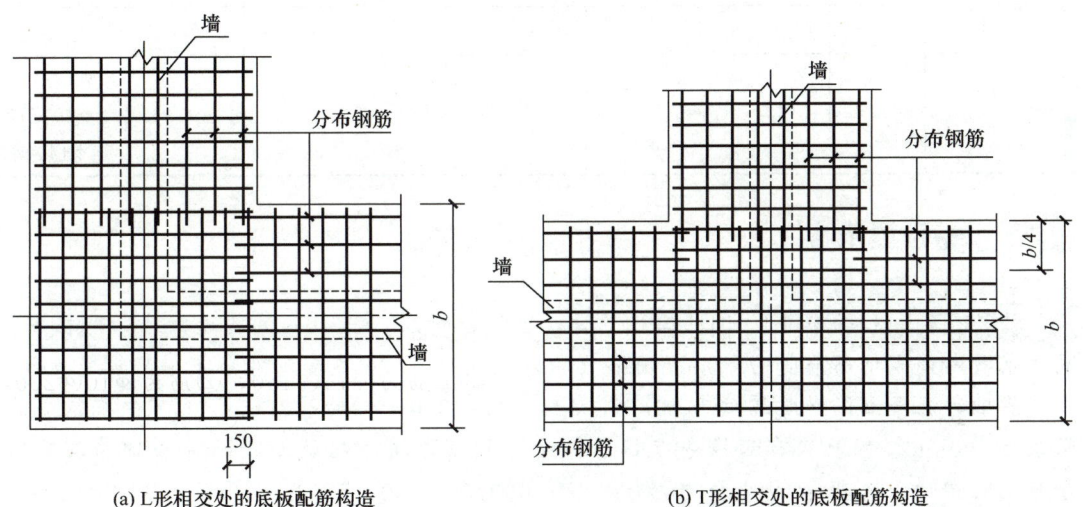

(a) L形相交处的底板配筋构造　　(b) T形相交处的底板配筋构造

图 8-31 基础底板配筋构造示意

表 8-2 基础钢筋计算明细

轴线编号	钢筋种类	钢筋简图	单根钢筋长度/m	根数	总长度/m	钢筋线密度/(kg/m)	总质量/kg
①	Φ12		$1.2-0.04\times2+12.5\times0.012=1.27$	$(4.9+1.2-0.04\times2)/0.15+1\approx41$	52.07	0.888	46
①	Φ10		$4.9-1.2+0.04\times2+0.15\times2+12.5\times0.01\approx4.21$	$(1.2-0.04\times2)/0.2+1\approx7$	29.47	0.617	18
②	Φ14		$1.2-0.04\times2+12.5\times0.014\approx1.3$	$(4.9-0.6)/0.15+1\approx30$	39	1.208	47
②	Φ10		同①=4.21	同①=7	29.47	0.617	18
③	Φ12		同①=1.27	同①=41	52.07	0.888	46
③	Φ10		同①=4.21	同①=7	29.47	0.617	18

续表

轴线编号	钢筋种类	钢筋简图	单根钢筋长度/m	根数	总长度/m	钢筋线密度/(kg/m)	总质量/kg
Ⓐ	φ12		同①=1.27	(9.2+1.2−0.04×2)/0.15+1≈70	88.9	0.888	79
Ⓐ	φ10		9.2−1.2+0.04×2+0.15×2+12.5×0.01≈8.51	同①=7	59.57−0.695×2=58.18	0.617	36
Ⓑ	φ12		同Ⓐ=1.27	同Ⓐ=70	88.9	0.888	79
Ⓑ	φ10		同Ⓐ=8.51	同Ⓐ=7	58.18	0.617	36
合计							φ12：250 φ10：126 φ14：47

特别提示

计算Ⓐ轴和Ⓑ轴中φ10钢筋工程量时，可结合图8-31（b）的构造做法，即在b/4宽度范围内分布钢筋与受力钢筋采用搭接的方式连接，b/4宽度以外分布钢筋贯通设置。由于基础的混凝土保护层厚度为40mm，b/4−40=300−40=260（mm），而分布钢筋的间距为200mm，因此只有两根分布钢筋与受力钢筋搭接，此处断开的分布钢筋与贯通分布钢筋相比，每根长度减少数值=1.2−0.04×2−0.15×2−12.5×0.01=0.695（m），故表8-2中φ10总长度应做相应扣减。

② 列表计算省价分部分项工程费，如表8-3所示。

表8-3 应用案例8-1省价分部分项工程费

序号	定额编号	项目名称	单位	工程量	增值税（简易计税）/元	
					单价（含税）	合价
1	5-4-2	现浇构件钢筋（φ14、φ12）HPB300≤φ18	t	0.297	5781.20	1717.02
2	5-4-1	现浇构件钢筋（φ10）HPB300≤φ10	t	0.128	6463.15	827.28
		省价分部分项工程费合计	元			2544.30

【应用案例8-2】

某现浇钢筋混凝土独立基础详图如图8-32所示，已知基础混凝土强度等级为C30，垫层混凝土强度等级为C20，石子粒径均<20mm，混凝土场外集中搅拌量为25m³/h，采用泵车泵送混凝土；J-1断面配筋为：①筋ⱷ12@100，②筋ⱷ14@150；J-2断面配筋

为：③筋 ⌀12@100，④筋 ⌀14@150。试计算该独立基础混凝土工程量，并列表计算省价分部分项工程费或措施项目费。

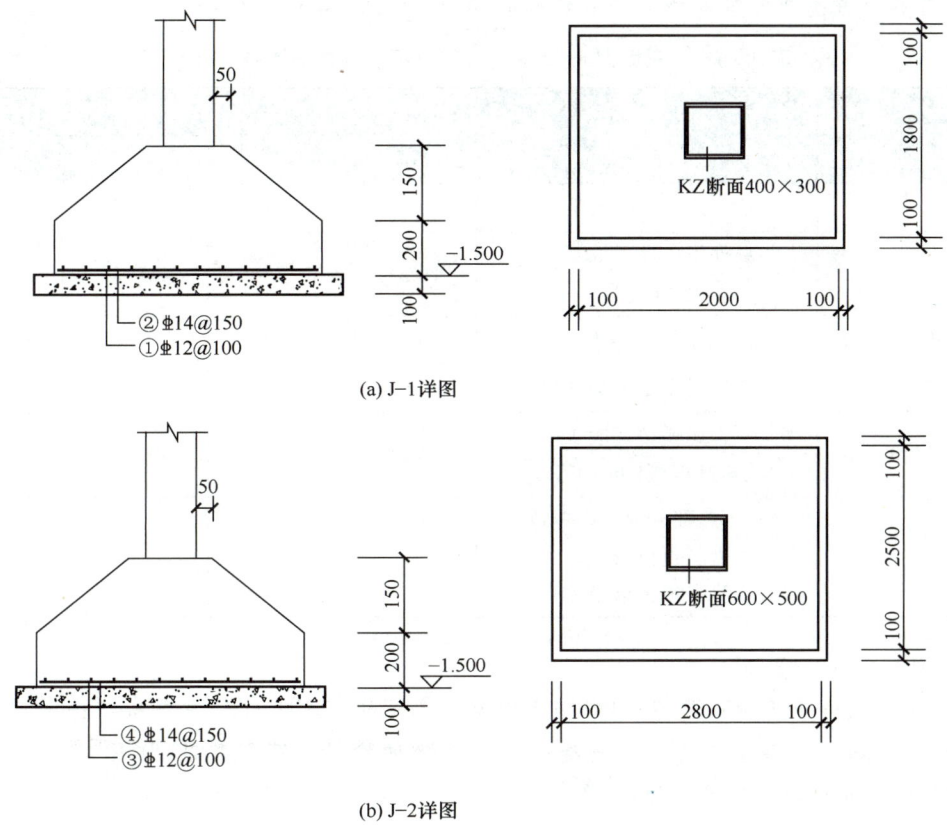

图 8-32 应用案例 8-2 附图

解：① 浇筑混凝土工程量＝2.8×2.5×0.2＋0.15/3×(0.7×0.6＋2.8×2.5＋$\sqrt{0.7×0.6×2.8×2.5}$)＋2×1.8×0.2＋0.15/3×(0.5×0.4＋2×1.8＋$\sqrt{0.5×0.4×2×1.8}$)≈2.81(m^3)，

套用定额 5-1-6，C30 独立基础混凝土，

单价（含税）＝5850.50 元/(10m^3)。

② 搅拌混凝土工程量＝2.81×10.10/10≈2.84(m^3)，

套用定额 5-3-4，场外集中搅拌混凝土 25m^3/h，

单价（含税）＝416.34 元/(10m^3)。

③ 泵送混凝土工程量＝2.84m^3，

套用定额 5-3-10，泵送混凝土（基础，泵车），

单价（含税）＝107.07 元/(10m^3)。

④ 泵送混凝土增加材料工程量＝2.84m^3，

套用定额 5-3-15，泵送混凝土增加材料，

单价（含税）＝308.30 元/(10m^3)。

⑤ 管道输送基础混凝土工程量＝2.84m^3，

套用定额 5-3-16，管道输送混凝土（输送高度≤50m，基础），单价（含税）=46.22元/(10m³)。

⑥ 列表计算省价分部分项工程费或措施项目费，如表 8-4 所示。

表 8-4　应用案例 8-2 省价分部分项工程费或措施项目费

序号	定额编号	项目名称	单位	工程量	增值税（简易计税）/元	
					单价（含税）	合价
1	5-1-6	C30 独立基础混凝土	10m³	0.281	5850.50	1643.99
2	5-3-4	场外集中搅拌混凝土 25m³/h	10m³	0.284	416.34	118.24
3	5-3-10	泵送混凝土（基础，泵车）	10m³	0.284	107.07	30.41
4	5-3-15	泵送混凝土增加材料	10m³	0.284	308.30	87.56
5	5-3-16	管道输送混凝土（输送高度≤50m，基础）	10m³	0.284	46.22	13.13
		省价分部分项工程费或措施项目费合计（其中第 3 项为措施项目费）	元			1893.33

【应用案例 8-3】

某工程 KL 平面布置如图 8-33（a）所示，Ⓐ轴线 KZ 断面尺寸为 600mm×500mm，轴线居中，混凝土强度等级 C30，一类环境，三级抗震，试结合 22G101 图集计算 KL 钢筋工程量及省价分部分项工程费。

分析：

① 为便于阅读 KL 配筋图，可绘出梁的断面配筋情况，其断面 1—1～断面 4—4 配筋如图 8-33（b）所示。

② 结合 22G101 图集阅读 KL 立面配筋情况，梁的立面配筋构造如图 8-33（c）～（e）所示。

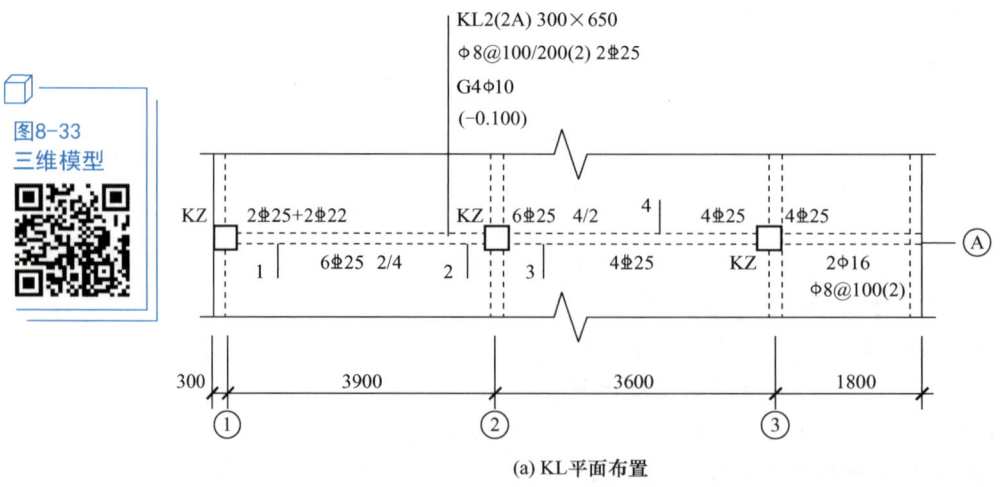

(a) KL平面布置

图 8-33　应用案例 8-3 附图

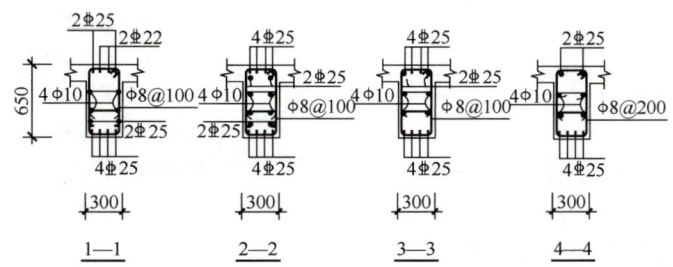

(b) KL断面1—1～断面4—4配筋

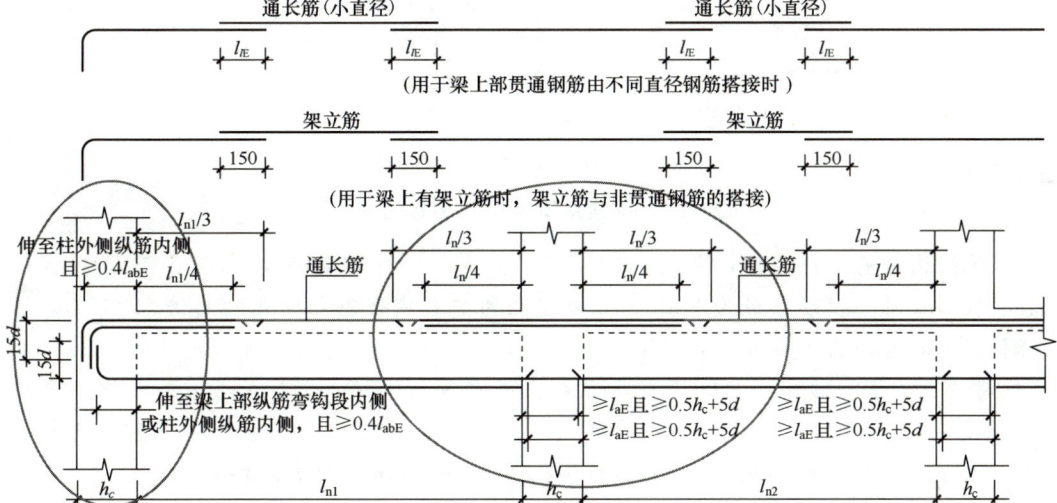

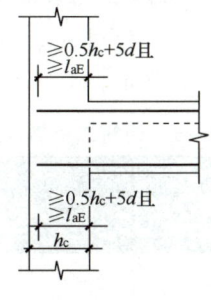

端支座直锚

(c) KL纵向钢筋构造及端支座直锚

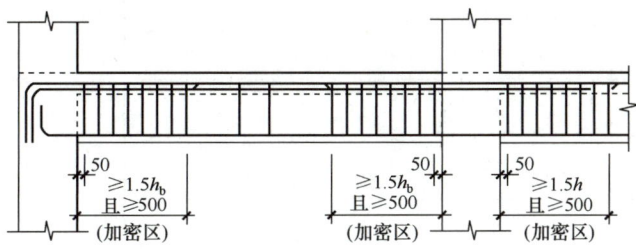

(d) 二～四级抗震等级KL加密区构造（h_b为梁截面高度）

图 8-33 应用案例 8-3 附图（续）

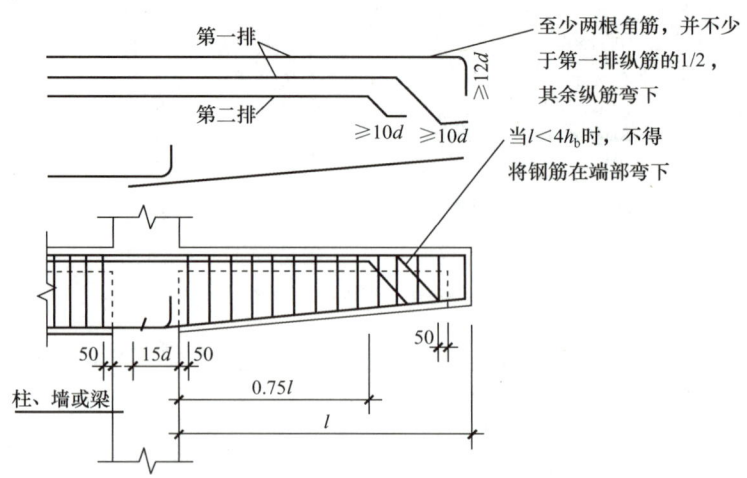

(e) 悬挑梁端部配筋构造

图 8-33 应用案例 8-3 附图（续）

③ 梁侧构造筋其搭接锚固长度可取 $15d$，当梁宽≤350mm 时，拉筋直径为 6mm；当梁宽＞350mm 时，拉筋直径为 8mm；拉筋间距为非加密区箍筋间距的两倍。

解：① 计算钢筋工程量。

钢筋种类为 HRB400，三级抗震；混凝土强度等级为 C30，$l_{aE}=30d$，当钢筋直径为 25mm 时，$l_{aE}=30×25=750$（mm）＞600−20=580（mm），必须弯锚；当钢筋直径为 22mm 时，$l_{aE}=30×22=660$（mm）＞600−20=580（mm），必须弯锚。

加密区长度：$\max\{1.5h_b,500\}=\max\{1.5×650,500\}=975$mm。

当钢筋直径为 25mm 时，$0.5h_c+5d=0.5×600+5×25=425$(mm)；当钢筋直径为 22mm 时，$0.5h_c+5d=0.5×600+5×22=410$(mm)。

② 钢筋工程量计算过程如表 8-5 所示。

表 8-5 钢筋工程量计算过程

计算部位	钢筋种类	钢筋简图	单根钢筋长度/m	根数	总长度/m	钢筋线密度/(kg/m)	总质量/kg
①～②轴下部	⌀25	⌐	$3.9-0.6+0.58+15×0.025+0.761≈5.02$	6	30.12	3.85	116
②～③轴下部	⌀25	—	$3.6-0.6+0.75×2=4.5$	4	18	3.85	69
③轴外侧下部	⌀16	⊐	$1.8-0.3-0.02+15×0.016+12.5×0.016=1.92$	2	3.84	1.578	6
上部通长筋	⌀25	⊐	$3.9+3.6+1.8-0.3-0.02+0.58+15×0.025+12×0.025≈10.23$	2	20.46	3.85	79

续表

计算部位	钢筋种类	钢筋简图	单根钢筋长度/m	根数	总长度/m	钢筋线密度/(kg/m)	总质量/kg
上部①轴节点	⊈22	⌐	3.3/3＋0.58＋15×0.022＝2.01	2	4.02	2.984	12
上部②轴节点	⊈25	—	3.3/3×2＋0.6＝2.8	2	5.6	3.85	22
	⊈25	—	3.3/4×2＋0.6＝2.25	2	4.5	3.85	17
③轴节点	⊈25	⌐	3/3＋0.6＋1.8－0.3－0.02＋12×0.025≈3.38	2	6.76	3.85	26
梁侧构造筋	φ10	⌐	3.3＋15×0.01×2＋12.5×0.01＋3＋15×0.01×2＋12.5×0.01＋1.8－0.3－0.02＋15×0.01＋12.5×0.01≈8.9	4	35.6	0.617	22
主筋箍筋	φ8	▱	2×(0.3＋0.65)－8×0.02－4×0.008＋2×11.9×0.008≈1.9	[(0.975－0.05)/0.1＋1]×2＋(3.3－0.975×2)/0.2－1＋[(0.975－0.05)/0.1＋1]×2＋(3－0.975×2)/0.2－1＋(1.8－0.3－0.05－0.025)/0.1＋1≈67	127.30	0.395	50
构造拉筋	φ6	⊐	0.3－2×0.02＋2×(1.9×0.006＋0.075)≈0.43	(3.3－2×0.05)/0.4＋1＋(3－2×0.05)/0.4＋1＋(1.8－0.3－0.05－0.02)/0.4＋1≈22	9.46	0.222	2
合计							⊈25：329 ⊈22：12 φ16：6 φ10：22 φ8：50 φ6：2

③ 列表计算省价分部分项工程费，如表 8-6 所示。

表 8-6 应用案例 8-3 省价分部分项工程费

序号	定额编号	项目名称	单位	工程量	增值税（简易计税）/元	
					单价(含税)	合价
1	5-4-7	现浇构件钢筋（Φ25、Φ22）HRB400≤Φ25	t	0.341	5436.01	1853.68
2	5-4-2	现浇构件钢筋（φ16）HPB300≤φ18	t	0.006	5781.20	34.69
3	5-4-1	现浇构件钢筋（φ10、φ6）HPB300≤φ10	t	0.024	6463.15	155.12
4	5-4-30	现浇构件箍筋（φ8）≤φ10	t	0.05	7564.95	378.25
		省价分部分项工程费合计	元			2421.74

【应用案例 8-4】

某现浇混凝土平板如图 8-34 所示，板四周设有圈梁，板的混凝土强度等级为 C25，石子粒径＜16mm，板的混凝土保护层厚度为 15mm，混凝土场外集中搅拌量为 25m³/h，混凝土运输车运输，运距 7km，管道泵送混凝土（固定泵），试计算平板混凝土和钢筋工程量，并列表计算省价分部分项工程费或措施项目费。

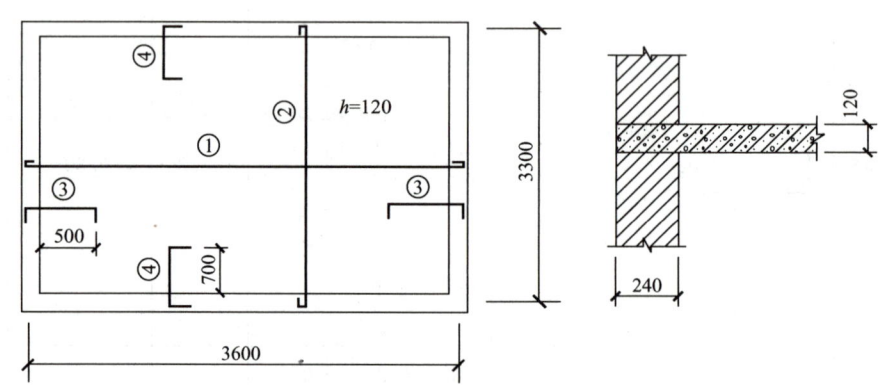

图 8-34 应用案例 8-4 附图

说明：① φ12@100；② φ10@150；③ φ10@100；④ φ12@150。图中未注明的分布钢筋为 φ6.5@250。

解：（1）计算混凝土工程量

① 浇筑混凝土工程量＝(3.6＋0.24)×(3.3＋0.24)×0.12≈1.63(m³)，

套用定额 5-1-33，C30 平板，

单价(含税，换算)＝6581.60＋(C25 单价 450.00－C30 单价 480.00)×10.10＝6278.60[元/(10m³)]。

② 搅拌混凝土工程量＝1.63×10.10/10≈1.65(m³)，

套用定额 5-3-4，

单价(含税)=416.34 元/(10m³)。

③ 运输混凝土工程量=1.65m³,

套用定额 5-3-6（运距 5km 以内），

单价(含税)=292.43 元/(10m³),

套用定额 5-3-7（每增运 1km，共增运 2km），

单价(含税)=41.29 元/(10m³)。

④ 泵送混凝土工程量=1.65m³,

套用定额 5-3-11,

单价(含税)=176.06 元/(10m³)。

⑤ 泵送混凝土增加材料工程量=1.65m³,

套用定额 5-3-15,

单价(含税)=308.30 元/(10m³)。

⑥ 管道输送板混凝土工程量=1.65m³,

套用定额 5-3-17,

单价(含税)=57.00 元/(10m³)。

（2）计算钢筋工程量（表 8-7）

表 8-7 钢筋工程量计算过程

钢筋编号	钢筋种类	钢筋简图	单根钢筋长度/m	根数	总长度/m	钢筋线密度/(kg/m)	总质量/kg
①	φ12	⌐⌐	3.6+12.5×0.012=3.75	(3.3-0.24-0.1)/0.1+1≈31	116.25	0.888	103
②	φ10	⌐⌐	3.3+12.5×0.01≈3.43	(3.6-0.24-0.15)/0.15+1≈23	78.89	0.617	49
③	φ10	⌐⌐	0.5+0.24-0.015+(0.12-0.015)+15×0.01=0.98	[(3.3-0.24-0.1)/0.1+1]×2≈31×2=62	60.76	0.617	37
④	φ12	⌐⌐	0.7+0.24-0.015+(0.12-0.015)+15×0.012=1.21	[(3.6-0.24-0.15)/0.15+1]×2≈23×2=46	55.66	0.888	49
⑤	φ6.5	⌐⌐	与③筋连接 3.3-0.24-0.7×2+2×0.15+12.5×0.0065≈2.04	[(0.5-0.25/2)/0.25+1]×2×3×2=6	34.16	0.26	9
			与④筋连接 3.6-0.24-0.5×2+2×0.15+12.5×0.0065≈2.74	[(0.7-0.25/2)/0.25+1]×2≈4×2=8			

续表

钢筋编号	钢筋种类	钢筋简图	单根钢筋长度/m	根数	总长度/m	钢筋线密度/(kg/m)	总质量/kg
⑥	φ10	⌐⌐	$2×0.12+0.2=0.44$	$(3.6-0.24)×(3.3-0.24)-(3.6-0.24-1)×(3.3-0.24-1.4)≈6.4$,取6	2.64	0.617	2
合计							φ12:152 φ10:88 φ6.5:9

特别提示

应用案例 8-4 中规定如下。
① 分布钢筋记为⑤;马凳钢筋记为⑥。
② 板的下部钢筋伸入梁的长度≥$5d$,至少到梁的中线;板的上部钢筋伸至梁的外边缘向下弯锚$15d$;板内与梁平行的第一根纵筋距梁边为 1/2 板筋间距。
③ 钢筋根数的取值原则:计算结果≥0.1 则向上进 1。
④ 分布钢筋与受力钢筋搭接长度为 150mm。

(3) 列表计算省价分部分项工程费或措施项目费(表 8-8)

表 8-8 应用案例 8-4 省价分部分项工程费或措施项目费

序号	定额编号	项目名称	单位	工程量	增值税(简易计税)/元	
					单价(含税)	合价
1	5-1-33	C30 平板	10m³	0.163	6278.60	1023.41
2	5-3-4	场外集中搅拌混凝土 25m³/h	10m³	0.165	416.34	68.70
3	5-3-6	运输混凝土 (混凝土运输车运距≤5km)	10m³	0.165	292.43	48.25
4	5-3-7	运输混凝土(混凝土运输车每增运 1km,共增运 2km)	10m³	0.33	41.29	13.63
5	5-3-11	泵送混凝土(柱、墙、梁、板,固定泵)	10m³	0.165	176.06	29.05
6	5-3-15	泵送混凝土增加材料	10m³	0.165	308.30	50.87
7	5-3-17	管道输送混凝土(输送高度≤50m,柱、墙、梁、板)	10m³	0.165	57.00	9.41
8	5-4-2	现浇构件钢筋 (φ12)HPB300≤φ18	t	0.152	5781.20	878.74

续表

序号	定额编号	项目名称	单位	工程量	增值税（简易计税）/元	
					单价(含税)	合价
9	5-4-1	现浇构件钢筋 （φ10）HPB300≤φ10	t	0.088	6463.15	568.76
10	5-4-75	马凳钢筋（φ10）	t	0.009	7473.98	67.27
		省价分部分项工程费 或措施项目费合计 （其中第5项为措施项目费）	元			2758.09

特别提示

定额中马凳钢筋是按φ8编制的，实际与定额不同时，可以换算，定额含量不变，因此表8-8中第10项5-4-75需要进行定额单价的换算，换算单价＝7484.18＋(4210.00－4220.00)×1.02＝7473.98(元/t)。

学习启示

钢筋、混凝土种类繁多，而且又分若干等级，如果施工与算量环节出现偏差，就可能导致构件强度不足，产生裂缝，甚至引起建筑物的倒塌，给国家财产造成巨大损失，给人们的生命造成巨大威胁，因此，要培养学生的安全意识、质量意识，严格按照国家规范进行施工、进行算量、进行计价，培养精益求精的工匠精神。

本章小结

通过本章的学习，学生应掌握以下内容。

① 相应定额说明并熟悉定额项目。

② 柱、梁、墙、板及其他构件计算界线的划分。

③ 钢筋工程量的计算及正确套用定额项目。对于钢筋工程，应区别现浇、预制构件，不同钢种和规格，计算时分别按设计长度乘以单位理论质量，以t计算。计算钢筋工程量时，应特别注意混凝土保护层、钢筋锚固、钢筋搭接、钢筋弯钩等要求。

④ 现浇混凝土与预制混凝土工程量的计算及正确套用定额项目。混凝土工程除楼梯、阳台、雨篷等构件以平方米为单位计算，现浇混凝土板中放置固定高强度薄壁空心管（GBF）以米为单位计算，现浇填充料空心板中PLM管铺设以平方米为单位计算，现浇混凝土板中放置固定叠合箱、现浇混凝土板中放置固定蜂巢芯以套为单位计算外，其余均按图示尺寸以立方米为单位计算。

⑤ 预制混凝土构件安装工程量的计算及正确套用定额项目。

一、简答题

1. 现浇钢筋混凝土构件的工程量如何计算？
2. 现浇有梁板的工程量如何计算？
3. 混凝土平板的工程量如何计算？
4. 箍筋长度应怎样计算？
5. 什么是马凳钢筋？其工程量怎样计算？
6. 钢筋混凝土整体楼梯的楼梯底板、休息平台的板厚设计与定额不同时应怎样处理？

二、案例分析

1. 某现浇钢筋混凝土单层厂房，如图 8-35 所示，梁、板、柱均采用 C30 混凝土，场外集中搅拌量为 25m³/h，运距 5km，管道泵送混凝土（15m³/h），板厚 100mm，柱基础顶面标高-0.500m，柱顶标高 6.000m。柱截面尺寸：Z_1 为 300mm×500mm，Z_2 为 400mm×500mm，Z_3 为 300mm×400mm。试计算现浇钢筋混凝土构件的工程量，并确定套用的定额项目。

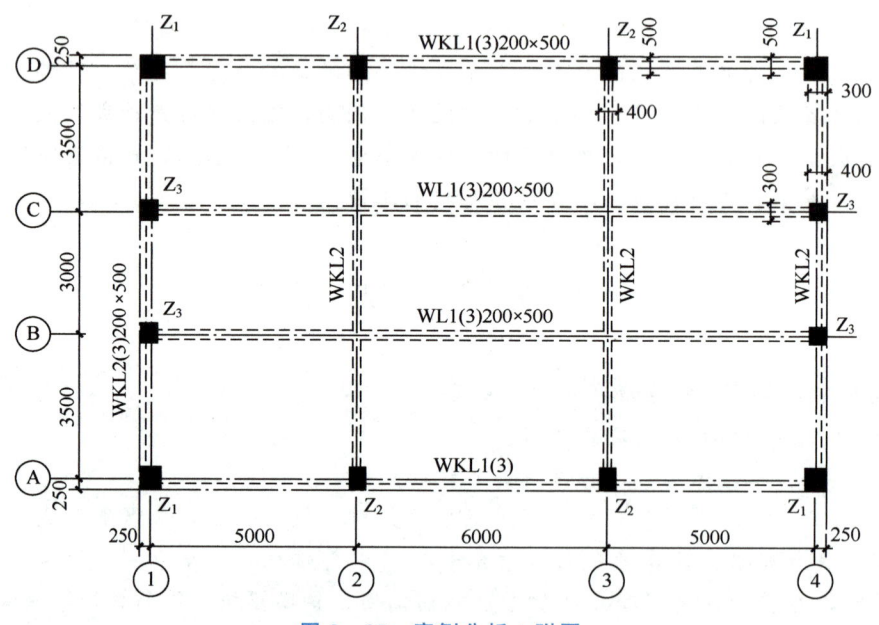

图 8-35 案例分析 1 附图

2. 某现浇混凝土梁，尺寸如图 8-36 所示，混凝土强度等级 C25，混凝土保护层厚度 25mm，混凝土现场搅拌。试计算该梁钢筋和混凝土浇筑、搅拌工程量，并确定套用的定额项目（不考虑梁垫）。

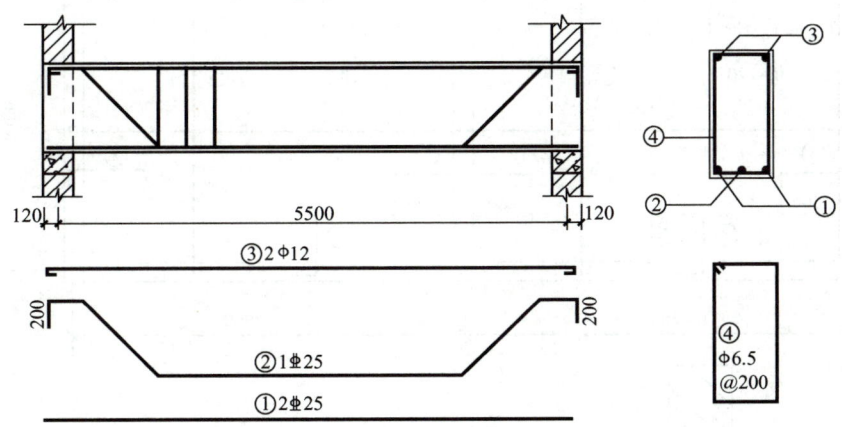

图 8-36 案例分析 2 附图

3. 某现浇独立基础 J_1、J_2 平面图和断面图如图 8-37 所示，混凝土强度等级为 C25，下设 C15 素混凝土垫层。试计算该基础钢筋工程量，并确定套用的定额项目。

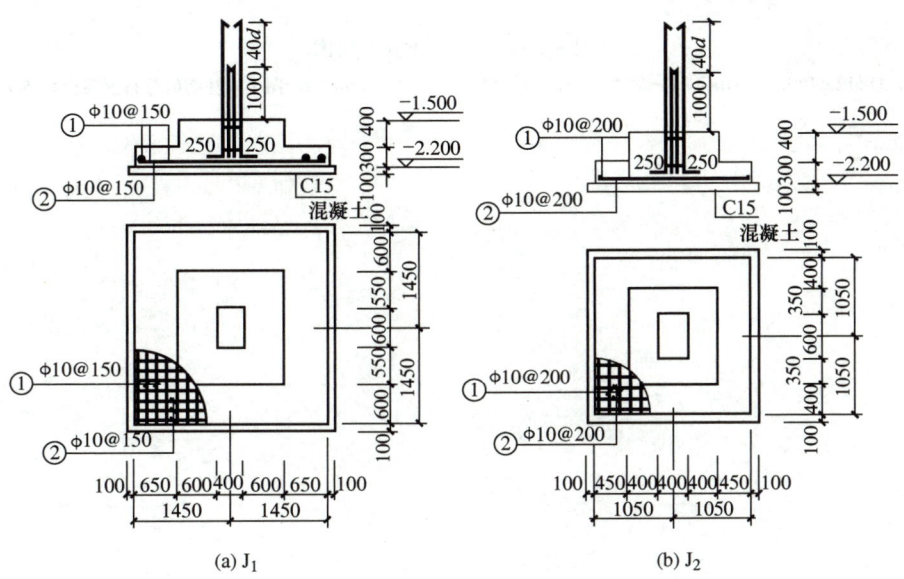

(a) J_1 (b) J_2

图 8-37 案例分析 3 附图

4. 条件同本章导入案例，试计算混凝土和钢筋工程量，并确定套用的定额项目。

5. 某现浇混凝土连续平板如图 8-38 所示，条件同应用案例 8-4，试计算钢筋及混凝土工程量，并计算省价分部分项工程费或措施项目费。

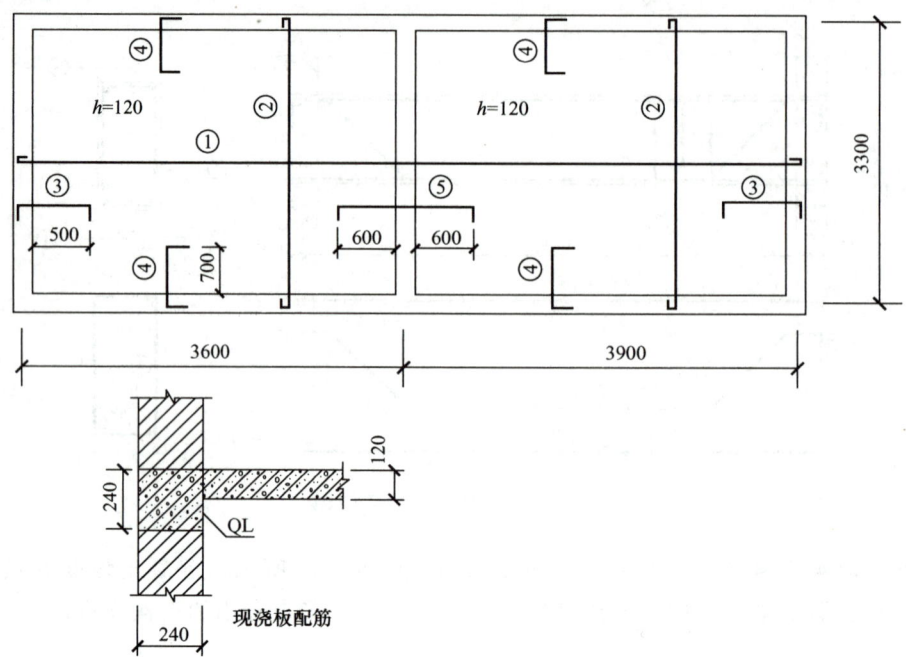

图 8-38 案例分析 5 附图

说明：① φ12@100；② φ10@150；③ φ10@100；④ φ12@150；⑤ φ14@150。图中未注明的分布钢筋为 φ6.5@250。

第 9 章 金属结构工程

教学目标

通过本章的学习，学生应掌握金属结构制作、无损探伤检验、除锈、平台摊销、金属结构安装等的定额说明、工程量计算方法及正确套用定额项目。

教学要求

能力目标	知识要点	相关知识	权重
掌握金属结构制作、无损探伤检验、除锈、平台摊销等的定额说明	金属构件的制作内容及适用范围	钢结构的组成；消耗量定额包含的子项内容	0.4
掌握各种金属构件制作及安装工程量的计算及正确套用定额项目	不同金属构件工程量的计算规则	钢结构详图；不同形状钢板质量的计算；除锈、探伤的分类	0.6

导入案例

某单层工业厂房设有钢屋架 10 榀，每榀质量为 3t，由企业附属加工厂加工，场外运输 8km，现场拼装，采用汽车式起重机跨外安装，安装高度 9m，在计算该钢屋架工程量时，金属构件的制作项目中是否包括构件运输费用？如果不包括，应如何考虑？构件的现场拼装和安装在套用定额项目时，应注意什么？这些都是本章应重点解决的问题。

9.1 金属结构工程定额说明

① 金属结构工程定额包括金属结构制作、无损探伤检验、除锈、平台摊销、金属结构安装 5 节。

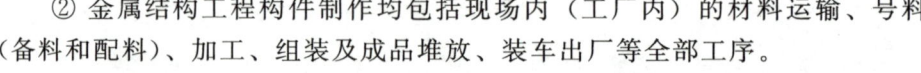
金属构件拼装说明

② 金属结构工程构件制作均包括现场内（工厂内）的材料运输、号料（备料和配料）、加工、组装及成品堆放、装车出厂等全部工序。

③ 金属结构工程定额金属构件制作适用于施工单位在施工现场预判金属结构构件的情况，包括各种杆件的制作、连接及拼装成整体构件所需的人工、材料及机械台班用量，不包括为拼装钢屋架、托架、天窗架而搭设的临时钢平台。

④ 金属结构各种杆件的连接以焊接为主，焊接前连接两组相邻构件使其固定及构件运输时为避免出现误差而使用的螺栓，已包括在制作子目内。

⑤ 金属结构工程构件安装未包括堆放地至起吊点运距大于 15m 的现场范围内的水平运输，发生时按山东省定额"第十九章 施工运输工程"相应项目计算。

⑥ 金属构件制作子目中，钢材的规格和用量，设计与定额不同时，可以调整，其他不变（钢材的损耗率为 6%）。

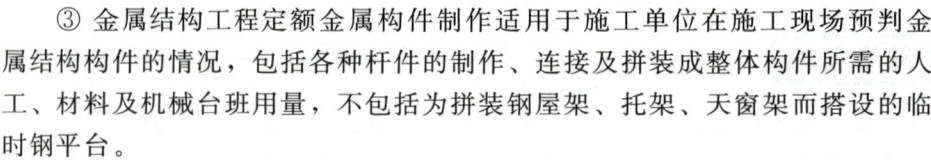
除锈等级说明

⑦ 零星钢构件，系指定额未列项的，且单体质量≤0.2t 的金属构件。

⑧ 需预埋入钢筋混凝土中的铁件、螺栓按山东省定额"第五章 钢筋及混凝土工程"相应项目计算。

⑨ 金属结构工程构件制作项目中，均已包括除锈、刷一遍防锈漆。

⑩ 金属结构工程构件制作中防锈漆为制作、运输、安装过程中的防护性防锈漆，设计文件规定的防锈、防腐油漆另行计算，制作子目中的防锈漆工料不扣除。

⑪ 在钢结构安装完成后，防锈漆或防腐等涂装前，需对焊缝节点处、连接板、螺栓、底漆损坏处等进行除锈处理，此项工作按实际施工方法套用金属结构工程相应除锈子目，工程量按制作工程量的 10% 计算。

⑫ 成品金属构件或防护性防锈漆超出有效期（构件出场后 6 个月）发生锈蚀的构件，如需除锈，套用金属结构工程除锈相关子目计算。

⑬ 金属结构工程除锈子目为《涂覆涂料前钢材表面处理 表面清洁度的目视评定 第 1 部分：未涂覆过的钢材表面和全面清除原有涂层后的钢材表面的锈蚀等级和处理等级》（GB/T 8923.1—2011）中锈蚀等级 C 级时，考虑除锈至 Sa2.5 或 St2，若除锈前锈蚀等级为 B 级或 D 级，相应定额应分别乘以系数 0.75 或 1.25，相关定义参见该标准。

⑭ 网架结构中焊接钢板节点、焊接钢管节点、杆件直接交汇节点的制作、安装，执行焊接空心球网架的制作、安装相应子目。

⑮ 实腹柱的形式包括十字形、T 形、L 形、H 形等，空腹柱的形式包括箱形、格构式等。

⑯ 轻钢檩条间的钢拉条的制作、安装，执行屋架钢支撑相应子目。

⑰ 成品 H 型钢制作的柱、梁构件，相应制作子目人工、机械及除钢材外的其他材料乘以系数 0.6。

⑱ 金属结构工程钢材如为镀锌钢材，则将主材调整为镀锌钢材，同时扣除人工 3.08 工日/t，扣除制作定额内环氧富锌底漆、钢丸含量及除锈机机械台班。

⑲ 制作项目中的钢管按成品钢管考虑，如实际采用钢板加工而成的，需将制作项目中主材价格进行换算，人工、机械及除钢材外的其他材料乘以系数 1.5。

⑳ 劲性混凝土的钢构件套用金属结构工程相应定额子目时，定额未考虑开孔费。如需开孔，钢构件制作定额的人工、机械乘以系数 1.15。

㉑ 劲性混凝土柱（梁）中的钢筋在执行定额相应子目时人工乘以系数 1.25。劲性混凝土柱（梁）中的混凝土在执行定额相应子目时人工、机械乘以系数 1.15。

㉒ 轻钢屋架是指每榀质量<1t 的钢屋架。

㉓ 钢屋架、托架、天窗架制作平台摊销子目，是与钢屋架、托架、天窗架制作子目配套使用的子目，其工程量与钢屋架、托架、天窗架的制作工程量相同。其他金属构件制作不计平台摊销费用。

㉔ 钢梁制作、安装执行钢吊车梁制作、安装子目。

㉕ 金属构件安装，定额按单机作业编制。

㉖ 金属结构工程铁栏杆制作，仅适用于工业厂房中平台、操作台的钢栏杆。工业厂房中的楼梯、阳台、走廊的装饰性铁栏杆，民用建筑中的各种装饰性铁栏杆，均按其他章相应规定计算。

㉗ 金属结构工程定额的钢网架制作，按平面网架结构考虑，如设计成筒壳、球壳及其他曲面状，构件制作定额的人工、机械乘以系数 1.3，构件安装定额的人工、机械乘以系数 1.2。

㉘ 金属结构工程定额中的屋架、托架、钢柱等均按直线考虑，如设计为曲线、折线型构件，构件制作定额的人工、机械乘以系数 1.3，构件安装定额的人工、机械乘以系数 1.2。

㉙ 金属结构工程单项定额内，均不包括脚手架及安全网的搭拆内容，脚手架及安全网均按相关章节有关规定计算。

㉚ 金属结构工程金属构件安装子目内，已包括金属构件本体的垂直运输机械。金属构件本体以外工程的垂直运输及建筑物超高等内容，发生时按照相关章节有关规定计算。

㉛ 钢柱安装在钢筋混凝土柱上，其人工、机械乘以系数 1.43。

9.2 金属结构工程量计算规则

① 金属结构制作、安装工程量，按图示钢材尺寸以质量计算，不扣除孔眼、切边的质量。焊条、铆钉、螺栓等质量已包括在定额内，不另计算。计算不规则或多边形钢板质量时，均以其最大对角线乘以最大宽度的矩形面积计算，如图 9-1 所示。

钢板面积＝最大对角线长 A × 最大对角线宽 B

钢板质量＝钢板面积 × 板厚 × 单位质量（面密度，kg/m²）

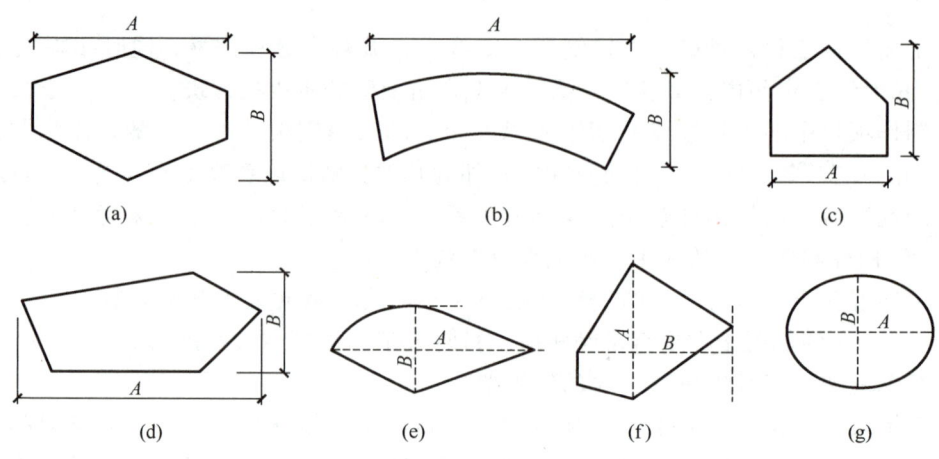

图 9-1 不规则或多边形钢板示意

② 实腹柱、口形柱、梁、H 型钢等制作均按图示尺寸计算，其腹板及翼板宽度按每边增加 10mm 计算。

③ 钢柱制作、安装工程量，包括依附于柱上的牛腿、悬臂梁及柱脚连接板的质量。

④ 钢管柱制作、安装执行空腹钢柱子目，柱体上的节点板、加强环、内衬管、牛腿等依附构件并入钢管柱工程量内。

⑤ 计算钢屋架、钢托架、天窗架工程量时，依附其上的悬臂梁、檩托、横档、支爪、檩条爪等分别并入相应构件内计算。

⑥ 制动梁的制作、安装工程量包括制动梁、制动桁架、制动板质量。

⑦ 钢墙架的制作工程量包括墙架柱、墙架梁及连接杆柱质量。

⑧ 钢筋混凝土组合屋架钢拉杆，按屋架钢支撑计算。

⑨ 钢漏斗的制作工程量，矩形按图示分片，圆形按图示展开尺寸，并以钢板宽度分段计算，每段均以其上口长度（圆形以分段展开上口长度）与钢板宽度，按矩形计算，依附漏斗的型钢并入漏斗质量内计算。钢漏斗如图 9-2 所示。

图 9-2 钢漏斗示意

⑩ 高强螺栓、花篮螺栓、剪力栓钉按设计图示以套数计算。

⑪ X射线焊缝无损探伤，按不同板厚，以"张"（胶片）为单位。拍片张数按设计规定计算的探伤焊缝总长度除以定额取定的胶片有效长度（250mm）计算。

⑫ 金属板材对接焊缝超声波探伤，以焊缝长度为计量单位。

⑬ 除锈工程的工程量，依据定额单位，分别按除锈构件的质量或表面面积计算。

⑭ 楼面及平板屋面按设计图示尺寸以铺设水平投影面积计算；屋面为斜坡的，按斜坡面积计算。不扣除小于或等于 $0.3m^2$ 柱、垛及孔洞所占面积。

9.3 金属结构工程量计算与定额应用

【应用案例 9-1】

某工程设有实腹钢柱100根，每根重4.5t，由企业附属加工厂制作，刷防锈漆一遍。试计算实腹钢柱制作、安装工程量，并计算省价分部分项工程费或措施项目费。

解：① 实腹钢柱制作工程量＝100×4.5＝450(t)，

套用定额 6-1-1，实腹钢柱制作≤5t，

单价（含税）＝8351.87 元/t，

省价分部分项工程费＝450×8351.87＝3758341.50(元)。

② 实腹钢柱安装工程量＝100×4.5＝450(t)，

套用定额 6-5-1，实腹钢柱安装≤5t，

单价（含税）＝746.56 元/t，

措施项目费＝450×746.56＝335952.00(元)。

【应用案例 9-2】

某钢结构工程需要用X射线对焊缝进行无损探伤检验，如果焊缝长为100m，钢板厚25mm，试计算工程量，并计算省价分部分项工程费。

解：焊缝探伤工程量＝100÷0.25＝400(张)，

套用定额 6-2-2，X射线探伤，板厚≤30mm，

单价（含税）＝843.42 元/(10 张)，

省价分部分项工程费＝400/10×843.42＝33736.80(元)。

【应用案例 9-3】

某工程有实腹钢柱24根，每根长18m、重4.5t，有钢屋架12榀，每榀长18m、重0.9t；施工单位在附属加工厂进行构件制作，每根钢柱分2段制作、每榀屋架分3段制作，均在现场拼装，现场用混凝土浇筑一块场地用作构件拼装场地，该场地在钢构件拼装完后用作项目宣传广场，混凝土地面距吊装机械在15m内。试计算钢构件制作、安装省价分部分项工程费或措施项目费。

解：① 钢柱制作工程量＝24×4.5＝108 (t)，

套用定额 6-1-1，实腹钢柱制作≤5t，

单价（含税）＝8351.87 元/t。

② 钢屋架制作工程量=12×0.9=10.8（t），

套用定额 6-1-5，轻钢屋架制作，

单价（含税）=9579.78 元/t。

③ 钢屋架平台摊销工程量=10.8t，

套用定额 6-4-1，钢屋架、托架、天窗架（平台摊销）≤1.5t，

单价（含税）=738.19 元/t。

④ 钢柱安装工程量=108t，

套用定额 6-5-1，实腹钢柱安装≤5t，

单价（含税）=746.56 元/t。

⑤ 钢屋架安装工程量=10.8t，

套用定额 6-5-3，轻钢屋架安装，

单价（含税）=1888.86 元/t。

⑥ 列表计算省价分部分项工程费或措施项目费，如表 9-1 所示。

表 9-1 应用案例 9-3 省价分部分项工程费或措施项目费

序号	定额编号	项目名称	单位	工程量	增值税（简易计税）/元 单价（含税）	合价
1	6-1-1	实腹钢柱制作≤5t	t	108	8351.87	902001.96
2	6-1-5	轻钢屋架制作	t	10.8	9579.78	103461.62
3	6-4-1	钢屋架、托架、天窗架（平台摊销）≤1.5t	t	10.8	738.19	7972.45
4	6-5-1	实腹钢柱安装≤5t	t	108	746.56	80628.48
5	6-5-3	轻钢屋架安装	t	10.8	1888.86	20399.69
		省价分部分项工程费合计（其中第 4、5 项为措施项目费）	元			1114464.20

【应用案例 9-4】

某工程钢屋架如图 9-3 所示，共 10 榀。试计算该钢屋架工程量，确定套用的定额项目，并列表计算省价分部分项工程费或措施项目费。

解：① 计算工程量。

上弦质量=3.40×2×2×7.398≈100.61(kg)，

下弦质量=5.60×2×1.58≈17.70(kg)，

立杆质量=1.70×3.77≈6.41(kg)，

斜撑质量=1.50×2×2×3.77=22.62(kg)，

① 号连接板质量=0.7×0.5×2×62.80=43.96(kg)，

② 号连接板质量=0.5×0.45×62.80=14.13(kg)，

③ 号连接板质量=0.4×0.3×62.80≈7.54(kg)，

檩托质量=0.14×12×3.77≈6.33(kg)，

第9章 金属结构工程

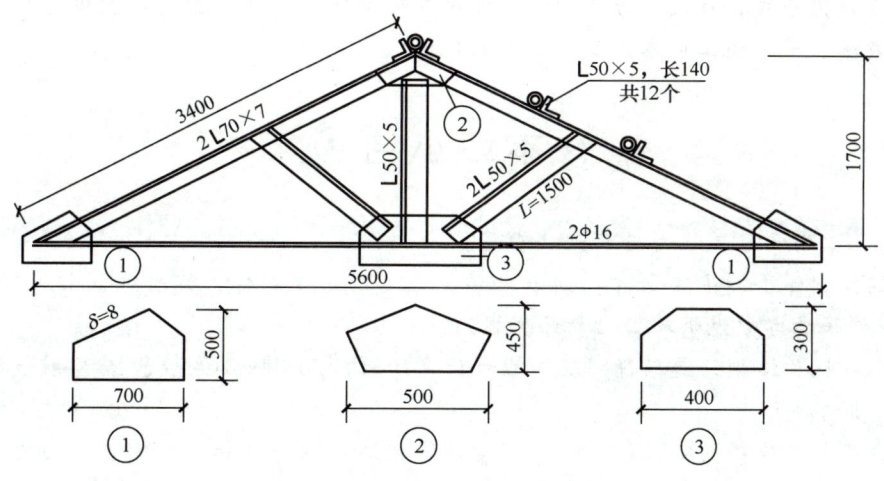

图9-3 应用案例9-4附图

钢屋架工程量合计＝(100.61＋17.70＋6.41＋22.62＋43.96＋14.13＋7.54＋6.33)×10＝2193.00(kg)＝2.193(t)。

② 套用定额。

轻钢屋架制作套用定额6-1-5，

单价(含税)＝9579.78元/t。

钢屋架平台摊销套用定额6-4-1，

单价(含税)＝738.19元/t。

轻钢屋架安装套用定额6-5-3，

单价(含税)＝1888.86元/t。

③ 列表计算省价分部分项工程费或措施项目费（表9-2）。

表9-2 应用案例9-4省价分部分项工程费或措施项目费

序号	定额编号	项目名称	单位	工程量	增值税（简易计税）/元	
					单价(含税)	合价
1	6-1-5	轻钢屋架制作	t	2.193	9579.78	21008.46
2	6-4-1	钢屋架、托架、天窗架（平台摊销）≤1.5t	t	2.193	738.19	1618.85
3	6-5-3	轻钢屋架安装	t	2.193	1888.86	4142.27
		省价分部分项工程费合计（其中第3项为措施项目费）	元			26769.58

学习启示

党的二十大报告提出，加强城市基础设施建设，打造宜居、韧性、智慧城市。推动能源清洁低碳高效利用，推进工业、建筑、交通等领域清洁低碳转型。

钢结构建筑是装配式建筑的一种，装配式建筑采用标准化设计、工厂化生产、装配化施工、一体化装修、信息化管理，属于现代工业化生产方式。大力发展装配式建筑，是切实转变城市建设模式，建设资源节约型、环境友好型城市的现实需要，能促进从业者显著提升施工效率、节省施工成本以及改善作业环境。

本章小结

通过本章的学习，学生应掌握以下内容。

① 钢柱制作、钢屋架制作、钢吊车梁制作、钢支撑制作、钢平台制作、钢漏斗、钢栏杆制作等的定额说明及工程量计算规则。

② 无损探伤检验的定额说明及工程量计算规则，无损探伤检验包括 X 射线探伤和超声波探伤两种。

③ 金属构件除锈的定额说明及工程量计算规则，除锈包括手工除锈、动力工具除锈、喷砂除锈及化学除锈等。

④ 金属结构安装的定额说明及工程量计算规则。

习 题

一、简答题

1. 什么叫轻钢屋架？
2. 简述除锈的分类。
3. 简述金属结构制作工程量的计算方法。
4. 实腹柱、口形柱、梁、H 型钢等工程量应怎样计算？
5. 简述 X 射线焊缝无损探伤工程量的计算。

二、案例分析

1. 某工程设有钢屋架 10 榀，每榀重 0.9t，由现场加工制作而成，刷防锈漆一遍。试计算钢屋架制作、安装工程量，并计算省价分部分项工程费或措施项目费。

2. 某工程操作平台栏杆如图 9-4 所示，扶手用 L50×4，横衬用 -50×5，竖杆用 φ16 钢筋，间距为 250mm，试计算栏杆制作、安装工程量，并计算省价分部分项工程费或措施项目费。

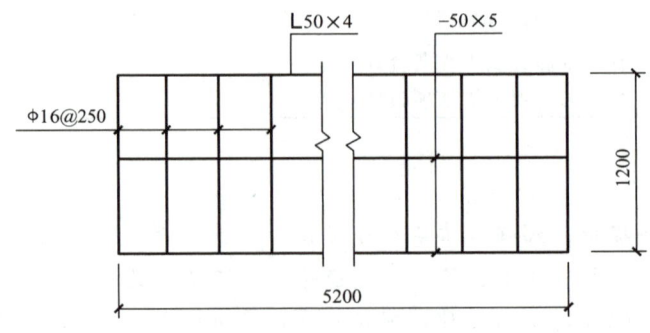

图 9-4 案例分析 2 附图

第 10 章 木结构工程

教学目标

通过本章的学习，学生应掌握木屋架工程量的计算及正确套用定额项目；掌握木构件工程量的计算及正确套用定额项目；掌握屋面木基层工程量的计算及正确套用定额项目。

教学要求

能力目标	知识要点	相关知识	权重
掌握木屋架工程量的计算及正确套用定额项目	定额说明；计算规则；定额套项	人字屋架制作安装；钢木屋架制作安装	0.3
掌握木构件工程量的计算及正确套用定额项目	定额说明；计算规则；定额套项	木柱、木梁、木楼梯	0.3
掌握屋面木基层工程量的计算及正确套用定额项目	定额说明；计算规则；定额套项	檩条、屋面板制作、封檐板、博风板	0.4

导入案例

某工程设有方木屋架一榀，如图 10-1 所示，各部分尺寸如下：下弦 $L=9000\text{mm}$，$A=450\text{mm}$，断面尺寸为 250mm×250mm；上弦轴线长 5148mm，断面尺寸为 200mm×200mm；斜杆轴线长 2516mm，断面尺寸为 100mm×120mm；垫木尺寸为 350mm×100mm×100mm；挑檐木长 600mm，断面尺寸为 200mm×250mm。现需要结合山东省定

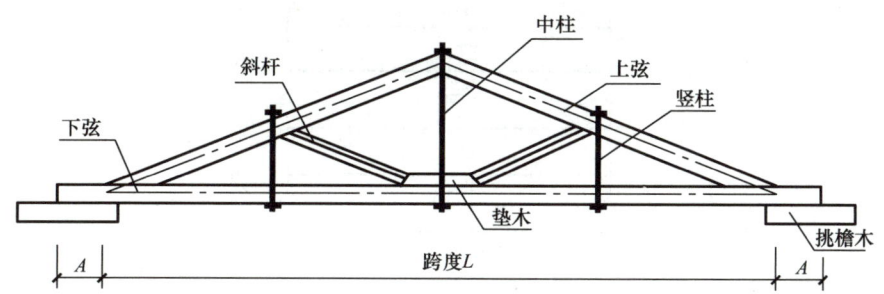

图 10-1 导入案例附图

额计算该方木屋架工程量,在确定套用的定额项目时,应考虑哪些因素?

10.1 木结构工程定额说明

① 木结构工程定额包括木屋架、木构件、屋面木基层 3 节。

② 木材木种均以一、二类木种取定。若采用三、四类木种时,相应项目人工和机械乘以系数 1.35。

③ 木材木种分类如下。

一类:红松、水桐木、樟子松。

二类:白松(方杉、冷杉)、杉木、杨木、柳木、椴木。

三类:青松、黄花松、秋子木、马尾松、东北榆木、柏木、苦木、梓木、黄菠萝、椿木、楠木、柚木、樟木。

四类:栎木(柞木)、檩木、色木、槐木、荔木、麻栗木、桦木、荷木、水曲柳、华北榆木。

④ 木结构工程材料中的"锯成材"是指方木、一等硬木方、一等木方、一等方托木、装修材、木板材和板方材等的统称。

⑤ 定额中木材以自然干燥条件下的含水率为准编制而成,需人工干燥时,另行计算。

⑥ 钢木屋架是指下弦杆件为钢材,其他受压杆件为木材的屋架。

⑦ 屋架跨度是指屋架两端上、下弦中心线交点之间的距离,如图 10-1 中的跨度 L。

⑧ 屋面木基层是指屋架上弦以上至屋面瓦以下的结构部分。

⑨ 木屋架、钢木屋架定额项目中的钢板、型钢、圆钢,设计与定额不同时,用量可按设计数量另加 6% 损耗调整,其他不变。

⑩ 钢木屋架中钢杆件的用量已包括在相应定额子目内,设计与定额不同时,可按设计数量另加 6% 损耗调整,其他不变。

⑪ 木屋面板,定额按板厚 15mm 编制。设计与定额不同时,锯成材(木板材)用量可以调整,其他不变(木板材的损耗率平口为 4.4%,错口为 13%),如图 10-2 所示。

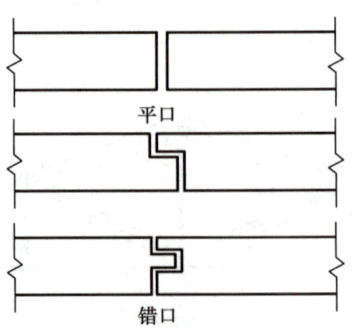

图 10-2 木屋面板平口、错口示意

⑫ 封檐板、博风板，定额按板厚25mm编制，损耗率为2.5%，若设计与定额不同，锯成材（木板材）可按设计用量另加23%损耗调整，其他不变，如图10-3所示。

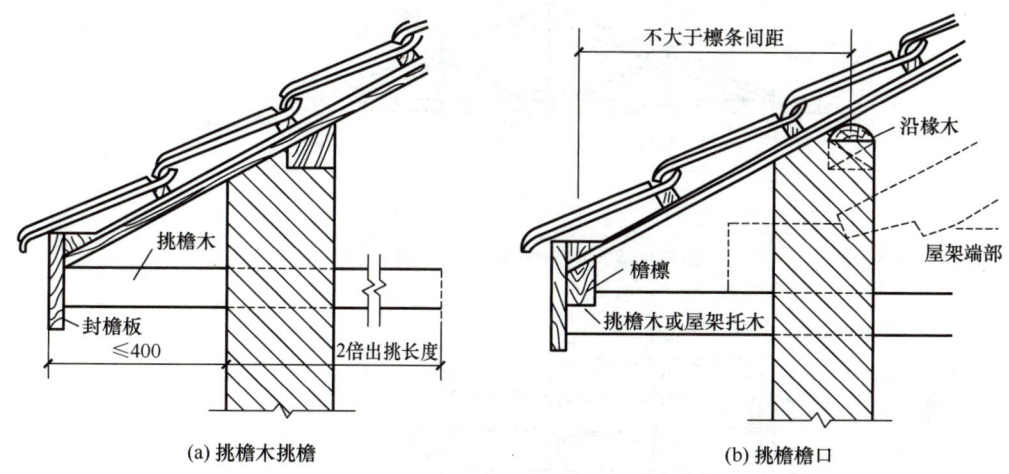

图10-3 封檐板示意

10.2 木结构工程量计算规则

① 木屋架工程量按设计图示尺寸以体积计算，附属于其上的木夹板、垫木、风撑、挑檐木、檩条、三角条均按木料体积并入屋架工程量内，如图10-4所示。

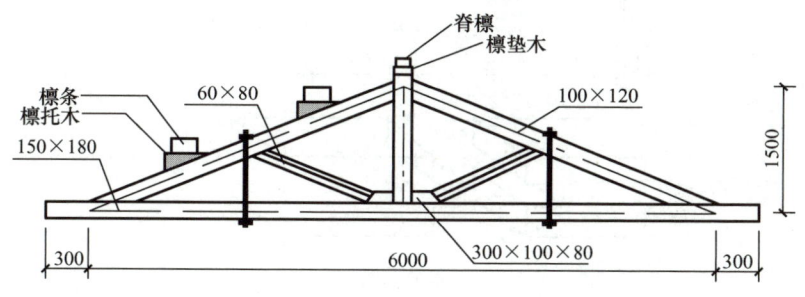

图10-4 带檩托木、檩垫木木屋架示意

② 钢木屋架的工程量按设计图示尺寸以体积计算，只计算木杆件的体积。后备长度、配置损耗及附属于屋架的垫木等已并入屋架子目内，不另计算。

③ 支撑屋架的混凝土垫块，按山东省定额"第五章 钢筋及混凝土工程"中的有关规定计算，如图10-5所示。

④ 木柱、木梁按设计图示尺寸以体积计算。

⑤ 檩木按设计图示尺寸以体积计算。檩垫木或钉在屋架上的檩托木已包括在定额内，不另计算。单独挑檐木并入檩条工程量内。简支檩长度按设计规定计算，如设计未规定者，按屋架或山墙中距增加200m计算，如两端出山，檩条长度算至博风板；连续檩接头

部分按全部连续檩的总体积增加5%计算，如图10-6所示。

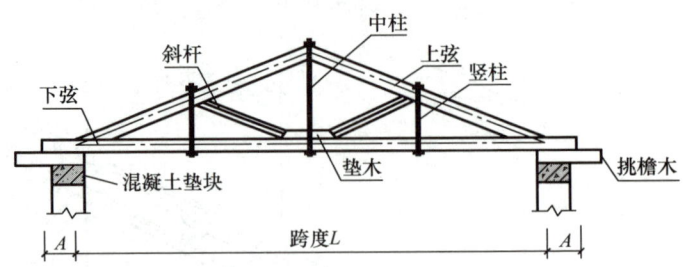

图10-5 屋架端部混凝土垫块示意

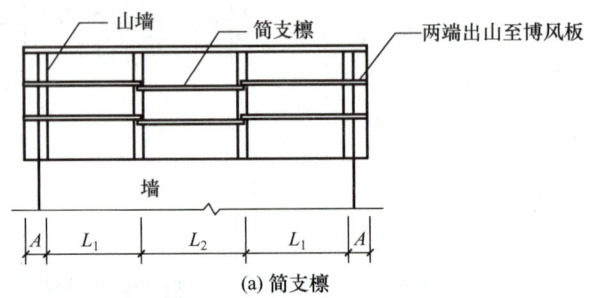

(a) 简支檩

中间简支檩长度=L_2+0.2；两边简支檩长度=L_1+0.1+A；简支檩体积=简支檩总长度×断面面积

补充说明

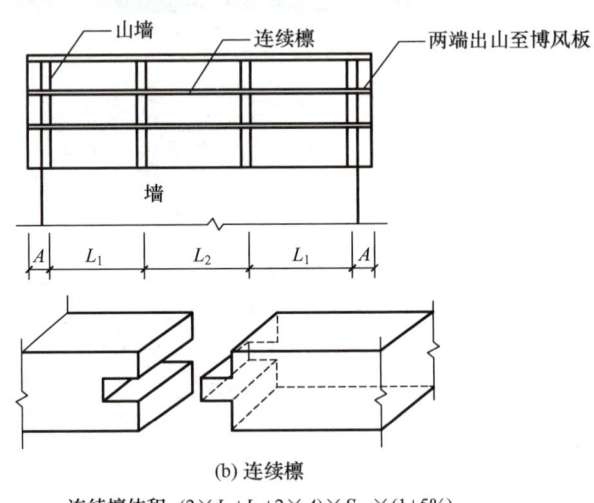

(b) 连续檩

连续檩体积=$(2×L_1+L_2+2×A)×S_{断}×(1+5\%)$

图10-6 檩条工程量计算示意

⑥ 木楼梯按水平投影面积计算，不扣除宽度≤300mm的楼梯井面积，踢脚板、平台和伸入墙内部分不另计算。

⑦ 屋面板制作、檩木上钉屋面板、油毡挂瓦条、钉椽板项目按设计图示屋面的斜面面积计算。天窗挑出部分面积并入屋面工程量内计算，天窗挑檐重叠部分按设计规定计算，不扣除截面面积≤0.3m²的屋面烟囱、风帽底座、风道及斜沟等部分所占面积，如图10-7所示。

⑧ 封檐板按设计图示檐口外围长度计算。博风板按斜长度计算，每个大刀头长度增

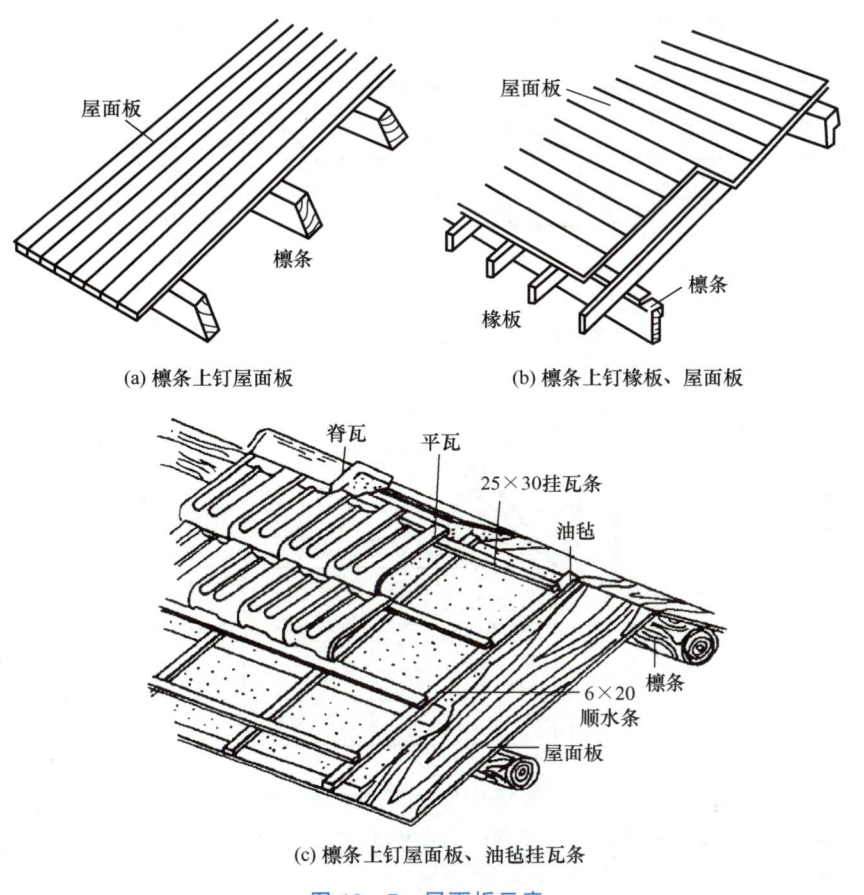

图 10-7　屋面板示意

加 500mm，如图 10-8 所示。

图 10-8　博风板示意

补充说明

⑨ 带气楼屋架的气楼部分及马尾、折角和正交部分半屋架，并入相连屋架的体积内计算，如图 10-9、图 10-10 所示。

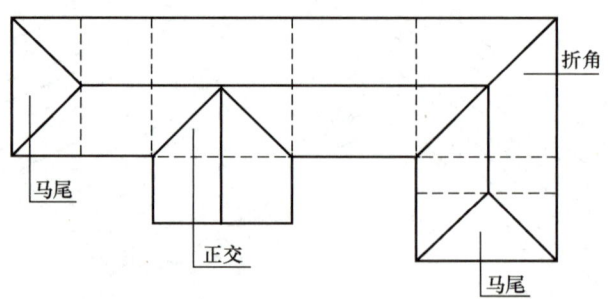

图 10-9 马尾、正交、折角示意

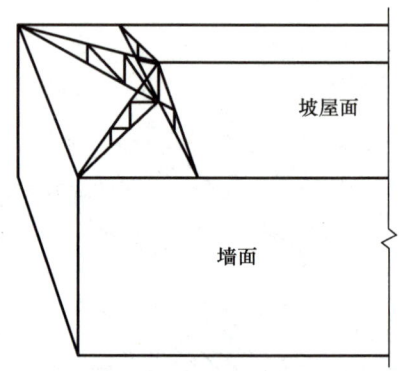

图 10-10 半屋架示意

⑩ 屋面上人孔（定额 7-3-12 子目）按设计图示数量以"个"为单位按数量计算。

10.3 木结构工程量计算与定额应用

【应用案例 10-1】

某工程设有方木屋架一榀，如图 10-1 所示，试计算该方木屋架工程量，确定套用的定额项目，并计算省价分部分项工程费。

解：方木屋架工程量 $=(9+0.45\times 2)\times 0.25\times 0.25+5.148\times 0.2\times 0.2\times 2+2.516\times 0.1\times 0.12\times 2+0.35\times 0.1\times 0.1+0.6\times 0.2\times 0.25\times 2\approx 1.155(m^3)$，

套用定额 7-1-3，方木屋架制作安装（跨度≤10m），

单价（含税）$=43857.68$ 元$/(10m^3)$，

省价分部分项工程费 $=1.155/10\times 43857.68\approx 5065.56$（元）。

【应用案例 10-2】

某工程方木檩条示意如图 10-6（b）所示，共 5 根，其中方木檩条断面尺寸为 200mm×300mm，$L_1=3600$mm，$L_2=3900$mm，$A=400$mm，试计算该檩条工程量，确定套用的定额项目，并计算省价分部分项工程费。

解：连续檩体积 $=(2\times L_1+L_2+2\times A)\times S_{断}\times(1+5\%)=(2\times 3.6+3.9+2\times 0.4)\times$

$0.2 \times 0.3 \times (1 + 5\%) \times 5 \approx 3.75 (m^3)$,

套用定额 7-3-1，方木檩条，

单价(含税)＝25183.67 元/(10m³)，

省价分部分项工程费＝3.75/10×25183.67≈9443.88(元)。

本章小结

通过本章的学习，要求学生掌握以下内容。

① 木屋架的定额说明及工程量计算规则，木屋架包括人字屋架制作安装、钢木屋架制作安装。

② 木构件的定额说明及工程量计算规则，木构件包括木柱、木梁和木楼梯。

③ 屋面木基层的定额说明及工程量计算规则，木基层包括檩条、屋面板制作、封檐板、博风板等。

习 题

一、简答题

1. 简述木屋架工程量计算规则。
2. 简述简支檩、连续檩工程量计算规则。
3. 简述屋面板制作、檩木上钉屋面板工程量计算规则。
4. 简述封檐板、博风板工程量计算规则。

二、案例分析

1. 某工程设有方木屋架一榀，各部分尺寸如图 10-4 所示：下弦 $L=6000mm$，$A=300mm$，断面尺寸为 150mm×180mm；上弦轴线长 3420mm，断面尺寸为 100mm×120mm；斜杆轴线长 1810mm，断面尺寸为 60mm×80mm；垫木尺寸为 300mm×100mm×80mm。试计算该方木屋架工程量，确定套用的定额项目，并计算省价分部分项工程费。

2. 某工程屋面圆木檩条布置如图 10-6（a）所示，共 7 根，檩条半径 150mm，$L_1=3000mm$，$L_2=3300mm$，$A=500mm$。试计算该檩条工程量，确定套用的定额项目，并计算省价分部分项工程费。

第 11 章 门窗工程

教学目标

通过本章的学习，学生应掌握木门、木窗工程量的计算及正确套用定额项目；掌握金属门、金属卷帘门、金属窗工程量的计算及正确套用定额项目；掌握厂库房大门、特种门工程量的计算及正确套用定额项目；掌握其他门工程量的计算及正确套用定额项目。

教学要求

能力目标	知识要点	相关知识	权重
掌握木门、木窗工程量的计算	定额说明；计算规则；定额套项	木门制作安装；木窗制作安装	0.3
掌握金属门、金属卷帘门、金属窗工程量的计算	定额说明；计算规则；定额套项	金属门制作安装；金属卷帘门制作安装；金属窗制作安装	0.3
掌握厂库房大门、特种门工程量的计算	定额说明；计算规则；定额套项	厂库房大门种类、特种门种类	0.2
掌握其他门工程量的计算	定额说明；定额套项	其他门种类	0.2

导入案例

某工程设有全钢板大门（折叠门），共 10 樘，洞口尺寸为 3000mm×2100mm。现需要结合山东省定额计算该全钢板大门工程量，在确定套用的定额项目时，应考虑哪些因素？

11.1　门窗工程定额说明

① 门窗工程定额包括木门，金属门，金属卷帘门，厂库房大门，特种门，其他门，木窗和金属窗 7 节。
② 门窗工程主要为成品门窗安装项目。
③ 木门窗及金属门窗不论现场制作还是附属加工厂制作，均执行门窗工程定额。现场以外至施工现场的水平运输费用可计入门窗单价。

门窗工程

 **特别提示**

> 木门窗及金属门窗项目已综合考虑了场内运输；现场以外至施工现场的运输费用应计入成品门窗预算单价。

④ 门窗安装项目中，玻璃及合页、插销等一般五金零件均按包含在成品门窗单价内考虑。
⑤ 单独木门框制作安装中的门框断面按 55mm×100mm 考虑。实际断面不同时，门窗材料的消耗量按设计图示用量另加 18％损耗调整。
⑥ 木窗中的木橱窗是指造型简单、形状规则的普通橱窗。

塑钢窗安装施工

 **特别提示**

> 对于造型较复杂，外形不规则的装饰木橱窗，应套用有关章节定额。

⑦ 厂库房大门及特种门门扇所用铁件均已列入定额，除成品门附件以外，墙、柱、楼地面等部位的预埋铁件按设计要求另行计算。
⑧ 钢木大门为两面板者，定额人工乘以系数 1.11。
⑨ 电子感应自动门传感装置、电子对讲门和电动伸缩门的安装包括调试用工。

11.2　门窗工程量计算规则

① 各类门窗安装工程量，除注明者外，均按图示门窗洞口面积计算。

特别提示

① 单独木门框制作安装、成品木门框安装按长度以"m"计算。

② 普通成品木门扇安装、木质防火门安装、木纱门扇安装、木成品窗扇安装、木纱窗扇安装、木百叶窗安装、铝合金纱窗扇安装、塑钢纱窗扇安装工程量等按扇外围面积计算。木橱窗安装工程量按框外围面积计算。

③ 卷帘门安装电动装置、电子感应自动门传感装置、不锈钢柱全玻转门、电子对讲门、电动伸缩门等均以"套"为单位计算。金属卷帘门安装活动小门以"个"为单位计算。

② 门连窗的门和窗安装工程量应分别计算,窗的工程量算至门框外边线,如图 11-1 所示。

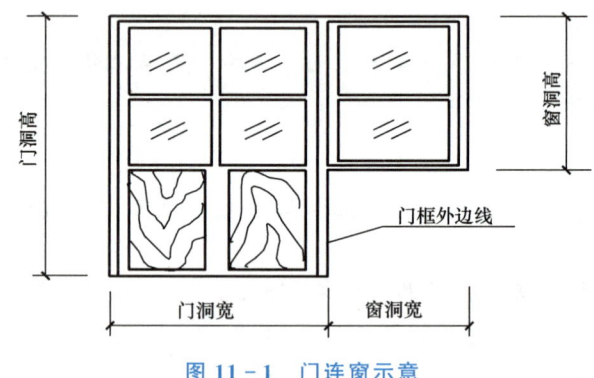

图 11-1 门连窗示意

③ 木门框按设计框外围尺寸以长度计算。

④ 金属卷帘门安装工程量按洞口高度增加 600mm 乘以门实际宽度以面积计算;若有活动小门,应扣除卷帘门中小门所占面积。电动装置安装以"套"为单位按数量计算,小门安装以"个"为单位按数量计算。

特别提示

卷帘门的安装面积一般比洞口面积大,因此工程量=(洞口高+600mm)×卷帘门宽,卷帘门宽按设计宽度计入。由于活动小门可另套定额,因此当有活动小门时,应扣除卷帘小门的面积。

11.3 门窗工程量计算与定额应用

【应用案例 11-1】

某工程设有全钢板大门(折叠门),共 10 樘,洞口尺寸为 3000mm×2100mm。试计算该全钢板大门工程量,确定套用的定额项目,并计算省价分部分项工程费。

解:全钢板大门工程量=3×2.1×10=63(m²),

套用定额8-4-7,

单价(含税)=2369.85元/(10m²),

省价分部分项工程费=63/10×2369.85≈14930.06(元)。

【应用案例11-2】

某工程设有铝合金推拉门,共10樘,洞口尺寸为1000mm×2700mm;设有铝合金推拉窗(带纱窗扇),共10樘,洞口尺寸为1800mm×1000mm,纱窗扇尺寸为800mm×900mm(双扇)。试计算工程量,确定套用的定额项目,并列表计算省价分部分项工程费。

解:① 铝合金推拉门工程量=1×2.7×10=27(m²),

套用定额8-2-1,

单价(含税)=3328.62元/(10m²)。

② 铝合金推拉窗工程量=1.8×1×10=18(m²),

套用定额8-7-1,

单价(含税)=3279.42元/(10m²)。

③ 铝合金纱窗扇工程量=0.8×0.9×2×10=14.4(m²),

套用定额8-7-5,

单价(含税)=499.12元/(10m²)。

④ 列表计算省价分部分项工程费,如表11-1所示。

表11-1 应用案例11-2省价分部分项工程费

序号	定额编号	项目名称	单位	工程量	增值税(简易计税)/元	
					单价(含税)	合价
1	8-2-1	铝合金推拉门	10m²	2.7	3328.62	8987.27
2	8-7-1	铝合金推拉窗	10m²	1.8	3279.42	5902.96
3	8-7-5	铝合金纱窗扇	10m²	1.44	499.12	718.73
		省价分部分项工程费合计	元			15608.96

【应用案例11-3】

某工程设计木自由门2樘(成品),洞口尺寸为3000mm×2700mm,门框外围尺寸为2940mm×2670mm,门扇外围尺寸为2880mm×2640mm。试计算该木自由门安装工程量,确定套用的定额项目,并计算省价分部分项工程费。

解:① 成品门框安装工程量=(2.94+2.67×2)×2=16.56(m),

套用定额8-1-2,

单价(含税)=219.69元/(10m),

省价分部分项工程费=16.56/10×219.69≈363.81(元)。

② 成品门扇安装工程量=2.88×2.64×2≈15.21(m²),

套用定额8-1-3,

单价(含税)=4885.60元/(10m²),

省价分部分项工程费=15.21/10×4885.60≈7431.00(元)。

【应用案例 11-4】

某工程设计铝合金卷帘门 20 张，洞口尺寸为 2700mm×2700mm，卷帘门设计宽度为 3000mm，安装电动装置及活动小门，活动小门尺寸为 900mm×2100mm。试计算该卷帘门安装工程量，确定套用的定额项目，并列表计算省价分部分项工程费。

解： ① 卷帘门安装工程量=[3×(2.7+0.6)-0.9×2.1]×20=160.20(m²)，

套用定额 8-3-1,

单价(含税)=3509.42 元/(10m²)。

② 卷帘门安装电动装置工程量=20 套，

套用定额 8-3-3,

单价(含税)=2413.51 元/套。

③ 活动小门工程量=20 个，

套用定额 8-3-4,

单价(含税)=488.64 元/个。

④ 列表计算省价分部分项工程费，如表 11-2 所示。

表 11-2 应用案例 11-4 省价分部分项工程费

序号	定额编号	项目名称	单位	工程量	增值税（简易计税）/元	
					单价(含税)	合价
1	8-3-1	卷帘门（铝合金）	10m²	16.02	3509.42	56220.91
2	8-3-3	卷帘门安装电动装置	套	20	2413.51	48270.20
3	8-3-4	活动小门	个	20	488.64	9772.80
		省价分部分项工程费合计	元			114263.91

本章小结

通过本章的学习，学生应掌握以下内容。

① 木门、木窗的定额说明及工程量计算规则。

② 金属门、金属卷帘门、金属窗的定额说明及工程量计算规则。

③ 厂库房大门、特种门，其他门的定额说明及工程量计算规则。

④ 正确区分定额中以洞口面积、框外围面积、扇外围面积、套及个等为单位计算的项目设置，并能正确套用定额项目。

习 题

一、简答题

1. 简述门窗工程中哪些项目需要进行系数调整。
2. 简述各类门窗安装工程量的计算规则。
3. 简述金属卷帘门安装工程量的计算规则。
4. 简述铝合金纱门扇、铝合金纱窗扇的工程量计算规则。

二、案例分析

1. 某工程设有镶木板门（成品），共 20 樘，洞口尺寸为 900mm×2100mm，框外围尺寸为 870mm×2070mm，扇外围尺寸为 860mm×2060mm。试计算镶木板门安装工程量，确定套用的定额项目，并计算省价分部分项工程费。

2. 某工程设有铝合金双扇地弹门，共 10 樘，设计洞口尺寸为 1800mm×2700mm。试计算铝合金双扇地弹门安装工程量，确定套用的定额项目，并计算省价分部分项工程费。

3. 某工程设有铝合金卷闸门 1 张，洞口尺寸为 2700mm×3000mm，卷闸门设计宽度为 3000mm，安装电动装置。试计算铝合金卷闸门安装工程量，确定套用的定额项目，并计算省价分部分项工程费。

第 12 章 屋面及防水工程

教学目标

通过本章的学习，学生应掌握屋面及防水工程的做法及定额说明；掌握屋面工程、防水工程、屋面排水、变形缝与止水带等项目工程量的计算及正确套用定额项目。

教学要求

能力目标	知识要点	相关知识	权重
掌握屋面工程工程量的计算及正确套用定额项目	定额说明；工程量计算规则	屋面的种类	0.4
掌握防水工程工程量的计算及正确套用定额项目	定额说明；工程量计算规则	刚性防水、柔性防水	0.4
掌握屋面排水、变形缝与止水带等工程量的计算及正确套用定额项目	定额说明；工程量计算规则	屋面排水、变形缝与止水带的种类	0.2

导入案例

某工程轴线间尺寸为 57000mm×18000mm，墙厚为 240mm，四周女儿墙，檐口节点详图如图 12-1 所示，试考虑：在计算屋面防水层工程量时，泛水部位如何计算？卷材铺设时的搭接、防水薄弱处的附加层如何计算？

第12章 屋面及防水工程

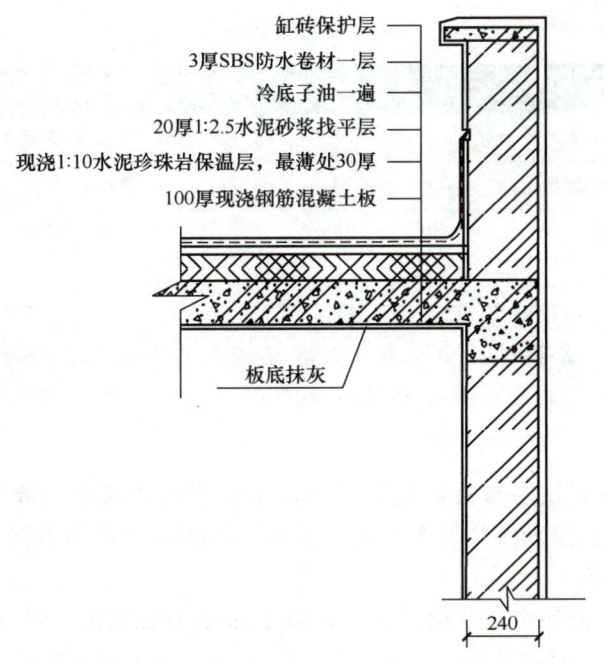

屋面卷材防水施工

图 12-1 导入案例附图

12.1 屋面及防水工程定额说明

屋面及防水工程定额包括屋面工程、防水工程、屋面排水、变形缝与止水带 4 节。

1. 屋面工程

① 本节考虑块瓦屋面、波形瓦屋面、沥青瓦屋面、金属板屋面、采光板屋面和膜结构屋面 6 种屋面面层形式。屋架、基层、檩条等项目按其材质分别按相应项目计算，找平层按山东省定额"第十一章 楼地面装饰工程"相应项目执行，屋面保温按山东省定额"第十章 保温、隔热、防腐工程"相应项目执行，屋面防水层按 12.2 节相应项目计算。

 **特别提示**

① 山东省定额中屋面瓦结合层砂浆的厚度按表 12-1 的数值取定。若瓦底结合层的厚度与定额中砂浆厚度不一致，则可以据实调整砂浆厚度，按山东省定额"第十一章 楼地面装饰工程"相应项目执行。

表 12-1 屋面瓦结合层砂浆厚度取定

定额名称	砂浆厚度/mm	定额名称	砂浆厚度/mm
9-1-3 普通黏土瓦混凝土板上浆贴	20	9-1-10 英红瓦屋面	20
9-1-5 水泥瓦混凝土板上浆贴	20	9-1-12 琉璃瓦亭面上铺设	20
9-1-6 西班牙瓦屋面	25	9-1-13 琉璃瓦斜面上铺设	20
9-1-8 瓷质波形瓦屋面	20		

② 波形瓦屋面、金属板屋面，工作内容包括檩条上铺瓦、安脊瓦，但檩条的制作安装不包括在定额内，制作安装另套用相应项目。

② 设计瓦屋面材料规格与定额规格（定额未注明具体规格的除外）不同时，可以换算，其他不变。波形瓦屋面采用纤维水泥、沥青、树脂、塑料等不同材质波形瓦时，材料可以换算，人工、机械不变。

③ 瓦屋面琉璃瓦面如实际使用盾瓦者，每 10m 的脊瓦长度，单侧增加盾瓦 50 块，其他不变。如增加勾头、博古等另行计算。图 12-2 所示为琉璃瓦屋面。

图 12-2 琉璃瓦屋面示意

④ 一般金属板屋面，执行彩钢板和彩钢夹芯板子目，成品彩钢板和彩钢夹芯板包含铆钉、螺栓、封檐板、封口（边）条等用量，不另计算。装配式单层金属压型板屋面根据檩距不同执行定额子目，金属屋面板材质和规格不同时，可以换算，人工、机械不变。

⑤ 采光板屋面和玻璃采光顶，其支撑龙骨含量不同时，可以调整，其他不变。采光板屋面如设计为滑动式采光顶，可以按设计增加 U 形滑动盖帽等部件调整材料消耗量，人工乘以系数 1.05。

⑥ 膜结构屋面的钢支柱、锚固支座混凝土基础等执行其他章节相应项目。

⑦ 屋面以坡度≤25% 为准，坡度＞25% 及人字形、锯齿形、弧形等不规则屋面，人工乘以系数 1.3；坡度＞45% 的屋面，人工乘以系数 1.43。

2. 防水工程

① 本节考虑卷材防水、涂料防水、板材防水、刚性防水 4 种防水形式。项目设置不分室内、室外及防水部位，使用时按设计做法套用相应项目。

② 细石混凝土防水层使用钢筋网时，钢筋网执行山东省定额"第五章 钢筋及混凝土工程"相应项目。

③ 平（屋）面按坡度≤15%考虑，15%＜坡度≤25%的屋面，按相应项目的人工乘以系数 1.18；坡度＞25%及人字形、锯齿形、弧形等不规则屋面或平面，人工乘以系数 1.3；坡度＞45%的屋面，人工乘以系数 1.43。

④ 防水卷材、防水涂料及防水砂浆，定额以平面和立面列项，实际施工桩头、地沟、零星部位时，人工乘以系数 1.82；单个房间楼地面面积≤8m² 时，人工乘以系数 1.3。

⑤ 卷材防水附加层套用卷材防水相应项目，人工乘以系数 1.82。图 12-3 所示为卷材防水附加层。

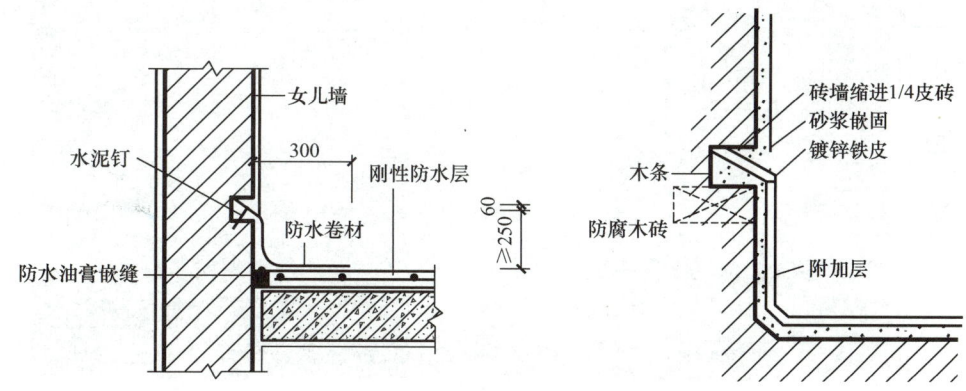

图 12-3　卷材防水附加层示意

⑥ 立面是以直形为准编制的，弧形者人工乘以系数 1.18。

⑦ 冷粘法按满铺考虑。点、条铺者按其相应项目的人工乘以系数 0.91，黏合剂乘以系数 0.7。

⑧ 分格缝主要包括细石混凝土面层分格缝、水泥砂浆面层分格缝两种，缝截面按照 15mm 乘以面层厚度考虑，当设计材料与定额材料不同时，材料可以换算，其他不变。

**特别提示**

> 刚性防水定额子目不包含分格缝的工作内容，分格缝单独列项。

3. 屋面排水

① 本节包括屋面镀锌铁皮排水、铸铁管排水、塑料排水管排水、玻璃钢管、镀锌钢管、虹吸排水及种植屋面排水内容。水落管、水口、水斗均按成品材料现场安装考虑，选用时可以依据排水管材料材质不同套用相应项目换算材料，人工、机械不变。

② 铁皮屋面及铁皮排水项目内已包括铁皮咬口和搭接的工料。

③ 塑料排水管排水按 PVC 材质水落管、水斗、水口和弯头考虑，实际采用 UPVC

管、PP（聚丙烯）管、ABS（丙烯腈-丁二烯-苯乙烯共聚物）管、PB（聚丁烯）管等塑料管材或塑料复合管材时，材料可以换算，人工、机械不变。

④ 若采用不锈钢水落管排水时，执行镀锌钢管子目，材料据实换算，人工乘以系数 1.1。

⑤ 种植屋面排水子目仅考虑了屋面滤水层和排（蓄）水层，其找平层、保温层等执行其他章节相应项目，防水层按 12.2 节相应项目计算。

4. 变形缝与止水带

① 变形缝嵌填缝子目中，建筑油膏设计断面取定 30mm×20mm；油浸木丝板取定 150mm×25mm；其他填料取定 150mm×30mm。若实际设计断面不同时用料可以换算，人工不变。图 12-4 所示为变形缝。

变形缝尺寸说明

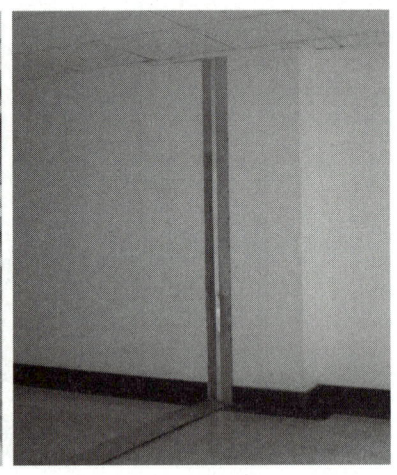

图 12-4 变形缝示意

 **特别提示**

> 变形缝包括建筑物的伸缩缝、沉降缝及抗震缝，适用于屋面、墙面、地基等部位。缝口断面尺寸已列于定额说明中，若设计断面尺寸与定额取定不同时，主材用量可以调整，人工及辅材不变。调整用量可按下式计算。
>
> 调整用量＝（设计缝口断面面积/定额缝口断面面积）×定额用量

例如，某工程沥青砂浆伸缩缝平面如图 12-5 所示，则沥青砂浆调整用量＝（0.2×0.03）÷（0.15×0.03）×0.0473（定额用量）≈0.063（m³）。

② 沥青砂浆填缝设计砂浆不同时，材料可以换算，其他不变。

③ 变形缝盖缝，木板盖板断面取定 200mm×25mm；铝合金盖板厚度取定 1mm；不锈钢板厚度取定 1mm。如设计不同时，材料可以换算，人工不变。

④ 钢板（紫铜板）止水带展开宽度 400mm，氯丁橡胶宽 300mm，涂刷式氯丁胶贴玻璃纤维止水片宽 350mm。如设计断面不同时用料可以换算，人工不变。图 12-6 所示为钢板止水带。

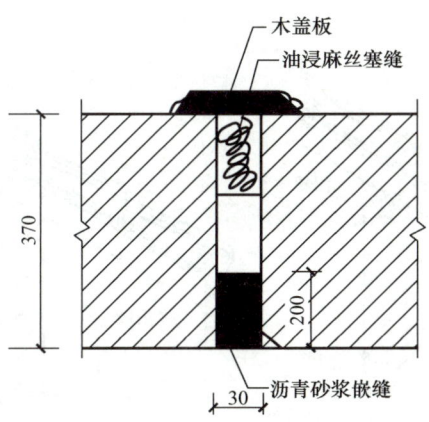

图 12-5 某工程沥青砂浆伸缩缝平面示意

图 12-6 钢板止水带示意

12.2 屋面及防水工程量计算规则

1. 屋面

（1）各种屋面和型材屋面（包括挑檐部分）

各种屋面和型材屋面均按设计图示尺寸以面积计算（斜屋面按斜面面积计算），不扣除房上烟囱、风帽底座、风道、小气窗、斜沟和脊瓦等所占面积，小气窗的出檐部分也不增加，如图 12-7 和图 12-8 所示。

① 屋面坡度的表示方法，如图 12-9 所示。

屋面坡度有 3 种表示方法。

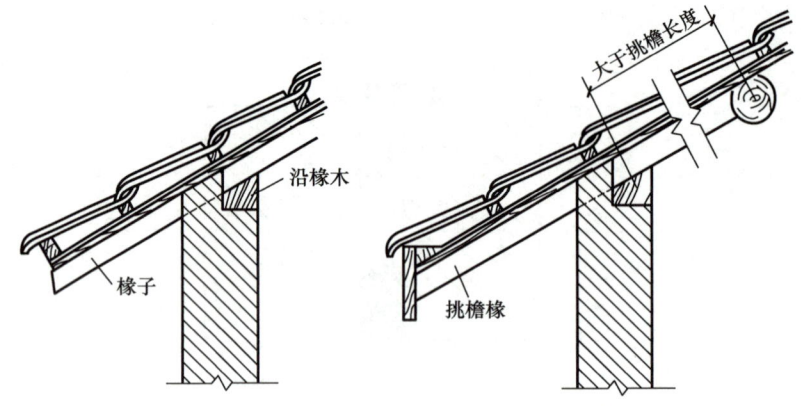

图 12-7 屋面挑檐

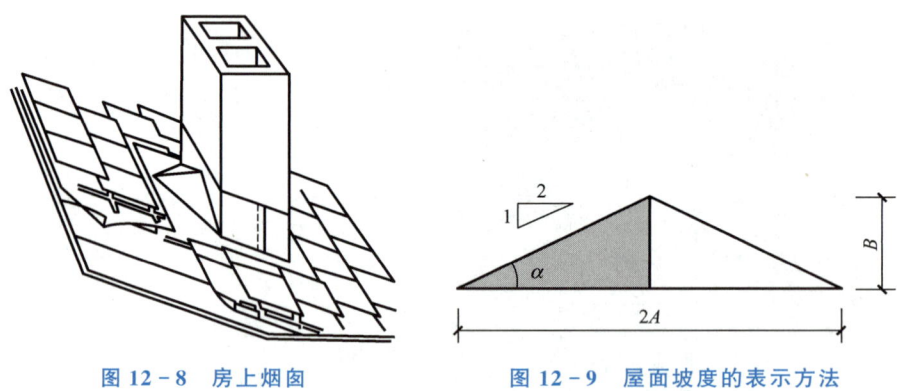

图 12-8 房上烟囱　　　　　图 12-9 屋面坡度的表示方法

a. 用屋顶的高度与屋顶的跨度之比（简称"高跨比"）表示，即 $B/2A$。
b. 用屋顶的高度与屋顶的半跨之比（简称"坡度"）表示，即 B/A。
c. 用屋面的斜面与水平面的夹角 α 表示。
② 屋面坡度系数如表 12-2 所示。

表 12-2　屋面坡度系数

坡度			延尺系数 C	隅延尺系数 D
坡度 $B/A(A=1)$	高跨比 $B/2A$	角度 α		
1	1/2	45°	1.4142	1.7321
0.75		36°52′	1.2500	1.6008
0.70		35°	1.2207	1.5779
0.666	1/3	33°40′	1.2015	1.5620
0.65		33°01′	1.1926	1.5564
0.60		30°58′	1.1662	1.5362
0.577		30°	1.1547	1.5270

续表

坡度			延尺系数 C	隅延尺系数 D
坡度 $B/A(A=1)$	高跨比 $B/2A$	角度 α		
0.55		28°49′	1.1431	1.5170
0.50	1/4	26°34′	1.1180	1.5000
0.45		24°14′	1.0966	1.4839
0.40	1/5	21°48′	1.0770	1.4697
0.35		19°17′	1.0594	1.4569
0.30		16°42′	1.0440	1.4457
0.25	1/8	14°02′	1.0308	1.4362
0.20	1/10	11°19′	1.0198	1.4283
0.15		8°32′	1.0112	1.4221
0.125	1/16	7°80′	1.0078	1.4191
0.100	1/20	5°42′	1.0050	1.4177
0.083	1/24	4°45′	1.0035	1.4166
0.066	1/30	3°49′	1.0022	1.4157

③ 利用屋面坡度系数计算工程量。

a. 对于坡屋面，无论是等两坡还是等四坡屋面，均按下式计算。

坡屋面工程量＝檐口宽度×檐口长度×延尺系数＝屋面水平投影面积×延尺系数 C

图 12-10 所示为等四坡屋面，此时 $A=A'$。屋面斜铺面积＝屋面水平投影面积×C＝$L\times 2A\times 1.118$

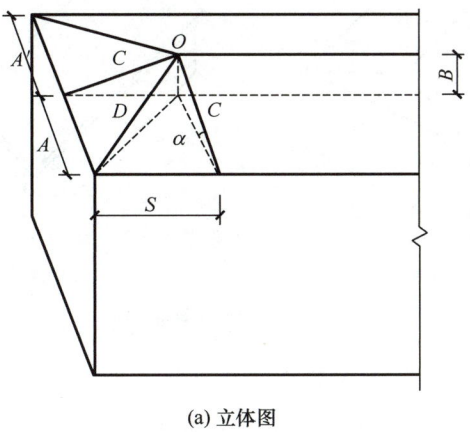

(a) 立体图

图 12-10 等四坡屋面示意

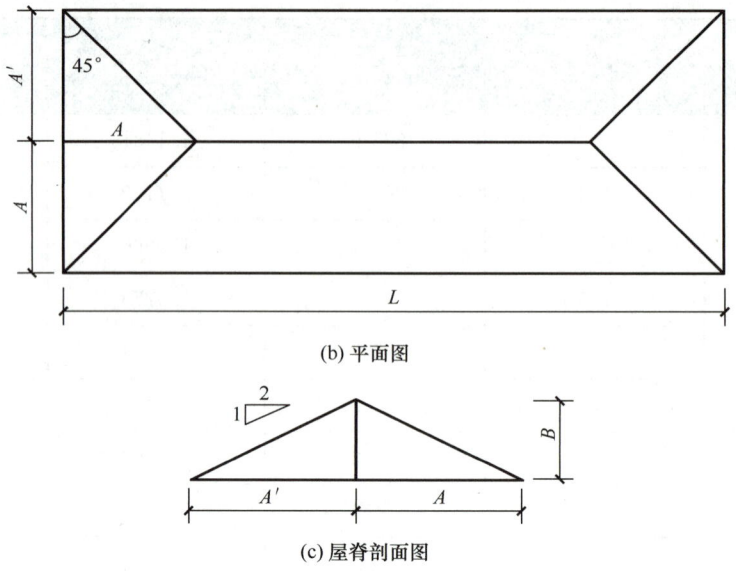

(b) 平面图

(c) 屋脊剖面图

图 12-10 等四坡屋面示意（续）

特别提示

当 $A=A'=S$ 时，为等四坡屋面，如图 12-11（a）所示；当 $A=A'$，且 $S=0$ 时，为等两坡屋面，如图 12-11（b）所示。

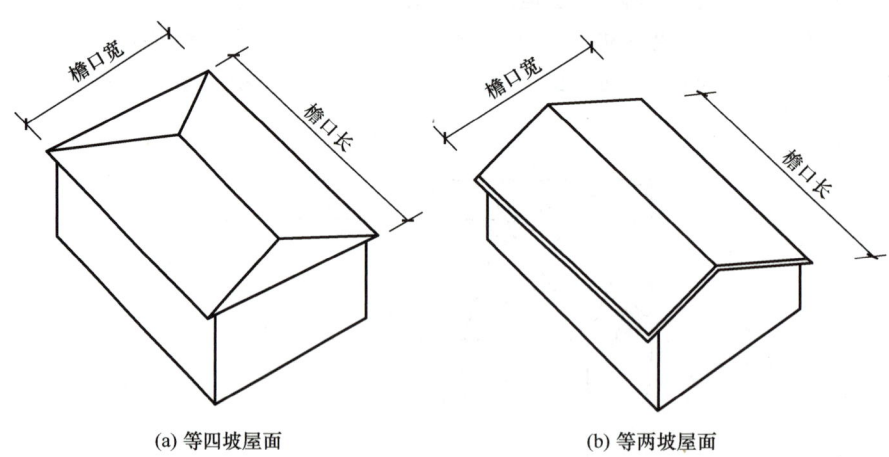

(a) 等四坡屋面　　　　　　(b) 等两坡屋面

图 12-11 等坡屋面示意

b. 等两坡屋面山墙泛水工程量及总长度按下式计算。

等两坡屋面山墙泛水工程量＝两外檐口之间总宽度（2A）×延尺系数 C×山墙端数（两端）

等两坡屋面山墙泛水总长度＝$2A×C×2=2A×1.118×2$

图 12-12 所示为等两坡屋面。

c. 等四坡屋面正脊及斜脊工程量按下式计算。

等四坡屋面正脊工程量＝外檐总长度－外檐总宽度

等四坡屋面斜脊工程量＝ 两外檐口之间总宽度(2A)×隅延尺系数 D×2(两端)

（2）西班牙瓦、瓷质波形瓦、英红瓦屋面的正斜脊瓦、檐口线

西班牙瓦、瓷质波形瓦、英红瓦屋面的正斜脊瓦、檐口线按设计图示尺寸以长度计算。图 12-13 所示为瓦屋面。

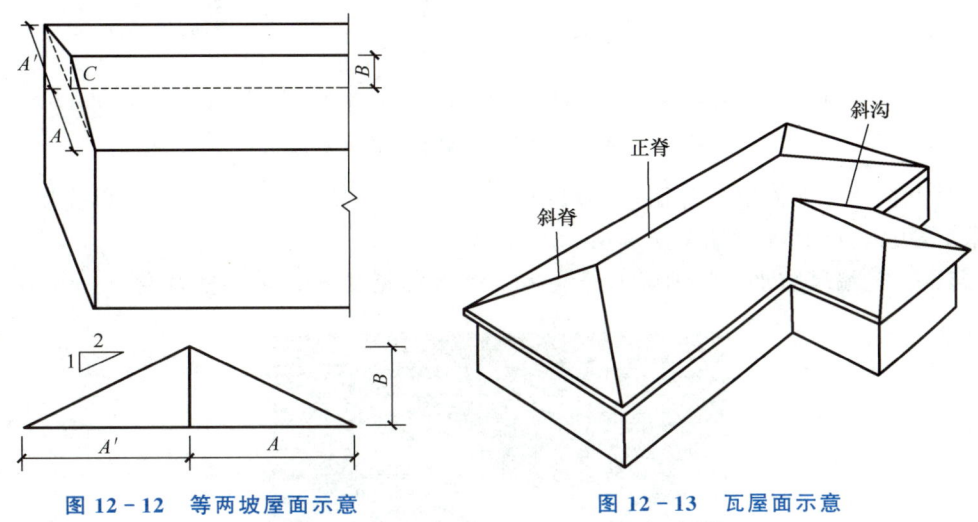

图 12-12　等两坡屋面示意　　　　图 12-13　瓦屋面示意

（3）琉璃瓦屋面的正斜脊瓦、檐口线

琉璃瓦屋面的正斜脊瓦、檐口线按设计图示尺寸，以长度计算。设计要求安装勾头（卷尾）或博古（宝顶）等时，另按"个"计算。

（4）采光板屋面和玻璃采光顶屋面

采光板屋面和玻璃采光顶屋面按设计图示尺寸以面积计算，不扣除面积≤0.3m² 孔洞所占面积。

（5）膜结构屋面

膜结构屋面按设计图示尺寸以需要覆盖的水平投影面积计算，膜材料可以调整含量。

2. 防水

① 屋面防水，按设计图示尺寸以面积计算（斜屋面按斜面面积计算），不扣除房上烟囱、风帽底座、风道、屋面小气窗等所占面积，上翻部分也不另计算。屋面的女儿墙、伸缩缝和天窗等处的弯起部分，按设计图示尺寸计算；设计无规定时，伸缩缝、女儿墙、天窗的弯起部分按 500mm 计算，计入立面工程量内。图 12-14 所示为女儿墙、天窗泛水高度。

② 楼地面防水、防潮层按设计图示尺寸以主墙间净面积计算，扣除凸出地面的构筑物、设备基础等所占面积，不扣除间壁墙及单个面积≤0.3m² 柱、垛、烟囱和孔洞所占面积，平面与立面交接处，上翻高度≤300mm 时，按展开面积并入平面工程量内计算；上翻高度＞300mm 时，按立面防水层计算。

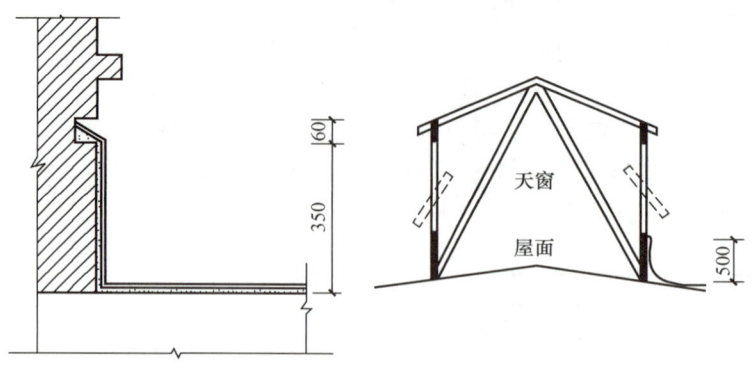

图 12-14 女儿墙、天窗泛水高度示意

③ 墙基防水、防潮层，外墙按外墙中心线长度、内墙按墙体净长度乘以宽度，以面积计算。图 12-15 所示为墙基防潮层。

墙基防水、防潮层工程量 ＝ $L_{中}$ ×实铺宽度 ＋ $L_{内}$ ×实铺宽度

图 12-15 墙基防潮层

④ 墙的立面防水、防潮层，不论内墙、外墙，均按设计图示尺寸以面积计算。图 12-16 所示为墙立面防水、防潮层。

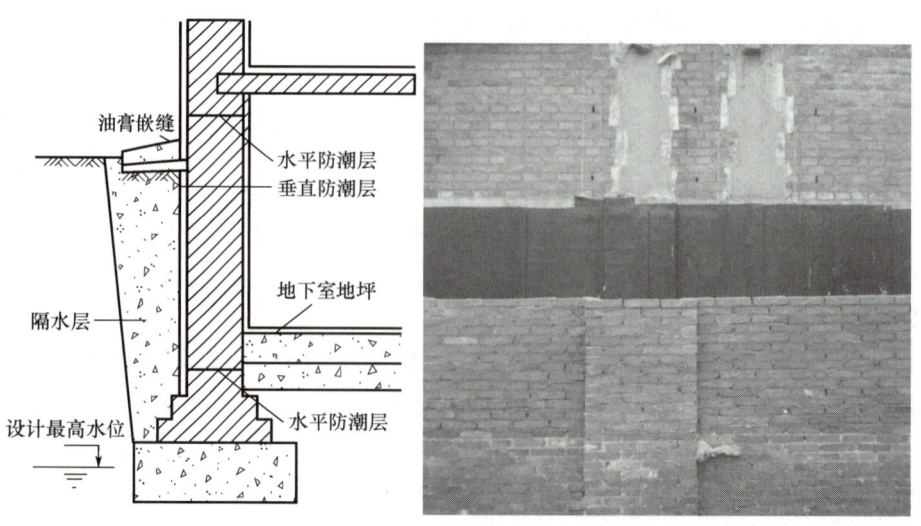

图 12-16 墙立面防水、防潮层

⑤ 基础底板的防水、防潮层按设计图示尺寸以面积计算,不扣除桩头所占面积。桩头处外包防水层按桩头投影外扩 300mm 以面积计算,地沟处防水层按展开面积计算,均计入平面工程量,执行相应规定。

⑥ 屋面、楼地面及墙面、基础底板等,其防水搭接、拼缝、压边、留槎用量已综合考虑,不另行计算,图 12-17 所示为防水层铺贴;卷材防水附加层按实际铺贴尺寸以面积计算。

图 12-17 防水层铺贴示意

⑦ 屋面分格缝,按设计图示尺寸以长度计算。

3. 屋面排水

① 水落管、镀锌铁皮天沟、槽沟,按设计图示尺寸以长度计算。

② 水斗、下水口、雨水口、弯头、短管等,均按数量以"套"计算。

③ 种植屋面排水按设计尺寸以实际铺设排水层面积计算,不扣除房上烟囱、风帽底座、风道、屋面小气窗及面积≤0.3m² 孔洞所占面积。

4. 变形缝与止水带

变形缝与止水带按设计图示尺寸以长度计算。

12.3 屋面及防水工程量计算与定额应用

【应用案例 12-1】

某等四坡防水屋面平面图如图 12-18 所示,设计屋面坡度 0.5,试计算屋面斜面面积、斜脊长。

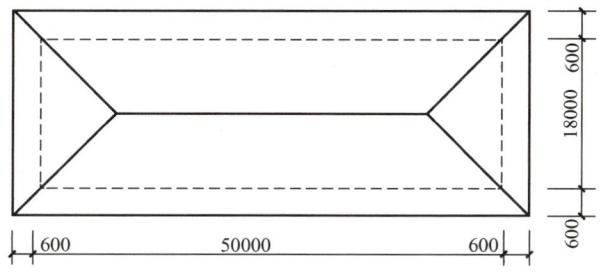

图 12-18 应用案例 12-1 附图

解：屋面坡度 $=B/A=0.5$，查屋面坡度系数表得 $C=1.118$，
屋面斜面面积 $=(50+0.6\times 2)\times(18+0.6\times 2)\times 1.118\approx 1099.04(\text{m}^2)$，
查屋面坡度系数表，得 $D=1.5$，
则单个斜脊长 $=A\times D=9.6\times 1.5=14.4(\text{m})$，
斜脊总长 $=14.4\times 4=57.6(\text{m})$。

【应用案例 12-2】

某建筑物屋顶平面图、屋顶局部剖面图及女儿墙防水处理详图如图 12-19 所示，轴线间尺寸为 50m×16m，四周女儿墙墙厚 200mm，女儿墙内立面保温层厚 60mm。屋面做法：水泥珍珠岩找坡层，最薄 60mm 厚，屋面坡度 $i=1.5\%$，20mm 厚 1:2.5 水泥砂浆找平层，100mm 厚挤塑保温板，50mm 厚细石混凝土保护层随打随抹平，刷基底处理剂一道，高分子自粘胶膜卷材（自粘法）一层。试计算防水层工程量，并计算省价分部分项工程费。

解：由于屋面坡度 1.5% 小于屋面坡度系数表中的最小坡度 0.066，因此按平面防水计算。
① 平面防水面积 $=(50-0.2-0.06\times 2)\times(16-0.2-0.06\times 2)\approx 778.98(\text{m}^2)$，
泛水上翻高度 $\leqslant 300\text{mm}$，按展开面积并入平面工程量内计算。
上翻面积 $=[(50-0.2-0.06\times 2)+(16-0.2-0.06\times 2)]\times 2\times 0.3\approx 39.22(\text{m}^2)$，
平面防水工程量 $=778.98+39.22=818.20(\text{m}^2)$，
套用定额 9-2-31，一层平面，
单价(含税) $=308.23$ 元$/(10\text{m}^2)$，
省价分部分项工程费 $=818.20/10\times 308.23\approx 25219.38(\text{元})$。

② 附加层不包含在定额内容中，需要单独计算；基底处理剂已包含在定额内容中，不另计算。
附加层面积 $=[(50-0.2-0.06\times 2)+(16-0.2-0.06\times 2)]\times 2\times 0.25\times 2=65.36(\text{m}^2)$，
套用定额 9-2-31（H），一层平面，人工乘以系数 1.82，
单价(含税) $=308.23+35.84\times 0.82\approx 337.62$ 元$/(10\text{m}^2)$，
省价分部分项工程费 $=65.36/10\times 337.62\approx 2206.68(\text{元})$。

【应用案例 12-3】

某幼儿园屋面防水采用聚氯乙烯卷材（冷粘法）一层，女儿墙与楼梯间出屋面墙交接处卷材弯起高度取 250mm，防水附加层伸入屋面长度 250mm，如图 12-20 所示。试计算该幼儿园屋面卷材工程量，确定套用的定额项目，并计算省价分部分项工程费。

解：① 计算屋面卷材工程量，
水平投影面积 $S_1=(3.3\times 2+8.4-0.24)\times(4.2+3.6-0.24)+(8.4-0.24)\times 1.2+(2.7-0.24)\times 1.5-(4.2\times 2.7)\times 2\times 0.24=14.76\times 7.56+8.16\times 1.2+2.46\times 1.5-3.31\approx 121.76(\text{m}^2)$，
弯起部分面积 $S_2=[(14.76+7.56)\times 2+1.2\times 2+1.5\times 2]\times 0.25+(4.2+0.24+2.7-0.24)\times 2\times 0.25+(4.2-0.24-2.7-0.24)\times 2\times 0.25=12.51+3.69+3.21=19.41(\text{m}^2)$，
屋面卷材总面积 $S=S_1+S_2=121.76+19.41=141.17(\text{m}^2)$，

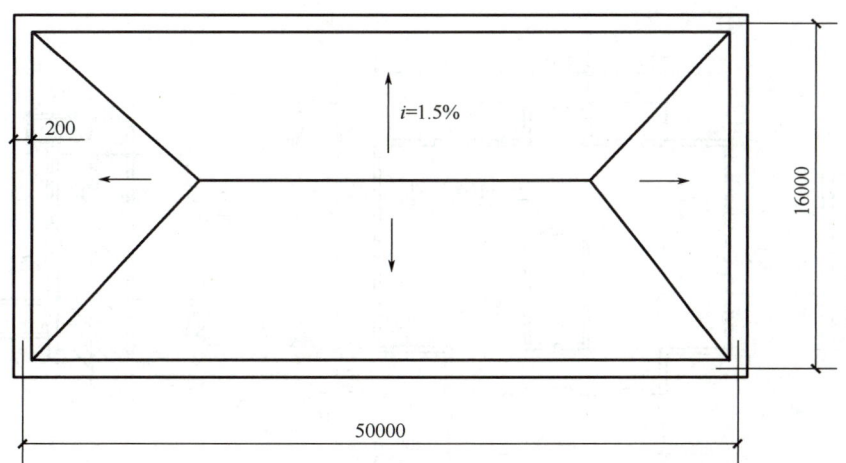

(a) 屋顶平面图

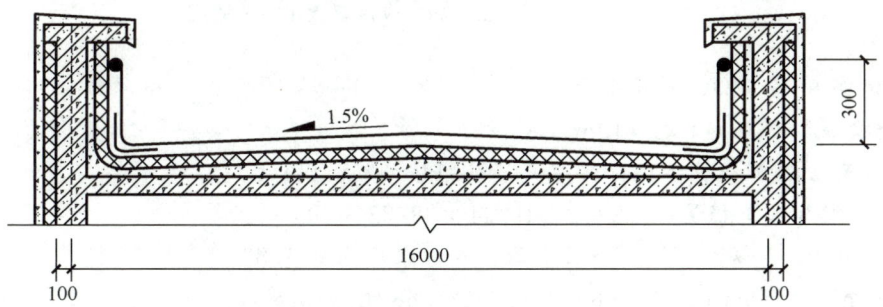

(b) 屋顶局部剖面图

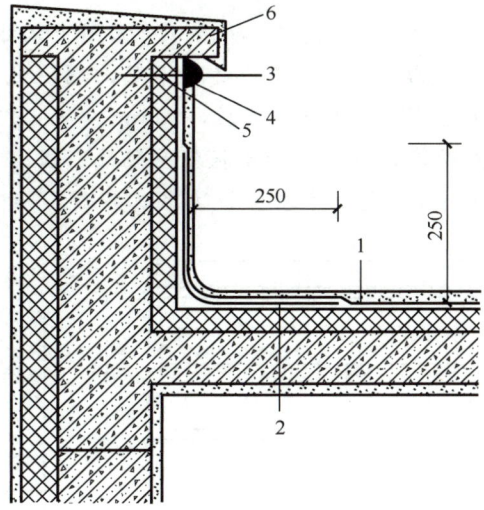

(c) 女儿墙防水处理详图

1—防水层；2—附加层；3—密封材料；4—金属压条；5—水泥钉；6—压顶

图 12-19　应用案例 12-2 附图

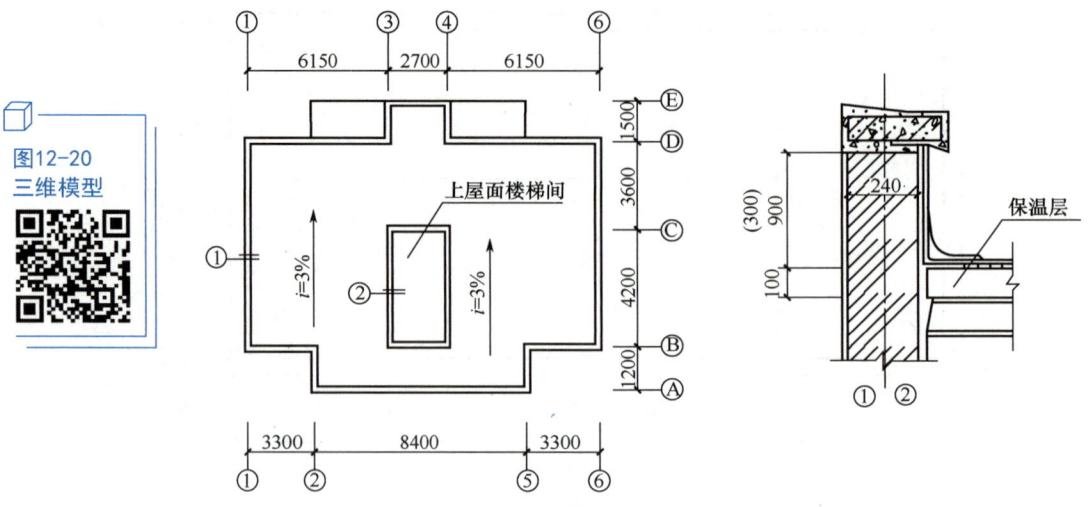

图 12-20 应用案例 12-3 附图

套用定额 9-2-23，一层平面，

单价(含税)＝589.14 元/(10m²)，

省价分部分项工程费＝141.17/10×589.14≈8316.89(元)。

② 防水附加层工程量＝$2S_2$＝2×19.41＝38.82(m²)，

套用定额 9-2-23（H），一层平面，人工乘以系数 1.82，

单价(含税)＝589.14＋39.68×0.82≈621.68 元/(10m²)，

省价分部分项工程费＝38.82/10×621.68≈2413.36(元)。

【应用案例 12-4】

某工程防水保温平屋面尺寸如图 12-21 所示（平面图中尺寸均为轴线间尺寸），屋面做法如下：混凝土板上 20mm 厚 1：3 水泥砂浆找平层，刷冷底子油二遍，80mm 厚加气混凝土块保温层，1：10 现浇水泥珍珠岩找坡层，20mm 厚 1：3 水泥砂浆找平层，改性沥青防水卷材满铺（热熔法）两层，预制混凝土板架空隔热，假定女儿墙内侧防水附加层为一层，伸入屋面长度为 250mm。试计算该屋面防水工程量，确定套用的定额项目，并列

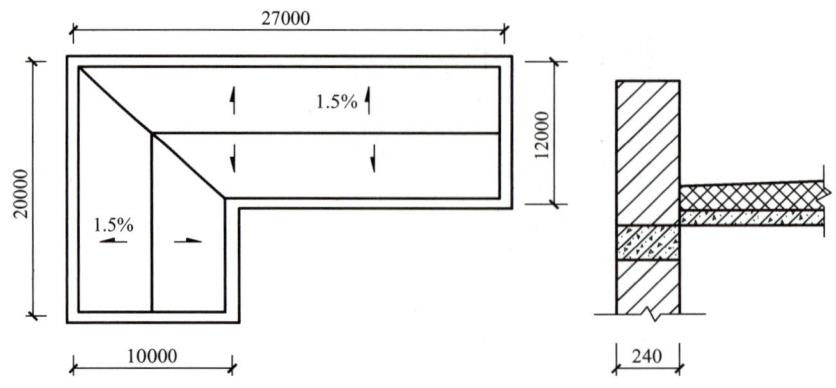

图 12-21 应用案例 12-4 附图

表计算省价分部分项工程费。

解：① 冷底子油工程量＝(27.00－0.24)×(12.00－0.24)＋(10.00－0.24)×(20.00－12.00)≈392.78(m^2)，

套用定额 9－2－59，冷底子油第一遍，

单价(含税)＝51.01 元/(10m^2)，

套用定额 9－2－60，冷底子油第二遍，

单价(含税)＝35.91 元/(10m^2)。

② 防水工程量（平面）＝(27.00－0.24)×(12.00－0.24)＋(10.00－0.24)×(20.00－12.00)≈392.78(m^2)，

套用定额 9－2－10，改性沥青卷材热熔法（一层平面），

单价(含税)＝495.63 元/(10m^2)，

套用定额 9－2－12，改性沥青卷材热熔法（每增一层平面），

单价(含税)＝390.28 元/(10m^2)。

③ 女儿墙翻起部分防水，设计未规定时按高 500mm 计算，执行立面防水定额项目。

防水工程量（立面）＝(27.00－0.24＋20.00－0.24)×2×0.5＝46.52(m^2)，

套用定额 9－2－11，改性沥青卷材热熔法（一层立面），

单价(含税)＝518.67 元/(10m^2)，

套用定额 9－2－13，改性沥青卷材热熔法（每增一层立面），

单价(含税)＝409.48 元/(10m^2)。

④ 防水附加层（立面）＝(27.00－0.24＋20.00－0.24)×2×0.5＝46.52(m^2)，

套用定额 9－2－11（H），改性沥青卷材热熔法（一层立面），人工乘以系数 1.82，

单价(含税)＝518.67＋53.76×0.82≈562.75 元/(10m^2)，

防水附加层（平面）＝(27.00－0.24＋20.00－0.24)×2×0.25＝23.26(m^2)，

套用定额 9－2－10（H），改性沥青卷材热熔法（一层平面），人工乘以系数 1.82，

单价(含税)＝495.63＋30.72×0.82≈520.82 元/(10m^2)。

⑤ 列表计算省价分部分项工程费，如表 12－3 所示。

表 12－3 应用案例 12－4 省价分部分项工程费

序号	定额编号	项目名称	单位	工程量	增值税（简易计税）/元 单价(含税)	合价
1	9－2－59	冷底子油第一遍	10m^2	39.278	51.01	2003.57
2	9－2－60	冷底子油第二遍	10m^2	39.278	35.91	1410.47
3	9－2－10	改性沥青卷材热熔法（一层平面）	10m^2	39.278	495.63	19467.36
4	9－2－12	改性沥青卷材热熔法（每增一层平面）	10m^2	39.278	390.28	15329.42
5	9－2－11	改性沥青卷材热熔法（一层立面）	10m^2	4.652	518.67	2412.85

续表

序号	定额编号	项目名称	单位	工程量	增值税（简易计税）/元	
					单价（含税）	合价
6	9-2-13	改性沥青卷材热熔法（每增一层立面）	10m²	4.652	409.48	1904.90
7	9-2-11（H）	改性沥青卷材热熔法（一层立面）	10m²	4.652	562.75	2617.91
8	9-2-10（H）	改性沥青卷材热熔法（一层平面）	10m²	2.326	520.82	1211.43
		省价分部分项工程费合计	元			46357.91

学习启示

防水工程分为柔性防水和刚性防水，包括沥青玻璃纤维布、玛蹄脂玻璃纤维布、改性沥青卷材热熔法等 20 余种，防水材料种类不同直接影响防水工程量的计算、影响防水价格的生成等。党的二十大报告提出，大自然是人类赖以生存发展的基本条件。尊重自然、顺应自然、保护自然，是全面建设社会主义现代化国家的内在要求。随着《中华人民共和国环境保护法》的颁布实施，国家加大对防水材料使用的监管力度，坚决防止不合格防水建材流入工地，以促进环境的可持续发展。

本章小结

通过本章的学习，学生应掌握以下内容。
① 屋面工程的定额说明及工程量计算规则。
② 防水工程的定额说明及工程量计算规则，其中重点掌握卷材防水、涂料防水和刚性防水，以及平面防水和立面防水定额项目的正确套用。
③ 屋面排水的定额说明及工程量计算规则。
④ 变形缝与止水带的定额说明及工程量计算规则，其中重点注意缝口断面尺寸的取定及正确套用定额项目。

一、简答题

1. 屋面防水工程量应怎样计算？
2. 墙面防水工程量应怎样计算？
3. 楼地面防水、防潮层工程量应怎样计算？

第12章 屋面及防水工程

4. 墙基防水、防潮层工程量应怎样计算？
5. 简述变形缝与止水带的种类。
6. 简述屋面排水的种类。

二、案例分析

1. 计算图12-22所示双坡屋面黏土瓦的工程量，并计算省价分部分项工程费（$\alpha = 33°40'$）。

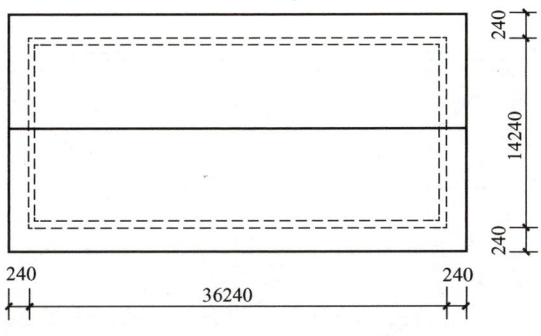

图12-22 案例分析1附图

2. 有一带屋面小气窗的等四坡水平瓦屋面，尺寸及坡度如图12-23所示，试计算其屋面工程量及屋脊长度，并计算省价分部分项工程费（提示：屋脊长度为正脊和斜脊长度之和）。

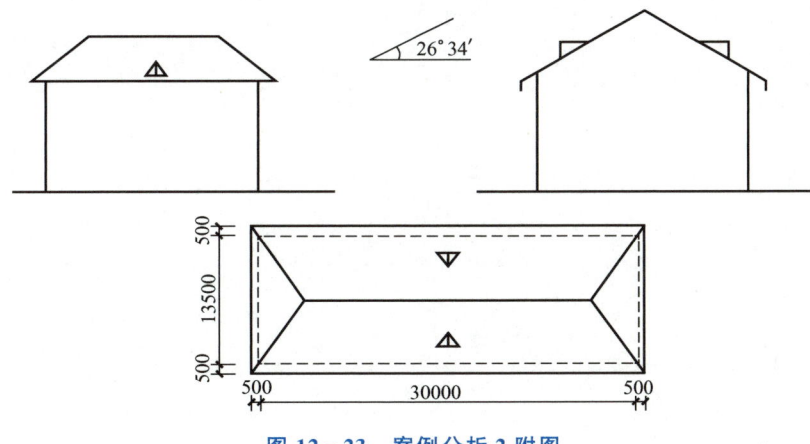

图12-23 案例分析2附图

3. 某工程屋面如图12-24所示，计算其防水工程量，并计算省价分部分项工程费。

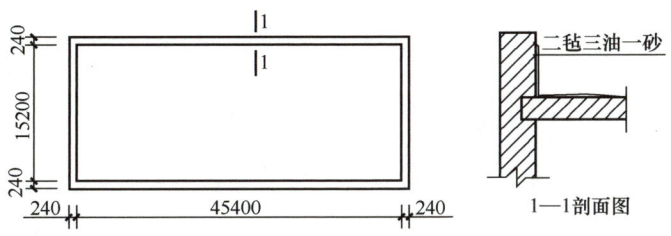

图12-24 案例分析3附图

4. 某工程女儿墙厚240mm，屋面卷材在女儿墙处卷起250mm，图12-25所示为其屋顶平面图，屋面做法如下，计算其屋面防水工程量，并计算省价分部分项工程费。

① SBS改性沥青卷材一层；
② 20mm厚1∶3水泥砂浆找平层；
③ 1∶8现浇水泥珍珠岩找坡层，最薄处40mm厚；
④ 60mm厚聚苯乙烯泡沫塑料板保温层；
⑤ 现浇钢筋混凝土屋面板。

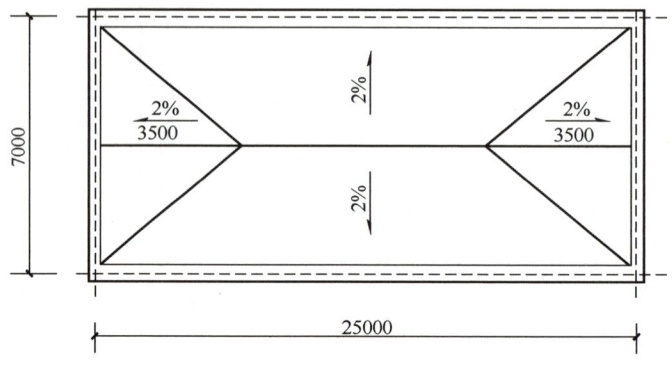

图12-25 案例分析4附图

第 13 章 保温、隔热、防腐工程

教学目标

通过本章的学习，学生应掌握保温、隔热、防腐工程的定额说明；掌握保温、隔热、防腐工程等项目工程量的计算及正确套用定额项目。

教学要求

能力目标	知识要点	相关知识	权重
掌握保温工程工程量的计算及正确套用定额项目	定额说明；工程量计算规则	板上保温、板下保温、立面保温	0.4
掌握隔热工程工程量的计算及正确套用定额项目	定额说明；工程量计算规则	混凝土板上架空隔热	0.4
掌握防腐工程工程量的计算及正确套用定额项目	工程量计算规则；防腐材料及厚度	防腐材料的种类；整体面层、块料面层	0.2

导入案例

某工程轴线间尺寸为 57000mm×18000mm，墙厚为 240mm，四周女儿墙，檐口节点详图如图 13-1 所示，在计算屋面保温层工程量时应考虑哪些因素？

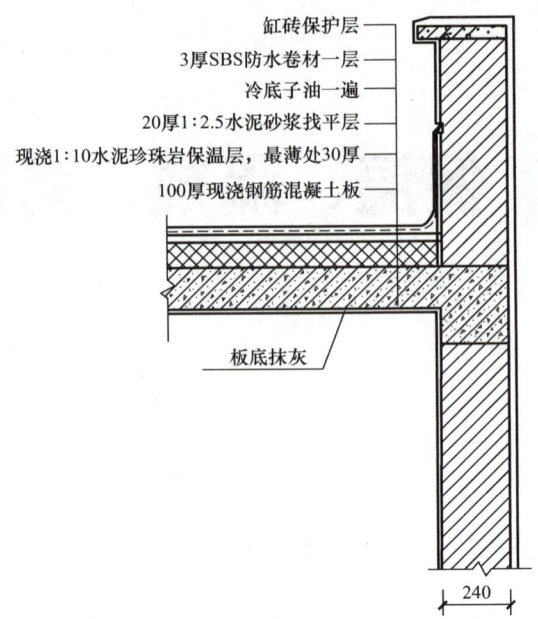

图 13-1 导入案例附图

13.1 保温、隔热、防腐工程定额说明

保温、隔热、防腐工程定额包括保温、隔热工程和防腐工程 2 节。

1. 保温、隔热工程

保温说明

① 保温、隔热工程定额适用于中温、低温、恒温的工业厂（库）房保温工程，以及一般保温工程。

② 保温层的保温材料配合比、材质、厚度设计与定额不同时，可以换算，消耗量及其他均不变。

③ 混凝土板上保温和架空隔热，适用于楼板、屋面板、地面的保温和架空隔热。

④ 天棚保温，适用于楼板下和屋面板下的保温。

⑤ 立面保温，适用于墙面和柱面的保温。独立柱保温层铺贴，按墙面保温定额项目人工乘以系数 1.19、材料乘以系数 1.04。

 特别提示

> 墙面、柱面保温，可套用立面保温项目，这里的柱面指的是与墙相连的柱。

⑥ 弧形墙墙面保温隔热层，按相应项目的人工乘以系数 1.1。

⑦ 池槽保温，池壁套用立面保温，池底按地面套用混凝土板上保温项目。

⑧ 保温、隔热工程定额不包括衬墙等内容，发生时按相应章节套用。

⑨ 松散材料的包装材料（如矿渣棉、玻璃棉等包装所用的塑料薄膜）及包装用工已包括在定额中。

⑩ 保温外墙面在保温层外镶贴面砖时需要铺钉的热镀锌电焊网，发生时按山东省定额"第五章 钢筋及混凝土工程"墙面钉钢丝网相应项目执行。

2. 防腐工程

① 整体面层定额项目，适用于平面、立面、沟槽的防腐工程。

② 块料面层定额项目按平面铺砌编制。铺砌立面时，相应定额人工乘以系数1.30，块料乘以系数1.02，其他不变。

③ 整体面层踢脚板按整体面层相应项目执行，块料面层踢脚板按立面砌块相应项目人工乘以系数1.2。

④ 花岗岩面层以六面剁斧的块料为准，结合层厚度为15mm，如板底为毛面，其结合层胶结料用量可按设计厚度进行调整。

⑤ 各种砂浆、混凝土、胶泥的种类、配合比，各种整体面层的厚度及各种块料面层规格，设计与定额不同时可以换算。各种块料面层的结合层砂浆、胶泥用量不变。

用量换算说明

⑥ 卷材防腐接缝、附加层、收头工料已包括在定额内，不再另行计算。

13.2 保温、隔热、防腐工程量计算规则

1. 保温、隔热

① 保温隔热层工程量除按设计图示尺寸和不同厚度以面积计算外，其他按设计图示尺寸以定额项目规定的计量单位计算。

 知识链接

以体积作为计量单位的保温层计算方法如下。

屋面保温层工程量＝保温层设计长度×设计宽度×平均厚度，

屋面保温层平均厚度＝保温层宽度÷2×坡度÷2＋最薄处厚度＝$L/2 \times i \div 2 + h$，

保温层、找坡层最薄处厚度如图13-2所示。

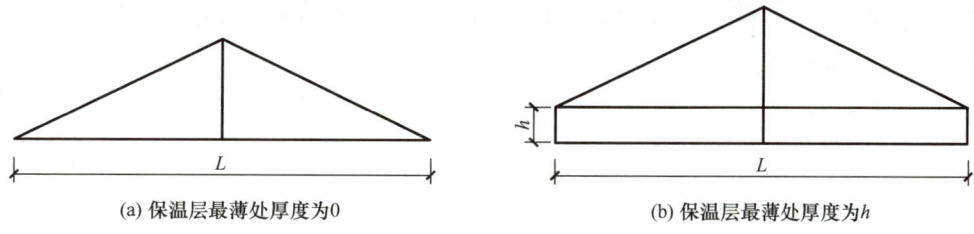

图13-2 保温层、找坡层最薄处厚度示意

② 屋面保温隔热层工程量按设计图示尺寸以面积计算，扣除面积＞0.3m² 孔洞及占位面积。

③ 地面保温隔热层工程量按设计图示尺寸以面积计算，扣除面积＞0.3m² 的柱、垛、孔洞等所占面积，门洞、空圈、暖气包槽、壁龛的开口部分不增加面积。

④ 天棚保温隔热层工程量按设计图示尺寸以面积计算，扣除面积＞0.3m² 的柱、垛、孔洞所占面积，与天棚相连的梁按展开面积计算并入天棚工程量内。柱帽保温隔热层工程量，并入天棚保温隔热层工程量内。

补充说明

⑤ 墙面保温隔热层工程量按设计图示尺寸以面积计算，其中外墙按保温隔热层中心线长度、内墙按保温隔热层净长度乘以设计高度以面积计算，扣除门窗洞口及面积＞0.3m² 梁、孔洞所占面积；门窗洞口侧壁及与墙相连的柱，并入保温墙体工程量内。

⑥ 柱、梁保温隔热层工程量按设计图示尺寸以面积计算。柱按设计图示柱断面保温层中心线展开长度乘以高度以面积计算，扣除面积＞0.3m² 梁所占面积。梁按设计图示梁断面保温层中心线展开长度乘以保温层长度以面积计算。

⑦ 池槽保温层按设计图示尺寸以展开面积计算，扣除面积＞0.3m² 孔洞及占位面积。

⑧ 聚氨酯、水泥发泡保温，区分不同的发泡厚度，按设计图示的保温尺寸以面积计算。

⑨ 混凝土板上架空隔热，不论架空高度如何，均按设计图示尺寸以面积计算。

⑩ 地板采暖、块状、松散状及现场调制保温材料，以所处部位按设计图示保温面积乘以保温材料的净厚度（不含胶结材料），以体积计算。按所处部位扣除相应凸出地面的构筑物、设备基础、门窗洞口及面积＞0.3m² 梁、孔洞等所占体积。

⑪ 保温外墙面面砖防水缝子目，按保温外墙面面砖面积计算。

⑫ 保温层（板材）外的保护层（含找平层或保温砂浆层、抗裂层），按其所处部位（楼地面、墙柱面、天棚面）的设计图示尺寸，以面积计算。

2. 耐酸防腐

① 耐酸防腐工程根据不同材料及厚度，按设计图示尺寸以面积计算。平面防腐工程量应扣除凸出地面的构筑物、设备基础等及面积＞0.3m² 孔洞、柱、垛等所占面积，门洞、空圈、暖气包槽、壁龛的开口部分不增加面积。立面防腐工程量应扣除门、窗、洞口及面积＞0.3m² 孔洞、梁所占面积，门、窗、洞口侧壁、垛凸出部分按展开面积并入墙面内。

② 平面铺砌双层防腐块料时，按单层工程量乘以系数2计算。

③ 池、槽块料防腐面层工程量按设计图示尺寸以展开面积计算。

④ 踢脚板防腐工程量按设计图示长度乘以高度以面积计算，扣除门洞所占面积，并相应增加侧壁展开面积。

13.3 保温、隔热、防腐工程量计算与定额应用

【应用案例 13-1】

某冷库保温、隔热工程如图 13-3 所示,设计采用黏结剂粘贴聚苯保温板(满粘)保温材料,试分别计算其地面、墙体、天棚保温层工程量,并列表计算省价分部分项工程费。

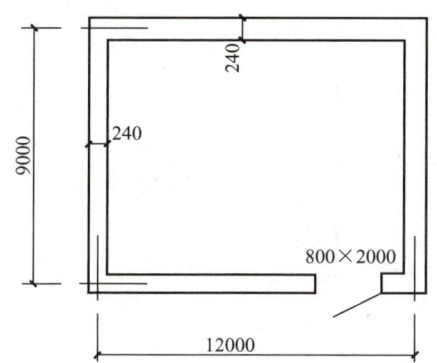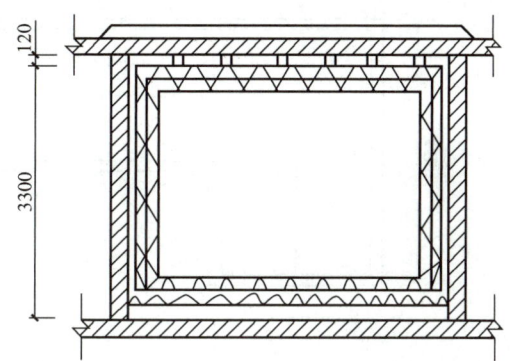

图 13-3 应用案例 13-1 附图

解: ① 地面保温层工程量 =(9−0.24)×(12−0.24)≈103.02(m²),

套用定额 10-1-17,地面黏结剂粘贴聚苯保温板满粘,

单价(含税)=485.42 元/(10m²)。

② 天棚保温层工程量 =(9−0.24)×(12−0.24)≈103.02(m²),

套用定额 10-1-33,天棚黏结剂满粘聚苯保温板,

单价(含税)=522.31 元/(10m²)。

③ 墙体保温层工程量 =[(12−0.24−0.05)+(9−0.24−0.05)]×2×(3.3−0.05×2)−0.8×1.95+[(2−0.05×2)×2+0.8]×(0.24+0.05)≈130.46(m²),

套用定额 10-1-47,墙面黏结剂粘贴聚苯保温板满粘,

单价(含税)=444.28 元/(10m²)。

④ 列表计算省价分部分项工程费,如表 13-1 所示。

表 13-1 应用案例 13-1 省价分部分项工程费

序号	定额编号	项目名称	单位	工程量	增值税(简易计税)/元	
					单价(含税)	合价
1	10-1-17	地面黏结剂粘贴聚苯保温板满粘	10m²	10.302	485.42	5000.80
2	10-1-33	天棚黏结剂满粘聚苯保温板	10m²	10.302	522.31	5380.84
3	10-1-47	墙面黏结剂粘贴聚苯保温板满粘	10m²	13.046	444.28	5796.08
		省价分部分项工程费合计	元			16177.72

【应用案例 13-2】

某工程防水保温平屋面尺寸如图 13-4 所示（平面图中尺寸均为轴线间尺寸），屋面做法如下：混凝土板上 20mm 厚 1∶3 水泥砂浆找平层，刷冷底子油二遍，80mm 厚加气混凝土块保温层，1∶10 现浇水泥珍珠岩找坡层，20mm 厚 1∶3 水泥砂浆找平层，改性沥青防水卷材满铺（热熔法）两层，预制混凝土板架空隔热，假定女儿墙内侧防水附加层为一层，伸入屋面长度为 250mm。试计算该屋面保温层、隔热层工程量，确定套用的定额项目，并列表计算省价分部分项工程费。

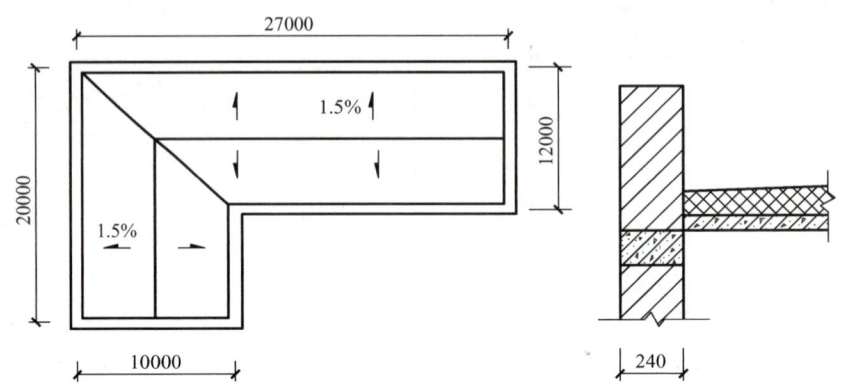

图 13-4 应用案例 13-2 附图

解： ① 屋面工程量 = (27.00 − 0.24) × (12.00 − 0.24) + (10.00 − 0.24) × (20.00 − 12.00) ≈ 392.78(m²)。

② 保温层工程量 = 392.78 × 0.08 = 31.42(m³)，

套用定额 10-1-3，加气混凝土块保温，

单价（含税）= 3307.32 元/(10m³)。

③ 找坡层工程量 = [(27.00 − 0.24 + 17.00) ÷ 2 × (12.00 − 0.24)] × [(12 − 0.24) ÷ 2 × 0.015 ÷ 2] + [(20.00 − 0.24 + 8.00) ÷ 2 × (10.00 − 0.24)] × [(10 − 0.24) ÷ 2 × 0.015 ÷ 2] = 257.31 × 0.0441 + 135.47 × 0.0366 ≈ 16.31(m³)，

套用定额 10-1-11，1∶10 现浇水泥珍珠岩，

单价（含税）= 3476.54 元/(10m³)。

④ 隔热层工程量 = (27.00 − 0.24) × (12.00 − 0.24) + (10.00 − 0.24) × (20.00 − 12.00) ≈ 392.78(m²)，

套用定额 10-1-30，架空隔热层预制混凝土板，

单价（含税）= 424.17 元/(10m²)。

⑤ 列表计算省价分部分项工程费，如表 13-2 所示。

表 13-2 应用案例 13-2 省价分部分项工程费

序号	定额编号	项目名称	单位	工程量	增值税（简易计税）/元	
					单价（含税）	合价
1	10-1-3	加气混凝土块保温	10m³	3.142	3307.32	10391.60

续表

序号	定额编号	项目名称	单位	工程量	增值税（简易计税）/元	
					单价(含税)	合价
2	10-1-11	1:10现浇水泥珍珠岩	10m³	1.631	3476.54	5670.24
3	10-1-30	架空隔热层预制混凝土板	10m²	39.278	424.17	16660.55
		省价分部分项工程费合计	元			32722.39

【应用案例 13-3】

某工程建筑平面图和立面图如图13-5所示，墙厚240mm。该工程外墙保温做法：①清理基层；②刷界面砂浆5mm；③刷30mm厚胶粉聚苯颗粒；④门窗侧边做保温宽度为120mm。试计算工程量，确定套用的定额项目，并计算省价分部分项工程费。

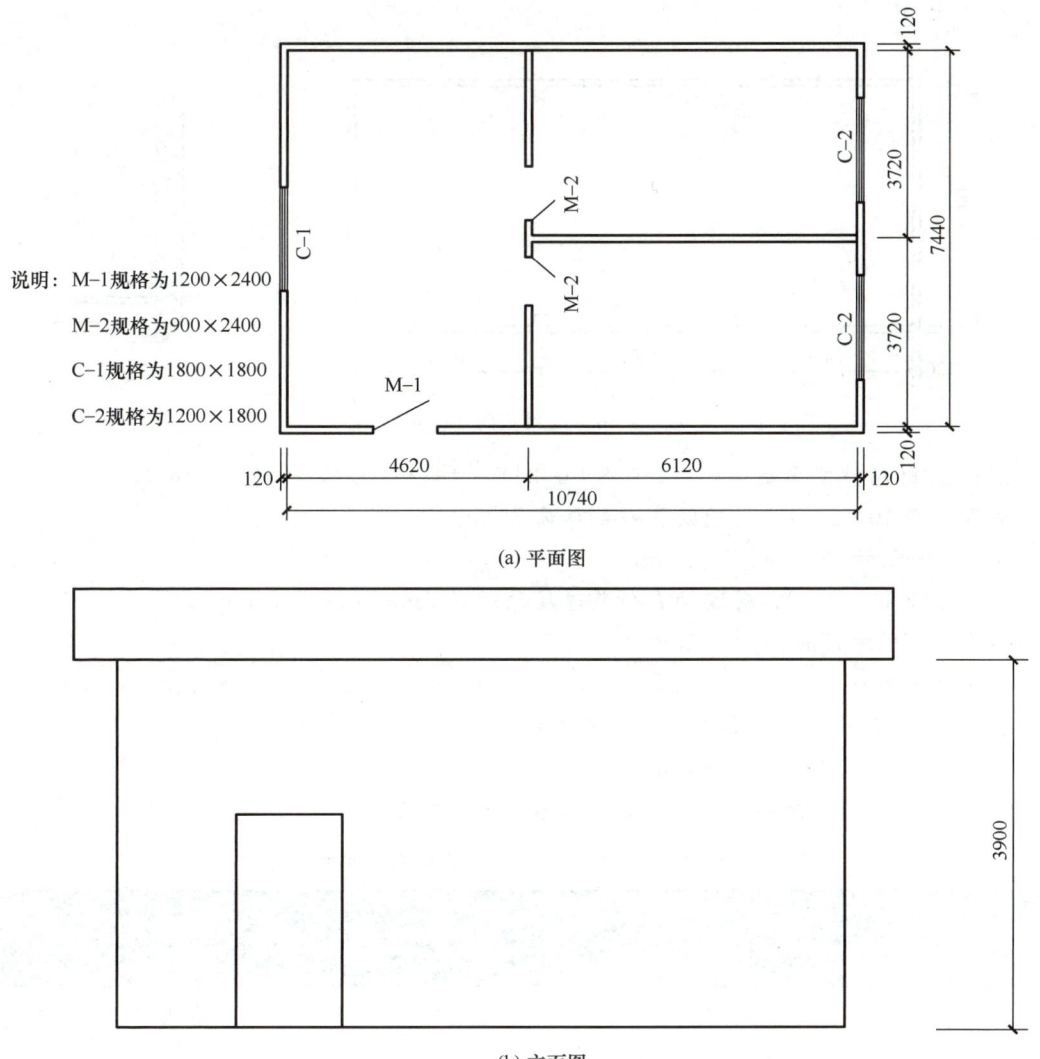

图 13-5 应用案例 13-3 附图

解：① 墙面保温面积＝[(10.74＋0.24＋0.03)＋(7.44＋0.24＋0.03)]×2×3.90－(1.2×2.4＋1.8×1.8＋1.2×1.8×2)≈135.58(m²)。

② 门窗侧边保温面积＝[(1.8＋1.8)×2＋(1.2＋1.8)×4＋(2.4×2＋1.2)]×0.12≈3.02(m²)，外墙保温总面积＝135.58＋3.02＝138.60(m²)。

③ 套用定额 10－1－55，胶粉聚苯颗粒保温厚度30mm，其中清理基层、刷界面砂浆已包含在定额工作内容中，不另计算。

单价(含税)＝386.80 元/(10m²)，

省价分部分项工程费＝138.60/10×386.80≈5361.05(元)。

【应用案例 13－4】

某库房做 1.3：2.6：7.4 耐酸沥青砂浆防腐面层，踢脚线抹 1：0.3：1.5 钢屑砂浆，厚度均为 20mm，踢脚线高 200mm，如图 13－6 所示。墙厚均为 240mm，门洞地面做防腐面层，侧边不做踢脚线。试计算工程量，确定套用的定额项目，并列表计算省价分部分项工程费。

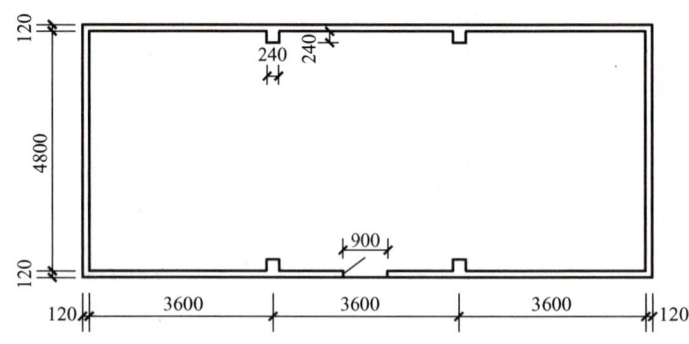
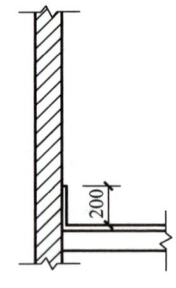

图 13－6 应用案例 13－4 附图

解：① 防腐砂浆面层面积＝(10.8－0.24)×(4.8－0.24)≈48.15(m²)，

套用定额 10－2－1，耐酸沥青砂浆厚度30mm，

单价(含税)＝1211.96 元/(10m²)，

套用定额 10－2－2，耐酸沥青砂浆厚度每增减 5mm（调减 10mm），

单价(含税)＝179.13 元/(10m²)。

② 砂浆踢脚线＝[(10.8－0.24＋0.24×4＋4.8－0.24)×2－0.90]×0.20≈6.25(m²)，

套用定额 10－2－10，钢屑砂浆厚度20mm，

单价(含税)＝569.72 元/(10m²)。

③ 列表计算省价分部分项工程费，如表 13－3 所示。

表 13－3 应用案例 13－4 省价分部分项工程费

序号	定额编号	项目名称	单位	工程量	增值税（简易计税）/元	
					单价（含税）	合价
1	10－2－1	耐酸沥青砂浆厚度 30mm	10m²	4.815	1211.96	5835.59
2	10－2－2	耐酸沥青砂浆厚度每增减 5mm（调减 10mm）	10m²	－9.63	179.13	－1725.02

续表

序号	定额编号	项目名称	单位	工程量	增值税（简易计税）/元	
					单价(含税)	合价
3	10-2-10	钢屑砂浆厚度20mm	10m²	0.625	569.72	356.08
		省价分部分项工程费合计	元			4466.65

本章小结

通过本章的学习，学生应掌握以下内容。

① 混凝土板上保温的定额说明及工程量计算规则，其中沥青珍珠岩块、憎水珍珠岩块、加气混凝土块、泡沫混凝土块、沥青矿渣棉毡、珍珠岩粉、现浇水泥珍珠岩、现浇陶粒混凝土、干铺炉渣、石灰炉（矿）渣、炉（矿）渣混凝土共11项计量单位为 m³，其余均为 m²。

② 混凝土板上架空隔热的定额说明及工程量计算规则。

③ 天棚保温的定额说明及工程量计算规则，其中除天棚上铺装矿渣棉计量单位为 m³ 外，其余均为 m²。

④ 立面保温的定额说明及工程量计算规则，其中除沥青矿渣棉、矿棉渣两项计量单位为 m³ 外，其余均为 m²。

⑤ 防腐工程中整体面层、块料面层、耐酸防腐涂料的定额说明及工程量计算规则。

习 题

一、简答题

1. 屋面保温工程量应怎样计算？
2. 墙面保温工程量应怎样计算？
3. 计算保温、隔热项目时，应考虑哪些系数调整？
4. 简述屋面隔热层工程量计算规则。
5. 简述地板采暖工程量计算规则。

二、案例分析

1. 已知某屋面平面图如图 13-7 所示、女儿墙详图如图 13-1 所示。试计算保温层工程量，并计算省价分部分项工程费。

2. 有一带屋面小气窗的等四坡水英红瓦屋面，采用 30mm 厚聚氨酯发泡保温层，尺寸及坡度如图 13-8 所示。试计算其屋面保温层工程量，并计算省价分部分项工程费。

3. 某工程女儿墙厚 240mm，屋面卷材在女儿墙处卷起 250mm，图 13-9 所示为其屋顶平面图，屋面做法如下，试计算其屋面保温层工程量，并计算省价分部分项工程费。

① SBS 改性沥青卷材两层；

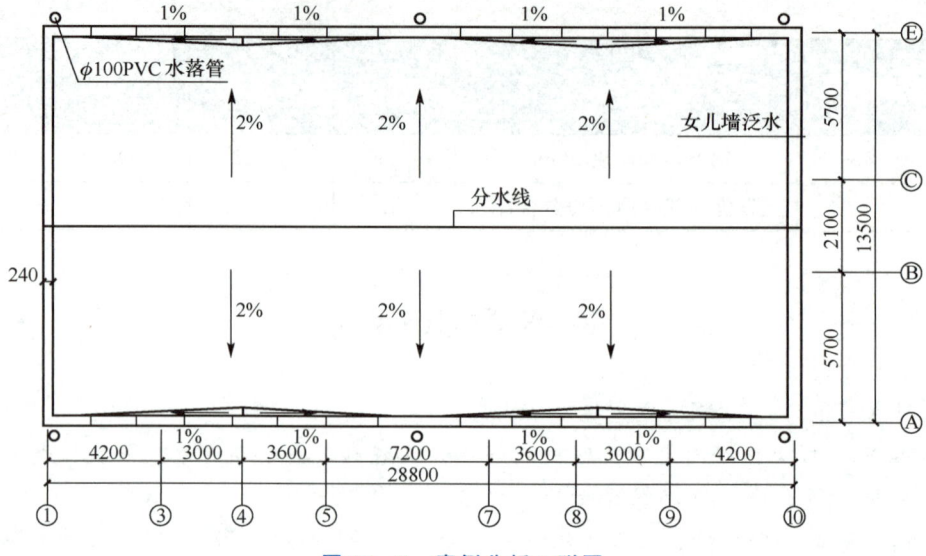

图 13-7 案例分析 1 附图

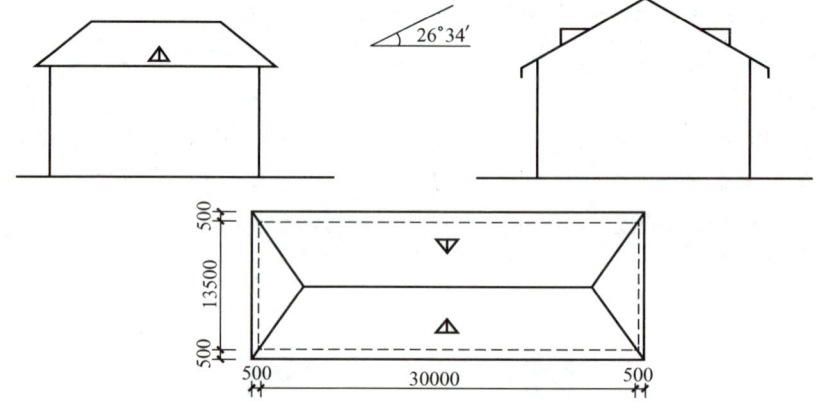

图 13-8 案例分析 2 附图

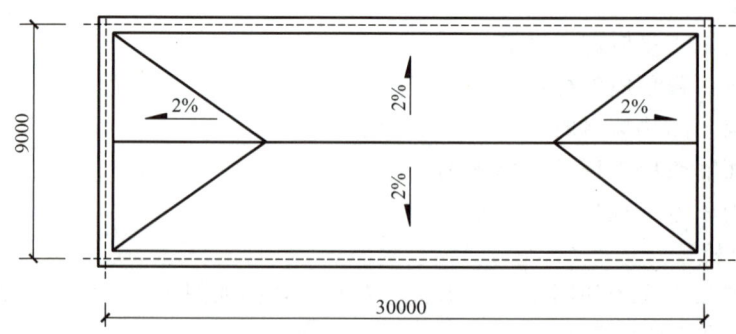

图 13-9 案例分析 3 附图

② 20mm 厚 1∶3 水泥砂浆找平层;

③ 1∶8 现浇水泥珍珠岩找坡层,最薄处 40mm 厚;

④ 40mm 厚聚氨酯发泡保温层;

⑤ 现浇钢筋混凝土屋面板。

第 14 章 楼地面装饰工程

教学目标

通过本章的学习，学生应掌握找平层、整体面层、块料面层、其他面层及其他项目等的工程量计算规则和定额套项的运用，以及具备编制一般装饰工程造价文件的能力。本章知识点与装饰材料、装饰构造、装饰施工工艺联系密切，学生应在学习本章知识的同时，复习相关的装饰材料、构造、施工等知识作为铺垫。

教学要求

能力目标	知识要点	相关知识	权重
掌握找平层、整体面层工程量的计算与正确套用定额项目	定额说明；找平层、整体面层工程量的计算规则	找平层做法、整体面层种类	0.4
掌握块料面层工程量的计算与正确套用定额项目	定额说明；块料面层工程量的计算规则	石材块料、地板砖、缸砖等	0.4
掌握其他面层工程量的计算与正确套用定额项目	定额说明；其他面层工程量的计算规则	木楼地面、地毯及配件、活动地板、橡塑面层等	0.2

导入案例

某建筑物房间平面图如图 14-1（a）所示。房间地面做法为：300mm 厚 C20 细石混凝土找平层；面层为水泥砂浆粘贴规格块料，规格块料为 500mm×500mm 浅色花岗岩；地面点缀 100mm×100mm 深色花岗岩，地面点缀的形式如图 14-1（b）所示。现需要结合山东省定额计算该楼地面装饰工程量，在确定套用的定额项目时，应该考虑哪些因素？

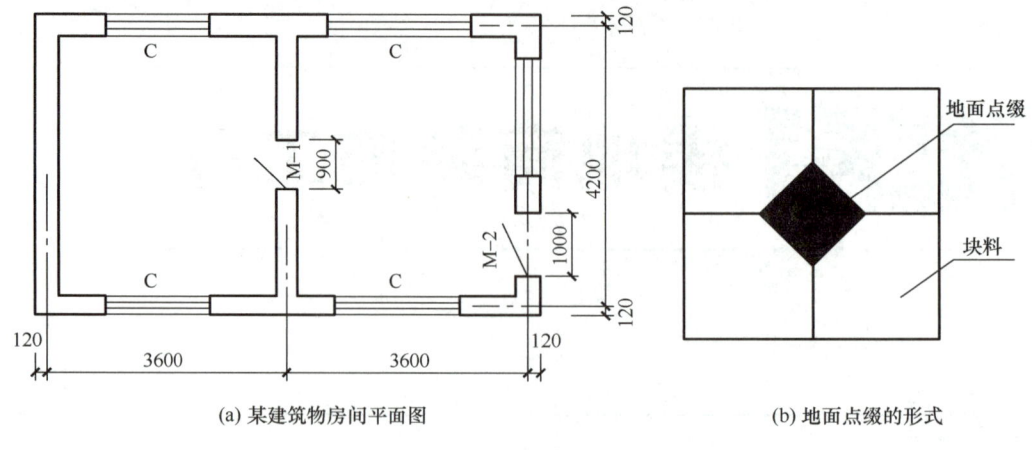

图 14-1 导入案例附图
(a) 某建筑物房间平面图
(b) 地面点缀的形式

14.1 楼地面装饰工程定额说明

水磨石地面施工

水磨石地面施工工艺

① 楼地面装饰工程定额包括找平层、整体面层、块料面层、其他面层及其他项目 5 节。

② 楼地面装饰工程中的水泥砂浆、混凝土的配合比，当设计、施工选用配合比与定额取定不同时，可以换算，其他不变。

③ 楼地面装饰工程中水泥自流平、环氧自流平、耐磨地坪、塑胶地面材料可随设计施工要求或所选材料生产厂家要求的配合比及用量进行调整。

④ 整体面层、块料面层中，楼地面项目不包括踢脚板（线）；楼梯项目不包括踢脚板（线）、楼梯梁侧面、牵边；台阶不包括侧面、牵边，设计有要求时，按楼地面装饰工程及山东省定额"第十二章 墙、柱面装饰与隔断、幕墙工程""第十三章 天棚工程"相应定额项目计算。

⑤ 预制块料及仿石块料铺贴，套用相应石材块料定额项目。

⑥ 石材块料各项目的工作内容均不包括开槽、开孔、倒角、磨异形边等特殊加工内容。

⑦ 石材块料楼地面面层分色子目，按不同颜色、不同规格的规则块料拼简单图案编制。其工程量应分别计算，均执行相应分色项目。

⑧ 镶贴石材按单块面积≤0.64m² 编制。石材单块面积＞0.64m² 的，砂浆镶贴项目每 10m² 增加用工 0.09 工日，胶黏剂镶贴项目每 10m² 增加用工 0.104 工日。

⑨ 石材块料楼地面面层点缀项目，其点缀块料按规格块料现场加工考虑。单块镶拼面积≤0.015m² 的块料适用于此定额。如点缀块料为加工成品，需扣除定额内的"石料切割锯片"及"石料切割机"，人工乘以系数 0.4。被点缀的主体块料如为现场加工，应按其加工边线长度加套"石材楼梯现场加工"项目。

第14章 楼地面装饰工程

> **特别提示**
>
> ① 楼地面装饰工程定额考虑到被点缀主体块料面层套用的石材面层子目并未考虑现场加工点缀处边角的工作内容,且被加工切割掉的部分也很难再加以利用,故对需现场加工的被点缀块料主体增加人工机械,按其加工边线长度加套"石材楼梯现场加工"子目。
>
> ② 点缀块料现场加工的人工、切割材料及机械消耗量已包含在该项目内;被点缀的主体块料如为加工好的成品,其工程量不扣除点缀块料的面积,人工、机械也不增加。点缀与分色如图14-2所示。

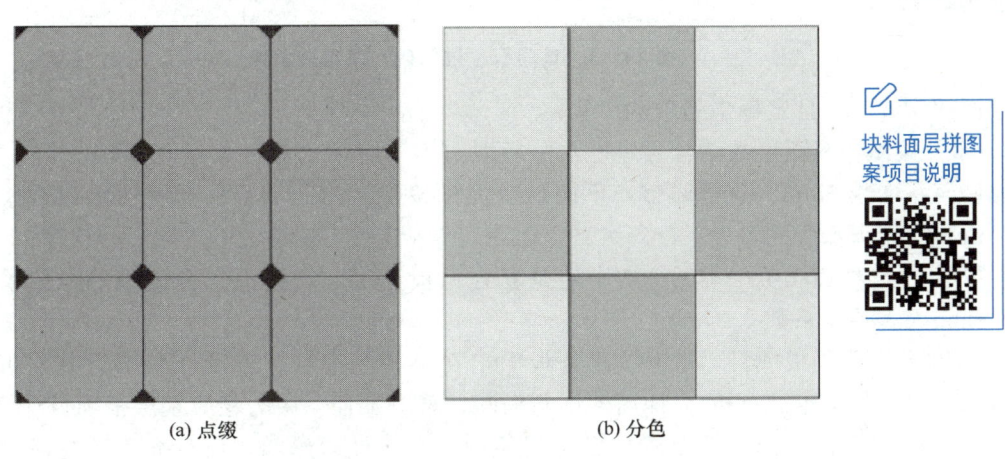

图14-2 点缀与分色

⑩ 块料面层拼图案(成品)项目,其图案石材定额按成品考虑。图案外边线以内周边异形块料如为现场加工,套用相应块料面层铺贴项目,并加套"图案周边异形块料铺贴另加工料"项目。

⑪ 楼地面铺贴石材块料、地板砖等,遇异形房间需现场切割时(按经过批准的排版方案),被切割的异形块料加套"图案周边异形块料铺贴另加工料"项目。

⑫ 异形块料现场加工导致块料损耗超出定额损耗的,应根据现场实际情况计算损耗率,超出部分并入相应块料面层铺贴项目内。

⑬ 楼地面铺贴石材块料、地板砖等,因施工验收规范、材料纹饰等限制导致裁板方向、宽度有特定要求(按经过批准的排版方案),致使其块料损耗超出定额损耗的,应根据现场实际情况计算损耗率,超出部分并入相应块料面层铺贴项目内。

⑭ 定额中的"石材串边""串边砖"指块料楼地面中镶贴颜色或材质与大面积楼地面不同且宽度≤200mm 的石材或地板砖线条,定额中的"过门石""过门砖"指门洞口处镶贴颜色或材质与大面积楼地面不同的单独石材或地板砖块料,如图14-3所示。

⑮ 除铺缸砖(勾缝)项目,其他块料楼地面项目,定额均按密缝编制。当设计缝宽与定额不同时,其块料和勾缝砂浆的用量可以调整,其他不变。

⑯ 定额中的"零星项目"适用于楼梯和台阶的牵边、侧面、池槽、蹲台等项目,以

补充说明

补充说明

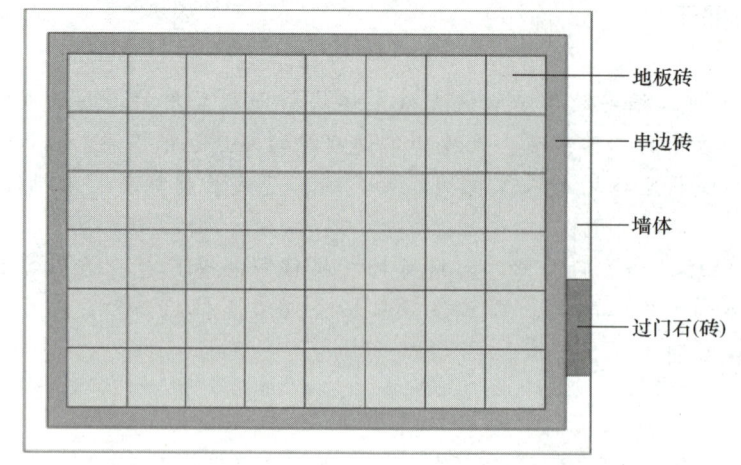

图 14-3　过门石、过门砖、串边砖示意

及面积≤0.5m² 且定额未列项的工程。

⑰ 镶贴块料面层的结合层厚度与定额取定不符时，水泥砂浆结合层按"11-1-3 水泥砂浆每增减 5mm"进行调整，干硬性水泥砂浆按"11-3-73 干硬性水泥砂浆每增减 5mm"进行调整。

⑱ 木楼地面小节中，无论实木还是复合地板面层，均按人工净面编制，如采用机械净面，人工乘以系数 0.87。

⑲ 实木踢脚板项目，定额按踢脚板固定在垫块上编制。若设计要求做基层板，另按山东省定额"第十二章 墙、柱面装饰与隔断、幕墙工程"中的相应基层板项目计算。

⑳ 楼地面铺地毯，定额按矩形房间编制。若遇异形房间，设计允许接缝时，人工乘以系数 1.10，其他不变；设计不允许接缝时，人工乘以系数 1.20，地毯损耗率根据现场裁剪情况据实测定。

㉑ "木龙骨单向铺间距 400mm（带横撑）"项目，如龙骨不铺设垫块，每 10m² 调减人工 0.2149 工日，调减板方材 0.0029m³，调减射钉 88 个。该项定额子目按《建筑工程做法》（L13J1）地 301、楼 301 编制，如设计龙骨规格及间距与其不符，可调整定额龙骨材料含量，其余不变。

14.2　楼地面装饰工程量计算规则

① 楼地面找平层和整体面层均按设计图示尺寸以面积计算。计算时应扣除凸出地面构筑物、设备基础、室内铁道、室内地沟等所占面积，不扣除间壁墙及≤0.3m² 的柱、垛、附墙烟囱及孔洞所占面积，门洞、空圈、暖气包槽、壁龛的开口部分亦不增加（间壁墙指墙厚≤120mm 的墙）。

② 楼地面块料面层，按设计图示尺寸以面积计算。门洞、空圈、暖气包槽和壁龛的开口部分并入相应的工程量内。

③ 木楼地面、地毯等其他面层，按设计图示尺寸以面积计算。门洞、空圈、暖气包槽和壁龛的开口部分并入相应的工程量内。

④ 楼梯面层按设计图示尺寸以楼梯（包括踏步、休息平台及≤500mm宽的楼梯井）水平投影面积计算。楼梯与楼地面相连时，算至梯口梁内侧边沿；无梯口梁者，算至最上一层踏步边沿加300mm。

 知识链接

通常情况下，当楼梯井宽度≤500mm时：

楼梯工程量＝楼梯间净宽×(休息平台宽＋踏步宽×步数)×(楼层数－1)

当楼梯井宽度＞500mm时：

楼梯工程量＝(楼梯间净宽－楼梯井宽度＋0.5)×

(休息平台宽＋踏步宽×步数)×(楼层数－1)

楼梯平面如图14-4所示。

当 a≤500mm时，楼梯面层工程量＝$L×A×(n-1)$，其中 n 为楼层数；

当 a＞500mm时，楼梯面层工程量＝$[L×A-(a-0.5)×b]×(n-1)$。

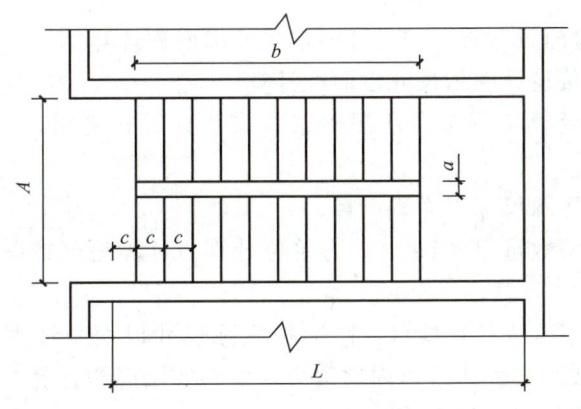

补充说明

图14-4 楼梯平面

⑤ 旋转、弧形楼梯的装饰，其踏步按水平投影面积计算，执行楼梯的相应子目，人工乘以系数1.20；其侧面按展开面积计算，执行零星项目的相应子目。

⑥ 台阶面层按设计图示尺寸以台阶（包括最上层踏步边沿加300mm）水平投影面积计算。

 知识链接

台阶工程量＝台阶长×踏步宽×步数

单面台阶如图14-5（a）所示，台阶工程量＝$L×B×4$。

如果台阶为三面台阶，也依据此规则计算，三面台阶如图14-5（b）所示。

台阶工程量＝$L×A-(L-8B)×(A-4B)$，即工程量为图中虚线条与台阶外边线所围合的面积。

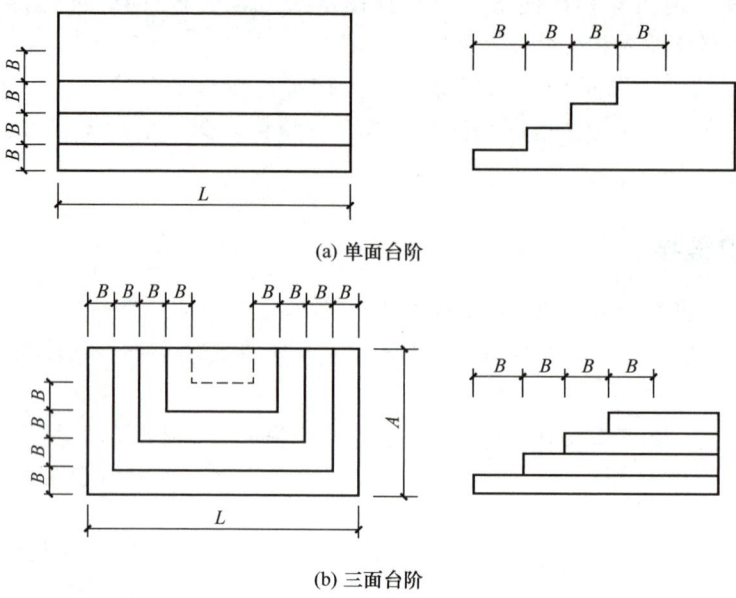

(a) 单面台阶

(b) 三面台阶

图 14-5 单面台阶和三面台阶面层

⑦ 串边（砖）、过门石（砖）按设计图示尺寸以面积计算。

⑧ 零星块料项目按设计图示尺寸以面积计算。

⑨ 踢脚线按长度计算工程量。水泥砂浆踢脚线计算长度时，不扣除门洞口的长度，洞口侧壁亦不增加。

⑩ 踢脚板按设计图示尺寸以面积计算。

⑪ 地面点缀按点缀数量以"10 个"为单位计算。计算地面铺贴面积时，不扣除点缀所占面积。

⑫ 块料面层拼图案（成品）项目，图案按实际尺寸以面积计算。图案周边异形块料铺贴另加工料项目，按图案外边线以内周边异形块料实贴面积计算。图案外边线是指成品图案所影响的周围规格块料的最大范围。

特别提示

本规则中的实际尺寸是指图案成品的工厂加工尺寸，如该图案本身即为矩形或工厂将非矩形图案周边的部分一起加工，按矩形成品供至施工现场，则该矩形成品的尺寸即为实际尺寸，如图 14-6（a）所示；如工厂仅加工非矩形图案部分，则非矩形图案成品尺寸即为实际尺寸，如图 14-6（b）所示。本规则中图案外边线，指图案成品为非矩形时，成品图案所影响的周围规格块料的最大范围，即周围规格块料出现配合图案切割的最大范围。

⑬ 楼梯石材现场加工，按实际切割长度计算。

⑭ 防滑条、地面分格嵌条按设计尺寸以长度计算。

⑮ 楼地面面层割缝按实际割缝长度计算。

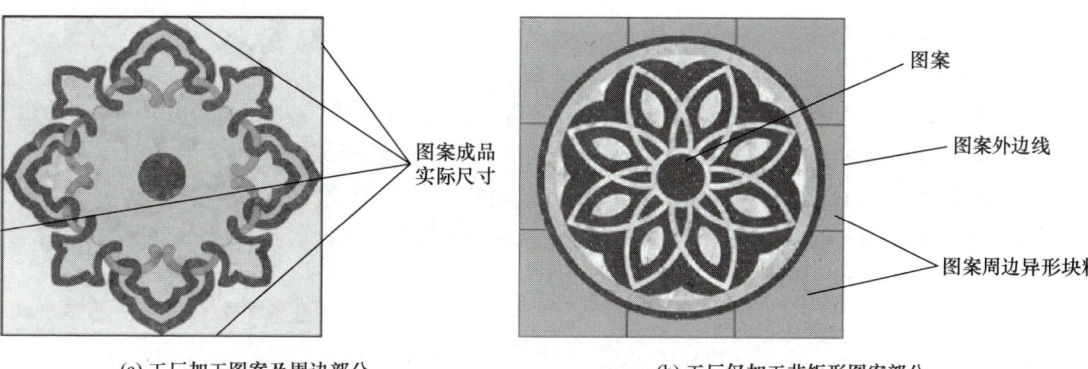

(a) 工厂加工图案及周边部分　　(b) 工厂仅加工非矩形图案部分

图 14-6　工厂加工图案实际尺寸

⑯ 石材底面刷养护液按石材底面及 4 个侧面面积之和计算。

⑰ 楼地面酸洗、打蜡等基（面）层处理项目，按实际处理基（面）层面积计算，楼梯台阶酸洗打蜡项目，按楼梯、台阶的计算规则计算。

14.3 楼地面装饰工程量计算与定额应用

【应用案例 14-1】

某六层三单元砖混住宅，平行双跑楼梯平面图如图 14-7 所示，楼梯面层为水泥砂浆粘贴花岗石板。试计算工程量，确定套用的定额项目，并计算省价分部分项工程费。

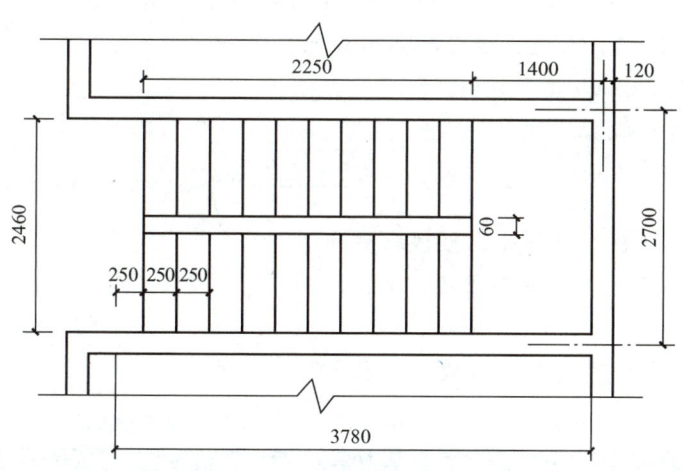

图 14-7　应用案例 14-1 附图

解： 楼梯面层以水平投影面积计算。

花岗石楼梯工程量 $=(2.7-0.24)\times 3.78\times 3\times (6-1)=2.46\times 3.78\times 3\times 5\approx 139.48(m^2)$，

套用定额 11-3-41，楼梯水泥砂浆，

单价（含税）$=2257.60$ 元$/(10m^2)$，

省价分部分项工程费＝139.48/10×2257.60≈31489.00(元)。

【应用案例14－2】

某建筑物出入口处的台阶如图14－5(b)所示。已知台阶踏步宽300mm，踏步高度150mm，台阶长度 L 为4500mm，宽度 A 为2400mm。台阶面层为1∶3干硬性水泥砂浆粘贴麻面花岗石。试计算工程量，确定套用的定额项目，并计算省价分部分项工程费。

解：台阶工程量＝$L×A－(L－8B)×(A－4B)$＝4.5×2.4－(4.5－8×0.3)×(2.4－4×0.3)＝8.28(m²)，

套用定额11－3－44，

单价(含税)＝2259.25元/(10m²)，

省价分部分项工程费＝8.28/10×2259.25≈1870.66(元)。

【应用案例14－3】

某建筑物房间平面图如图14－1(a)所示。房间地面做法为：300mm厚C20细石混凝土找平层；面层为水泥砂浆粘贴规格块料，规格块料为500mm×500mm浅色花岗岩；地面点缀100mm×100mm深色花岗岩[地面点缀的形式如图14－1(b)所示，点缀块料按现场加工考虑]。试计算该楼地面装饰工程量，确定套用的定额项目，并列表计算省价分部分项工程费。

解：① 找平层应按照主墙间的净面积计算。

找平层工程量＝(3.6－0.24)×(4.2－0.24)×2≈26.61(m²)，

套用定额11－1－4，40mm厚细石混凝土找平层，

单价(含税)＝297.44元/(10m²)，

再套用定额11－1－5（换），细石混凝土每增减5mm（共减10mm），

单价(含税)＝34.81元/(10m²)。

② 花岗岩属于块料面层，按实铺实贴面积计算，不扣除点缀所占面积。

花岗岩地面＝26.61＋0.9×0.24＋1.0×0.12≈26.95(m²)，

套用定额11－3－1，楼地面水泥砂浆不分色，

单价(含税)＝2222.05元/(10m²)。

③ 地面点缀按点缀数量计算。

$$点缀数量＝\left(\frac{3.6－0.24}{0.5}－1\right)×\left(\frac{4.2－0.24}{0.5}－1\right)×2＝(7－1)×(8－1)×2$$
$$＝84(个)(括号内数值取整计算)$$

套用定额11－3－7，楼地面点缀，

单价(含税)＝222.12元/(10个)。

④ 列表计算省价分部分项工程费，如表14－1所示。

表14－1 应用案例14－3省价分部分项工程费

序号	定额编号	项目名称	单位	工程量	增值税（简易计税）/元	
					单价(含税)	合价
1	11－1－4	40mm厚细石混凝土找平层	10m²	2.661	297.44	791.49
2	11－1－5（换）	细石混凝土每增减5mm（共减10mm）	10m²	－5.322	34.81	－185.26

续表

序号	定额编号	项目名称	单位	工程量	增值税（简易计税）/元 单价(含税)	合价
3	11-3-1	楼地面水泥砂浆不分色	10m²	2.695	2222.05	5988.42
4	11-3-7	楼地面点缀	10个	8.4	222.12	1865.81
		省价分部分项工程费合计	元			8460.46

【应用案例 14-4】

某商店平面图如图 14-8 所示，地面做法：60mm 厚 C20 细石混凝土找平层，环氧自流平涂料地面（底涂一道、中涂砂浆、腻子层、面涂一道、面层打蜡）。试计算地面工程量，确定套用的定额项目，并列表计算省价分部分项工程费。

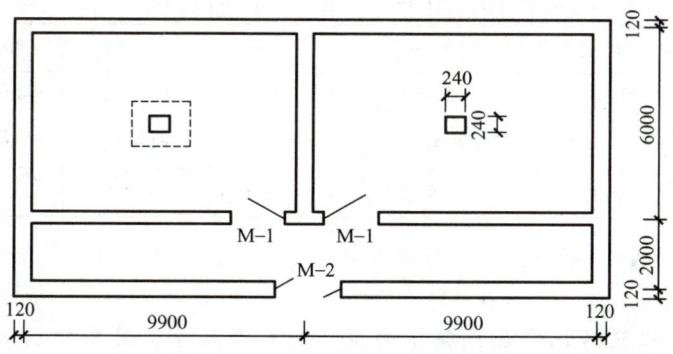

图 14-8 应用案例 14-4 附图

解： 环氧自流平涂料地面为整体面层做法，找平层和整体面层均按主墙间的净面积计算，不扣除柱所占面积，也不增加门洞的开口面积。

① 找平层工程量 = $(9.9-0.24) \times (6-0.24) \times 2 + (9.9 \times 2 - 0.24) \times (2 - 0.24) \approx 145.71(m^2)$，

套用定额 11-1-4，40mm 厚细石混凝土找平层，

单价(含税) = 297.44 元/($10m^2$)，

再套用定额 11-1-5（换），细石混凝土每增减 5mm（共增 20mm），

单价(含税) = 34.81 元/($10m^2$)。

② 环氧自流平涂料地面工程量 = 145.71m^2，

套用定额 11-2-12，环氧自流平涂料底涂一道，

单价(含税) = 243.10 元/($10m^2$)，

套用定额 11-2-13，环氧自流平涂料中涂砂浆，

单价(含税) = 334.67 元/($10m^2$)，

套用定额 11-2-14，环氧自流平涂料腻子层，

单价(含税) = 88.75 元/($10m^2$)，

套用定额 11-2-15，环氧自流平涂料面涂一道，

应用案例

单价(含税)=489.48元/(10m²)。

套用定额11-5-13，自流平面层打蜡，

单价(含税)=33.97元/(10m²)。

③列表计算省价分部分项工程费，如表14-2所示。

表14-2 应用案例14-4省价分部分项工程费

序号	定额编号	项目名称	单位	工程量	增值税（简易计税）/元	
					单价(含税)	合价
1	11-1-4	40mm厚细石混凝土找平层	10m²	14.571	297.44	4334.00
2	11-1-5（换）	细石混凝土 每增减5mm（共增20mm）	10m²	58.284	34.81	2028.87
3	11-2-12	环氧自流平涂料底涂一道	10m²	14.571	243.10	3542.21
4	11-2-13	环氧自流平涂料中涂砂浆	10m²	14.571	334.67	4876.48
5	11-2-14	环氧自流平涂料腻子层	10m²	14.571	88.75	1293.18
6	11-2-15	环氧自流平涂料面涂一道	10m²	14.571	489.48	7132.21
7	11-5-13	自流平面层打蜡	10m²	14.571	33.97	494.98
		省价分部分项工程费合计	元			23701.93

学习启示

楼地面装饰工程包括找平层、整体面层、块料面层等。其中块料面层又分为石材块料、地板砖、陶瓷锦砖、玻璃及金属地砖等。规格块料的尺寸、颜色、有无点缀，找平层种类等都与施工质量、施工效果、工程量的计算与价格确定息息相关，因此，要培养学生的责任意识、质量意识，要求学生严格按照标准规范进行施工、进行算量、进行计价，以培养精益求精的工匠精神。

本章小结

通过本章的学习，学生应掌握以下内容。

①找平层、整体面层的定额说明及工程量计算规则，并能正确套用定额项目。

②块料面层的定额说明及工程量计算规则，并能正确套用定额项目。块料面层包括石材块料、地板砖、缸砖、陶瓷锦砖（马赛克）、玻璃及金属地砖、方整石板、结合层调整等项目。

③其他面层的定额说明及工程量计算规则，并能正确套用定额项目。其他面层包括木楼地面、地毯及配件、活动地板、橡塑面层等项目。

④消耗量定额调整及系数调整的计算方法。

第14章 楼地面装饰工程

一、简答题

1. 简述块料面层工程量计算规则。
2. 简述块料面层拼图案（成品）项目工程量计算规则。
3. 镶贴石材项目套用定额时应注意哪些问题？
4. 什么叫"石材串边""串边砖"？
5. 楼地面铺地毯项目套用定额时应注意哪些问题？

二、案例分析

1. 某会议室楼地面设计为大理石拼花图案，图案为圆形，直径2400mm，图案外边线3.2m×3.2m，如图14-9所示。大理石块料尺寸800mm×800mm，1∶2.5水泥砂浆粘贴。试计算地面工程量，确定套用的定额项目，并计算省价分部分项工程费。

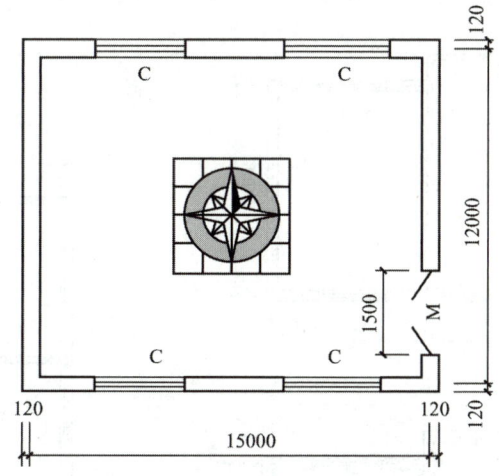

图14-9 案例分析1附图

2. 某建筑物底层平面图与1—1剖面图如图14-10所示。图中砖墙厚240mm，门窗框厚80mm，居墙中。建筑物层高2900mm。M-1：1.8m×2.4m；M-2：0.9m×2.1m；

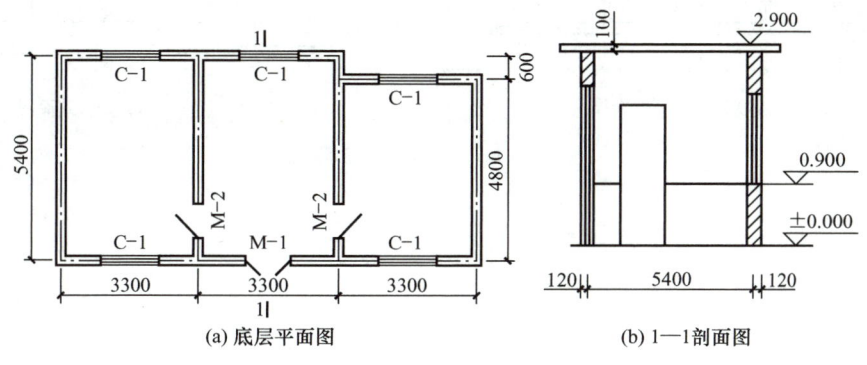

(a) 底层平面图　　　　(b) 1—1剖面图

图14-10 案例分析2附图

C-1：1.5m×1.8m，窗台离楼地面900mm。装饰做法：地面做法为40mm厚细石混凝土找平，水泥砂浆铺缸砖地面（不勾缝）；内墙面做法为1:2水泥砂浆打底，1:3石灰砂浆找平，抹面厚度共20mm；内墙裙做法为18mm厚1:3水泥砂浆打底，5mm厚1:2.5水泥砂浆面层。试计算地面工程量，确定套用的定额项目，并计算省价分部分项工程费。

3. 某建筑物各层平面图、1—1剖面图如图14-11所示。已知条件如下。

① 砖墙厚240mm，轴线居中，门窗框厚80mm。

② M-1：1200mm×2400mm，M-2：900mm×2000mm，C-1：1500mm×1800mm。窗台离楼地面900mm。

③ 装饰做法：一层楼地面粘贴500mm×500mm全瓷地面砖，瓷砖踢脚板高200mm，二、三层楼地面为细石混凝土，楼地面40mm厚，水泥砂浆踢脚线高150mm；内墙面为混合砂浆抹面，刮腻子涂刷乳胶漆；外墙面粘贴200mm×300mm米色外墙砖。

试计算一、二层楼地面及踢脚板（线）工程量，确定套用的定额项目，并计算省价分部分项工程费。

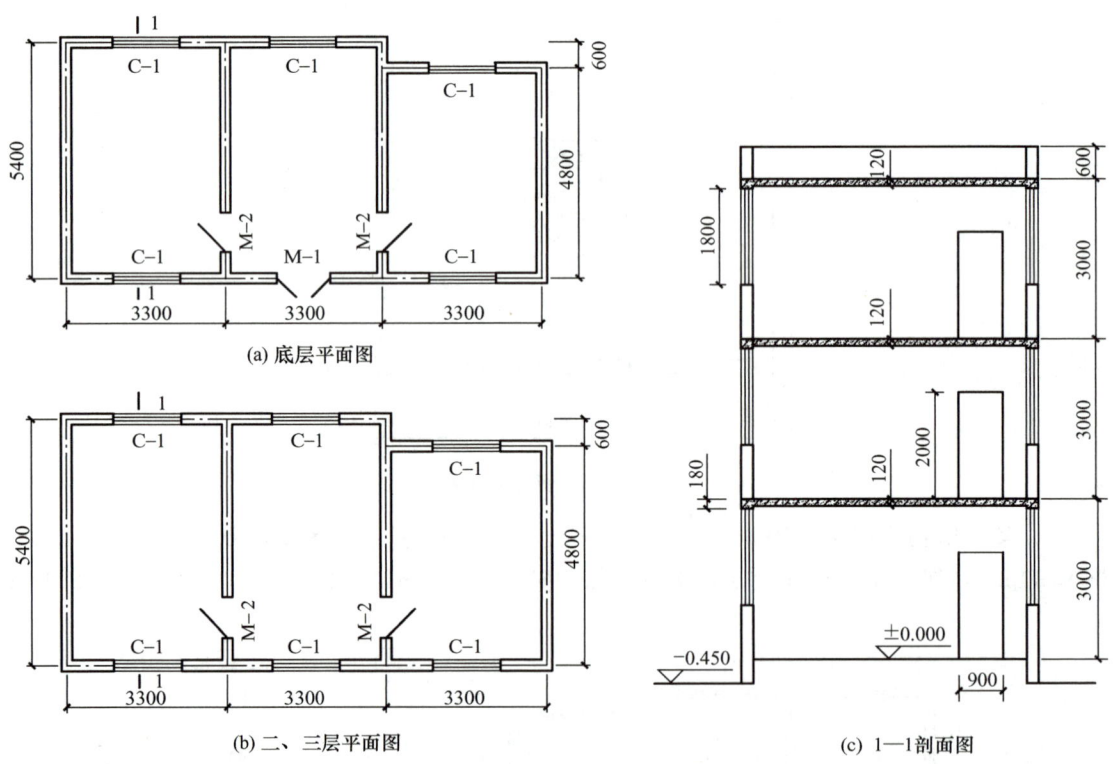

图 14-11 案例分析3附图

第 15 章 墙、柱面装饰与隔断、幕墙工程

教学目标

通过本章的学习，学生应掌握墙、柱面抹灰，镶贴块料面层，墙、柱饰面，隔断、幕墙，墙、柱面吸声等项目的工程量计算规则及定额套项的运用，以及具备编制一般装饰工程造价文件的能力。本章知识点与装饰材料、装饰构造、装饰施工工艺联系密切，学生应在学习本章知识的同时，复习相关的装饰材料、构造、施工等知识作为铺垫。

教学要求

能力目标	知识要点	相关知识	权重
掌握墙、柱面抹灰工程量的计算与正确套用定额项目	定额说明；墙、柱面抹灰工程量的计算规则	抹灰层种类及做法	0.4
掌握镶贴块料面层，墙、柱饰面工程量的计算与正确套用定额项目	定额说明；镶贴块料面层，墙、柱饰面工程量的计算规则	石材、块料面层，陶瓷锦砖，全瓷墙面砖，墙、柱面龙骨，墙、柱饰面等面层的构造做法	0.4
掌握隔断、幕墙，墙、柱面吸声工程量的计算与正确套用定额项目	定额说明；隔断、幕墙，墙、柱面吸声工程量的计算规则	隔断、间壁、幕墙、墙、柱面吸声等的构造做法	0.2

导入案例

某工程平面图和 1—1 剖面图如图 15-1 所示，砖砌体，内墙面抹混合砂浆，10mm 厚 1∶1∶6 水泥石灰抹灰砂浆打底，6mm 厚 1∶0.5∶3 水泥石灰抹灰砂浆面层；内墙裙抹水泥砂浆，9mm 厚 1∶3 水泥抹灰砂浆打底，6mm 厚 1∶2 水泥抹灰砂浆面层；门（M）：1000mm×2700mm，共 3 个；窗（C）：1500mm×1800mm，共 4 个。现需结合山东省定额计算该墙面抹灰工程量，在确定套用的定额项目时，应该考虑哪些因素？

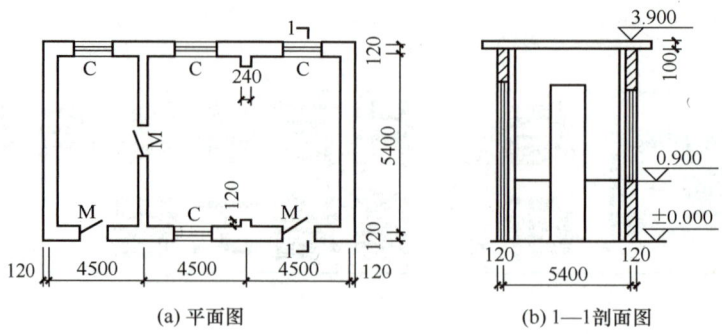

图 15－1　导入案例附图

15.1　墙、柱面装饰与隔断、幕墙工程定额说明

① 墙、柱面装饰与隔断、幕墙工程定额包括墙、柱面抹灰，镶贴块料面层，墙、柱饰面，隔断、幕墙，墙、柱面吸声 5 节。

② 凡注明砂浆种类、配合比、饰面材料型号规格的，设计与定额不同时，可按设计规定调整，其他不变。

③ 如设计要求在水泥砂浆中掺防水粉等外加剂时，可按设计比例增加外加剂，其他工料不变。

④ 圆弧形、锯齿形等不规则的墙面抹灰、镶贴块料、饰面，按相应项目人工乘以系数 1.15，如图 15－2 所示。

图 15－2　圆弧形墙面镶贴块料

⑤ 墙面抹灰的工程量，扣除零星项目抹灰面积，不扣除各种装饰线条所占面积。

装饰线条抹灰，适用于门窗套、挑檐、腰线、压顶、遮阳板、楼梯边梁、宣传栏边框、空调机搁板（箱）、飘窗周边挑板等展开宽度≤300mm 的竖、横线条抹灰。以上部位展开宽度＞300mm 时，按图示尺寸以展开面积并入零星项目抹灰计算。

零星项目抹灰适用于各种壁柜、暖气壁龛、池槽、花台、过人洞、屋面烟气道、附墙烟道、垃圾道孔洞内侧、空调机搁板（箱）、飘窗周边挑板等抹灰，以及面积≤1m² 的窗间墙、独立区域等小面积抹灰。

⑥ 镶贴块料面层子目，除定额已注明留缝宽度的项目外，其余项目均按密缝编制。若设计留缝宽度与定额不同，其相应项目的块料和勾缝砂浆用量可以调整，其他不变。

⑦ 粘贴瓷质外墙砖子目，定额按 3 种不同灰缝宽度分别列项，其人工、材料已综合考虑。如灰缝宽度＞20mm，应调整定额中瓷质外墙砖和勾缝砂浆（1∶1.5 水泥砂浆）或填缝剂的用量，其他不变。瓷质外墙砖的损耗率为 3%。

⑧ 块料镶贴的零星项目适用于挑檐、天沟、腰线、窗台线、门窗套、压顶、栏板、扶手、遮阳板、雨篷周边、空调机搁板（箱）、飘窗周边挑板等。

⑨ 镶贴块料高度＞300mm 时，按墙面、墙裙项目套用；高度≤300m 时，按踢脚线项目套用。

⑩ 墙柱面抹灰、镶贴块料面层等均未包括墙面专用界面剂做法，如设计有要求时，按山东省定额"第十四章 油漆、涂料及裱糊工程"相应项目执行。

⑪ 粘贴块料面层子目，定额中的砂浆种类、配合比、厚度与定额不同时，允许调整，砂浆损耗率为 2.5%。

⑫ 挂贴块料面层子目，定额中包括了块料面层的灌缝砂浆（均为 50mm 厚），其砂浆种类、配合比，可按定额相应规定换算；其厚度，设计与定额不同时，可按比例调整砂浆用量，其他不变。

⑬ 饰面面层子目，除另有注明外，均不包含木龙骨、基层。

⑭ 墙、柱饰面中的软包子目是综合项目，包括龙骨、基层、面层等内容，设计不同时材料可以换算。

⑮ 墙、柱饰面中的龙骨、基层、面层均未包括刷防火涂料。如设计有要求时，按山东省定额"第十四章 油漆、涂料及裱糊工程"相应项目执行。

⑯ 木龙骨基层项目中龙骨是按双向计算的，设计为单向时，人工、材料、机械消耗量乘以系数 0.55。

⑰ 基层板上钉铺造型层，定额按不满铺考虑。若在基层板上满铺板时，可套用造型层相应项目，人工消耗量乘以系数 0.85。

⑱ 墙、柱饰面面层的材料不同时，单块面积≤0.03m² 的面层材料应单独计算，且不扣除其所占饰面面层的面积。

⑲ 幕墙所用的龙骨，设计与定额不同时允许换算，人工用量不变。

⑳ 点支式全玻璃幕墙不包括承载受力结构。

15.2 墙、柱面装饰与隔断、幕墙工程量计算规则

1. 内墙抹灰工程量计算规则

① 按设计图示尺寸以面积计算。计算时应扣除门窗洞口和空圈所占的面积，不扣除踢脚板（线）、挂镜线、单个面积≤0.3m² 的孔洞及墙与构件交接处的面积，洞侧壁和顶面不增加面积。墙垛和附墙烟囱侧壁面积与内墙抹灰工程量合并计算。

② 内墙面抹灰的长度，以主墙间的图示净长尺寸计算，其高度确定如下。

a. 无墙裙的,其高度按室内地面或楼面至天棚底面之间距离计算。

b. 有墙裙的,其高度按墙裙顶至天棚底面之间距离计算。

③ 内墙裙抹灰面积按内墙净长乘以高度计算(扣除或不扣除内容同内墙抹灰)。

④ 柱抹灰按设计断面周长乘以柱抹灰高度以面积计算。

2. 外墙抹灰工程量计算规则

① 外墙抹灰面积,按设计外墙抹灰的设计图示尺寸以面积计算。计算时应扣除门窗洞口、外墙裙和单个面积>0.3m² 的孔洞所占面积,洞口侧壁面积不另增加。附墙垛凸出外墙面增加的抹灰面积并入外墙面工程量内计算。

② 外墙裙抹灰面积按其设计长度乘以高度计算(扣除或不扣除内容同外墙抹灰)。

③ 墙面勾缝按设计勾缝墙面的设计图示尺寸以面积计算,不扣除门窗洞口、门窗套、腰线等零星抹灰所占的面积,附墙柱和门窗洞口侧面的勾缝面积亦不增加。独立柱、房上烟囱勾缝,按设计图示尺寸以面积计算。

3. 墙、柱面块料面层工程量计算规则

墙、柱面块料面层工程量按设计图示尺寸以面积计算。

4. 墙、柱饰面与隔断、幕墙工程量计算规则

① 墙、柱饰面龙骨按图示尺寸长度乘以高度,以面积计算。定额龙骨按附墙、附柱考虑,若遇其他情况,按下列规定乘以系数。

a. 设计龙骨外挑时,其相应定额项目乘以系数 1.15。

b. 设计木龙骨包圆柱时,其相应定额项目乘以系数 1.18。

c. 设计金属龙骨包圆柱时,其相应定额项目乘以系数 1.20。

② 墙饰面基层板、造型层、饰面面层按设计图示墙净长乘以净高以面积计算,扣除门窗洞口及单个大于 0.3m² 的孔洞所占面积。

③ 柱饰面基层板、造型层、饰面面层按设计图示饰面外围尺寸以面积计算。柱帽、柱墩并入相应柱饰面工程量内。

④ 隔断、间壁按设计图示框外围尺寸以面积计算,不扣除≤0.3m² 的孔洞所占面积。

⑤ 幕墙面积按设计图示框外尺寸以外围面积计算。全玻璃幕墙的玻璃肋并入幕墙面积内,点支式全玻璃幕墙钢结构桁架另行计算,圆弧形玻璃幕墙材料的煨弯费用另行计算。

5. 墙、柱面吸声子目计算规则

墙、柱面吸声子目按设计图示尺寸以面积计算。

15.3 墙、柱面装饰与隔断、幕墙工程量计算与定额应用

【应用案例 15-1】

某工程平面图和 1—1 剖面图如图 15-1 所示,砖砌体,内墙面 10mm 厚 1∶1∶6 水泥石灰抹灰砂浆打底,6mm 厚 1∶0.5∶3 水泥石灰抹灰砂浆面层。门(M):1000mm×2700mm,共 3 个;窗(C):1500mm×1800mm,共 4 个。试计算该墙面抹灰工程量,确定套用的定额项目,并列表计算省价分部分项工程费。

解： ① 内墙面抹灰工程量=[(4.50×3−0.24×2+0.12×2)×2+(5.40−0.24)×4]×(3.90−0.10−0.90)−1.00×(2.70−0.90)×4−1.50×1.80×4≈118.76(m²)，

套用定额 12−1−9，砖墙抹混合砂浆（厚9mm+6mm），

单价（含税）=261.15 元/(10m²)，

套用定额 12−1−17，混合砂浆抹灰层每增减1mm（增1mm），

单价（含税）=11.46 元/(10m²)。

② 内墙裙工程量=[(4.50×3−0.24×2+0.12×2)×2+(5.40−0.24)×4−1.00×4]×0.90≈38.84(m²)，

套用定额 12−1−3，砖墙裙抹水泥砂浆（厚9mm+6mm），

单价（含税）=291.03 元/(10m²)。

③ 列表计算省价分部分项工程费，如表15−1所示。

表 15−1 应用案例15−1省价分部分项工程费

序号	定额编号	项目名称	单位	工程量	增值税（简易计税）/元	
					单价（含税）	合价
1	12−1−9	砖墙抹混合砂浆（厚9mm+6mm）	10m²	11.876	261.15	3101.42
2	12−1−17	混合砂浆抹灰层每增减1mm（增1mm）	10m²	11.876	11.46	136.10
3	12−1−3	砖墙裙抹水泥砂浆（厚9mm+6mm）	10m²	3.884	291.03	1130.36
		省价分部分项工程费合计	元			4367.88

【应用案例 15−2】

某工程木龙骨，密度板基层，镜面不锈钢板柱面尺寸如图15−3所示，共4根，龙骨断面尺寸为30mm×40mm，间距250mm。试计算工程量，确定套用的定额项目，并列表计算省价分部分项工程费。

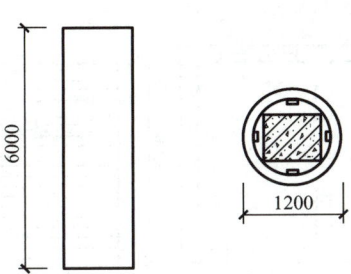

图 15−3 应用案例15−2附图

解： ① 木龙骨现场制作安装工程量=1.20×π×6.00×4×1.18≈106.77(m²)，

设计木龙骨包圆柱，其相应定额项目乘以系数1.18。

木龙骨断面面积=30×40=1200(mm²)=12(cm²)，

套用定额12-3-2，木龙骨平均中距≤300mm，断面面积≤13cm²，

单价（含税）=488.92元/(10m²)。

② 木龙骨上钉基层板工程量=1.20×π×6.00×4≈90.48(m²)，

套用定额12-3-34，木龙骨上铺钉密度板，

单价（含税）=380.40元/(10m²)。

③ 圆柱镜面不锈钢板柱面工程量=1.20×π×6.00×4≈90.48(m²)，

套用定额12-3-55，镜面不锈钢板柱（梁）面，

单价（含税）=2513.91元/(10m²)。

④ 列表计算省价分部分项工程费，如表15-2所示。

表15-2　应用案例15-2省价分部分项工程费

序号	定额编号	项目名称	单位	工程量	增值税（简易计税）/元	
					单价（含税）	合价
1	12-3-2	木龙骨平均中距≤300mm，断面面积≤13cm²	10m²	10.677	488.92	5220.20
2	12-3-34	木龙骨上铺钉密度板	10m²	9.048	380.40	3441.86
3	12-3-55	镜面不锈钢板柱（梁）面	10m²	9.048	2513.91	22745.86
		省价分部分项工程费合计	元			31407.92

【应用案例15-3】

某变电室外墙面尺寸如图15-4所示，门（M）：1500mm×2000mm；窗（C-1）：1500mm×1500mm；窗（C-2）：1200mm×800mm；门窗侧面宽度100mm，外墙水泥砂浆粘贴（规格）194mm×94mm瓷质外墙砖，灰缝5mm，墙砖表面需进行酸洗打蜡。试计算工程量，确定套用的定额项目，并列表计算省价分部分项工程费。

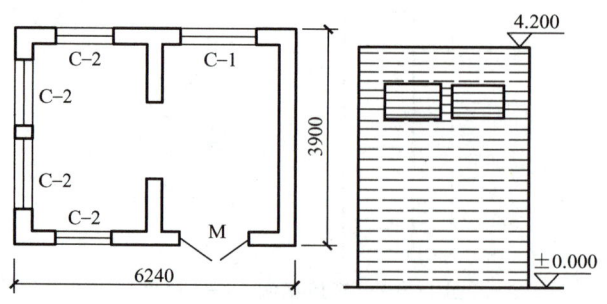

图15-4　应用案例15-3附图

解：① 外墙面砖工程量=(6.24+3.90)×2×4.20-(1.50×2.00)-(1.50×1.50)-(1.20×0.80)×4+[1.50+2.00×2+1.50×4+(1.20+0.80)×2×4]×0.10≈78.84(m²)。

套用定额 12-2-39，水泥砂浆粘贴（规格）194mm×94mm，灰缝宽度≤5mm 瓷质外墙砖，

单价(含税)＝1225.29 元/(10m²)。

② 块料面层酸洗打蜡工程量＝78.84m²，

套用定额 12-2-51，

单价(含税)＝142.50 元/(10m²)。

③ 墙面砖 45°对缝工程量＝4.2×4＋(1.50＋2.00×2)＋1.50×4＋(1.20＋0.80)×2×4＝44.3(m)，

套用定额 12-2-52，

单价(含税)＝198.75 元/(10m)。

④ 列表计算省价分部分项工程费，如表 15-3 所示。

表 15-3 应用案例 15-3 省价分部分项工程费

序号	定额编号	项目名称	单位	工程量	增值税（简易计税）/元	
					单价(含税)	合价
1	12-2-39	水泥砂浆粘贴（规格）194mm×94mm，灰缝宽度≤5mm 瓷质外墙砖	10m²	7.884	1225.29	9660.19
2	12-2-51	块料面层酸洗打蜡	10m²	7.884	142.50	1123.47
3	12-2-52	墙面砖 45°对缝	10m	4.43	198.75	880.46
		省价分部分项工程费合计	元			11664.12

【应用案例 15-4】

某装饰工程如图 15-5 所示，房间外墙厚度 240mm，轴线间尺寸为 12000mm×18000mm，800mm×800mm 独立柱 4 根，门窗占位面积 80m²，柱垛展开面积 11m²，吊顶高度 3750mm。做法：地面 20mm 厚 1：3 水泥砂浆找平，20mm 厚 1：2 干硬性水泥砂浆粘贴 800mm×800mm 玻化砖，木质成品踢脚线高 150mm；墙体混合砂浆抹灰厚 20mm，抹灰面满刮成品腻子二遍，面罩乳胶漆二遍；轻钢天棚龙骨，石膏板面刮成品腻子二遍，面罩乳胶漆二遍；柱面挂贴 30mm 厚花岗石板，花岗石板和柱结构面之间的空隙填灌 50mm 厚 1：3 水泥砂浆。试根据以上背景资料计算该工程墙面抹灰、花岗石柱面工程量，确定套用的定额项目，并列表计算分部分项工程费。

解：① 墙面抹灰工程量＝(12－0.24＋18－0.24)×2×3.75－80（门窗占位面积）＋11（柱垛展开面积）＝152.4 (m²)，

套用定额 12-1-9，砖墙抹混合砂浆（厚 9mm＋6mm），

单价(含税)＝261.15 元/(10m²)，

套用定额 12-1-17，混合砂浆抹灰层每增减 1mm（增 5mm），

单价(含税)＝11.46 元/(10m²)。

② 花岗石柱面工程量＝[0.8＋(0.05＋0.03)×2]×4×3.75×4(根)＝57.6(m²)，

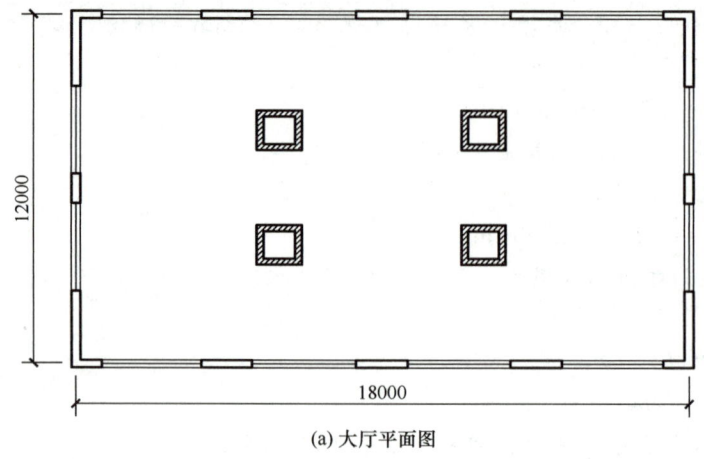

(a) 大厅平面图

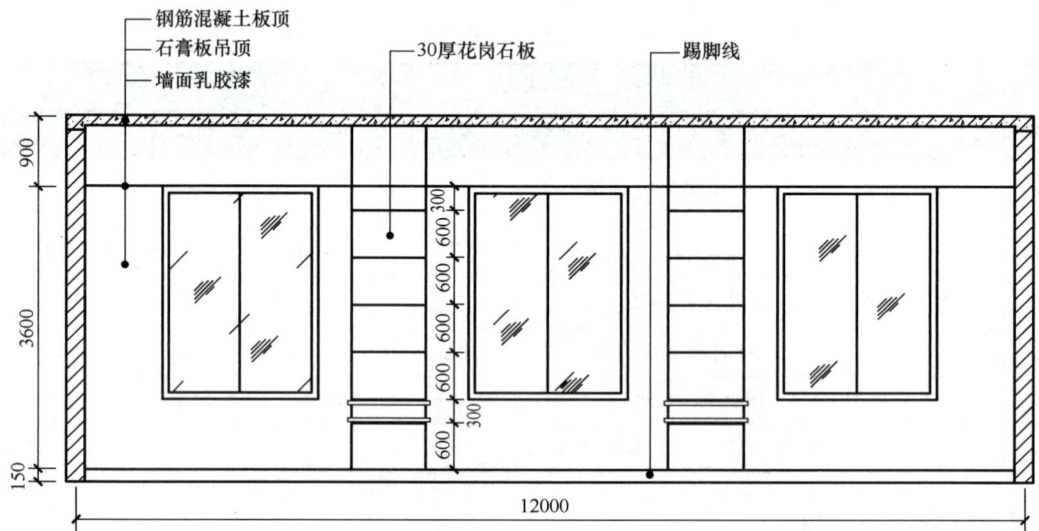

(b) 大厅剖面图

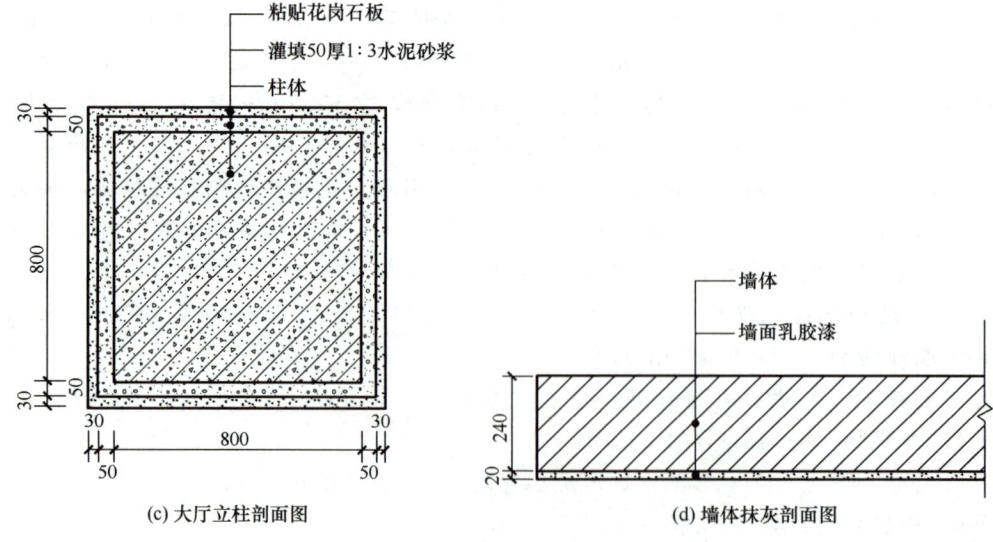

(c) 大厅立柱剖面图　　　(d) 墙体抹灰剖面图

图 15-5　应用案例 15-4 附图

第15章 墙、柱面装饰与隔断、幕墙工程

套用定额12-2-2，镶贴块料面层，挂贴石材块料（灌缝砂浆50mm厚）柱面，单价(含税)＝3272.59元/(10m²)。

③ 列表计算省价分部分项工程费，如表15-4所示。

表15-4 应用案例15-4省价分部分项工程费

序号	定额编号	项目名称	单位	工程量	增值税（简易计税）/元 单价(含税)	合价
1	12-1-9	砖墙抹混合砂浆（厚9mm+6mm）	10m²	15.24	261.15	3979.93
2	12-1-17	混合砂浆抹灰层 每增减1mm（增5mm）	10m²	76.2	11.46	873.25
3	12-2-2	镶贴块料面层，挂贴石材块料（灌缝砂浆50mm厚）柱面	10m²	5.76	3272.59	18850.12
		省价分部分项工程费合计	元			23703.30

学习启示

墙、柱面装饰工程包括墙、柱面抹灰，镶贴块料面层，墙、柱饰面等，其使用的规格块料的尺寸、颜色，打底抹灰等都与施工质量、施工效果、工程量的计算与价格确定息息相关，因此，要求学生严格按照标准规范进行施工、进行算量、进行计价，以培养精益求精的工匠精神。

本章小结

通过本章的学习，学生应掌握以下内容。

① 墙、柱面抹灰（麻刀灰，水泥砂浆，混合砂浆，砖、石墙面勾缝、假面砖等）的定额说明及工程量计算规则，并能正确套用定额项目。

② 镶贴块料面层（石材、块料面层，陶瓷锦砖，瓷砖，全瓷墙面砖，瓷质外墙砖等）的定额说明及工程量计算规则，并能正确套用定额项目。

③ 墙、柱饰面（墙、柱面龙骨，墙、柱饰面等）的定额说明及工程量计算规则，并能正确套用定额项目。

④ 隔断、幕墙，墙、柱面吸声等的定额说明及工程量计算规则，并能正确套用定额项目。

习 题

一、简答题

1. 简述装饰线条抹灰适用范围。
2. 简述需要进行系数调整的项目有哪些。
3. 简述内墙抹灰工程量计算规则。
4. 简述墙、柱饰面工程量计算规则。
5. 简述外墙抹灰工程量计算规则。

二、案例分析

1. 某建筑物底层平面图与1—1剖面图如图15-6所示。图中砖墙厚240mm，门窗框厚80mm，居墙中。建筑物层高2900mm。M-1：1.8m×2.4m；M-2：0.9m×2.1m；C-1：1.5m×1.8m，窗台离楼地面900mm。装饰做法：地面做法为40mm厚细石混凝土找平，水泥砂浆铺缸砖地面（不勾缝）；内墙面做法为1∶2水泥砂浆打底，1∶3石灰砂浆找平，抹面厚度共20mm；内墙裙做法为18mm厚1∶3水泥砂浆打底，5mm厚1∶2.5水泥砂浆面层。试计算内墙面、内墙裙工程量，确定套用的定额项目，并计算省价分部分项工程费。

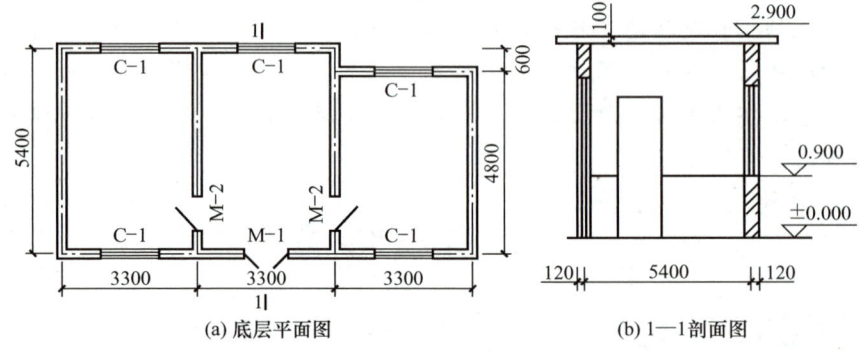

图15-6 案例分析1附图

2. 某建筑物各层平面图、1—1剖面图如图15-7所示。已知条件如下。

① 砖墙厚240mm，轴线居中，门窗框厚80mm。

② M-1：1200mm×2400mm，M-2：900mm×2000mm，C-1：1500mm×1800mm。窗台离楼地面900mm。

③ 装饰做法：一层楼地面粘贴500mm×500mm全瓷地面砖，瓷砖踢脚板高200mm，二、三层楼地面为细石混凝土，楼地面40mm厚，水泥砂浆踢脚线高150mm；内墙面为混合砂浆抹面，刮腻子涂刷乳胶漆；外墙面粘贴200mm×300mm米色外墙砖。

试计算一层内墙面抹灰及外墙面砖工程量，确定套用的定额项目，并计算省价分部分项工程费。

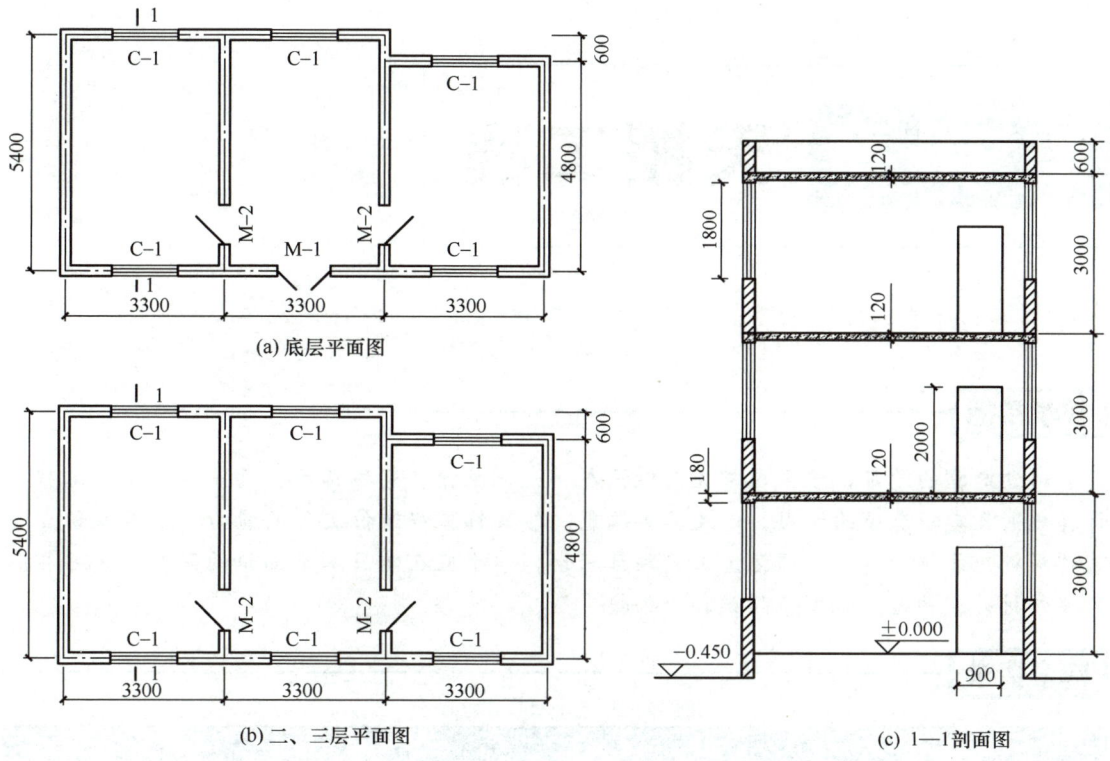

图 15-7 案例分析 2 附图

第 16 章 天棚工程

教学目标

通过本章的学习,学生应掌握天棚抹灰、天棚龙骨、天棚饰面、雨篷等项目的工程量计算规则及定额套项的运用,以及具备编制一般装饰工程造价文件的能力。本章知识点与装饰材料、装饰构造、装饰施工工艺联系密切,学生应在学习本章知识的同时,复习相关的装饰材料、构造、施工等知识作为铺垫。

教学要求

能力目标	知识要点	相关知识	权重
掌握天棚抹灰工程量的计算与正确套用定额项目	定额说明;天棚抹灰工程量的计算规则	抹灰层种类及做法	0.4
掌握天棚龙骨工程量的计算与正确套用定额项目	定额说明;天棚龙骨工程量的计算规则	天棚龙骨的构造做法	0.4
掌握天棚饰面工程量的计算与正确套用定额项目	定额说明;天棚饰面工程量的计算规则	天棚饰面的构造做法	0.2

导入案例

某工程平面图和1—1剖面图如图16-1所示,砖砌体,水泥砂浆天棚[厚度(5+3)mm];门(M):1000mm×2700mm,共3个;窗(C):1500mm×1800mm,共4个。现需结合山东省定额计算该天棚抹灰工程量,在确定套用的定额项目时,应该考虑哪些因素?

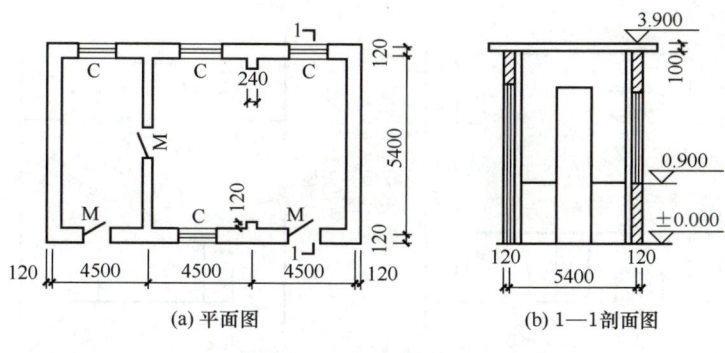

(a) 平面图　　　　　　　　(b) 1—1 剖面图

图 16-1　导入案例附图

16.1　天棚工程定额说明

① 天棚工程定额包括天棚抹灰、天棚龙骨、天棚饰面、雨篷 4 节。

② 天棚工程中凡注明砂浆种类、配合比、饰面材料型号规格的，设计规定与定额不同时，可以按设计规定换算，其他不变。

③ 天棚划分为平面天棚、跌级天棚和艺术造型天棚。艺术造型天棚包括藻井天棚、吊挂式天棚、阶梯形天棚、锯齿形天棚。

轻钢龙骨吊平顶施工

　知识链接

① 轻钢龙骨按平面和跌级天棚分别列项，按底层中、小龙骨形成的网格尺寸 300mm×300mm、450mm×450mm、600mm×600mm 和 600mm×600mm 以上划分子目；装配式 T 形铝合金龙骨分平面和跌级天棚，按底层中、小龙骨形成的网格尺寸 600mm×600mm 列项；铝合金方板、条板天棚龙骨按底层中、小龙骨形成的网格尺寸 500mm×500mm、600mm×600mm 列项；铝合金方板龙骨除按网格尺寸列项外，还按嵌入式和浮搁式分别列项。

② 藻井天棚是中国特有的建筑结构和装饰手法。它是在天花板中最显眼的位置做一个多角形、圆形或方形的凹陷部分，然后装修斗拱、描绘图案或雕刻花纹，如图 16-2（a）所示。

③ 吊挂式天棚是指天棚的装修表面与屋面板或楼板之间留有一定距离，这段距离形成的空腔可以将设备管线和结构隐藏起来，也可使天棚在这段空间高度上产生变化，形成一定的立体感，增强装饰效果，如图 16-2（b）所示。

④ 阶梯形天棚是指天棚面层不在同一标高且超过三级者，如图 16-2（c）所示。

⑤ 锯齿形天棚是按其构成形状来命名的，主要是为了避免灯光直射到室内，而做成若干间断的单坡天棚顶，若干个天棚顶排列起来就像锯齿一样，如图 16-2（d）所示。

④ 天棚工程天棚龙骨按平面天棚、跌级天棚、艺术造型天棚龙骨设置项目。按照常用材料及规格编制，设计规定与定额不同时，可以换算，其他不变。若龙骨需要进行处理（如煨弯曲线等），其加工费另行计算。材料的损耗率分别为：木龙骨 5%，轻钢龙骨 6%，

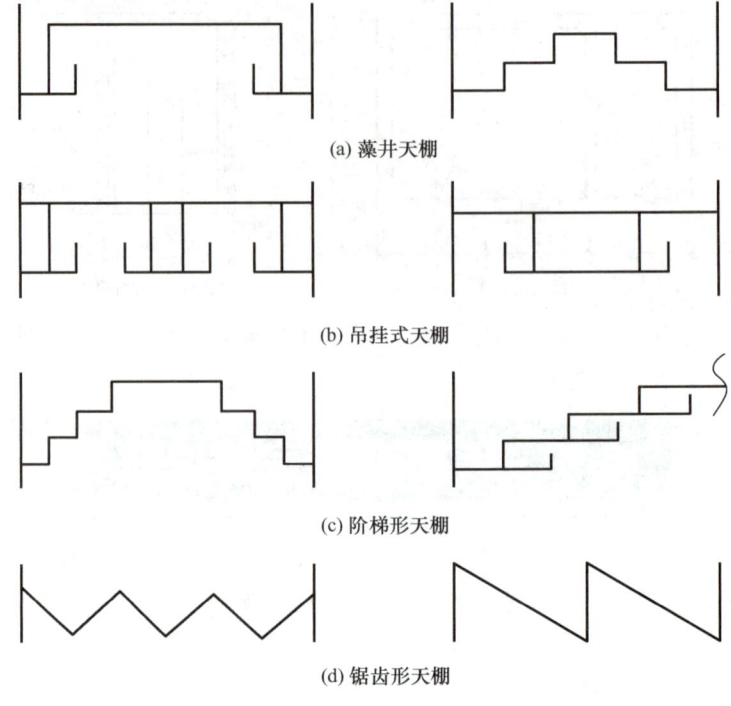

图 16-2 天棚类型

铝合金龙骨 6%。

⑤ 天棚木龙骨子目，区分单层结构和双层结构。单层结构是指双向木龙骨形成的龙骨网片，直接由吊杆引上、与吊点固定的情况；双层结构是指双向木龙骨形成的龙骨网片，首先固定在单向设置的主木龙骨上，再由主木龙骨与吊杆连接、引上、与吊点固定的情况。

⑥ 非艺术造型天棚中，天棚面层在同一标高者为平面天棚，天棚面层不在同一标高者为跌级天棚，如图 16-3 所示。跌级天棚基层、面层按平面定额项目人工乘以系数 1.1，其他不变。

图 16-3 跌级天棚示意

第16章 天棚工程

A. 平面天棚与跌级天棚的划分。

a. 房间内全部吊顶、局部向下跌落,最大跌落线向外、最小跌落线向里每边各加 0.60m,两条 0.60m 线范围内的吊顶为跌级吊顶天棚,其余为平面吊顶天棚,如图 16-4 所示。

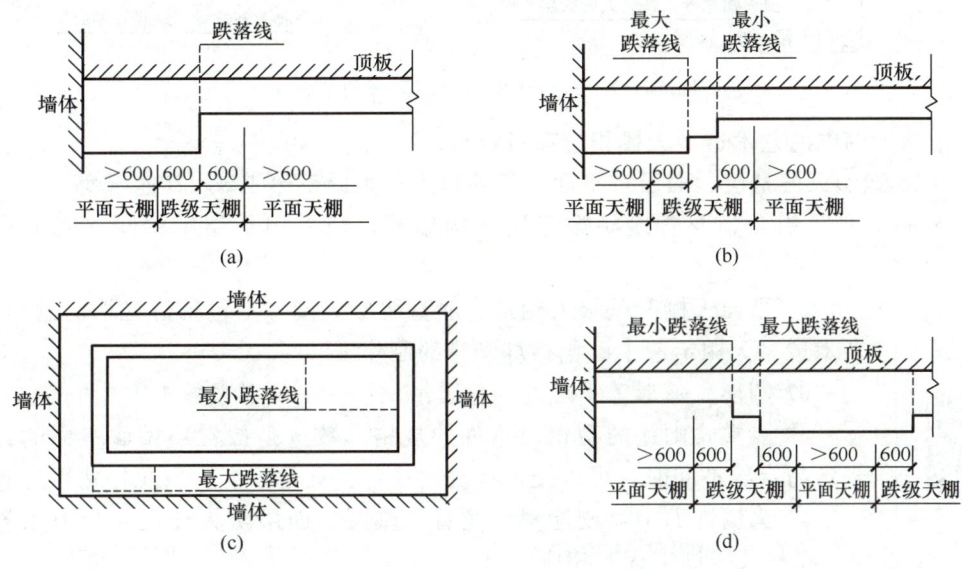

图 16-4　跌级天棚与平面天棚的划分 1

b. 当最大跌落线向外、距墙边≤1.2m 时,最大跌落线以外的全部吊顶为跌级吊顶天棚。

c. 当最小或最大跌落线任意两对边之间的距离≤1.8m 时,最小或最大跌落线以内的全部吊顶为跌级吊顶天棚,如图 16-5、图 16-6 所示。

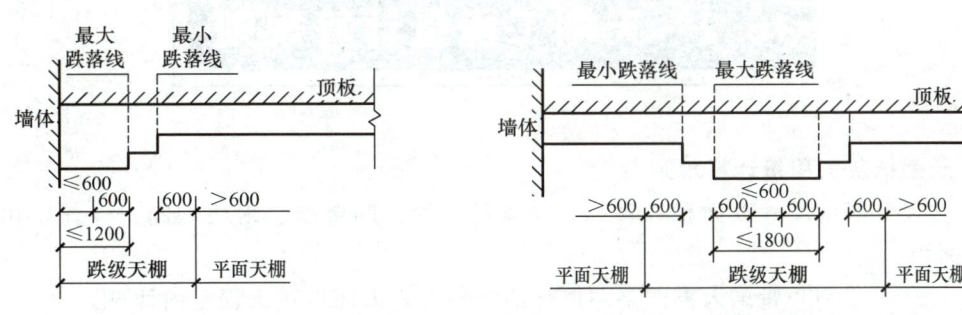

图 16-5　跌级天棚与平面天棚的划分 2　　　图 16-6　跌级天棚与平面天棚的划分 3

d. 当房间内局部为板底抹灰天棚、局部向下跌落时,两条 0.6m 线范围内的抹灰天棚,不得计算为吊顶天棚;当吊顶天棚与抹灰天棚只有一个跌级时,该吊顶天棚的龙骨则为平面天棚龙骨,该吊顶天棚的饰面按跌级天棚饰面计算,如图 16-7 所示。

B. 跌级天棚与艺术造型天棚的划分。

天棚面层不在同一标高时,高差≤400mm 且跌级小于或等于三级的一般直线形平面天棚按跌级天棚相应项目执行;高差＞400mm 或跌级大于三级及圆弧形、拱形等造型天

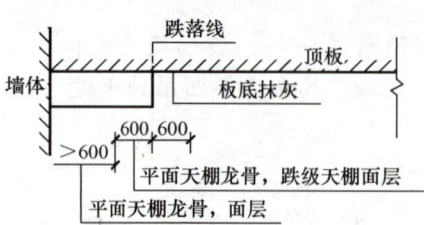
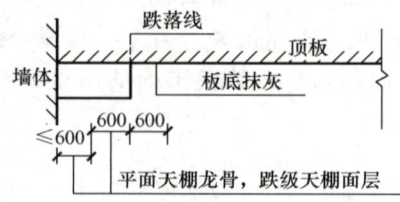

图 16-7 跌级天棚与平面天棚的划分 4

棚，按吊顶天棚中的艺术造型天棚相应项目执行。

⑦ 艺术造型天棚基层、面层按平面定额项目人工乘以系数 1.3，其他不变。

⑧ 轻钢龙骨、铝合金龙骨定额按双层结构编制，当采用单层结构时，人工乘以系数 0.85。

补充说明

⑨ 平面天棚和跌级天棚指一般直线形天棚，不包括灯光槽的制作安装。艺术造型天棚定额中已包括灯光槽的制作安装。

⑩ 圆形、弧形等不规则的软膜吊顶，人工乘以系数 1.1。

⑪ 点支式雨篷的型钢、爪件的规格、数量是按常用做法考虑的，设计规定与定额不同时，可以按设计规定换算，其他不变。斜拉杆费用另计。

⑫ 天棚饰面中喷刷涂料，龙骨、基层、面层防火处理执行山东省定额"第十四章 油漆、涂料及裱糊工程"相应项目。

⑬ 天棚检查孔的工料已包含在项目内，面层材料不同时，另增加材料，其他不变。

⑭ 定额内除另有注明者外，均未包括压条、收边、装饰线（板），设计有要求时，执行山东省定额"第十五章 其他装饰工程"相应定额子目。

⑮ 天棚装饰面开挖灯孔，按每开 10 个灯孔用工 1.0 工日计算。

16.2 天棚工程量计算规则

1. 天棚抹灰工程量计算规则

① 按设计图示尺寸以面积计算，不扣除柱、垛、间壁墙、附墙烟囱、检查口和管道所占的面积。

天棚抹灰

② 带梁天棚的梁两侧抹灰面积并入天棚抹灰工程量内计算。

③ 楼梯底面（包括侧面及连接梁、平台梁、斜梁的侧面）抹灰，按楼梯水平投影面积乘以系数 1.37，并入相应天棚抹灰工程量内计算。

④ 有坡度及拱顶的天棚抹灰面积按展开面积计算。

⑤ 檐口、阳台、雨篷底的抹灰面积，并入相应的天棚抹灰工程量内计算。

2. 吊顶天棚龙骨工程量计算规则

吊顶天棚龙骨按主墙间净空水平投影面积计算（除特殊说明外）；不扣除间壁墙、检查口、附墙烟囱、柱、灯孔、窗帘盒、垛和管道所占面积,由于上述原因所增加的工料也不增加;天棚中的折线、跌落、高低吊顶槽等面积不展开计算。

3. 天棚饰面工程量计算规则

① 按设计图示尺寸以面积计算,不扣除间壁墙、检查口、附墙烟囱、附墙柱、垛和管道所占面积,但应扣除独立柱、灯带、大于 0.3m² 的灯孔及与天棚相连的窗帘盒所占的面积。

② 天棚中的折线、跌落等圆弧形、高低吊灯槽及其他艺术形式等天棚面层按展开面积计算。

③ 格栅吊顶、藤条造型悬挂吊顶、软膜吊顶和装饰网架吊顶按设计图示尺寸以水平投影面积计算。

④ 吊筒吊顶按最大外围水平投影尺寸,以外接矩形面积计算。

⑤ 送风口、回风口及成品检修口按设计图示数量计算。

4. 雨篷工程量计算规则

雨篷工程量按设计图示尺寸以水平投影面积计算。

16.3 天棚工程量计算与定额应用

【应用案例 16-1】

某预制钢筋混凝土板底吊不上人型装配式 U 型轻钢天棚龙骨,网格尺寸 450mm×450mm,龙骨上钉铺密度板基层,面层粘贴铝塑板,尺寸如图 16-8 所示。试计算天棚工程量,确定套用的定额项目,并列表计算省价分部分项工程费。

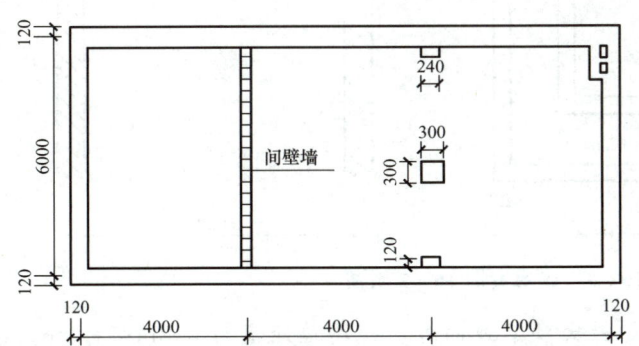
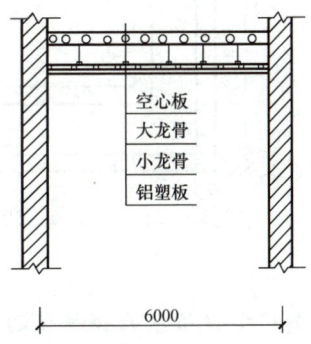

图 16-8 应用案例 16-1 附图

解: ① 轻钢龙骨工程量 = $(12-0.24) \times (6-0.24) \approx 67.74(m^2)$,

套用定额 13-2-9,不上人型装配式 U 型轻钢天棚龙骨,网格尺寸 450mm×450mm,平面,

单价(含税) = 515.90 元/(10m²)。

② 密度板基层工程量 = $(12-0.24) \times (6-0.24) - 0.30 \times 0.30 \approx 67.65(m^2)$,

套用定额 13-3-5,轻钢龙骨上钉铺密度板基层,单价(含税) = 330.38 元/(10m²)。

③ 铝塑板面层工程量 = (12−0.24)×(6−0.24)−0.30×0.30 ≈ 67.65(m²)，

套用定额 13-3-26，面层粘贴铝塑板，

单价(含税) = 1274.38 元/(10m²)。

④ 列表计算省价分部分项工程费，如表 16-1 所示。

表 16-1 应用案例 16-1 省价分部分项工程费

序号	定额编号	项目名称	单位	工程量	增值税（简易计税）/元	
					单价(含税)	合价
1	13-2-9	不上人型装配式 U 型轻钢天棚龙骨，网格尺寸 450mm×450mm，平面	10m²	6.774	515.90	3494.71
2	13-3-5	轻钢龙骨上钉铺密度板基层	10m²	6.765	330.38	2235.02
3	13-3-26	面层粘贴铝塑板	10m²	6.765	1274.38	8621.18
		省价分部分项工程费合计	元			14350.91

【应用案例 16-2】

某办公室天棚如图 16-9 所示。吊顶做法为板底吊不上人型装配式 U 型轻钢天棚龙骨，网格尺寸 450mm×450mm，龙骨上固定方形铝扣板，跌级高差均为 200mm。试计算天棚工程量，确定套用的定额项目，并列表计算省价分部分项工程费。

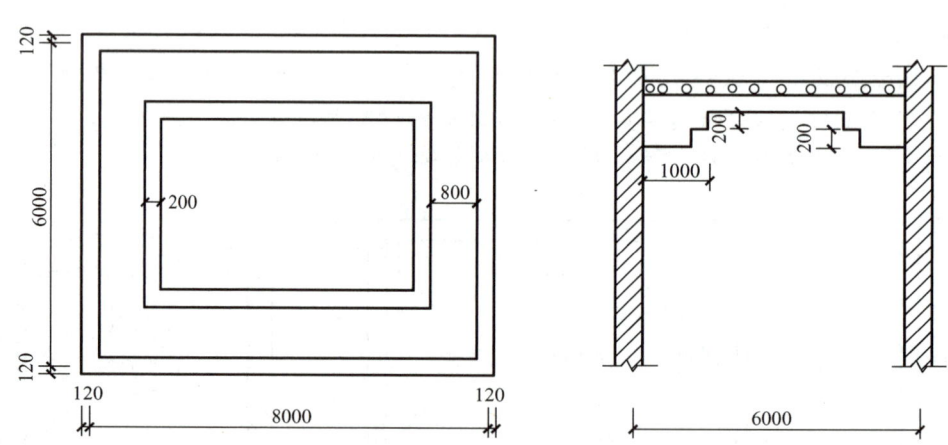

图 16-9 应用案例 16-2 附图

解：根据吊顶天棚等级的划分，最大跌落线向外、距墙边距离为 0.8m＜1.2m，故最大跌落线以外的全部吊顶为跌级吊顶天棚。

① 龙骨工程量。

平面天棚龙骨工程量 = (8.00−0.24−1×2−0.6×2)×(6.00−0.24−1×2−0.6×2) ≈ 11.67(m²)，

套用定额 13-2-9，不上人型装配式 U 型轻钢天棚龙骨，网格尺寸 450mm×450mm，平面，

单价(含税) = 515.90 元/(10m²)，

第16章 天棚工程

跌级吊顶天棚龙骨工程量 = (8.00−0.24)×(6.00−0.24)−11.67≈33.03(m²),

套用定额13−2−11,不上人型装配式U型轻钢天棚龙骨,网格尺寸450mm×450mm,跌级,

单价(含税)=705.59元/(10m²)。

② 面层工程量。

方形铝扣板面层工程量(平面)=11.67m²,

套用定额13−3−24,天棚金属面层方形铝扣板(平面),

单价(含税)=1308.75元/(10m²)。

方形铝扣板面层工程量(跌级)=33.03m²,

套用定额13−3−24(H),天棚金属面层方形铝扣板(跌级),人工乘以系数1.1,

单价(含税)=1308.75+306.36×0.1≈1339.39元/(10m²)。

③ 列表计算省价分部分项工程费,如表16−2所示。

表16−2 应用案例16−2省价分部分项工程费

序号	定额编号	项目名称	单位	工程量	增值税(简易计税)/元 单价(含税)	合价
1	13−2−9	不上人型装配式U型轻钢天棚龙骨,网格尺寸450mm×450mm,平面	10m²	1.167	515.90	602.06
2	13−2−11	不上人型装配式U型轻钢天棚龙骨,网格尺寸450mm×450mm,跌级	10m²	3.303	705.59	2330.56
3	13−3−24	天棚金属面层方形铝扣板(平面)	10m²	1.167	1308.75	1527.31
4	13−3−24(H)	天棚金属面层方形铝扣板(跌级)	10m²	3.303	1339.39	4424.01
		省价分部分项工程费合计	元			8883.94

学习启示

党的二十大报告提出,培育创新文化,弘扬科学家精神,涵养优良学风,营造创新氛围。培养造就大批德才兼备的高素质人才,是国家和民族长远发展大计。功以才成,业由才广。

对于顶棚工程,"水立方"是世界上最大的膜结构工程,建筑外围采用世界上先进的环保节能ETFE(乙烯−四氟乙烯共聚物)膜材料。它是177m×177m的方形建筑,高31m,看起来形状很随意的建筑立面遵循严格的几何规则,立面上有11种不同形状。内层和外层都安装有充气的"枕头",梦幻般的蓝色来自外面那个气枕的第一层薄膜结构,因为弯曲的表面反射阳光,使整个建筑的表面看起来像是阳光下晶莹的水滴。水立方的建设采用了世界上先进的技术和材料,工程师们在建设过程中的工匠精神和不断创新的精神值得我们学习。

本章小结

通过本章的学习，学生应掌握以下内容。

① 天棚抹灰（麻刀灰、水泥砂浆、混合砂浆）的定额说明及工程量计算规则，并能正确套用定额项目。

② 天棚龙骨（木龙骨、轻钢龙骨、铝合金龙骨、艺术造型天棚龙骨、其他天棚龙骨）的定额说明及工程量计算规则，并能正确套用定额项目。

③ 天棚饰面（基层、造型层、饰面层、金属面层、其他饰面、其他天棚吊顶等）的定额说明及工程量计算规则，并能正确套用定额项目。

④ 平面天棚与跌级天棚的划分界限。

习 题

一、简答题

1. 简述天棚木龙骨的种类。
2. 简述平面天棚与跌级天棚的区别。
3. 简述跌级天棚与艺术造型天棚的区别。
4. 简述天棚抹灰工程量计算规则。
5. 简述天棚饰面工程量计算规则。

二、案例分析

1. 某装饰工程如图 16-10 所示，房间外墙厚度 240mm，轴线间尺寸为 12000mm×18000mm，800mm×800mm 独立柱 4 根，门窗占位面积 80m²，柱垛展开面积 11m²，吊顶高度 3600mm（窗帘盒占位面积 7m²）。做法：地面 20mm 厚 1∶3 水泥砂浆找平，20mm

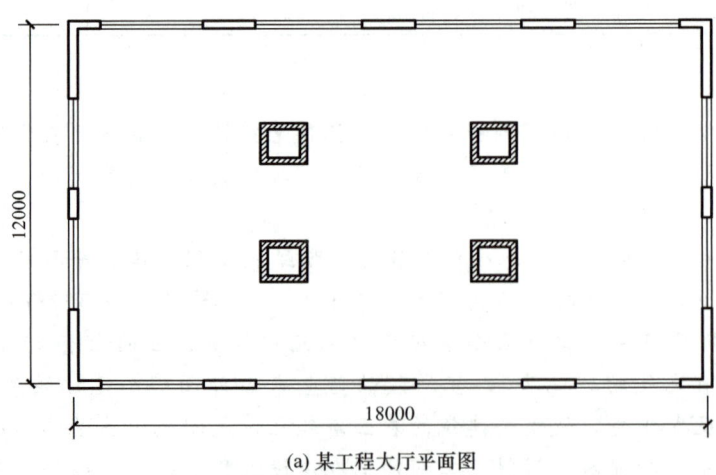

(a) 某工程大厅平面图

图 16-10 案例分析 1 附图

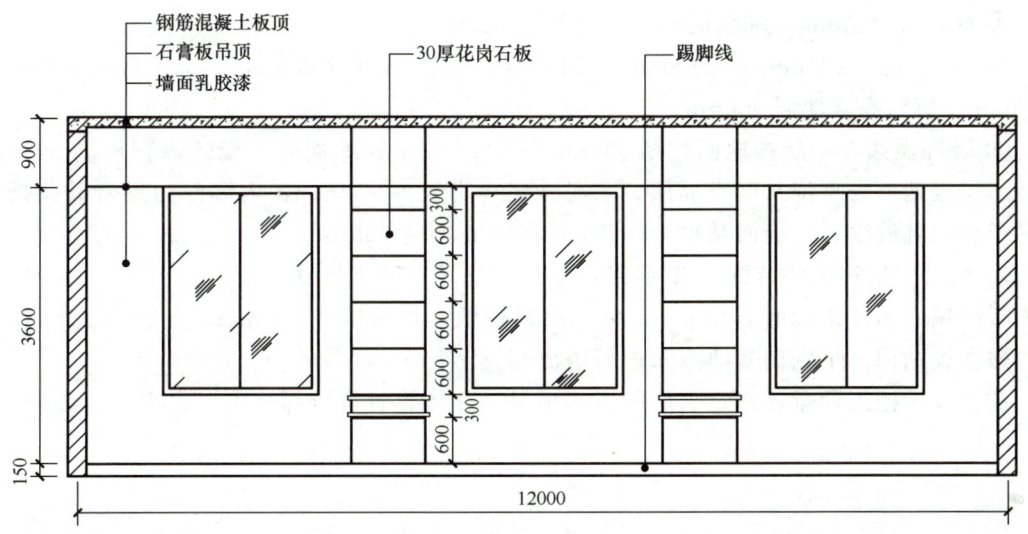

(b) 某工程大厅剖面图

图 16-10 案例分析 1 附图（续）

厚 1：2 干硬性水泥砂浆粘贴 800mm×800mm 玻化砖，木质成品踢脚线高 150mm；墙体混合砂浆抹灰厚 20mm，抹灰面满刮成品腻子二遍，面罩乳胶漆二遍；轻钢天棚龙骨（450mm×450mm）不上人型，石膏板面刮成品腻子二遍，面罩乳胶漆二遍。试计算该天棚工程的龙骨和面层工程量，确定套用的定额项目，并计算省价分部分项工程费。

2．某六层住宅楼，卫生间天棚全部采用双层方木天棚龙骨，PVC 扣板面层。每个卫生间主墙间净面积为 5.60m²，其中顶吸式排气扇 350mm×350mm，共有卫生间 36 间。试计算天棚工程量，确定套用的定额项目，并计算省价分部分项工程费。

3．某建筑物各层平面图、1—1 剖面图如图 16-11 所示。已知条件如下。

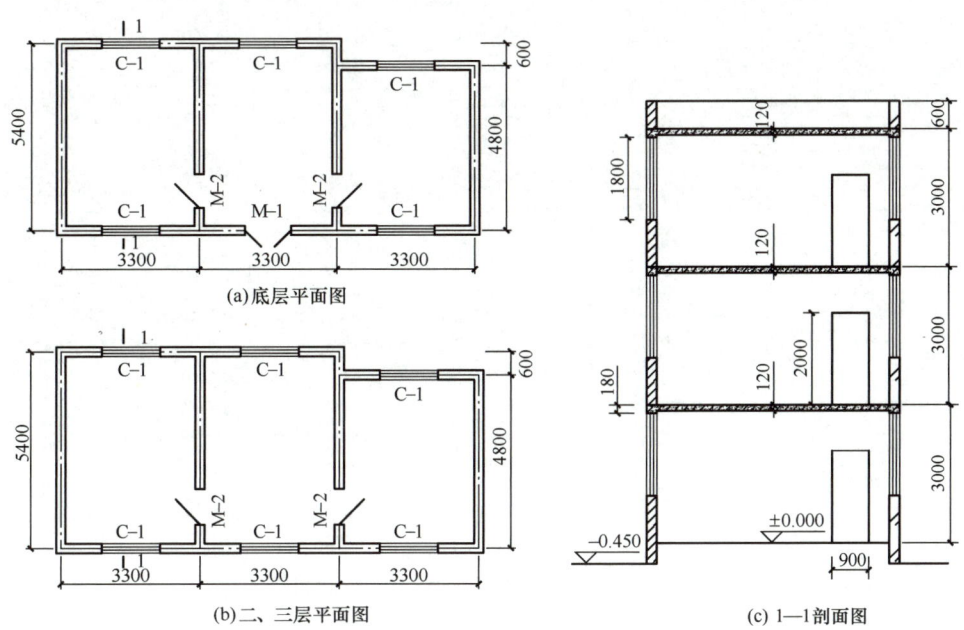

图 16-11 案例分析 3 附图

① 砖墙厚240mm，轴线居中，门窗框厚80mm。

② M－1：1200mm×2400mm，M－2：900mm×2000mm，C－1：1500mm×1800mm。窗台离楼地面900mm。

③ 装饰做法：一层楼地面粘贴500mm×500mm全瓷地面砖，瓷砖踢脚板高200mm，二、三层楼地面为现浇水磨石面层，水泥砂浆踢脚线高150mm；内墙面为混合砂浆抹面，刮腻子涂刷乳胶漆；外墙面粘贴200mm×300mm米色外墙砖。

④ 假设三层房间为装配式T型铝合金天棚龙骨（网格尺寸600mm×600mm，平面），硅钙板吊顶，吊顶距地面2800mm；墙面满贴壁纸；木墙裙高900mm，做法为细木工板基层，榉木板贴面，手刷硝基清漆六遍磨退出亮。

试计算天棚工程量，确定套用的定额项目，并计算省价分部分项工程费。

第 17 章 油漆、涂料及裱糊工程

教学目标

通过本章的学习，学生应掌握木材面油漆，金属面油漆，抹灰面油漆、涂料，基层处理和裱糊等项目的工程量计算规则及定额套项的运用，以及具备编制一般装饰工程造价文件的能力。本章知识点与装饰材料、装饰构造、装饰施工工艺联系密切，学生应在学习本章知识的同时，复习相关的装饰材料、构造、施工等知识作为铺垫。

教学要求

能力目标	知识要点	相关知识	权重
掌握木材面油漆工程量的计算与正确套用定额项目	定额说明；木材面油漆工程量的计算规则	木材面油漆种类及做法	0.4
掌握金属面油漆工程量的计算与正确套用定额项目	定额说明；金属面油漆工程量的计算规则	金属面油漆种类及做法	0.3
掌握抹灰面油漆、涂料，基层处理，裱糊工程量的计算与正确套用定额项目	定额说明；抹灰面油漆、涂料，基层处理，裱糊工程量的计算规则	抹灰面油漆、涂料，基层处理，裱糊的做法	0.3

导入案例

某工程平面图和1—1剖面图如图17-1所示，砖砌体，地面刷过氯乙烯涂料，三合板木墙裙上润油粉，刷硝基清漆六遍，墙面、天棚刷乳胶漆三遍（光面）。现需要结合山东省定额计算该工程油漆、涂料工程量，在确定套用的定额项目时，应该考虑哪些因素？

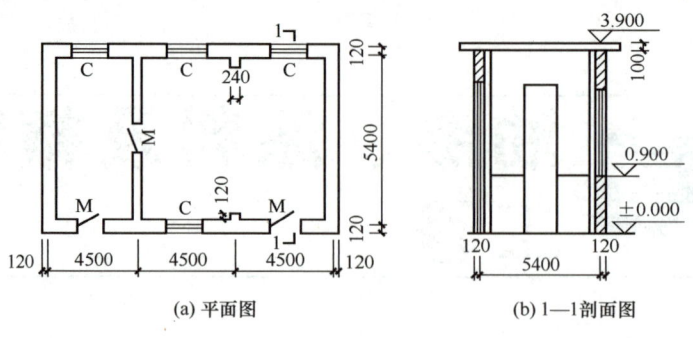

图 17-1 导入案例附图

17.1 油漆、涂料及裱糊工程定额说明

外墙涂料施工

裱糊工程施工

① 油漆、涂料及裱糊工程定额包括木材面油漆，金属面油漆，抹灰面油漆、涂料，基层处理和裱糊 5 节。

② 油漆、涂料及裱糊工程项目中刷油漆、涂料采用手工操作，喷涂采用机械操作，实际操作方法不同时，不做调整。

③ 油漆、涂料及裱糊工程定额中油漆项目已综合考虑高光、半亚光、亚光等因素；如油漆种类不同时，换算油漆种类，用量不变。

④ 定额已综合考虑了在同一平面上的分色及门窗内外分色。油漆中深浅各种不同的颜色已综合在定额子目中，不另调整。如需做美术图案者另行计算。

⑤ 油漆、涂料及裱糊工程规定的喷、涂、刷遍数与设计要求不同时，按每增一遍定额子目调整。

⑥ 墙面、墙裙、天棚及其他饰面上的装饰线油漆与附着面的油漆种类相同时，装饰线油漆不单独计算。

⑦ 抹灰面涂料项目中均未包括刮腻子内容，刮腻子按基层处理相应子目单独套用。

⑧ 木踢脚板油漆，当与木地板油漆相同时，并入地板工程量内计算，其工程量计算方法和系数不变。油漆种类不同时，按踢脚线的计算规则计算工程量，套用其他木材面油漆项目。

⑨ 墙、柱面真石漆项目不包括分格缝，当设计要求做分格缝时，按山东省定额"第十二章 墙、柱面装饰与隔断、幕墙工程"相应项目计算。

17.2 油漆、涂料及裱糊工程量计算规则

① 楼地面，天棚面，墙、柱面的喷（刷）涂料、油漆工程，其工程量按各自抹灰的工程量计算规则计算（即抹灰工程量＝涂料、油漆工程量）。涂料系数表中有规定的（即抹灰工程量按展开面积或投影面积计算部分），按规定计算工程量，并乘以系数表中的系数。

② 木材面、金属面、金属构件油漆工程量按油漆、涂料系数表的工程量计算方法，并乘以系数表内的系数计算。

③ 木材面刷油漆、涂料工程量，按所刷木材面的面积计算；木方面刷油漆、涂料工程量，按木方所附墙、板面的投影面积计算。

④ 基层处理工程量，按其面层的工程量计算，套用基层处理子目。

⑤ 裱糊项目工程量，按设计图示尺寸以面积计算。

⑥ 木材面油漆、涂料工程量系数如表17-1～表17-6所示。

补充说明

表17-1　单层木门油漆、涂料工程量系数

项目名称	系数	工程量计算方法
单层木门	1.00	按设计图示洞口尺寸以面积计算
双层（一板一纱）木门	1.36	
单层全玻门	0.83	
木百叶门	1.25	
厂库木门	1.10	
无框装饰门、成品门	1.10	按设计图示门窗面积计算

表17-2　单层木窗油漆、涂料工程量系数

项目名称	系数	工程量计算方法
单层玻璃窗	1.00	按设计图示洞口尺寸以面积计算
单层组合窗	0.83	
双层（一玻一纱）木窗	1.36	
木百叶窗	1.50	

表17-3　墙面墙裙油漆、涂料工程量系数

项目名称	系数	工程量计算方法
无造型墙面墙裙	1.00	按设计图示尺寸以面积计算
有造型墙面墙裙	1.25	

表17-4　木扶手油漆、涂料工程量系数

项目名称	系数	工程量计算方法
木扶手	1.00	按设计图示尺寸以长度计算
木门框	0.88	
明式窗帘盒	2.04	
封檐板、博风板	1.74	
挂衣板	0.52	
挂镜线	0.35	
木线条（宽度50mm内）	0.20	
木线条（宽度100mm内）	0.35	
木线条（宽度200mm内）	0.45	

表 17-5　其他木材面油漆、涂料工程量系数

项目名称	系数	工程量计算方法
装饰木夹板、胶合板及其他木材面天棚	1.00	按设计图示尺寸以面积计算
木方格吊顶天棚	1.20	
吸声板墙面、天棚面	0.87	
窗台板、门窗套、踢脚线、暗式窗帘盒	1.00	
暖气罩	1.28	
木间壁、木隔断	1.90	按设计图示尺寸以单面外围面积计算
玻璃间壁露明墙筋	1.65	
木栅栏、木栏杆（带扶手）	1.82	
木屋架	1.79	跨度（长）×中高×1/2
屋面板（带檩条）	1.11	按设计图示尺寸以面积计算
柜类、货架	1.00	按设计图示尺寸以油漆部分展开面积计算
零星木装饰	1.10	

表 17-6　木地板油漆、涂料工程量系数

项目名称	系数	工程量计算方法
木地板	1.00	按设计图示尺寸以面积计算。空洞、空圈、暖气包槽、壁龛的开口部分并入相应工程量内
木楼梯（不包括底面）	2.30	按设计图示尺寸以水平投影面积计算，不扣除宽度＜300mm 的楼梯井

⑦ 金属面油漆工程量系数如表 17-7～表 17-9 所示。

表 17-7　单层钢门窗油漆工程量系数

项目名称	系数	工程量计算方法
单层钢门窗	1.00	按设计图示洞口尺寸以面积计算
双层（一玻一纱）钢门窗	1.48	
满钢门或包铁皮门	1.63	
钢折叠门	2.30	
厂库房平开、推拉门	1.70	
铁丝网大门	0.81	

续表

项目名称	系数	工程量计算方法
间壁	1.85	按设计图示尺寸以面积计算
平板屋面	0.74	
瓦垄板屋面	0.89	
排水、伸缩缝盖板	0.78	展开面积
吸气罩	1.63	水平投影面积

表 17-8 其他金属面油漆工程量系数

项目名称	系数	工程量计算方法
钢屋架、天窗架、挡风架、屋架梁、支撑、檩条	1.00	按设计图示尺寸以质量计算
墙架（空腹式）	0.50	
墙架（格板式）	0.82	
钢柱、吊车梁、花式梁柱、空花构件	0.63	
操作台、走台、制动梁、钢梁车挡	0.71	
钢栅栏门、栏杆、窗栅	1.71	
钢爬梯	1.18	
轻型屋架	1.42	
踏步式钢扶梯	1.05	
零星构件	1.32	

⑧ 抹灰面油漆、涂料工程量系数如表 17-9 所示。

表 17-9 抹灰面油漆、涂料工程量系数

项目名称	系数	工程量计算方法
槽形底板、混凝土折板	1.30	按设计图示尺寸以投影面积计算
有梁板底	1.10	
密肋、井字梁底板	1.50	
混凝土楼梯板底	1.37	水平投影面积

补充说明

17.3 油漆、涂料及裱糊工程量计算与定额应用

【应用案例 17-1】

某装饰工程平面图和剖面图如图 17-2 所示，外墙厚 240mm，轴线间尺寸为 12000mm×18000mm，800mm×800mm 独立柱 4 根，门窗占位面积 80m²，柱垛展开面积 11m²，吊顶高度 3750mm。做法：地面 20mm 厚 1∶3 水泥砂浆找平，20mm 厚 1∶2 干硬性水泥砂浆粘贴 800mm×800mm 玻化砖，木质成品踢脚线高 150mm；墙体混合砂浆抹灰厚 20mm，抹灰面满刮成品腻子二遍，面罩乳胶漆二遍；轻钢天棚龙骨，石膏板面刮成品腻子二遍，面罩乳胶漆二遍；柱面挂贴 30mm 厚花岗石板，花岗石板和柱结构面之间的空隙填灌 50mm 厚 1∶3 水泥砂浆。试

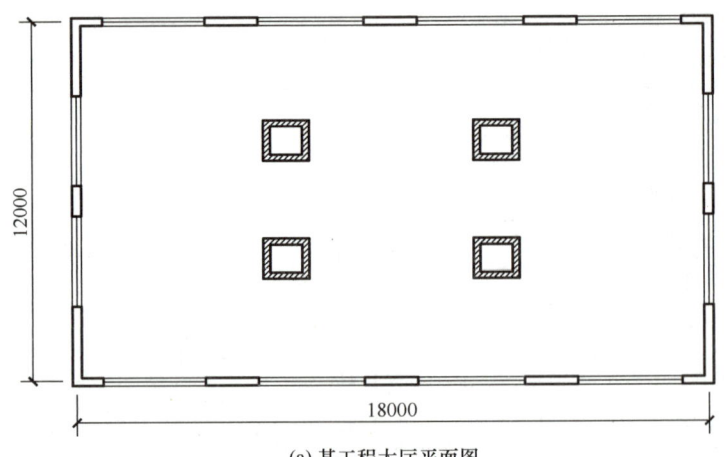

(a) 某工程大厅平面图

(b) 某工程大厅剖面图

图 17-2 应用案例 17-1 附图

计算该工程墙面涂料工程量，确定套用的定额项目，并计算省价分部分项工程费。

解：① 墙面满刮腻子工程量＝(12－0.24＋18－0.24)×2×3.75－80（门窗占位面积）＋11（柱垛展开面积）＝152.4(m²)，

套用定额 14－4－9，满刮成品腻子，内墙抹灰面，二遍，

单价(含税)＝188.82 元/(10m²)，

省价分部分项工程费＝152.4/10×188.82≈2877.62(元)。

② 墙面刷乳胶漆二遍工程量＝墙面满刮腻子工程量＝152.4(m²)。

套用定额 14－3－7，室内乳胶漆二遍，墙、柱面，光面，

单价(含税)＝95.38 元/(10m²)，

省价分部分项工程费＝152.4/10×95.38≈1453.59(元)。

【应用案例 17－2】

某工程平面图和剖面图如图 17－3 所示，地面刷过氯乙烯涂料，三合板木墙裙上润油粉，刷硝基清漆六遍，墙面、天棚刷乳胶漆三遍（光面）。试计算该工程油漆、涂料工程量，确定套用的定额项目，并列表计算省价分部分项工程费。

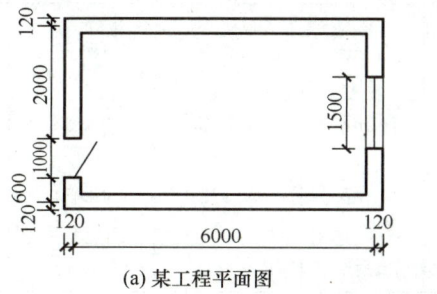
(a) 某工程平面图

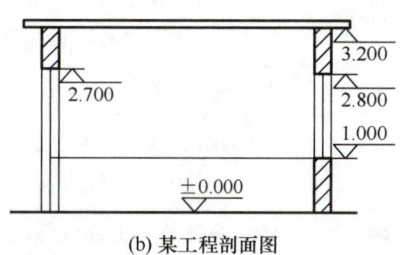
(b) 某工程剖面图

图 17－3 应用案例 17－2 附图

解：① 地面刷涂料工程量＝(6.00－0.24)×(3.60－0.24)≈19.35(m²)，

套用定额 14－3－39，地面刷过氯乙烯涂料，

单价(含税)＝376.15 元/(10m²)。

② 墙裙刷硝基清漆工程量＝[(6.00－0.24＋3.60－0.24)×2－1.00＋0.12×2]×1.00×1.00(系数)＝17.48(m²)，

套用定额 14－1－98，墙裙刷硝基清漆五遍，

单价(含税)＝632.56 元/(10m²)，

套用定额 14－1－103，墙裙刷硝基清漆每增一遍（共增一遍），

单价(含税)＝74.20 元/(10m²)。

③ 天棚刷乳胶漆工程量＝5.76×3.36≈19.35(m²)，

套用定额 14－3－9，天棚刷乳胶漆二遍，

单价(含税)＝110.05 元/(10m²)，

套用定额 14－3－13，天棚刷乳胶漆每增一遍（共增一遍），

单价(含税)＝48.79 元/(10m²)。

④ 墙面刷乳胶漆工程量＝(5.76＋3.36)×2×2.20－1.00×(2.70－1.00)－1.50×1.80≈35.73(m²)，

套用定额 14-3-7，墙面刷乳胶漆二遍（光面），

单价（含税）＝95.38 元/(10m²)，

套用定额 14-3-11，墙面刷乳胶漆每增一遍（共增一遍），

单价（含税）＝43.54 元/(10m²)。

⑤ 列表计算省价分部分项工程费，如表 17-10 所示。

表 17-10 应用案例 17-2 省价分部分项工程费

序号	定额编号	项目名称	单位	工程量	增值税（简易计税）/元	
					单价（含税）	合价
1	14-3-39	地面刷过氯乙烯涂料	10m²	1.935	376.15	727.85
2	14-1-98	墙裙刷硝基清漆五遍	10m²	1.748	632.56	1105.71
3	14-1-103	墙裙刷硝基清漆每增一遍（共增一遍）	10m²	1.748	74.20	129.70
4	14-3-9	天棚刷乳胶漆二遍	10m²	1.935	110.05	212.95
5	14-3-13	天棚刷乳胶漆每增一遍（共增一遍）	10m²	1.935	48.79	94.41
6	14-3-7	墙面刷乳胶漆二遍（光面）	10m²	3.573	95.38	340.79
7	14-3-11	墙面刷乳胶漆每增一遍（共增一遍）	10m²	3.573	43.54	155.57
		省价分部分项工程费合计	元			2766.98

【应用案例 17-3】

假设应用案例 17-2 中的建筑物墙面、天棚贴装饰壁纸（不对花墙纸），试计算工程量，确定套用的定额项目，并计算省价分部分项工程费。

解： ① 天棚壁纸工程量＝19.35m²，

套用定额 14-5-4，天棚贴装饰壁纸（不对花墙纸），

单价（含税）＝365.03 元/(10m²)，

省价分部分项工程费＝19.35/10×365.03≈706.33（元）。

② 墙面壁纸工程量按实贴面积计算，所以应在上题墙裙刷硝基清漆和墙面刷乳胶漆工程量的基础上增加门窗洞口侧壁面积。墙面壁纸工程量＝(17.48＋35.73)＋0.08×[(1.5＋1.8×2)＋(1.0＋2.7×2)]＝54.13(m²)，

套用定额 14-5-1，墙面贴装饰壁纸（不对花墙纸），

单价（含税）＝323.63 元/(10m²)，

省价分部分项工程费＝54.13/10×323.63≈1751.81（元）。

学习启示

目前美日等发达国家的低污染涂料所占比重达 65%～70%，德国则高达 80%，而我国尚不足 50%。造成雾霾天气主要污染物 PM2.5 的一个重要来源是 VOC（挥发性有机化

合物），涂料涂装行业 VOC 排放量约占 VOC 总排放量的 1/5，所以发展环境友好型涂料是必然趋势。党的二十大报告提出，建设现代化产业体系。推动战略性新兴产业融合集群发展，构建新一代信息技术、人工智能、生物技术、新能源、新材料、高端装备、绿色环保等一批新的增长引擎。未来几年，国家将鼓励资源节约型、环境友好型涂料的生产，践行"环保与绿色同行"的理念，坚决打好污染防治攻坚战、推动生态文明建设迈上新台阶。

本章小结

通过本章的学习，学生应掌握以下内容。

① 木材面油漆（调和漆、磁漆、醇酸清漆、聚酯漆、聚氨酯漆、硝基清漆、木地板油漆、防火涂料及其他）的定额说明及工程量计算规则，并能正确套用定额项目。

② 金属面油漆（调和漆、醇酸磁漆、过氯乙烯漆、氟碳漆、防火涂料、其他油漆）的定额说明及工程量计算规则，并能正确套用定额项目。

③ 抹灰面油漆、涂料的定额说明及工程量计算规则，并能正确套用定额项目。

④ 基层处理、裱糊的定额说明及工程量计算规则，并能正确套用定额项目。

⑤ 油漆、涂料工程量系数调整方法。

习 题

案例分析

1. 某装饰工程平面图和剖面图如图 17-2 所示，房间外墙厚 240mm，轴线间尺寸为 12000mm×18000mm，800mm×800mm 独立柱 4 根，门窗占位面积 80m²，柱垛展开面积 11m²，吊顶高度 3600mm（窗帘盒占位面积 7m²）。做法：地面 20mm 厚 1：3 水泥砂浆找平，20mm 厚 1：2 干硬性水泥砂浆粘贴 800mm×800mm 玻化砖，木质成品踢脚线高 150mm；墙体混合砂浆抹灰厚 20mm，抹灰面满刮成品腻子二遍，面罩乳胶漆二遍；轻钢天棚龙骨（450mm×450mm，不上人型），石膏板面刮成品腻子二遍，面罩乳胶漆二遍。试计算天棚油漆、涂料工程量，确定套用的定额项目，并计算省价分部分项工程费。

2. 某建筑物各层平面图、1—1 剖面图如图 17-4 所示。已知条件如下。

① 砖墙厚 240mm，轴线居中，门窗框厚 80mm。

② M-1：1200mm×2400mm，M-2：900mm×2000mm，C-1：1500mm×1800mm。窗台离楼地面 900mm。

③ 装饰做法：一层楼地面粘贴 500mm×500mm 全瓷地面砖，瓷砖踢脚板高 200mm，二、三层楼地面为现浇水磨石面层，水泥砂浆踢脚线高 150mm；内墙面为混合砂浆抹面，刮腻子涂刷乳胶漆；外墙面粘贴 200mm×300mm 米色外墙砖。

④ 假设三层房间为装配式 T 型铝合金天棚龙骨（网格尺寸 600mm×600mm，平面），硅钙板吊顶，吊顶距地面 2800mm；墙面满贴壁纸；木墙裙高 900mm，做法为细木工板基

层，榉木板贴面，手刷硝基清漆六遍磨退出亮。

试计算油漆、涂料及裱糊工程量，确定套用的定额项目，并计算省价分部分项工程费。

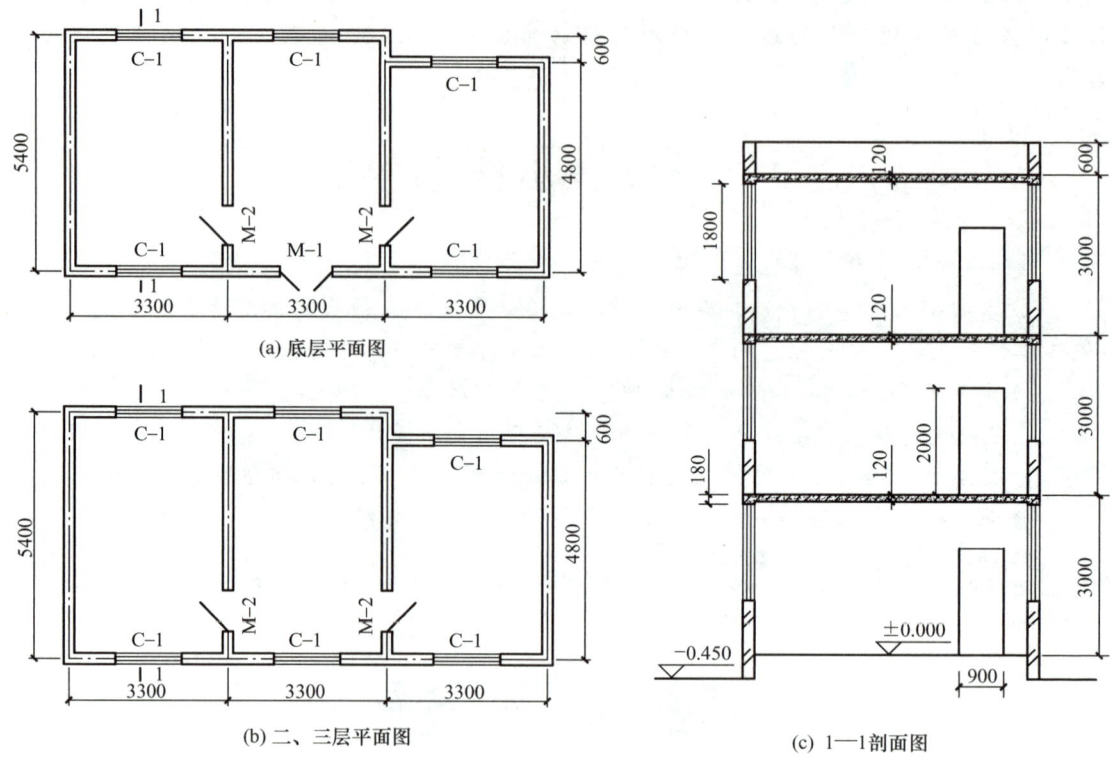

图 17－4 案例分析 2 附图

第 18 章 其他装饰工程

教学目标

通过本章的学习，学生应掌握柜类、货架，装饰线条，扶手、栏杆、栏板，暖气罩，卫生间配件，招牌、灯箱，美术字，零星木装饰，工艺门扇等项目的工程量计算规则及定额套项的运用，以及具备编制一般装饰工程造价文件的能力。本章知识点与装饰材料、装饰构造、装饰施工工艺联系密切，学生应在学习本章知识的同时，复习相关的装饰材料、构造、施工等知识作为铺垫。

教学要求

能力目标	知识要点	相关知识	权重
掌握柜类、货架，装饰线条工程量的计算与正确套用定额项目	定额说明；柜类、货架，装饰线条工程量的计算	柜类、货架，装饰线条种类及做法	0.4
掌握扶手、栏杆、栏板，暖气罩，卫生间配件工程量的计算与正确套用定额项目	定额说明；扶手、栏杆、栏板，暖气罩，卫生间配件工程量的计算	扶手、栏杆、栏板，暖气罩，卫生间配件种类及做法	0.3
掌握招牌、灯箱，美术字，零星木装饰，工艺门扇工程量的计算与正确套用定额项目	定额说明；招牌、灯箱，美术字，零星木装饰，工艺门扇工程量的计算	招牌、灯箱，美术字，零星木装饰，工艺门扇的做法	0.3

导入案例

某宾馆客房共 60 间，客房门洞 60 樘，门洞尺寸：900mm×2100mm，门贴脸做法：内外钉贴细木工板门套、贴脸（木龙骨）、装饰木夹板贴面，如图 18-1 所示。现需要结合山东省定额计算该工程门套及贴脸工程量，在确定套用的定额项目时，应该考虑哪些因素？

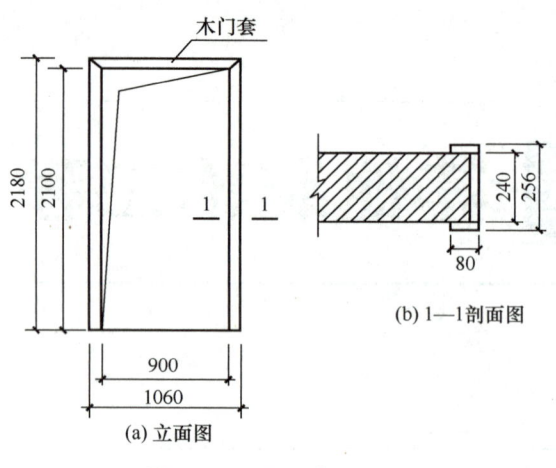

图 18-1 导入案例附图

18.1 其他装饰工程定额说明

① 其他装饰工程定额包括柜类、货架，装饰线条，扶手、栏杆、栏板，暖气罩，卫生间配件，招牌、灯箱，美术字，零星木装饰，工艺门扇9节。

② 其他装饰工程定额中的成品安装项目，实际使用的材料品种、规格与定额不同时，可以换算，但人工、机械的消耗量不变。

③ 其他装饰工程定额中除铁件已包括刷防锈漆一遍外，均不包括油漆。油漆按山东省定额"第十四章 油漆、涂料及裱糊工程"相关子目执行。

④ 其他装饰工程定额项目中均未包括收口线、封边条、线条边框的工料，使用时另行计算线条用量，套用该定额"装饰线条"相应子目。

⑤ 其他装饰工程定额中除有注明外，龙骨均按木龙骨考虑，如实际采用细木工板、多层板等作龙骨，均执行定额不得调整。木龙骨（装修材）的用量、钢龙骨（角钢）的规格和用量，设计与定额不同时，可以调整，其他不变。

⑥ 其他装饰工程定额中玻璃均按成品加工玻璃考虑，并计入安装时的损耗。

⑦ 柜类、货架。

a. 木橱、壁橱、吊橱（柜）定额按骨架制作安装、骨架围板、隔板制作安装、橱柜贴面层、抽屉、门扇龙骨及门扇安装、玻璃柜及五金件安装分别列项，使用时分别套用相应定额。

b. 橱柜骨架中的木龙骨用量，设计与定额不同时，可以换算，但人工、机械消耗量不变。

⑧ 装饰线条。

a. 装饰线条均按成品安装编制。

b. 装饰线条按直线安装编制，如安装圆弧形或其他图案者，按以下规定计算。

天棚面安装圆弧装饰线条，人工乘以系数1.4；墙面安装圆弧装饰线条，人工乘以系数 1.2；装饰线条做艺术图案，人工乘以系数 1.6。

⑨ 栏板、栏杆、扶手为综合项。不锈钢栏杆中不锈钢管材、法兰用量，设计与定额不同时可以换算，但人工、机械消耗量不变。

⑩ 暖气罩按基层、造型层和面层分别列项，使用时分别套用相应定额。

⑪ 卫生间配套。

a. 大理石洗漱台的台面及裙边与挡水板分别列项，台面及裙边子目中包含了成品钢支架安装用工。洗漱台面按成品考虑。

b. 卫生间配件按成品安装编制。

c. 卫生间镜面玻璃子目设计与定额不同时可以换算。

⑫ 招牌、灯箱。

a. 招牌、灯箱分一般形式及复杂形式。一般形式是指矩形，表面平整无凹凸造型；复杂形式是指异形或表面有凹凸造型的情况。

b. 招牌内的灯饰不包括在定额内。

⑬ 美术字安装。

a. 美术字不分字体，定额均按成品安装编制。

b. 外文或拼音字个数，以中文意译的单字计算。

c. 材质适用范围：泡沫塑料有机玻璃字适用于泡沫塑料、硬塑料、有机玻璃、镜面玻璃等材料制作的字；金属字适用于铝铜材、不锈钢、金、银等材料制作的字。

⑭ 零星木装饰。

a. 门窗口套、窗台板及窗帘盒是按基层、造型层和面层分别列项，使用时分别套用相应定额。

b. 门窗口套安装按成品编制。

⑮ 工艺门扇。

a. 工艺门扇，定额按无框玻璃门扇、造型夹板门扇制作、成品门扇安装、门扇工艺镶嵌和门扇五金配件安装，分别设置项目。

b. 无框玻璃门扇，定额按开启扇、固定扇两种扇型，以及不同用途的门扇配件，分别设置项目。无框玻璃门扇安装定额中，玻璃按成品玻璃设置项目，定额中的损耗为安装损耗。

c. 不锈钢、塑铝板包门框子目为综合子目。包门框子目中，已综合了角钢架制作安装、基层板、面层板的全部施工工序。木龙骨、角钢架的规格和用量，设计与定额不同时，可以调整，人工、机械不变。

d. 造型夹板门扇制作，定额按木骨架、基层板、面层装饰板并区别材料种类，分别设置项目。局部板材用作造型层时，套用定额 15-9-13～15-9-15 基层项目相应子目，人工增加 10%。

e. 成品门扇安装，适用于成品进场门扇的安装，也适用于现场完成制作门扇的安装。定额木门扇安装子目中，每扇按 3 个合页编制，如与实际不同，合页用量可以调整，每增减 10 个合页，增减 0.25 工日。

f. 门扇工艺镶嵌，定额按不同的镶嵌内容，分别设置项目。

g. 门扇五金配件安装，定额按不同用途的成品配件，分别设置项目。普通执手锁安装执行"15-9-23"子目。

18.2 其他装饰工程量计算规则

① 橱柜木龙骨项目按橱柜龙骨的实际面积计算。基层板、造型层板及饰面板按实际尺寸以面积计算。抽屉按抽屉正面面板尺寸以面积计算。橱柜五金件以"个"为单位按数量计算。橱柜成品门扇安装按扇面尺寸以面积计算。

② 装饰线条应区分材质及规格，按设计图示尺寸以长度计算。

③ 栏板、栏杆、扶手，按长度计算。楼梯斜长部分的栏板、栏杆、扶手，按平台梁与连接梁外沿之间的水平投影长度，乘以系数1.15计算。

④ 暖气罩各层按设计尺寸以面积计算，与壁柜相连时，暖气罩算至壁柜隔板外侧，壁柜套用橱柜相应子目，散热口按其框外围面积单独计算。

⑤ 大理石洗漱台的台面及裙边按展开尺寸以面积计算，不扣除开孔的面积；挡水板按设计面积计算。

⑥ 招牌、灯箱的木龙骨按正立面投影尺寸以面积计算，型钢龙骨质量以t计算。基层及面层按设计尺寸以面积计算。

⑦ 美术字安装，按字的最大外围矩形面积以"个"为单位，按数量计算。

⑧ 门窗套及贴脸基层、造型层及面层的工程量均按设计图示展开尺寸以面积计算。

⑨ 窗台板按设计图示展开尺寸以面积计算；设计未注明尺寸时，按窗宽两边共加100mm计算长度（有贴脸的按贴脸外边线间宽度），凸出墙面的宽度按50mm计算。

⑩ 百叶窗帘、网扣帘按设计成活后展开尺寸以面积计算，设计未注明尺寸时，按洞口面积计算；窗帘、遮光帘均按展开尺寸以长度计算。窗帘轨、杆按米以长度计算。

⑪ 明式窗帘盒按设计图示尺寸以长度计算，与天棚相连的暗式窗帘盒，基层板（龙骨）、面层板按展开面积以面积计算。

⑫ 柱脚、柱帽以"个"为单位按数量计算，墙、柱石材面开孔以"个"为单位按数量计算。

⑬ 工艺门扇。

a. 玻璃门按设计图示洞口尺寸以面积计算，门窗配件按数量计算。不锈钢、塑铝板包门框按框饰面尺寸以面积计算。

b. 夹板门门扇木龙骨不分扇的形式，以扇面面积计算；基层及面层按设计尺寸以面积计算。扇安装按扇以"个"为单位，按数量计算。门扇上镶嵌按镶嵌的外围尺寸以面积计算。

c. 门扇五金配件安装，以"个"为单位按数量计算。

18.3 其他装饰工程量计算与定额应用

【应用案例 18-1】

某宾馆客房共 60 间,客房门洞 60 樘,门洞尺寸:900mm×2100mm,门贴脸做法:内外钉贴细木工板门套、贴脸(木龙骨)、装饰木夹板贴面,如图 18-1 所示。试计算该工程门套及贴脸工程量,确定套用的定额项目,并计算省价分部分项工程费。

解: ① 基层工程量 $= 0.24 \times (2.1 \times 2 + 0.9) \times 60 + 0.08 \times (2.18 \times 2 + 0.9) \times 2 \times 60 \approx 123.94(m^2)$,

套用定额 15-8-5,门窗套及贴脸、基层、木龙骨、细木工板,

单价(含税)$= 1223.81$ 元$/(10m^2)$,

省价分部分项工程费 $= 123.94/10 \times 1223.81 \approx 15167.90(元)$。

② 面层工程量 = 基层工程量 $= 123.94(m^2)$,

套用定额 15-8-8,门窗套及贴脸、面层、装饰木夹板,

单价(含税)$= 403.05$ 元$/(10m^2)$,

省价分部分项工程费 $= 123.94/10 \times 403.05 \approx 4995.40(元)$。

【应用案例 18-2】

某工程平墙式暖气罩尺寸如图 18-2 所示,九夹板基层,装饰木夹板面层,机制木花格散热口,共 18 个。试计算工程量,确定套用的定额项目,并计算省价分部分项工程费。

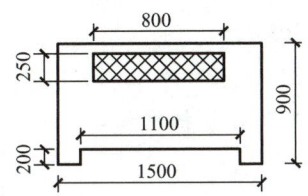

图 18-2 应用案例 18-2 附图

解: ① 基层工程量 $= (1.5 \times 0.9 - 1.10 \times 0.20 - 0.80 \times 0.25) \times 18 = 16.74(m^2)$,

套用定额 15-4-2,九夹板基层,

单价(含税)$= 1035.53$ 元$/(10m^2)$,

省价分部分项工程费 $= 16.74/10 \times 1035.53 \approx 1733.48(元)$。

② 面层工程量 $= (1.5 \times 0.9 - 1.10 \times 0.20 - 0.80 \times 0.25) \times 18 = 16.74(m^2)$,

套用定额 15-4-4,粘贴装饰木夹板面层,

单价(含税)$= 404.85$ 元$/(10m^2)$,

省价分部分项工程费 $= 16.74/10 \times 404.85 \approx 677.72(元)$。

③ 散热口安装工程量 $= 0.80 \times 0.25 \times 18 = 3.60(m^2)$,

套用定额 15-4-7,机制木花格,

单价(含税)$= 974.74$ 元$/(10m^2)$,

省价分部分项工程费＝3.60/10×974.74≈350.91(元)。

【应用案例 18－3】

某工程卫生间洗漱台如图 18－3 所示，采用双孔"中国黑"大理石台面板，台面尺寸 2200mm×550mm；裙边、挡水板均为黑色大理石板，宽度 250mm，通长设置；墙面设置无框车边玻璃镜，单面镜子尺寸 1800mm×900mm，共两面镜子。试计算工程量，确定套用的定额项目，并列表计算省价分部分项工程费。

图 18－3　应用案例 18－3 附图

解：① 卫生间洗漱台面板工程量＝2.2×0.55＝1.21(m²)，

洗漱台裙边工程量＝(2.2＋0.55×2)×0.25＝0.825(m²)，

台面板及裙边工程量合计＝1.21＋0.825＝2.035(m²)，

套用定额 15－5－1，大理石洗漱台，台面及裙边，

单价(含税)＝6426.08 元/(10m²)。

② 洗漱台挡水板工程量＝2.2×0.25＝0.55(m²)，

套用定额 15－5－2，大理石洗漱台，挡水板，

单价(含税)＝2409.83 元/(10m²)。

③ 无框镜子工程量＝(1.8×0.9)×2＝3.24(m²)，

套用定额 15－5－15，卫生间镜面，大于 1m² 无框，

单价(含税)＝1847.48 元/(10m²)。

④ 列表计算省价分部分项工程费，如表 18－1 所示。

表 18－1　应用案例 18－3 省价分部分项工程费

序号	定额编号	项目名称	单位	工程量	增值税（简易计税）/元	
					单价(含税)	合价
1	15－5－1	大理石洗漱台，台面及裙边	10m²	0.2035	6426.08	1307.71
2	15－5－2	大理石洗漱台，挡水板	10m²	0.055	2409.83	132.54
3	15－5－15	卫生间镜面，大于 1m² 无框	10m²	0.324	1847.48	598.58
		省价分部分项工程费合计	元			2038.83

学习启示

党的二十大报告提出，加快建设国家战略人才力量，努力培养造就更多大师、战略科学家、一流科技领军人才和创新团队、青年科技人才、卓越工程师、大国工匠、高技能人才。

世界技能大赛被誉为"世界技能奥林匹克"，其竞技水平代表了世界职业技能领域的最高水平。在第45届世界技能大赛中，来自广州市建筑工程职业学校的选手获得砌筑项目冠军，因此，需要加大力度培养学生"弘扬工匠精神，技能成就梦想"的信念，培育出越来越多的行业优秀人才和大国工匠，为实现中华民族伟大复兴的中国梦而奋斗。

本章小结

通过本章的学习，学生应掌握以下内容。
① 柜类、货架的定额说明及工程量计算规则，并能正确套用定额项目。
② 装饰线条，扶手、栏杆、栏板的定额说明及工程量计算规则，并能正确套用定额项目。
③ 暖气罩、卫生间配件的定额说明及工程量计算规则，并能正确套用定额项目。
④ 招牌、灯箱、美术字的定额说明及工程量计算规则，并能正确套用定额项目。
⑤ 零星木装饰、工艺门扇的定额说明及工程量计算规则，并能正确套用定额项目。

习题

一、简答题

1. 装饰线条如安装圆弧形图案，应如何进行调整？
2. 简述栏板、栏杆、扶手工程量计算规则。
3. 简述暖气罩工程量计算规则。
4. 简述百叶窗帘工程量计算规则。
5. 简述工艺门扇工程量计算规则。

二、案例分析

1. 某工程檐口上方设招牌，长18m，高2m，复杂木结构龙骨，细木工板基层，不锈钢板面层，上嵌10个0.5m×0.5m金属大字。试计算工程量，确定套用的定额项目，并列表计算省价分部分项工程费。

2. 某工程木橱柜20m²，基层板上贴装饰木夹板面层，橱柜安装合页8个、插销2个、橱门拉手4个、衣柜挂衣杆4个。试计算工程量，确定套用的定额项目，并列表计算省价分部分项工程费。

第 19 章 构筑物及其他工程

教学目标

通过本章的学习，学生应掌握烟囱，水塔，储水（油）池、储仓，检查井、化粪池及其他，场区道路，构筑物综合项目（井、池、散水、坡道）等项目的工程量计算规则和定额套项的运用。

教学要求

能力目标	知识要点	相关知识	权重
掌握烟囱，水塔，储水（油）池、储仓工程量的计算和正确套用定额项目	定额说明；工程量计算规则	基础与筒身的划分、筒壁厚度、筒壁中心线的平均直径；砖水塔基础与塔身的划分、混凝土水塔筒身与槽底的划分；国标、省标	0.5
掌握检查井，化粪池及其他，场区道路，构筑物综合项目等工程量的计算和正确套用定额项目	定额说明；工程量计算规则	渗井的划分；垫层、路面的划分；构筑物综合项目采用的标准图集	0.5

导入案例

某宿舍楼铺设室外排水管道，管路系统中有检查井（成品）15 座，钢筋混凝土化粪池 3 座（2 号，无地下水）。现需要结合山东省定额计算检查井、化粪池工程量，在确定套用的定额项目时，应该考虑哪些因素？

19.1　构筑物及其他工程定额说明

① 构筑物及其他工程定额包括烟囱，水塔，储水（油）池、储仓，检查井、化粪池及其他，场区道路，构筑物综合项目 6 节。

② 构筑物及其他工程包括构筑物单项及综合项目定额。综合项目是按照山东省住房和城乡建设厅发布的标准图集《13 系列建筑标准设计图集：建筑专业》《13 系列建筑标准设计图集：给排水专业》《建筑给水与排水设备安装图集》（L03S001-002）的标准做法编制的，使用时对应标准图号直接套用，不再调整。设计文件与标准图做法不同时，套用单项定额。

③ 构筑物及其他工程定额中，构筑物单项定额凡涉及土方、钢筋、混凝土、砂浆、模板、脚手架、垂直运输机械及超高增加等相关内容，实际发生时按照相应章节规定计算。

④ 砖烟囱筒身不分矩形、圆形，均按筒身高度执行相应子目。

⑤ 烟囱内衬项目也适用于烟道内衬。

⑥ 砖水箱内外壁，按定额实砌砖墙的相应规定计算。

⑦ 毛石混凝土，系按毛石占混凝土体积 20% 计算。如设计要求不同，可以换算。

19.2　构筑物及其他工程量计算规则

1. 烟囱

（1）烟囱基础

基础与筒身的划分以基础大放脚为分界，大放脚以下为基础，以上为筒身，工程量按设计图示尺寸以体积计算。

（2）烟囱筒身

① 圆形、方形筒身均按图示筒壁平均中心线周长乘以厚度并扣除筒身 $>0.3m^2$ 的孔洞、钢筋混凝土圈梁、过梁等体积以体积计算，其筒壁周长不同时可按下式分段计算。

$$V = \sum H \times C \times \pi D$$

式中　V——筒身体积；

　　　H——每段筒身垂直高度；

　　　C——每段筒壁厚度；

　　　D——每段筒壁中心线的平均直径。

② 砖烟囱筒身原浆勾缝和烟囱帽抹灰已包括在定额内，不另行计算。当设计要求加

浆勾缝时，套用勾缝定额，原浆勾缝所含工料不予扣除。

③ 当烟囱身全高≤20m时，垂直运输以人力吊运为准，如使用机械者，运输时间定额乘以系数0.75，即人工消耗量减去2.4工日/(10m³)；当烟囱身全高>20m时，垂直运输以机械为准。

④ 烟囱的混凝土集灰斗（包括分隔墙、水平隔墙、梁、柱）、轻质混凝土填充砌块及混凝土地面，按山东省定额有关章节规定计算，套用相应定额。

⑤ 砖烟囱、烟道及其砖内衬，如设计要求采用楔形砖，其数量按设计规定计算，套用相应定额项目。

⑥ 砖烟囱砌体内采用钢筋加固时，其钢筋用量按设计规定计算，套用相应定额。

（3）烟囱内衬及内表面涂刷隔绝层

① 烟囱内衬，按不同内衬材料并扣除孔洞后，以图示实体积计算。

② 填料按烟囱筒身与内衬之间的体积以体积计算，不扣除连接横砖（防沉带）的体积。

③ 内衬伸入筒身的连接横砖已包括在内衬定额内，不另行计算。

④ 为防止酸性凝液渗入内衬及筒身间，而在内衬上抹水泥砂浆排水坡的工料已包括在定额内，不单独计算。

⑤ 烟囱内表面涂刷隔绝层，按筒身内壁并扣除各种孔洞后的面积以面积计算。

（4）烟道砌砖

① 烟道与炉体的划分以第一道闸门为界，炉体内的烟道部分列入炉体工程量计算。

② 烟道中的混凝土构件，按相应定额项目计算。

③ 混凝土烟道以体积计算（扣除各种孔洞所占体积），套用地沟定额（架空烟道除外）。

2. 水塔

（1）砖水塔

① 水塔基础与塔身划分：以砖砌体的扩大部分顶面为界，以上为塔身，以下为基础。水塔基础工程量按设计尺寸以体积计算，套用烟囱基础的相应项目。

砖水塔定额说明

② 塔身以图示实砌体积计算，扣除门窗洞口、大于0.3m²的孔洞和混凝土构件所占的体积，砖平拱券及砖出檐等并入塔身体积内计算。

③ 砖水箱内外壁，不分壁厚，均以图示实砌体积计算，套相应的内外砖墙定额。

④ 定额内已包括原浆勾缝，如设计要求加浆勾缝，套用勾缝定额，原浆勾缝的工料不予扣除。

（2）混凝土水塔

① 混凝土水塔按设计图示尺寸以体积计算工程量，并扣除大于0.3m²的孔洞所占体积。

② 筒身与槽底以槽底连接的圈梁底为界，以上为槽底，以下为筒身。

③ 筒式塔身及依附于筒身的过梁、雨篷、挑檐等并入筒身体积内计算，柱式塔身、柱、梁合并计算。

④ 塔顶及槽底，塔顶包括顶板和圈梁，槽底包括底板挑出的斜壁板和圈梁等合并

计算。

⑤ 倒锥壳水塔中的水箱，定额按地面上浇筑编制。水箱的提升，另按山东省定额有关章节的相应规定计算。

3. 储水（油）池、储仓

① 储水（油）池、储仓、筒仓以体积计算。

② 储水（油）池仅适用于容积在 100m³ 以下的项目。容积大于 100m³ 的储水（油）池，池底按地面、池壁按墙、池盖按板相应项目计算。

③ 储仓区分立壁、斜壁、底板、顶板分别套用相应项目。基础、支撑漏斗的柱和柱之间的连系梁根据构成材料的不同，按山东省定额有关章节规定计算，套相应定额。

滑升钢模定额说明

4. 检查井、化粪池及其他

① 砖砌井（池）壁不分厚度均以体积计算，洞口上的砖平拱券等并入砌体体积内计算。与井壁相连的管道及其内径≤200mm 的孔洞所占体积不予扣除。

② 渗井系指上部浆砌、下部干砌的渗水井。干砌部分不分方形、圆形，均以体积计算。计算时不扣除渗水孔所占体积。浆砌部分套用砖砌井（池）壁定额。

③ 成品检查井、化粪池安装以"座"为单位计算。定额内考虑的是成品混凝土检查井、成品玻璃钢化粪池的安装，当主材材质不同时，可换算主材，其他不变。

④ 混凝土井（池）按实体积计算，与井壁相连的管道及内径≤200mm 孔洞所占体积不予扣除。

⑤ 井盖、雨水箅的安装以"套"为单位按数量计算，混凝土井圈的制作以体积计算，排水沟铸铁盖板的安装以长度计算。

补充说明

5. 场区道路

① 路面工程量按设计图示尺寸以面积计算，定额内已包括伸缩缝及嵌缝的工料，如机械割缝时执行构筑物及其他工程相关项目，路面项目中不再进行调整。

② 沥青混凝土路面根据山东省标准图集《13 系列建筑标准设计图集》中所列做法按面积计算，如实际工程中沥青混凝土粒径与定额不同时，可以体积换算。

③ 道路垫层按山东省定额"第二章 地基处理与边坡支护工程"的机械碾压相关项目计算。

④ 铸铁围墙工程量按设计图示尺寸以长度计算，定额内已包括与柱或墙连接的预埋铁件的工料。

补充说明

6. 构筑物综合项目

① 构筑物综合项目中的井、池均根据山东省标准图集《13 系列建筑标准设计图集》《建筑给水与排水设备安装图集》（L03S001－002）以"座"为单位计算。

② 散水、坡道均根据山东省标准图集《13 系列建筑标准设计图集》以面积计算。

③ 台阶根据山东省标准图集《13 系列建筑标准设计图集》按投影面积以面积计算。

散水和坡道

④ 路沿根据山东省标准图集《13系列建筑标准设计图集》以长度计算。

⑤ 凡按山东省标准图集设计和施工的构筑物综合项目，均执行定额项目，不得调整。若设计不采用标准图集，则按单项定额套用。

19.3　构筑物及其他工程量计算与定额应用

【应用案例 19-1】

某钢筋混凝土化粪池，尺寸如图 19-1 所示，钢筋混凝土池底、池壁、池盖均采用 C20 混凝土，池盖留直径 700mm 的检查洞，并安装铸铁盖板。试计算池底、池壁、池盖及铸铁盖板工程量，确定套用的定额项目，并列表计算省价分部分项工程费。

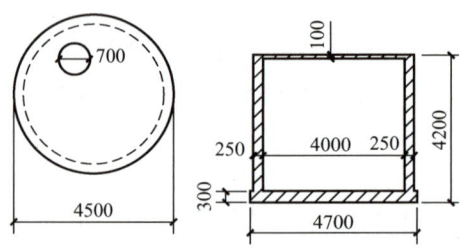

图 19-1　应用案例 19-1 附图

解： ① 计算池底工程量 $=3.14\times(4.70/2)^2\times0.3\approx5.20(m^3)$，

套用定额 16-4-6，混凝土井（池）井（池）底，

单价（含税）$=5120.01$ 元/（$10m^3$）。

② 计算池壁工程量 $=(4.00+0.25)\times3.14\times0.25\times(4.20-0.30-0.10)\approx12.68(m^3)$，

套用定额 16-4-7，混凝土井（池）井（池）壁，

单价（含税）$=5951.22$ 元/（$10m^3$）。

③ 计算池盖工程量 $=3.14\times(4.50^2-0.7^2)/4\times0.10\approx1.55(m^3)$，

套用定额 16-4-8，混凝土井（池）井（池）顶，

单价（含税）$=5313.42$ 元/（$10m^3$）。

④ 计算铸铁盖板工程量 $=1$ 套，

套用定额 16-4-10，铸铁盖板安装（带座），

单价（含税）$=2249.04$ 元/（10 套）。

⑤ 列表计算省价分部分项工程费，如表 19-1 所示。

表 19-1　应用案例 19-1 省价分部分项工程费

序号	定额编号	项目名称	单位	工程量	增值税（简易计税）/元 单价（含税）	合价
1	16-4-6	混凝土井（池）井（池）底	$10m^3$	0.52	5120.01	2662.41

续表

序号	定额编号	项目名称	单位	工程量	增值税（简易计税）/元 单价(含税)	合价
2	16-4-7	混凝土井（池）井（池）壁	10m³	1.268	5951.22	7546.15
3	16-4-8	混凝土井（池）井（池）顶	10m³	0.155	5313.42	823.58
4	16-4-10	铸铁盖板安装（带座）	10套	0.1	2249.04	224.90
		省价分部分项工程费合计	元			11257.04

【应用案例 19-2】

某宿舍楼铺设室外排水管道，管路系统中有检查井（成品）15座，钢筋混凝土化粪池3座（2号，无地下水）。试计算检查井、化粪池工程量，确定套用的定额项目，并列表计算省价分部分项工程费。

解： ① 检查井工程量=15座，

套用定额 16-4-3，成品检查井安装，

单价(含税)=4789.52元/(10座)。

② 化粪池工程量=3座，

套用定额 16-6-3，钢筋混凝土化粪池2号，无地下水，

单价(含税)=16056.50元/座。

③ 列表计算省价分部分项工程费，如表 19-2 所示。

表 19-2 应用案例 19-2 省价分部分项工程费

序号	定额编号	项目名称	单位	工程量	增值税（简易计税）/元 单价(含税)	合价
1	16-4-3	成品检查井安装	10座	1.5	4789.52	7184.28
2	16-6-3	钢筋混凝土化粪池2号，无地下水	座	3	16056.50	48169.50
		省价分部分项工程费合计	元			55353.78

学习启示

在北京冬奥会中，不吐烟圈的工业冷却塔刷屏海内外，拥有百年历史的首钢老工业园区在绿色、环保的大环境下，直接改造成"场馆"，从工业构筑物变身为奥运会赛场上的风景线，既节省拆除成本，又实现"变废为宝"。这是冬奥历史上第一座与工业遗产再利用直接结合的竞赛场馆，也是世界上首座永久性保留和使用的滑雪大跳台，更是奥运史上低碳环保方面的典范，符合党的二十大报告所述的坚持绿色低碳要求。

本章小结

通过本章的学习，学生应掌握以下内容。

① 烟囱（基础、砖烟囱及砖加工、混凝土烟囱、烟囱内衬、烟道砌砖、烟囱/烟道内涂刷隔绝层）、水塔（砖/混凝土水塔、倒锥壳水塔）、储水（油）池、储仓的定额说明及工程量计算规则，并能正确套用定额项目。

② 检查井、化粪池及其他等的定额说明及工程量计算规则，并能正确套用定额项目。

③ 场区道路的定额说明及工程量计算规则，并能正确套用定额项目。

④ 构筑物综合项目（井、池、散水、坡道等）的定额说明及工程量计算规则，并能正确套用定额项目。

⑤ 构筑物综合项目编制时所选用的标准图集。

习题

一、简答题

1. 砖烟囱筒身勾缝定额是怎样考虑的？
2. 储水（油）池工程量应怎样计算？
3. 简述渗井工程量计算规则。
4. 简述检查井、化粪池工程量计算规则。
5. 简述场区道路工程量计算规则。

二、案例分析

1. 某小区铺设室外排水管道，管道净长 120m，陶土管直径 300mm，水泥砂浆接口，管底铺设黄砂垫层，管道中设有检查井（成品）12 座，钢筋混凝土化粪池 1 座（3 号，无地下水）。试计算室外化粪池、检查井工程量，并计算省价分部分项工程费。

2. 某混凝土路面，路宽 8m，长 150m，路基地瓜石垫层厚 200mm，M2.5 混合砂浆灌缝，路面为 C25 混凝土整体路面，200mm 厚；砌筑预制混凝土路缘石 90m；散水长度为 50m，宽 0.80m；地瓜石垫层上浇筑 C15 混凝土，1∶2.5 水泥砂浆抹面。试计算垫层、路面、路缘石及散水工程量，并计算省价分部分项工程费。

3. 某工程室外配套项目示意如图 19-2 所示，其具体做法说明如下。

① 室外排水管道 A 段为铸铁管，公称直径 DN100，管道平均开挖深度 1m；B 段为陶土管，公称直径 DN200，水泥砂浆接口，管道平均开挖深度 1.2m，排水管道铺设砂基础（按现行省标做法）。

② 成品检查井；钢筋混凝土化粪池（4 号，无地下水）。

③ 散水：混凝土散水，3∶7 灰土垫层，1∶2.5 水泥砂浆抹面；坡道：带齿槽混凝土坡道，3∶7 灰土垫层，混凝土厚 120mm，1∶2 水泥砂浆作齿槽。

④ 场区道路：3∶7 灰土垫层 100mm 厚，混凝土整体路面，随打随抹，强度等级为

C25，厚 200mm；道路两侧铺设料石路沿，砂垫层，铺设至散水边缘。

试计算该工程配套项目工程量，并计算省价分部分项工程费。

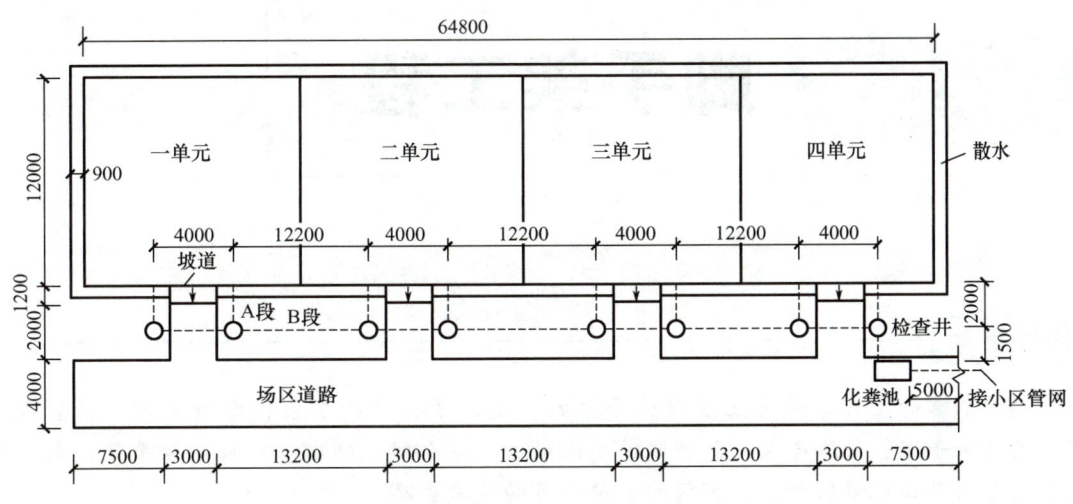

图 19-2　案例分析 3 附图

第 20 章 脚手架工程

教学目标

通过本章的学习，学生应了解脚手架的种类；掌握外脚手架、里脚手架、满堂脚手架、悬空脚手架、挑脚手架、防护架、依附斜道、安全网、烟囱（水塔）脚手架、电梯井脚手架等项目工程量的计算；掌握脚手架项目的定额套项。

教学要求

能力目标	知识要点	相关知识	权重
掌握外脚手架、里脚手架、满堂脚手架工程量的计算	定额说明及计算规则	外脚手架、里脚手架、满堂脚手架等项目的架设方法	0.4
掌握悬空脚手架、挑脚手架、防护架、依附斜道、安全网工程量的计算	定额说明及计算规则	悬空脚手架、挑脚手架、防护架、依附斜道、安全网等项目的架设方法	0.3
掌握烟囱（水塔）脚手架、电梯井脚手架工程量的计算	定额说明及计算规则	烟囱（水塔）脚手架、电梯井脚手架等项目的架设方法	0.3

导入案例

某工程平面图、立面图如图 20-1 所示，主楼 25 层，裙楼 8 层，女儿墙高 2m，屋顶电梯间、水箱间为普通黏土砖砌外墙（一层）。在计算脚手架、安全网及垂直封闭等工程量时，主楼、裙楼和屋顶电梯间、水箱间是作为一个整体来考虑，还是分开单独考虑的呢？

第20章 脚手架工程

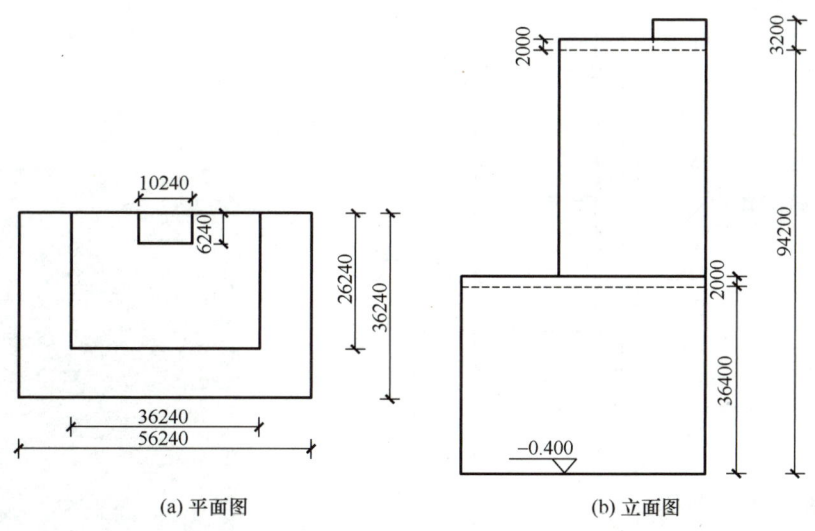

图 20-1 导入案例附图

20.1 脚手架工程定额说明

脚手架工程定额包括外脚手架,里脚手架,满堂脚手架,悬空脚手架、挑脚手架、防护架、依附斜道,安全网,烟囱(水塔)脚手架,电梯井脚手架等共8节。

① 脚手架按搭设材料分为木制、钢管式,按搭设形式及作用分为落地式钢管脚手架、型钢平台挑钢管脚手架、烟囱脚手架和电梯井脚手架等,如图 20-2 和图 20-3 所示。

图 20-2 落地式双排钢管外脚手架示意

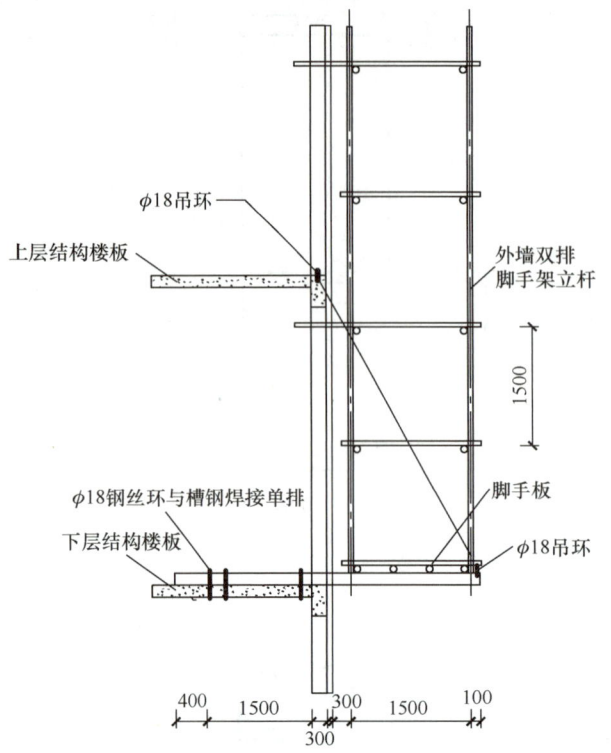

图 20-3　型钢平台外挑双排钢管外脚手架示意

② 脚手架工作内容中，包括底层脚手架下的平土、挖坑，实际与定额不同时不得调整。

特别提示

> 外脚手架，综合了上料平台。依附斜道、安全网和建筑物的垂直封闭等，应依据相应规定另行计算，如图 20-4 所示。

图 20-4　上料平台、垂直封闭及依附斜道示意

③ 脚手架作业层铺设材料按木脚手板设置，实际使用不同材质时不得调整。

④ 型钢平台外挑双排钢管脚手架子目，一般适用于自然地坪或高层建筑的低层屋面不能承受外脚手架荷载、不满足搭设落地脚手架条件或架体搭设高度＞50m等情况。

建筑物上部楼层挑出外墙或有悬挑板时，应按施工组织设计确定的脚手架搭设方法，根据定额编制原则另行确定外脚手架的计算方法，如图20-5所示。

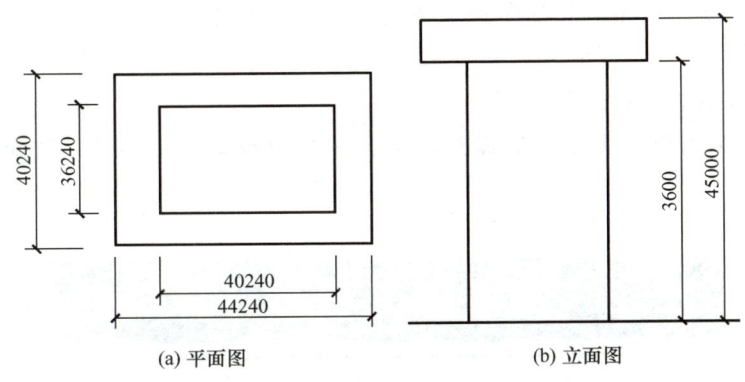

图20-5 建筑物上部层数挑出外墙示意

⑤ 外脚手架按直线型编制，若外脚手架呈弧形且直径≤20m时，按外脚手架相应项目人工乘以系数1.30计算。

1. 外脚手架

① 现浇混凝土圈梁、过梁、楼梯、雨篷、阳台、挑檐中的梁和挑梁，各种现浇混凝土板、楼梯，不单独计算脚手架。

② 计算外脚手架的建筑物四周外围的现浇混凝土梁、框架梁、墙，不另计算脚手架。

③ 砌筑高度≤10m，执行单排脚手架子目；高度＞10m，或高度虽小于或等于10m但外墙门窗及外墙装饰面积超过外墙表面面积60%（或外墙为现浇混凝土墙、轻质砌块墙）时，执行双排脚手架子目。

④ 设计室内地坪至顶板下坪（或山墙高度1/2处）的高度＞6m时，内墙（非轻质砌块墙）砌筑脚手架执行单排外脚手架子目；轻质砌块墙砌筑脚手架，执行双排外脚手架子目。

⑤ 外装饰工程的脚手架根据施工方案可执行外装饰电动提升式吊篮脚手架子目。

2. 里脚手架

① 建筑物内墙脚手架，凡设计室内地坪至顶板下表面（或山墙高度1/2处）的高度≤3.6m（非轻质砌块墙）时，执行单排里脚手架子目；3.6m＜高度≤6m时，执行双排里脚手架子目。不能在内墙上留脚手架洞的各种轻质砌块墙等，执行双排里脚手架子目。

② 石砌（带形）基础高度＞1m执行双排里脚手架子目；石砌（带形）基础高度＞3m，执行双排外脚手架子目。边砌边回填时，不得计算脚手架。

3. 悬空脚手架、挑脚手架、防护架

水平防护架和垂直防护架指脚手架以外单独搭设的，用于车辆通行、人行通道、临街防护和施工与其他物体隔离等的防护。

4. 依附斜道

斜道是按依附斜道编制的。独立斜道，按依附斜道子目人工、材料、机械乘以系数 1.8。

5. 烟囱（水塔）脚手架

① 烟囱脚手架，综合了垂直运输架、斜道、缆风绳、地锚等内容。

② 水塔脚手架，按相应的烟囱脚手架人工乘以系数 1.11，其他不变。倒锥壳水塔脚手架，按烟囱脚手架相应子目乘以系数 1.3。

6. 电梯井脚手架的搭设高度

电梯井脚手架的搭设高度指电梯井底板上坪至顶板下坪（不包括建筑物顶层电梯机房）之间的高度。

20.2 脚手架工程量计算规则

脚手架计取的起点高度：基础及石砌体高度＞1m，其他结构高度＞1.2m。计算内、外墙脚手架时，均不扣除门窗洞口、空圈洞口等所占的面积。

1. 外脚手架

① 建筑物外脚手架高度自设计室外地坪算至檐口（或女儿墙顶）；同一建筑物有不同檐高时，按建筑物的不同檐高纵向分割，分别计算，并按各自的檐高执行相应子目。地下室外脚手架的高度按其底板上坪至地下室顶板上坪之间的高度计算。

特别提示

① 外脚手架的高度，在工程量计算和执行定额时，均自设计室外地坪算至檐口顶。

② 先主体、后回填、自然地坪低于设计室外地坪时，外脚手架的高度，自自然地坪算起，如图 20-6 所示。

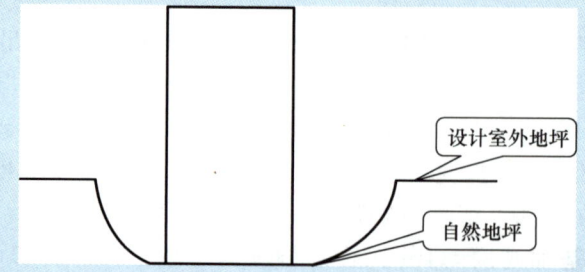

图 20-6 先主体、后回填、自然地坪低于设计室外地坪示意

③ 设计室外地坪标高不同时，有错坪的，按不同标高分别计算；有坡度的，按平均标高计算，如图 20-7 所示。

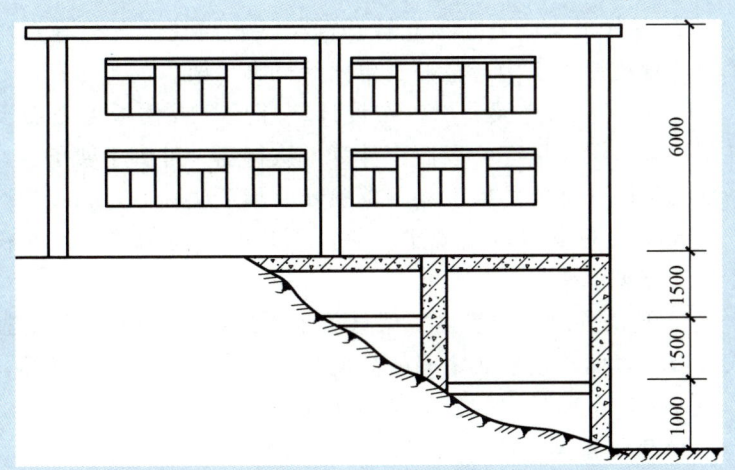

图20-7 建筑物设计室外地坪标高不同示意

④ 外墙有女儿墙的,算至女儿墙压顶上坪;无女儿墙的,算至檐板上坪,或檐沟翻檐的上坪。

⑤ 坡屋面的山尖部分,其工程量按山尖部分的平均高度计算;但应按山尖顶坪执行定额,如图20-8所示。

⑥ 突出屋面的电梯间、水箱间等,执行定额时,不计入建筑物的总高度,如图20-9所示。

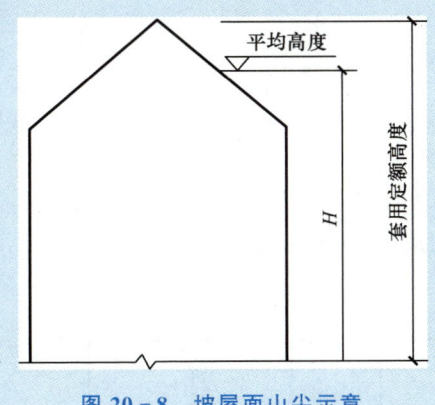

图20-8 坡屋面山尖示意

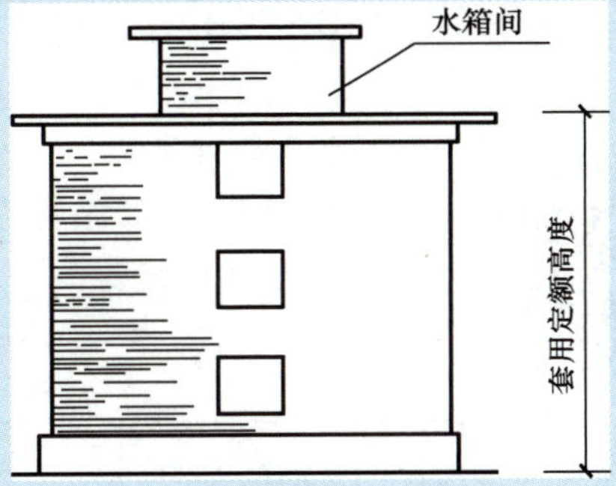

图20-9 突出屋面水箱间示意

② 按外墙外边线长度乘以高度以面积计算。突出墙面宽度大于240mm的墙垛、外挑阳台(板)等,按图示尺寸展开并入外墙长度内计算。

③ 现浇混凝土独立基础,按柱脚手架规则计算(外围周长按最大底面周长),执行单排外脚手架子目。

④ 混凝土带形基础、带形桩承台、满堂基础,按混凝土墙的规定计算脚手架,其中满堂基础脚手架长度按外围周长计算。

⑤ 独立柱(现浇混凝土框架柱)按柱图示结构外围周长另加3.6m,乘以设计柱高以

独立柱主体工程脚手架计算

脚手架高度规定

挡土墙、内墙装饰脚手架规定

补充说明

面积计算,执行单排外脚手架项目。

⑥ 各种现浇混凝土独立柱、框架柱、砖柱、石柱等,均需单独计算脚手架。现浇混凝土构造柱,不单独计算脚手架。

⑦ 现浇混凝土梁、墙,按设计室外地坪或楼板上表面至楼板底之间的高度,乘以梁、墙净长以面积计算,执行双排外脚手架子目。与混凝土墙同一轴线且同时浇筑的墙上梁不单独计取脚手架。

⑧ 轻型框剪墙按墙规定计算,不扣除之间洞口所占面积,洞口上方梁不另计算脚手架。

⑨ 现浇混凝土(室内)梁(单梁、连续梁、框架梁),按设计室外地坪或楼板上表面至楼板底之间的高度乘以梁净长,以面积计算,执行双排外脚手架子目。有梁板中的板下梁不计取脚手架。

2. 里脚手架

① 里脚手架按墙面垂直投影面积计算。

② 内墙面装饰,按装饰面执行里脚手架计算规则,当内墙面装饰高度≤3.6m时,按相应脚手架子目乘以系数0.3计算;当内墙面装饰高度>3.6m时,按双排里脚手架乘以系数0.3计算。按规定计算满堂脚手架后,室内墙面装饰工程,不再计算内墙装饰脚手架。

③ (砖砌)围墙脚手架,按室外自然地坪至围墙顶面的砌筑高度乘以长度,以面积计算。围墙脚手架,执行单排里脚手架相应子目。石砌围墙或厚度大于2皮砖的砖围墙,增加一面双排里脚手架。

3. 满堂脚手架

① 按室内净面积计算,不扣除柱、垛所占面积。

② 当结构净高>3.6m时,可计算满堂脚手架;当结构净高≤3.6m时,不计算满堂脚手架。

③ 当3.6m<结构净高≤5.2m时,计算基本层。

④ 当结构净高>5.2m时,每增加1.2m按增加一层计算,不足0.6m的不计,如图20-10所示。

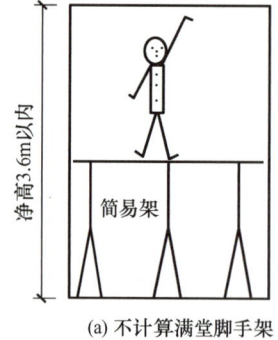
(a) 不计算满堂脚手架

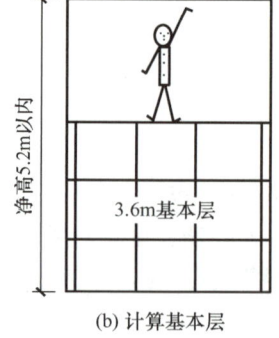
(b) 计算基本层

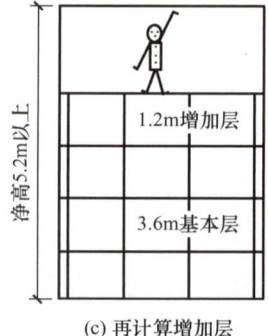
(c) 再计算增加层

图20-10 满堂脚手架计算示意

4. 悬空脚手架、挑脚手架、防护架

① 悬空脚手架，按搭设水平投影面积计算。

② 挑脚手架，按搭设长度和层数以长度计算。

③ 水平防护架，按实际铺板的水平投影面积计算。垂直防护架，按自然地坪至最上一层横杆之间的搭设高度乘以实际搭设长度，以面积计算。

5. 依附斜道

依附斜道，按不同搭设高度以"座"计算，如图 20 – 11 所示。

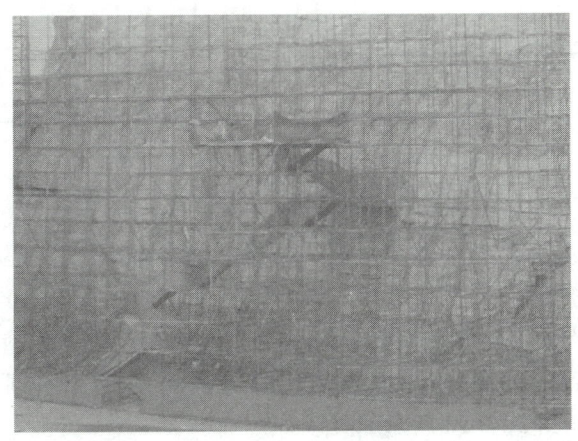

图 20 – 11 依附斜道

6. 安全网

① 平挂式安全网（脚手架外侧与建筑物外墙之间的安全网），按水平挂设的投影面积计算，执行立挂式安全网子目，如图 20 – 12 所示。

图 20 – 12 平挂式安全网示意

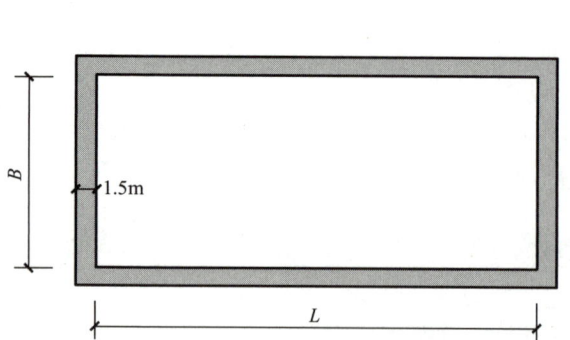
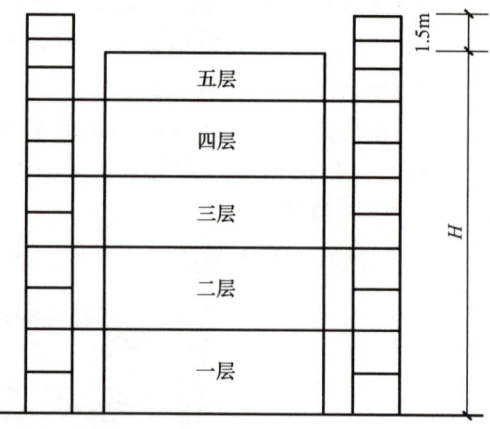

图 20-12 平挂式安全网示意（续）

② 立挂式安全网，按架网部分的实际长度乘以实际高度，以面积计算。

③ 挑出式安全网，按挑出的水平投影面积计算。

④ 建筑物垂直封闭工程量，按封闭墙面的垂直投影面积计算。建筑物垂直封闭采用交替使用时，工程量按使用封闭过的垂直投影面积计算，执行定额子目时，封闭材料竹席、竹笆、密目网分别乘以系数 0.5、0.33、0.33，如图 20-13 所示。

补充规定

(a) 固定封闭

(b) 交替使用封闭

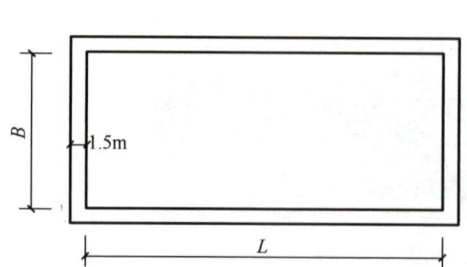
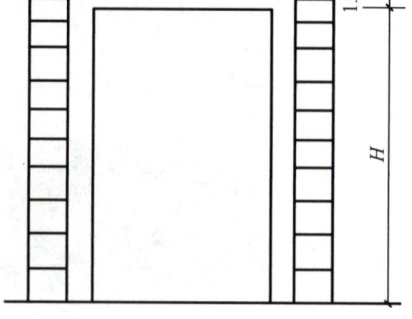

(c) 垂直封闭计算

图 20-13 建筑物垂直封闭

7. 烟囱（水塔）脚手架

烟囱（水塔）脚手架按不同搭设高度以"座"计算。

8. 电梯井字架

电梯井字架按不同搭设高度以"座"计算。

9. 其他

① 设备基础脚手架，按其外围周长乘以地坪至外形顶面边线之间的高度，以面积计算，执行双排里脚手架子目。

② 砌筑储仓脚手架，不分单筒或储仓组，均按单筒外边线周长，乘以设计室外地坪至储仓上口之间高度，以面积计算，执行双排外脚手架子目。

③ 储水（油）池脚手架，按外壁周长乘以室外地坪至池壁顶面之间的高度，以面积计算，储水（油）池距地坪高度>1.2m时，执行双排外脚手架子目。

④ 大型现浇混凝土储水（油）池、框架式设备基础的混凝土壁、柱、顶板梁等混凝土浇筑脚手架，按现浇混凝土墙、柱、梁的相应规定计算。

混凝土壁、顶板梁的高度，按池底上坪至池顶板下坪之间高度计算；混凝土柱的高度，按池底上坪至池顶板上坪高度计算。

20.3 脚手架工程量计算与定额应用

【应用案例 20-1】

条件同本章导入案例。试计算其外脚手架工程量，确定套用的定额项目，并列表计算省价措施项目费。

解： ① 计算主楼外脚手架面积，

立面右侧工程量 $=36.24\times(94.20+2.00)\approx3486.29(m^2)$，

其余三面工程量 $=(36.24+26.24\times2)\times(94.20-36.40+2.00)\approx5305.46(m^2)$，

水箱间立面右侧工程量 $=10.24\times(3.20-2.00)\approx12.29(m^2)$，

工程量合计 $=3486.29+5305.46+12.29=8804.04(m^2)$。

突出屋面的水箱间，执行定额时，不计入建筑物总高度。

主楼外脚手架高度：$94.20+2.00=96.20(m)$，

套用定额 17-1-17，型钢平台外挑双排钢管脚手架 100m 内，

单价（含税）$=887.92$ 元/$(10m^2)$。

② 裙楼外脚手架工程量 $=[(36.24+56.24)\times2-36.24]\times(36.40+2.00)\approx5710.85(m^2)$，

裙楼外脚手架高度：$36.40+2.00=38.40(m)$，

套用定额 17-1-12，双排钢管外脚手架 50m 内，

单价（含税）$=353.00$ 元/$(10m^2)$。

③ 突出屋面的水箱间，其脚手架按自身高度计算，

水箱间外脚手架工程量 $=(10.24+6.24\times2)\times3.2\approx72.70(m^2)$，

套用定额 17-1-6，单排钢管外脚手架 6m 内，

单价(含税)＝134.06元/(10m²)。

④ 列表计算省价措施项目费,如表20-1所示。

表20-1 应用案例20-1省价措施项目费

序号	定额编号	项目名称	单位	工程量	增值税（简易计税）/元	
					单价(含税)	合价
1	17-1-17	型钢平台外挑双排钢管脚手架100m内	10m²	880.404	887.92	781728.32
2	17-1-12	双排钢管外脚手架50m内	10m²	571.085	353.00	201593.01
3	17-1-6	单排钢管外脚手架6m内	10m²	7.270	134.06	974.62
		省价措施项目费合计	元			984295.95

【应用案例20-2】

某住宅工程建筑平面图如图20-14所示,七层,平屋顶,内外墙厚240mm,层高2.90m,室内外高差0.3m,设计室外地坪至檐口的高度为20.60m,现浇混凝土阳台外挑宽度1.20m（图中所示尺寸均为外边线尺寸）,采用落地式双排钢管外脚手架。试计算外脚手架工程量,确定套用的定额项目,并计算省价措施项目费。

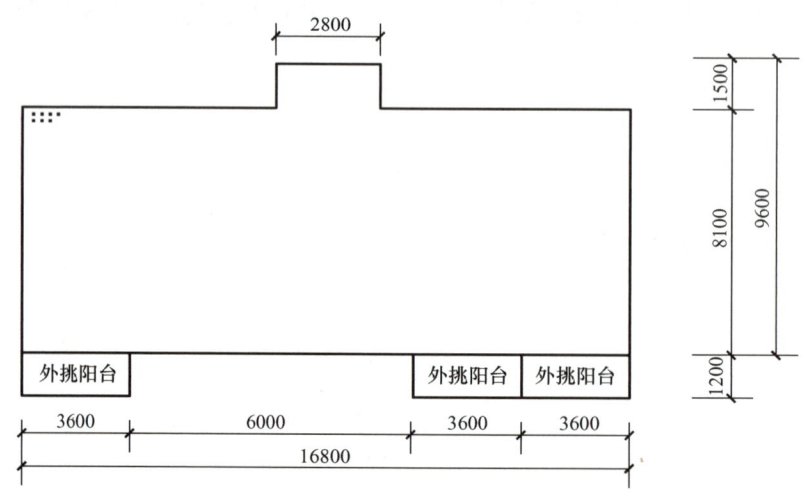

图20-14 应用案例20-2附图

解：外边线长度＝(16.8＋9.6)×2＋1.2×4＝57.6(m),

外脚手架工程量＝57.6×20.60＝1186.56(m²),

套用定额17-1-10,双排钢管外脚手架24m内,

单价(含税)＝273.80元/(10m²),

省价措施项目费＝1186.56/10×273.80≈32488.01(元)。

【应用案例20-3】

某工程平面图如图20-15所示,内外墙均为黏土砖墙240mm,层高2.9m,混凝土楼板和阳台板均为120mm厚（图中所示尺寸均为轴线间尺寸）,采用单排钢管脚手架。试计算实线所示部分砌体里脚手架工程量,确定套用的定额项目,并计算省价措施项目费。

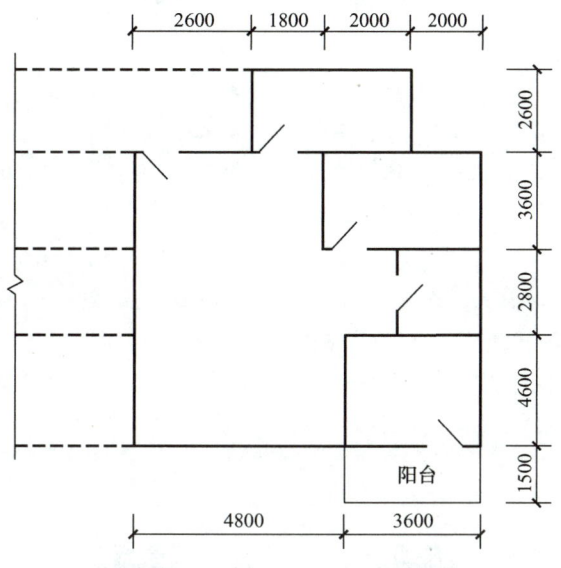

图 20-15 应用案例 20-3 附图

解: 里脚手架搭设长度=(4.6+2.8+3.6-0.24)+(4.6+2.8+3.6+2.6-0.24×2)+(2.6+1.8+2-0.24)+(4-0.24)+(3.6-0.24)+(3.6-0.24)=40.52(m),

里脚手架工程量=40.52×(2.9-0.12)≈112.65(m^2),

套用定额 17-2-5,3.6m 内单排钢管里脚手架,

单价(含税)=72.57 元/(10m^2),

省价措施项目费=112.65/10×72.57≈817.50(元)。

 **特别提示**

阳台内侧(与房间之间)的外墙,应按里脚手架计算。

学习启示

2015 年某市在建大楼进行混凝土浇筑时脚手架发生垮塌,造成 8 死 7 伤、直接经济损失 1100 余万元的重大安全事故,事故的原因主要是支撑架架体搭设不规范、支撑架的强度和稳定性等未经计算验证。生产安全无小事,事关人民生命和财产安全,要坚决贯彻党的二十大报告提出的坚持安全第一、预防为主,建立大安全大应急框架,完善公共安全体系,推动公共安全治理模式向事前预防转型。

本章小结

通过本章的学习,学生应掌握以下内容。

① 外脚手架(木架、钢管架、型钢平台外挑双排钢管脚手架、外装饰电动提升式吊篮脚手架)、里脚手架(木架、钢管架)、满堂脚手架(木架、钢管架)的定额说明及工程量计算规则,并能正确套用定额项目。

② 悬空脚手架(木架、钢管架)、挑脚手架(木架、钢管架)、防护架(水平、垂直)、依附斜道(木、钢管)、安全网(立挂式、挑出式、建筑物垂直封闭)的定额说明及工程量计算规则,并能正确套用定额项目。

③ 烟囱(水塔)脚手架、电梯井脚手架的定额说明及工程量计算规则,并能正确套用定额项目。

习 题

一、简答题

1. 简述什么情况下执行双排外脚手架子目。
2. 简述什么情况下执行双排里脚手架子目。
3. 简述建筑物外脚手架工程量计算规则。
4. 简述满堂脚手架工程量计算规则。
5. 简述平挂式安全网、建筑物垂直封闭工程量计算规则。

二、案例分析

1. 某工程有梁板结构平面图和1—1剖面图如图20-16所示,板顶标高为6.300m,

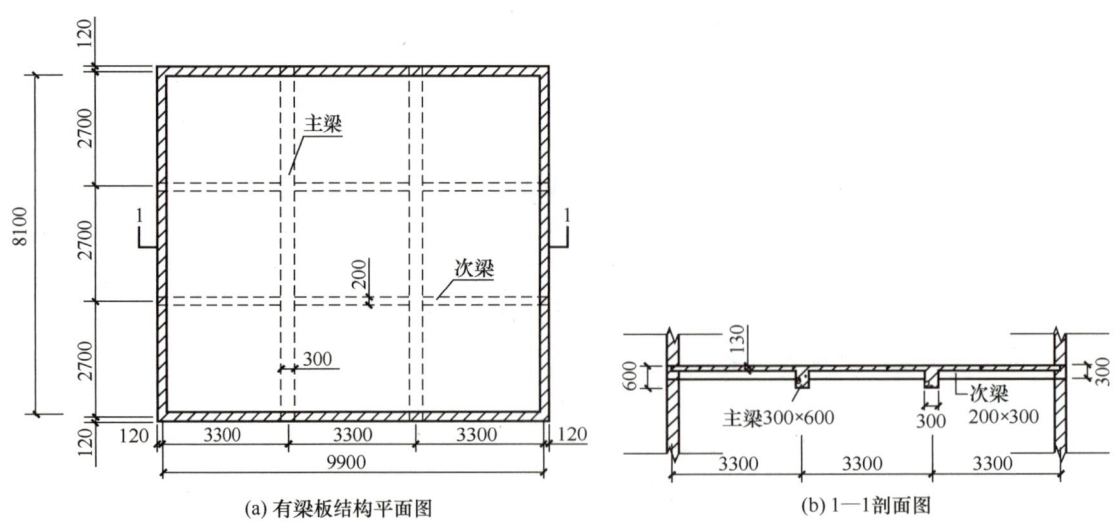

图 20-16 案例分析 1 附图

现浇板底抹水泥砂浆,搭设满堂钢管脚手架。试计算满堂钢管脚手架工程量,并计算省价措施项目费。

2. 某工程平面图、立面图如图 20-17 所示,主楼 25 层,裙楼 8 层,女儿墙高 2m,屋顶电梯间、水箱间为砖砌外墙。

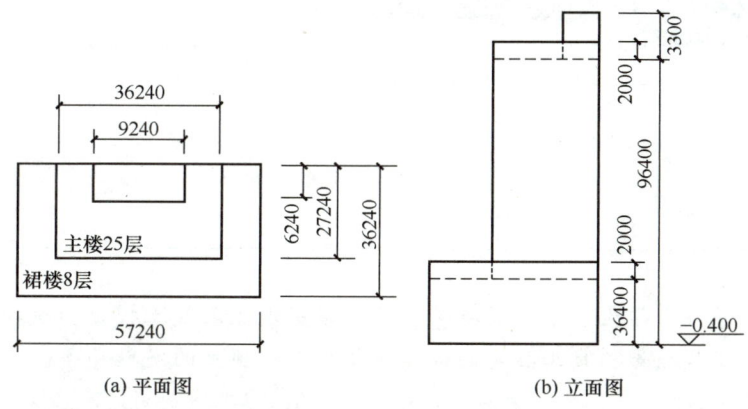

图 20-17 案例分析 2 附图

① 计算外脚手架工程量,确定套用的定额项目,并计算省价措施项目费。
② 编制招标控制价时计算依附斜道工程量,确定套用的定额项目,并计算省价措施项目费。
③ 编制招标控制价时计算平挂式安全网工程量,确定套用的定额项目,并计算省价措施项目费。
④ 编制招标控制价时计算密目网垂直封闭工程量,确定套用的定额项目,并计算省价措施项目费。

3. 某工程平面图和立面图如图 20-18 所示,有挑出的外墙。试计算外脚手架工程量,确定套用的定额项目,并计算省价措施项目费。

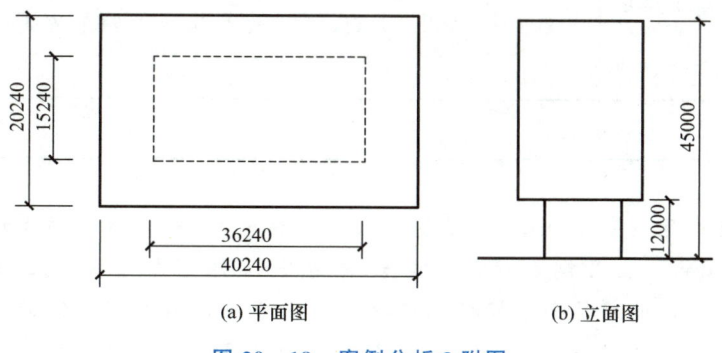

图 20-18 案例分析 3 附图

第 21 章 模板工程

教学目标

通过本章的学习，学生应了解模板的种类；掌握现浇混凝土模板、现场预制混凝土模板、构筑物混凝土模板等项目工程量的计算；掌握模板项目的定额套项。

教学要求

能力目标	知识要点	相关知识	权重
掌握现浇混凝土模板工程量的计算	定额说明及计算规则、模板周转次数、支撑超高	基础、柱、梁、墙、板等项目模板的搭设方法	0.4
掌握现场预制混凝土模板工程量的计算	定额说明及计算规则	桩、柱、梁、屋架、板等项目模板的搭设方法	0.3
掌握构筑物混凝土模板工程量的计算	定额说明及计算规则	烟囱、水塔、化粪池、储仓等项目模板的搭设方法	0.3

导入案例

某工程一层大厅层高 4.9m，二层现浇混凝土楼面板厚 12cm，楼面板使用的组合钢模板面积为 220m^2，采用钢支撑；一层现浇混凝土矩形柱水平截面尺寸为 0.6m×0.6m，柱高 4.9m，使用复合木模板钢支撑。现需要结合山东省定额计算一层柱及二层楼面板的模板支撑超高工程量，在确定套用的定额项目时，应该考虑哪些因素？

21.1 模板工程定额说明

模板工程定额包括现浇混凝土模板、现场预制混凝土模板、构筑物混凝土模板 3 节。定额按不同构件，分别以组合钢模板钢支撑、木支撑，复合木模板钢支撑、木支撑，木模板、木支撑编制。

1. 现浇混凝土模板

① 现浇混凝土杯形基础的模板，执行现浇混凝土独立基础模板子目，定额人工乘以系数 1.13，其他不变。

② 现浇混凝土直形墙、电梯井壁等项目，按普通混凝土考虑的，如设计要求防水等特殊处理，套用模板工程有关子目后，增套山东省定额"第五章 钢筋及混凝土工程"对拉螺栓增加子目，如图 21-1 所示。

图 21-1 地下室钢筋混凝土墙对拉螺栓示意

③ 现浇混凝土板的倾斜度＞15°时，其模板子目定额人工乘以系数 1.3。

④ 现浇混凝土柱、梁、墙、板是按支模高度（地面支撑点至模底或支模顶）3.6m 编制的，支模高度超过 3.6m 时，另行计算模板支撑超高部分的工程量。轻型框剪墙的模板支撑超高，执行墙支撑超高子目。

⑤ 对拉螺栓与钢、木支撑结合的现浇混凝土模板子目，定额按不同构件、不同模板材料和不同支撑工艺综合考虑，实际使用钢、木支撑的量与定额不同时，不得调整。

2. 现场预制混凝土模板

现场预制混凝土模板子目使用时，人工、材料、机械消耗量分别乘以构件操作损耗系数 1.012。施工单位报价时，可根据构件、现场等具体情况，自行确定操作损耗率；编制标底（招标控制价）时，执行以上系数。

3. 构筑物混凝土模板

① 采用钢滑升模板施工的烟囱、水塔支筒及筒仓是按无井架施工编制的，定额内综合了操作平台，使用时不再计算脚手架及竖井架。

② 采用钢滑升模板施工的烟囱、水塔，提升模板使用的钢爬杆用量是按一次摊销编

制的，储仓是按两次摊销编制的，设计要求不同时，允许换算。

③ 倒锥壳水塔塔身钢滑升模板项目，也适用于一般水塔塔身滑升模板工程。

④ 烟囱钢滑升模板项目均已包括烟囱筒身、牛腿、烟道口，水塔钢滑升模板均已包括直筒、门窗洞口等模板用量。

实际工程中复合木模板周转次数与定额不同时，可按实际周转次数，根据以下公式分别对子目材料中的复合木模板、锯成材消耗量进行计算调整。

① 复合木模板消耗量＝模板一次使用量×(1＋5％)×模板制作损耗系数÷模板周转次数。

② 锯成材消耗量＝定额锯成材消耗量－N_1＋N_2。其中 N_1＝模板一次使用量×(1＋5％)×方木消耗系数÷定额模板周转次数，N_2＝模板一次使用量×(1＋5％)×方木消耗系数÷实际模板周转次数。

③ 上述公式中复合木模板制作损耗系数、方木消耗系数如表21-1所示。

模板周转次数规定

表 21-1　复合木模板制作损耗系数、方木消耗系数

构件部位	基础	柱	构造柱	梁	墙	板
模板制作损耗系数	1.1392	1.1047	1.2807	1.1688	1.0667	1.0787
方木消耗系数	0.0209	0.0231	0.0249	0.0247	0.0208	0.0172

21.2　模板工程量计算规则

1. 现浇混凝土模板工程量

除另有规定外，现浇混凝土模板工程量按模板与混凝土的接触面积（扣除后浇带所占面积）计算。

(1) 基础按混凝土与模板接触面的面积计算

① 基础与基础相交时重叠的模板面积不扣除；直形基础端头的模板，也不增加。

② 杯形基础模板面积按独立基础模板计算，杯口内模板面积并入相应基础模板工程量内。

③ 现浇混凝土带形桩承台的模板，执行现浇混凝土带形基础（有梁式）模板子目。

④ 现浇混凝土带形基础模板，按基础展开高度乘以基础长度计算。外墙带形基础长度按外墙中心线长度计算，内墙带形基础长度按内墙基础净长度计算。

(2) 现浇混凝土柱模板面积计算

现浇混凝土柱模板按柱四周展开宽度乘以柱高，以面积计算。

① 柱、梁相交时，不扣除梁头所占柱模板面积。

② 柱、板相交时，不扣除板厚所占柱模板面积。

图 21-2 所示为柱与梁、板相交示意。

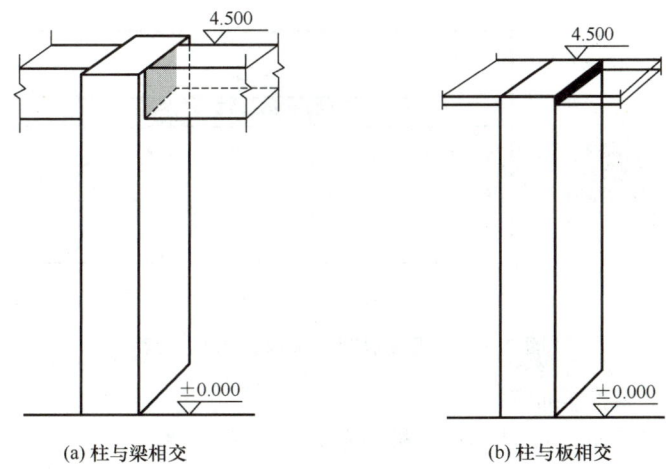

(a) 柱与梁相交　　　　(b) 柱与板相交

图 21-2　柱与梁、板相交示意

（3）构造柱模板面积计算

构造柱模板按混凝土外露宽度乘以柱高以面积计算；构造柱与砌体交错咬槎连接时，按混凝土外露面的最大宽度计算。构造柱与墙的接触面不计算模板面积。

（4）现浇混凝土梁模板面积计算

现浇混凝土梁模板面积按混凝土与模板的接触面积计算。

① 矩形梁，支座处的模板不扣除，端头处的模板不增加，如图 21-3（a）所示。

② 梁、梁相交时，不扣除次梁梁头所占主梁模板面积。

③ 梁、板连接时，梁侧壁模板算至板下坪，如图 21-3（b）所示。

④ 过梁与圈梁连接时，其过梁长度按洞口两端共加 50cm 计算，如图 21-3（c）所示。

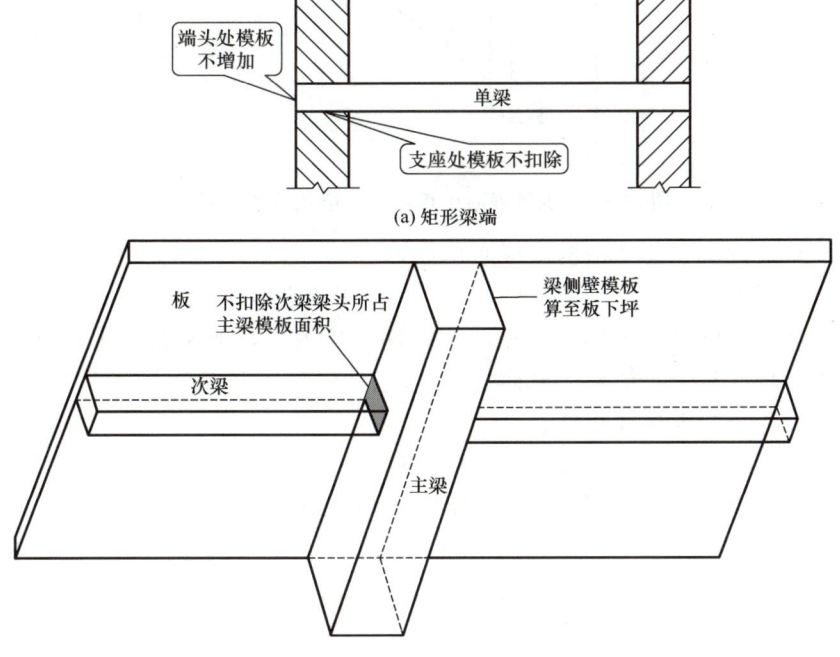

(a) 矩形梁端

(b) 梁、梁和梁、板连接处

图 21-3　现浇混凝土梁模板示意

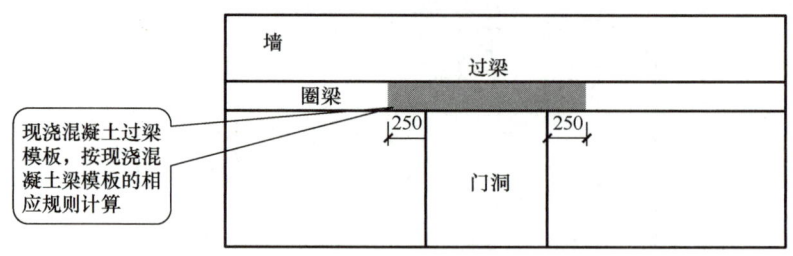

(c) 过梁与圈梁连接处

图 21-3 现浇混凝土梁模板示意（续）

(5) 现浇混凝土墙模板面积计算

现浇混凝土墙模板面积按混凝土与模板的接触面积计算。

① 现浇钢筋混凝土墙、板上单孔面积≤0.3m² 的孔洞，不予扣除，洞侧壁模板亦不增加；单孔面积>0.3m² 时，应予扣除，洞侧壁模板面积并入墙、板模板工程量内计算。

② 墙、柱连接时，柱侧壁按展开宽度，并入墙模板面积内计算。

③ 墙、梁相交时，不扣除梁头所占墙模板面积，如图 21-4 所示。

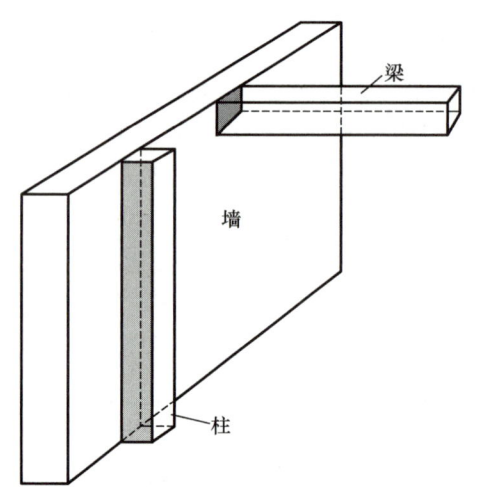

图 21-4 现浇混凝土墙与柱、梁相交模板示意

(6) 现浇钢筋混凝土框架结构模板面积计算

现浇钢筋混凝土框架结构分别按柱、梁、墙、板有关规定计算。

轻型框剪墙子目已综合轻体框架中的梁、墙、柱内容，但不包括电梯井壁、矩形梁、挑梁，其工程量按混凝土与模板接触面积计算。

(7) 现浇混凝土板模板面积计算

现浇混凝土板模板面积按混凝土与模板的接触面积计算。

① 伸入梁、墙内的板头，不计算模板面积，如图 21-5（a）所示。

② 周边带翻檐的板（如卫生间混凝土防水带等），底板的板厚部分不计算模板面积；翻檐两侧的模板，按翻檐净高，并入板的模板工程量内计算，如图 21-5（b）所示。

③ 板、柱相接时，板与柱接触面的面积≤0.3m² 时，不予扣除；面积>0.3m² 时，应

予扣除，如图 21-5（c）所示。柱、墙相接时，柱与墙接触面的面积，应予扣除。

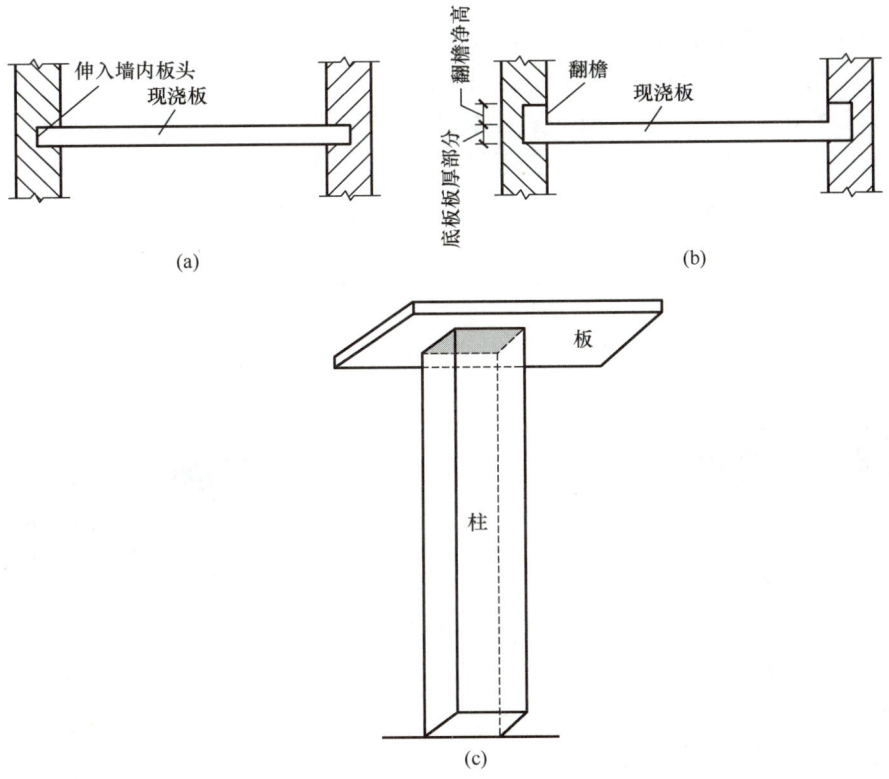

图 21-5　现浇混凝土板模板示意

④ 现浇混凝土有梁板的板下梁模板支撑高度，自地（楼）面支撑点计算至板底，执行板的支撑高度超高子目。

⑤ 柱帽模板面积按无梁板模板计算，其工程量并入无梁板模板工程量中，模板支撑超高按板支撑超高计算。

（8）后浇带模板面积计算

后浇带模板面积按模板与后浇带的接触面积计算（图 21-6）。

图 21-6　后浇带示意

(9) 现浇混凝土斜板、折板模板面积计算

现浇混凝土斜板、折板模板面积，按平板模板计算。

预制板板缝＞40mm 时的模板面积，按平板后浇带模板计算。

(10) 现浇钢筋混凝土雨篷、悬挑板、阳台板面积计算

现浇钢筋混凝土雨篷、悬挑板、阳台板按图示外挑部分尺寸的水平投影面积计算。

挑出墙外的牛腿梁模板及板边模板不另计算，如图 21-7 所示。现浇混凝土悬挑板的翻檐，其模板工程量按翻檐净高计算，执行"天沟、挑檐"子目；当翻檐高度＞300mm 时，执行"栏板"子目。现浇混凝土天沟、挑檐按模板与混凝土接触面积计算。

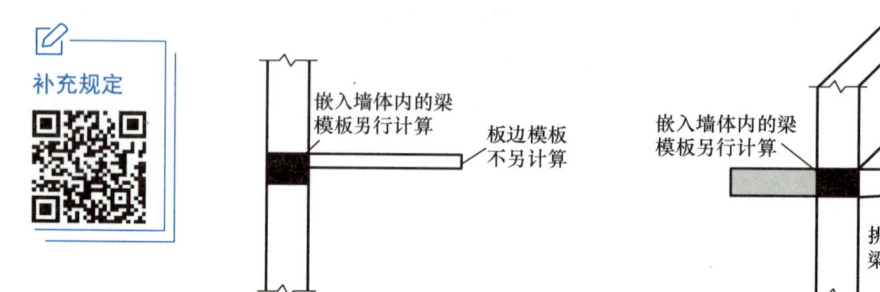

图 21-7 不计算模板范围

(11) 现浇混凝土柱、梁、墙、板的模板支撑高度计算

柱、墙：地（楼）面支撑点至构件顶坪。

梁：地（楼）面支撑点至梁底。

板：地（楼）面支撑点至板底坪。

① 现浇混凝土柱、梁、墙、板的模板支撑高度＞3.6m 时，另行计算模板超高部分的工程量。

② 梁、板（水平构件）模板支撑超高的工程量计算如下式。

超高次数＝（支模高度－3.6）/1（遇小数进为 1，不足 1 按 1 计算）

超高工程量（m²）＝超高构件的全部模板面积×超高次数

③ 柱、墙（竖直构件）模板支撑超高的工程量计算如下式。

超高次数分段计算：自高度＞3.6m，第一个 1m 为超高 1 次，第二个 1m 为超高 2 次，依次类推；不足 1m，按 1m 计算。

超高工程量（m²）＝∑（相应模板面积×超高次数）

④ 构造柱、圈梁、大钢模板墙，不计算模板支撑超高。

⑤ 墙、板后浇带的模板支撑超高，并入墙、板支撑超高工程量内计算。

(12) 现浇钢筋混凝土楼梯面积计算

现浇钢筋混凝土楼梯按水平投影面积计算，不扣除宽度≤500mm 楼梯井所占面积。楼梯的踏步、踏步板、平台梁等侧面模板，不另计算，伸入墙内部分亦不增加。

(13) 混凝土台阶（不包括梯带）面积计算

混凝土台阶按图示台阶尺寸的水平投影面积计算，台阶端头两侧不另计算模板面积。

(14) 小型构件面积计算

小型构件是指单件体积≤0.1m³ 未列项目的构件。

现浇混凝土小型池槽按构件外围体积计算，不扣除池槽中间的空心部分。池槽内、外侧及底部的模板不另计算。

(15) 塑料模壳工程量计算

塑料模壳工程量，按板的轴线内包投影面积计算（图21-8）。

图 21-8　塑料模壳示意

(16) 地下暗室模板拆除增加面积计算

地下暗室模板拆除增加面积，按地下暗室内的现浇混凝土构件的模板面积计算。

地下室设有室外地坪以上的洞口（不含地下室外墙出入口）、地上窗的，不再套用本子目。

(17) 对拉螺栓端头处理增加面积计算

对拉螺栓端头处理增加面积，按设计要求防水等特殊处理的现浇混凝土直形墙、电梯井壁（含不防水面）模板面积计算。

(18) 对拉螺栓堵眼增加面积计算

对拉螺栓堵眼增加面积，按相应构件混凝土模板面积计算。

(19) 现浇混凝土压顶模板体积计算

现浇混凝土压顶模板按压顶工程量以体积计算。

2. 现场预制混凝土构件模板工程量

① 现场预制混凝土模板工程量，除注明者外均按混凝土实体体积计算。

② 预制桩按桩体积（不扣除桩尖虚体积部分）计算。

3. 构筑物混凝土模板工程量

① 构筑物工程的水塔，储水（油）池、化粪池，储仓的模板工程量按混凝土与模板的接触面积计算。

② 液压滑升钢模板施工的烟囱、倒锥壳水塔支筒、水箱、筒仓等均以混凝土体积计算。

③ 倒锥壳水塔的水箱提升根据不同容积，按数量以"座"计算。

21.3 模板工程量计算与定额应用

【应用案例 21-1】

某框架柱立面图与剖面图如图 21-9 所示,现浇混凝土框架柱 50 根,采用组合钢模板、钢支撑。试计算钢模板、钢支撑工程量,确定套用的定额项目,并列表计算省价措施项目费。

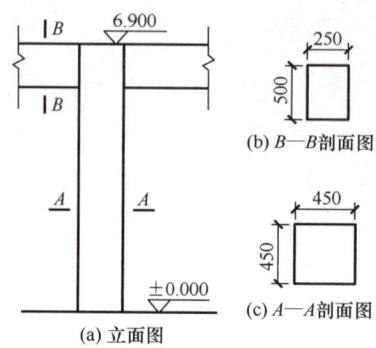

图 21-9 应用案例 21-1 附图

解:① 现浇混凝土框架柱钢模板工程量 $=0.45×4×6.90×50=621.00(m^2)$,

套用定额 18-1-34,矩形柱,组合钢模板,钢支撑,

单价(含税)$=593.78$ 元/$(10m^2)$。

② 超高次数:$n=(6.9-3.6)/1=3.3≈4$(次),

钢支撑超高工程量 $=0.45×4×1×50×1+0.45×4×1×50×2+0.45×4×1×50×3+0.45×4×0.3×50×4=648.00(m^2)$,

套用定额 18-1-48,柱支撑高度>3.6m,每增 1m 钢支撑,

单价(含税)$=41.70$ 元/$(10m^2)$。

③ 列表计算省价措施项目费,如表 21-2 所示。

表 21-2 应用案例 21-1 省价措施项目费

序号	定额编号	项目名称	单位	工程量	增值税(简易计税)/元 单价(含税)	合价
1	18-1-34	矩形柱,组合钢模板,钢支撑	10m²	62.10	593.78	36873.74
2	18-1-48	柱支撑高度>3.6m,每增 1m 钢支撑	10m²	64.80	41.70	2702.16
		省价措施项目费合计	元			39575.90

【应用案例 21-2】

某工程一层大厅层高 4.9m,二层现浇混凝土楼面板厚 12cm,楼面板使用的组合钢模板面积为 220m²,采用钢支撑;一层现浇混凝土矩形柱水平截面尺寸为 0.6m×0.6m,柱

高 4.9m，使用复合木模板钢支撑。试计算一层柱及二层楼面板的模板支撑超高工程量，确定套用的定额项目，并计算省价措施项目费。

解：（1）计算柱模板支撑超高工程量

模板支撑超高：4.9－3.6＝1.3(m)，

第一个 1m 的超高模板面积＝0.6×4×1＝2.4(m^2)，

第二个 1m 的超高模板面积＝0.6×4×0.3＝0.72(m^2)，

一层柱的模板支撑超高工程量＝2.4×1＋0.72×2＝3.84(m^2)，

套用定额 18－1－48，柱支撑高度＞3.6m，每增 1m 钢支撑，

单价(含税)＝41.70 元/(10m^2)，

省价措施项目费＝3.84/10×41.70≈16.01(元)。

（2）计算楼面板模板支撑超高工程量

模板支撑超高：4.9－0.12－3.6＝1.18(m)，

超高次数＝1.18÷1＝1.18，超高次数不足 1 的部分按 1 计算，共取 2 次，

二层楼面板的模板支撑超高工程量＝220×2＝440(m^2)，

套用定额 18－1－104，板支撑高度＞3.6m，每增 1m 钢支撑，

单价(含税)＝44.94 元/(10m^2)，

省价措施项目费＝440/10×44.94＝1977.36(元)。

学习启示

铝合金模板是一种新型建筑模板支撑系统，具有标准化程度高、质量轻、施工周期短、稳定性好、混凝土效果好、现场施工文明、低碳环保等优势，是模板工程实现绿色施工的绝佳选择，在我国越来越得到广泛的应用。因此，我们要坚守"节约能源共创美丽新世界"的信念，将先进材料推广应用到工程中。

本章小结

通过本章的学习，学生应掌握以下内容。

① 现浇混凝土模板（基础、柱、梁、墙、轻型框剪墙、板、其他构件及后浇带等）的定额说明及工程量计算规则，并能正确套用定额项目。

② 现场预制混凝土模板（桩、柱、梁、屋架、板、其他构件及地、胎模等）的定额说明及工程量计算规则，并能正确套用定额项目。

③ 构筑物混凝土模板［烟囱、水塔、倒锥壳水塔、储水（油）池、化粪池、储仓及筒仓等］的定额说明及工程量计算规则，并能正确套用定额项目。

一、简答题

1. 现浇混凝土柱、构造柱模板工程量应怎样计算？

2. 现浇混凝土板模板工程量应怎样计算？

3. 现浇钢筋混凝土楼梯模板工程量应怎样计算？

4. 现浇混凝土梁模板工程量应怎样计算？

5. 现浇混凝土墙模板工程量应怎样计算？

二、案例分析

1. 某工程有梁板结构平面图和1—1剖面图如图21-10所示，板顶标高为6.300m，模板采用组合钢模板、钢支撑。试计算现浇混凝土有梁板模板工程量，确定套用的定额项目，并计算省价措施项目费。

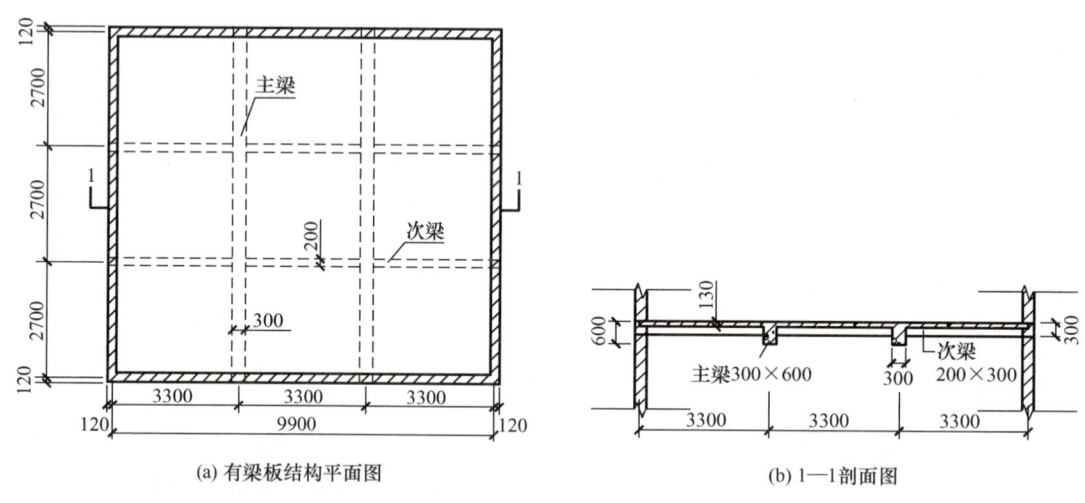

图21-10 案例分析1附图

2. 某工程现浇混凝土平板如图21-11所示，层高3m，板厚100mm，墙厚均为240mm，模板采用组合钢模板、钢支撑。试计算现浇混凝土平板模板工程量，确定套用的定额项目，并计算省价措施项目费。

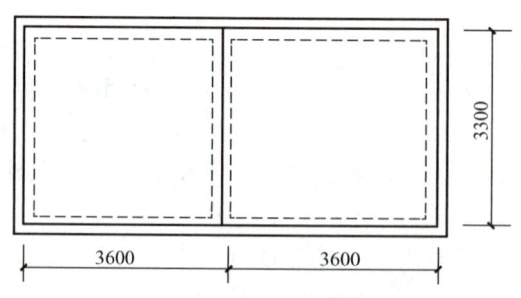

图21-11 案例分析2附图

3. 某工程一层为钢筋混凝土墙体，层高4.5m，现浇混凝土板厚120mm，采用复合木模板、钢支撑，经计算一层钢筋混凝土模板工程量为5000m²（其中超高面积为1000m²）。试计算复合木模板工程量，确定套用的定额项目，并计算省价措施项目费。

第 22 章 施工运输工程

教学目标

通过本章的学习,学生应了解施工运输的分类;掌握垂直运输、水平运输、大型机械进出场等项目工程量的计算;掌握垂直运输、水平运输、大型机械进出场等项目的定额套项。

教学要求

能力目标	知识要点	相关知识	权重
掌握垂直运输项目工程量的计算	定额说明及计算规则	泵送混凝土、起重机械、垂直运输系数、民用建筑垂直运输、工业厂房垂直运输、钢结构工程垂直运输、零星工程垂直运输等	0.4
掌握水平运输项目工程量的计算	定额说明及计算规则	水平运输范围、混凝土构件水平运输、金属构件水平运输	0.3
掌握大型机械进出场项目工程量的计算	定额说明及计算规则	大型机械种类、混凝土独立式基础	0.3

导入案例

某民用建筑工程为现浇混凝土结构,主楼部分 20 层,檐口高 80m,裙楼部分 8 层,檐口高 36m,8 层以上每层建筑面积为 650m^2,8 层及以下部分每层建筑面积为 1000m^2。现需要结合山东省定额计算垂直运输工程量,在确定套用的定额项目时,应该考虑哪些因素?

22.1 施工运输工程定额说明

施工运输工程定额包括垂直运输、水平运输、大型机械进出场 3 节。

1. 垂直运输

① 垂直运输子目,定额按合理的施工工期、经济的机械配置编制。编制招标控制价时,执行定额不得调整。

② 垂直运输子目,定额按泵送混凝土编制,建筑物(构筑物)主要结构构件柱、梁、墙(电梯井壁)、板混凝土非泵送(或部分非泵送)时,其(体积百分比,下同)相应子目中的塔式起重机乘以系数 1.15。

垂直运输机械安装工艺

③ 垂直运输子目,定额按预制构件采用塔式起重机安装编制。

a. 预制混凝土结构、钢结构的主要结构构件柱、梁(屋架)、墙、板采用(或部分采用)轮胎式起重机安装时,其相应子目中的塔式起重机全部扣除。

b. 其他建筑物的预制混凝土构件全部采用轮胎式起重机安装时,相应子目中的塔式起重机乘以系数 0.85。

④ 垂直运输子目中的施工电梯(或卷扬机),是装饰工程类别为Ⅲ类时的台班使用量。装饰工程类别为Ⅱ类时,相应子目中的施工电梯(或卷扬机)乘以系数 1.20,装饰工程类别为Ⅰ类时,乘以系数 1.40。

补充规定

⑤ 现浇(预制)混凝土结构,系指现浇(预制)混凝土柱、墙(电梯井壁)、梁(屋架)为主要承重构件,外墙全部或局部为砌体的结构形式。

⑥ 檐口高度 3.6m 以内的建筑物,不计算垂直运输。

⑦ 民用建筑垂直运输。

a. 民用建筑垂直运输,包括基础(无地下室)垂直运输、地下室(含基础)垂直运输、±0.000m 以上(区分为檐高≤20m、檐高>20m)垂直运输等内容。

民用建筑垂直运输=基础(无地下室)垂直运输+(±0.000m 以上垂直运输)

或民用建筑垂直运输=地下室(含基础)垂直运输+(±0.000m 以上垂直运输)

补充规定

b. 檐口高度,是指设计室外地坪至檐口滴水(或屋面板板顶)的高度。只有楼梯间、电梯间、水箱间等突出建筑物主体屋面时,其突出部分高度不计入檐口高度。建筑物檐口高度超过定额相邻檐高高度<2.20m 时,其超过部分忽略不计。

c. 民用建筑±0.000m 以上垂直运输,定额按层高≤3.60m 编制。层高超过 3.60m,每超过 1m,相应垂直运输子目乘以系数 1.15(连超连乘)。

d. 民用建筑檐高>20m 垂直运输子目,定额按现浇混凝土结构的一般民用建筑编制。装饰工程类别为Ⅰ类的特殊公共建筑,相应子目中的塔式起重机乘以系数 1.35。预制混凝土结构的一般民用建筑,相应子目中的塔式起重机乘以系数 0.95。

⑧ 工业厂房垂直运输。

a. 工业厂房，指直接从事物质生产的生产厂房或生产车间。工业建筑中，为物质生产配套和服务的食堂、宿舍、医疗、卫生及管理用房等独立建筑物，按民用建筑垂直运输相应子目另行计算。

b. 工业厂房垂直运输子目，按整体工程编制，包括基础和上部结构。工业厂房有地下室时，地下室按民用建筑相应子目另行计算。

c. 工业厂房垂直运输子目，按一类工业厂房编制。二类工业厂房，相应子目中的塔式起重机乘以系数 1.20；工业仓库，乘以系数 0.75。

一类工业厂房指机械加工、五金、一般纺织（粗纺、制条、洗毛等）、电子、服装等生产车间，以及无特殊要求的装配车间。

二类工业厂房指设备基础及工艺要求较复杂、建筑设备或建筑标准较高的生产车间，如铸造、锻造、电镀、酸碱、仪表、手表、电视、医药、食品等生产车间。

⑨ 钢结构工程垂直运输。

钢结构工程垂直运输子目，按钢结构工程基础以上工程内容编制。钢结构工程的基础或地下室，按民用建筑相应子目另行计算。

⑩ 零星工程垂直运输。

a. 超深基础垂直运输增加子目，适用于基础（含垫层）深度大于 3m 的情况。建筑物（构筑物）基础深度，无地下室时，自设计室外地坪算起；有地下室时，自地下室底层设计室内地坪算起。

b. 其他零星工程垂直运输子目（如砌体、混凝土、金属构件、门窗、装修面层），是指能够计算建筑面积（含 1/2 面积）之空间的外装饰层（含屋面顶坪）范围以外的零星工程所需要的垂直运输，如装饰性阳台、不能计算建筑面积的雨篷、屋面顶坪以上的装饰性花架、水箱、风机和冷却塔配套基础、信号收发柱塔等。

补充规定

⑪ 建筑物分部工程垂直运输。

a. 建筑物分部工程垂直运输包括主体工程垂直运输、外装修工程垂直运输、内装修工程垂直运输，适用于建设单位将工程分别发包给至少两个施工单位施工的情况。

b. 建筑物分部工程垂直运输，执行整体工程垂直运输相应子目，并乘以表 22-1 规定的垂直运输系数。

表 22-1 分部工程垂直运输系数

机械名称	整体工程垂直运输	分部工程垂直运输		
		主体工程垂直运输	外装修工程垂直运输	内装修工程垂直运输
综合工日	1	1	0	0
对讲机	1	1	0	0
塔式起重机	1	1	0	0
清水泵	1	0.70	0.12	0.43
施工电梯或卷扬机	1	0.70	0.28	0.27

c. 主体工程垂直运输，除表 22-1 规定的系数外，适用整体工程垂直运输的其他所有规定。

d. 外装修工程垂直运输。

建设单位单独发包外装修工程（镶贴或干挂各类板材、设置各类幕墙）且外装修施工单位自设垂直运输机械时，计算外装修工程垂直运输。外装修工程垂直运输，按外装修高度（设计室外地坪至外装修顶面的高度）执行整体工程垂直运输相应檐口高度子目，并乘以表 22-1 规定的垂直运输系数。

e. 内装修工程垂直运输。

建设单位单独发包内装修工程且内装修施工单位自设垂直运输机械时，计算内装修工程垂直运输。内装修工程垂直运输，根据内装修施工所在最高楼层，按表 22-2 对应子目的垂直运输机械乘以表 22-1 规定的垂直运输系数。

表 22-2 单独内装修工程垂直运输对照表

定额编号	檐高/m	内装修最高层	定额编号	檐高/m	内装修最高层
相应子目	≤20	1～6	19-1-30	≤180	49～54
19-1-23	≤40	7～12	19-1-31	≤200	55～60
19-1-24	≤60	13～18	19-1-32	≤220	61～66
19-1-25	≤80	19～24	19-1-33	≤240	67～72
19-1-26	≤100	25～30	19-1-34	≤260	73～78
19-1-27	≤120	31～36	19-1-35	≤280	79～84
19-1-28	≤140	37～42	19-1-36	≤300	85～90
19-1-29	≤160	43～48			

⑫ 构筑物垂直运输。

a. 构筑物高度，指设计室外地坪至构筑物结构顶面的高度。

b. 混凝土清水池，指位于建筑物之外的独立构筑物。建筑面积外边线以内的各种水池应合并于建筑物并按其相应规定一并计算，不适用本子目。

c. 混凝土清水池，定额设置了≤500t、≤1000t、≤5000t 3 个基本子目。清水池容量（500～5000t）设计与定额不同时，按插入法计算；容量大于 5000t 时，按每增加 500t 子目另行计算。

d. 混凝土污水池，按清水池相应子目乘以系数 1.10。

2. 水平运输

① 水平运输，按施工现场范围内运输编制，适用于预制构件在预制加工厂（总包单位自有）内、构件堆放场地内或构件堆放地至构件起吊点的水平运输。在施工现场范围之外的市政道路上运输，不适用施工运输工程定额。

② 预制构件在构件起吊点半径 15m 范围内的水平移动已包括在相应安装子目内。超过上述距离的地面水平移动，按水平运输相应子目，计算场内运输。

③ 水平运输＜1km 子目，定额按不同运距综合考虑，实际运距不同时不得调整。每

增运 1km 子目，含每增运 1km 以内，限施工现场范围内增加运距。

④ 混凝土构件运输，已综合了构件运输过程中的构件损耗。

⑤ 金属构件运输子目中的主体构件，是指柱、梁、屋架、天窗架、挡风架、防风桁架、平台、操作平台等金属构件。主体构件之外的其他金属构件为零星构件。

⑥ 水平运输子目中，不包括起重机械、运输机械行驶道路的铺垫、维修所消耗的人工、材料和机械，实际发生时另行计算。

3. 大型机械进出场

① 大型机械基础，适用于塔式起重机、施工电梯、卷扬机等大型机械需要设置基础的情况。

② 混凝土独立式基础，已综合了基础的混凝土、钢筋、地脚螺栓和模板，但不包括基础的挖土、回填和复土配重。其中，钢筋、地脚螺栓的规格和用量、现浇混凝土强度等级与定额不同时，可以换算，其他不变。

③ 大型机械安装、拆卸，指大型施工机械在现场进行安装与拆卸所需的人工、材料、机械和试运转，以及机械辅助设施的折旧、搭设、拆除等工作内容。

④ 大型机械场外运输，指大型施工机械整体或分体自停放地点运至施工现场或由一施工地点运至另一施工地点的运输、装卸、辅助材料等工作内容。

⑤ 大型机械进出场子目未列明机械规格、能力的，均涵盖各种规格、能力。大型机械本体的规格，定额按常用规格编制。实际与定额不同时，可以换算，消耗量及其他均不变。

⑥ 大型机械进出场子目未列机械，不单独计算其安装、拆卸和场外运输。

施工机械停滞，是指非施工单位自身原因、非不可抗力所造成的施工现场施工机械的停滞。

22.2 施工运输工程量计算规则

1. 垂直运输

① 凡定额单位为"m²"的，均按《建筑工程建筑面积计算规范》（GB/T 50353—2013）的相应规定，以建筑面积计算。但以下另有规定者，按以下相应规定计算。

② 民用建筑（无地下室）基础的垂直运输，按建筑物底层建筑面积计算。建筑物底层不能计算建筑面积或计算 1/2 建筑面积的部位配置基础时，按其勒脚以上结构外围内包面积，合并于底层建筑面积一并计算。

民用建筑（无地下室）±0.000m 以下存在多种基础形式时，其垂直运输以各种基础形式所对应的底层建筑面积之和确定工程量，以体积大的基础形式执行定额。民用建筑（无地下室）±0.000m 以下基础含量≤3m³/10m²（底层建筑面积）时，其垂直运输子目乘以系数 0.5。

③ 混凝土地下室（含基础）的垂直运输，按地下室底层建筑面积计算。筏板基础所在层的建筑面积为地下室底层建筑面积。地下室层数不同时，面积大的筏板基础所在层的

建筑面积为地下室底层建筑面积。

④ 檐高≤20m 建筑物的垂直运输，按建筑物建筑面积计算。

a. 各层建筑面积均相等时，任一层建筑面积为标准层建筑面积。

b. 除底层、顶层（含阁楼层）外，中间各层建筑面积均相等（或中间仅一层）时，中间任一层（或中间层）的建筑面积为标准层建筑面积。

c. 除底层、顶层（含阁楼层）外，中间各层建筑面积不相等时，中间各层建筑面积的平均值为标准层建筑面积。两层建筑物，两层建筑面积的平均值为标准层建筑面积。

d. 同一建筑物结构形式不同时，按建筑面积大的结构形式确定建筑物的结构形式。

⑤ 檐高＞20m 建筑物的垂直运输，按建筑物建筑面积计算。

a. 同一建筑物檐口高度不同时，应区别不同檐口高度分别计算；层数多的地上层的外墙外垂直面（向下延伸至±0.000m）为其分界。

b. 同一建筑物结构形式不同时，应区别不同结构形式分别计算。

⑥ 工业厂房的垂直运输，按工业厂房的建筑面积计算。同一厂房结构形式不同时，应区别不同结构形式分别计算。

⑦ 钢结构工程的垂直运输，按钢结构工程的用钢量，以质量计算。

⑧ 零星工程垂直运输。

a. 基础（含垫层）深度＞3m 时，按深度＞3m 的基础（含垫层）设计图示尺寸，以体积计算。

b. 零星工程垂直运输，分别按设计图示尺寸和相关工程量计算规则，以定额单位计算。

⑨ 建筑物分部工程垂直运输。

a. 主体工程垂直运输，按建筑物建筑面积计算。

b. 外装修工程垂直运输，按外装修的垂直投影面积（不扣除门窗等各种洞口，突出外墙面的侧壁也不增加面积），以面积计算。同一建筑物外装修总高度不同时，应区别不同装修高度分别计算；高层（向下延伸至±0.000m）与底层交界处的工程量，并入高层工程量内计算。

c. 内装修工程垂直运输，按建筑物建筑面积计算。同一建筑物总层数不同时，应区别内装修施工所在最高楼层分别计算。

⑩ 构筑物垂直运输，以构筑物座数计算。

2. 水平运输

① 混凝土构件运输，按构件设计图示尺寸，以体积计算。

② 金属构件运输，按构件设计图示尺寸，以质量计算。

3. 大型机械进出场

① 大型机械基础，按施工组织设计规定的尺寸，以体积（或长度）计算。

② 大型机械安装、拆卸和场外运输，按施工组织设计规定，以"台次"计算。

4. 施工机械停滞

施工机械停滞按施工现场施工机械的实际停滞时间，以"台班"计算。

机械停滞费=Σ［（台班折旧费＋台班人工费＋台班其他费）×停滞台班数量］

① 机械停滞期间，机上人员未在现场或另做其他工作时，不得计算台班人工费。

② 下列情况，不得计算机械停滞台班。

a. 机械迁移过程中的停滞。

b. 按施工组织设计或合同规定，工程完成后不能马上转入下一个工程所发生的停滞。

c. 施工组织设计规定的合理停滞。

d. 法定假日及冬雨季因自然气候影响发生的停滞。

e. 双方合同中另有约定的合理停滞。

22.3 施工运输工程量计算与定额应用

【应用案例 22-1】

某民用建筑工程为现浇混凝土结构，主楼部分 20 层，檐口高 80m，裙楼部分 8 层，檐口高 36m，8 层以上每层建筑面积为 650m²，8 层及以下部分每层建筑面积为 1000m²。试计算垂直运输工程量，确定套用的定额项目，并计算省价措施项目费。

解：（1）计算主楼部分工程量

$S_{主}=650\times20=13000(m^2)$，

套用定额 19-1-25，檐高 80m 以内现浇混凝土结构，

单价（含税）=652.54 元/(10m²)，

省价措施项目费=13000/10×652.54=848302.00（元）。

（2）计算裙楼部分工程量

$S_{裙}=(1000-650)\times8=2800(m^2)$，

套用定额 19-1-23，檐高 40m 以内现浇混凝土结构，

单价（含税）=647.41 元/(10m²)，

省价措施项目费=2800/10×647.41=181274.80（元）。

【应用案例 22-2】

某工程使用自升式塔式起重机一台，檐高 99.9m，该塔式起重机基础为独立式基础，现浇混凝土体积为 20m³，主体施工完后，塔式起重机的基础需要拆除。试计算工程量，确定套用的定额项目，并列表计算省价措施项目费。

解：① 塔式起重机基础混凝土工程量=20m³，

套用定额 19-3-1，塔式起重机混凝土基础，

单价（含税）=10312.83 元/(10m³)。

② 塔式起重机基础混凝土拆除工程量=20m³，

套用定额 19-3-4，塔式起重机混凝土基础拆除，

单价（含税）=2627.34 元/(10m³)。

③ 塔式起重机安装、拆卸工程量=1 台次，

套用定额 19-3-6，自升式塔式起重机安装、拆卸，檐高≤100m，

单价（含税）=16668.66 元/台次。

④ 塔式起重机场外运输工程量=1 台次，

套用定额 19-3-19，自升式塔式起重机场外运输，檐高≤100m，单价（含税）=14136.26元/台次。

⑤ 列表计算省价措施项目费，如表 22-3 所示。

表 22-3　应用案例 22-2 省价措施项目费

序号	定额编号	项目名称	单位	工程量	增值税（简易计税）/元	
					单价（含税）	合价
1	19-3-1	塔式起重机混凝土基础	10m³	2	10312.83	20625.66
2	19-3-4	塔式起重机混凝土基础拆除	10m³	2	2627.34	5254.68
3	19-3-6	自升式塔式起重机安装、拆卸，檐高≤100m	台次	1	16668.66	16668.66
4	19-3-19	自升式塔式起重机场外运输，檐高≤100m	台次	1	14136.26	14136.26
		省价措施项目费合计	元			56685.26

【应用案例 22-3】

某工程（现浇混凝土结构）单线（结构外边线，无外墙外保温）示意如图 22-1 所示。试计算该工程招标控制价中垂直运输及垂直运输机械进出场的相关工程量，确定套用的定额项目，并列表计算省价措施项目费。

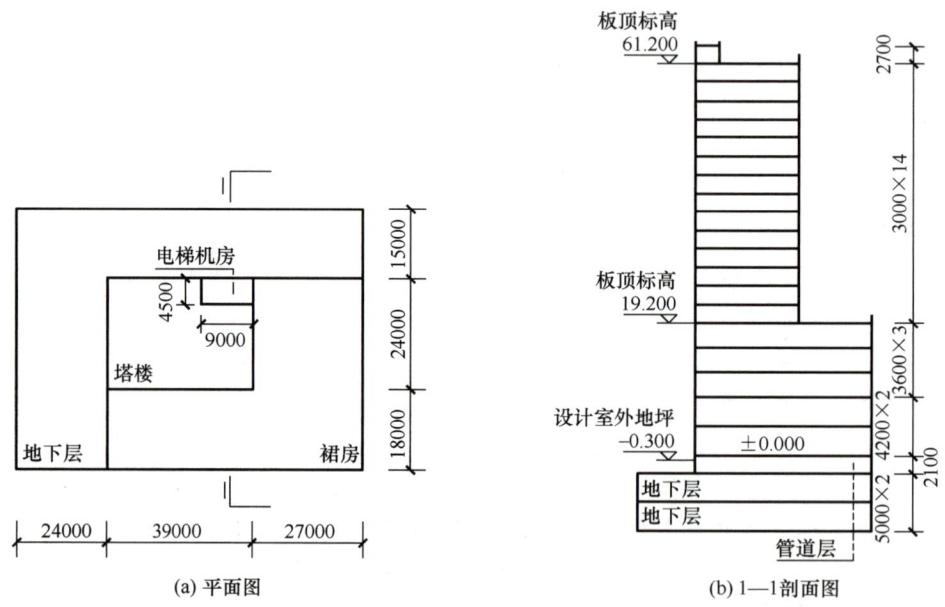

图 22-1　应用案例 22-3 附图

解：1. 计算垂直运输工程量

(1) 地下层垂直运输

地下层底层建筑面积 = 90×57 = 5130(m²)，

管道层建筑面积＝66×42×0.5＝1386(m^2)，

地下层总建筑面积＝5130×2＋1386＝11646(m^2)，

套用定额19-1-12，±0.000m以下混凝土地下室（含基础），地下室底层建筑面积≤10000m^2，

单价(含税)＝420.61元/(10m^2)。

(2) 塔楼垂直运输

塔楼檐高＝61.20＋0.30＝61.50(m)，

由于61.50－60＝1.50 (m) ＜2.20m，故1.50m忽略不计。

① 塔楼三层至顶总建筑面积＝39×24×17＋9×4.5＝15952.50(m^2)，

套用定额19-1-24，现浇混凝土结构垂直运输，檐高≤60m，

单价(含税)＝652.49元/(10m^2)。

② 塔楼一至二层层高＝4.20－3.60＝0.6(m)＜1m，

塔楼一至二层总建筑面积＝39×24×2＝1872(m^2)，

套用定额19-1-24，现浇混凝土结构垂直运输，檐高≤60m，层高＞3.6m，乘以1.15，

单价(含税)＝652.49元/(10m^2)。

(3) 裙房垂直运输

裙房檐高＝19.20＋0.30＝19.50 (m)，

① 裙房标准层建筑面积＝66×42－39×24＝1836(m^2)，

裙房总建筑面积＝1836×5＝9180(m^2)，

套用定额19-1-19，现浇混凝土结构，檐高≤20m，标准层建筑面积＞1000m^2，

单价(含税) ＝296.86元/(10m^2)。

② 裙房一至二层层高＝4.20－3.60＝0.6(m)＜1m，

裙房一至二层总建筑面积＝1836×2＝3672(m^2)，

套用定额19-1-19，现浇混凝土结构，檐高≤20m，标准层建筑面积＞1000m^2，层高＞3.6m，乘以1.15，

单价(含税) ＝296.86元/(10m^2)。

2. 计算垂直运输机械进出场工程量

(1) 垂直运输机械现浇混凝土基础

① 自升式塔式起重机基础：塔楼1座，39×24＝936(m^2)，

裙房2座，66×42－39×24＝1836(m^2)，

地下层4座，90×57＝5130(m^2)。

② 施工电梯：塔楼1座。

③ 卷扬机：裙房2座。

地下层：4座。

合计：30×7＋10×1＋3×6＝238(m^3)，

套用定额19-3-1，独立式基础现浇混凝土，

单价(含税)＝10312.83元/(10m^3)，

套用定额19-3-4，混凝土基础拆除，

单价(含税)=2627.34 元/(10m³)。

(2) 垂直运输机械安装、拆卸、场外运输

① 自升式塔式起重机：塔楼檐高=60m，安装、拆卸、外运各 1 台次，

套用定额 19-3-6，自升式塔式起重机安装、拆卸，檐高≤100m，

单价(含税)=16668.66 元/台次，

套用定额 19-3-19，自升式塔式起重机场外运输，檐高≤100m，

单价(含税)=14136.26 元/台次，

裙房地下层檐高<20m，安装、拆卸、外运各 6 台次，

套用定额 19-3-5，自升式塔式起重机安装、拆卸，檐高≤20m，

单价(含税)=11448.58 元/台次，

套用定额 19-3-18，自升式塔式起重机场外运输，檐高≤20m，

单价(含税)=10502.68 元/台次。

② 施工电梯：塔楼檐高=60m，安装、拆卸、外运各 1 台次，

套用定额 19-3-10，卷扬机、施工电梯安装、拆卸，檐高≤100m，

单价(含税)=9941.35 元/台次，

套用定额 19-3-23，卷扬机、施工电梯场外运输，檐高≤100m，

单价(含税)=11254.01 元/台次。

③ 卷扬机：裙房地下层檐高<20m，安装、拆卸、外运各 6 台次，

套用定额 19-3-9，卷扬机、施工电梯安装、拆卸，檐高≤20m，

单价(含税)=4698.78 元/台次，

套用定额 19-3-22，卷扬机、施工电梯场外运输，檐高≤20m，

单价(含税)=3962.34 元/台次。

3. 列表计算省价措施项目费

省价措施项目费如表 22-4 所示。

表 22-4 应用案例 22-3 省价措施项目费

序号	定额编号	项目名称	单位	工程量	增值税（简易计税）/元	
					单价(含税)	合价
1	19-1-12	±0.000m 以下混凝土地下室（含基础），地下室底层建筑面积≤10000m²	10m²	1164.6	420.61	489842.41
2	19-1-24	现浇混凝土结构垂直运输，檐高≤60m	10m²	1595.25	652.49	1040884.67
3	19-1-24	现浇混凝土结构垂直运输，檐高≤60m，层高>3.6m，乘以 1.15	10m²	215.28	652.49	140468.05
4	19-1-19	现浇混凝土结构，檐高≤20m，标准层建筑面积>1000m²	10m²	918.00	296.86	272517.48

续表

序号	定额编号	项目名称	单位	工程量	增值税（简易计税）/元	
					单价(含税)	合价
5	19-1-19	现浇混凝土结构，檐高≤20m，标准层建筑面积＞1000m²，层高＞3.6m，乘以1.15	10m²	422.28	296.86	125358.04
6	19-3-1	独立式基础现浇混凝土	10m³	23.8	10312.83	245445.35
7	19-3-4	混凝土基础拆除	10m³	23.8	2627.34	62530.69
8	19-3-6	自升式塔式起重机安装、拆卸，檐高≤100m	台次	1	16668.66	16668.66
9	19-3-19	自升式塔式起重机场外运输，檐高≤100m	台次	1	14136.26	14136.26
10	19-3-5	自升式塔式起重机安装、拆卸，檐高≤20m	台次	6	11448.58	68691.48
11	19-3-18	自升式塔式起重机场外运输，檐高≤20m	台次	6	10502.68	63016.08
12	19-3-10	卷扬机、施工电梯安装、拆卸，檐高≤100m	台次	1	9941.35	9941.35
13	19-3-23	卷扬机、施工电梯场外运输，檐高≤100m	台次	1	11254.01	11254.01
14	19-3-9	卷扬机、施工电梯安装、拆卸，檐高≤20m	台次	6	4698.78	28192.68
15	19-3-22	卷扬机、施工电梯场外运输，檐高≤20m	台次	6	3962.34	23774.04
		省价措施项目费合计	元			2612721.25

学习启示

2017年某市某项目发生一起塔式起重机倾斜倒塌事故，造成7人死亡、2人重伤，直接经济损失847.73万元的重大安全事故，正所谓：人人讲安全，安全为人人。安全就是生命，责任重于泰山。因此作为工程人，我们必须时刻把安全施工放在第一位。

本章小结

通过本章的学习，学生应掌握以下内容。

① 垂直运输（民用建筑垂直运输、工业厂房垂直运输、钢结构工程垂直运输、零星工程垂直运输、构筑物垂直运输）的定额说明及工程量计算规则，并能正确套用定额项目。

② 水平运输（混凝土构件水平运输、金属构件水平运输）的定额说明及工程量计算规则，并能正确套用定额项目。

③ 大型机械进出场（大型机械基础，大型机械安装、拆卸、大型机械场外运输）的定额说明及工程量计算规则，并能正确套用定额项目。

习 题

一、简答题

1. 垂直运输子目，定额按泵送混凝土编制，如果是非泵送应如何考虑？
2. 民用建筑垂直运输包括哪些内容？
3. 檐高≤20m 建筑物的垂直运输工程量如何计算？
4. 檐高＞20m 建筑物的垂直运输工程量如何计算？
5. 大型机械进出场工程量如何计算？

二、案例分析

1. 某工程建筑物檐高 120m，使用自升式塔式起重机一台，该塔式起重机基础混凝土体积为 30m³。试计算工程量，确定套用的定额项目，并计算省价措施项目费。

2. 某工程平面图、立面图如图 22-2 所示，主楼 25 层，裙楼 8 层，女儿墙高 2m，屋顶电梯间、水箱间为砖砌外墙。试计算该工程招标控制价中垂直运输及垂直运输机械进出场的相关工程量，确定套用的定额项目，并计算省价措施项目费。

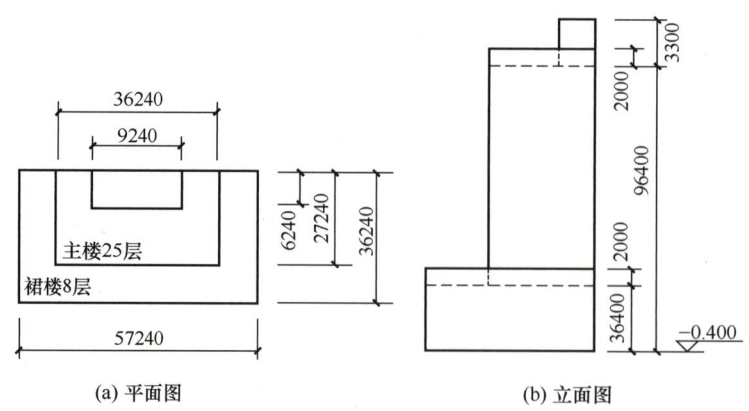

图 22-2 案例分析 2 附图

第 23 章 建筑施工增加

教学目标

通过本章的学习,学生应掌握超高施工增加、其他施工增加等项目工程量的计算;掌握人工起重机械超高施工增加、人工其他机械超高施工增加、其他施工增加等项目的定额套项。

教学要求

能力目标	知识要点	相关知识	权重
掌握超高施工增加项目工程量的计算及正确套用定额项目	定额说明及计算规则	檐口高度、超高施工增加计算基数、综合降效系数	0.7
掌握其他施工增加项目工程量的计算及正确套用定额项目	定额说明及计算规则	冷库暗室内作增加、地下暗室内作增加、样板间内作增加等	0.3

导入案例

某民用建筑工程为现浇混凝土结构,主楼部分20层,檐口高80m,裙楼部分8层,檐口高36m,主楼部分±0.000m以上部分的人工费为2886880.00元,起重机械费为1608600.00元,裙楼部分±0.000m以上部分的人工费为286880.00元,起重机械费为108600.00元。现需要结合山东省定额计算人工起重机械超高施工增加工程量,在确定套用的定额项目时,应该考虑哪些因素(假设以上费用均为实体项目的费用)?

23.1 建筑施工增加定额说明

建筑施工增加定额包括超高施工增加、其他施工增加 2 节。

1. 超高施工增加

① 超高施工增加，适用于建筑物檐口高度为 20m 以上的工程。檐口高度是指设计室外地坪至檐口滴水（或屋面板板顶）的高度。只有楼梯间、电梯间、水箱间等突出建筑物主体屋面时，其突出部分不计入檐口高度。建筑物檐口高度超过定额相邻檐口高度≤2.20m 时，其超过部分忽略不计。

② 超高施工增加，以不同檐口高度的降效系数（%）表示。起重机械降效，指轮胎式起重机（包括轮胎式起重机安装子目所含机械，但不含除外内容）的降效。其他机械降效，指除起重机械以外的其他施工机械（不含除外内容）的降效，如表 23-1 所示。各项降效系数，均指完成建筑物檐口高度 20m 以上所有工程内容（不含除外内容）的降效。

表 23-1 机械超高施工增加范围

序号	本部分归类	机械名称		机械举例	机械台班定额	超高施工增加
1	起重机械	轮胎式起重机（不含2）			起重机械	计算
2	除外内容的机械	①垂直运输机械	塔式起重机		垂直运输机械	不计算
			施工电梯			
			电动卷扬机			
		②除外内容的机械（不含①）		混凝土输送泵		
				混凝土振捣器		
3	其他机械	除 1 之外所有机械（不含2）				计算

③ 超高施工增加，按总包施工单位施工整体工程（含主体结构工程、外装饰工程、内装饰工程）编制。

a. 建设单位单独发包外装饰工程时，单独施工的主体结构工程和外装饰工程，均应计算超高施工增加。单独主体结构工程的适用定额，同整体工程。单独外装饰工程，按设计室外地坪至外墙装饰顶坪的高度，执行相应檐高的定额子目。

b. 建设单位单独发包内装饰工程，且内装饰施工无垂直运输机械、无施工电梯上下时，按内装饰工程所在楼层，执行表 23-2 对应子目的人工降效系数并乘以系数 2，计算超高人工增加。

④ 超高施工增加，也适用于设计室外地坪至满堂基础底坪之间高度＞20m 的地下层工程。

第23章　建筑施工增加

表 23-2　单独内装饰工程超高人工增加对照

定额编号	檐高/m	内装饰所在层	定额编号	檐高/m	内装饰所在层
20-2-1	≤40	7~12	20-2-8	≤180	49~54
20-2-2	≤60	13~18	20-2-9	≤200	55~60
20-2-3	≤80	19~24	20-2-10	≤220	61~66
20-2-4	≤100	25~30	20-2-11	≤240	67~72
20-2-5	≤120	31~36	20-2-12	≤260	73~78
20-2-6	≤140	37~42	20-2-13	≤280	79~84
20-2-7	≤160	43~48	20-2-14	≤300	85~90

2. 其他施工增加

① 本节装饰成品保护增加子目，以需要保护的装饰成品的面积表示；其他3个施工增加子目，以其他相应施工内容的人工降效系数（％）表示。

② 冷库暗室内作增加，指冷库暗室内作施工时，需要增加的照明、通风、防毒设施的安装、维护、拆除，以及防护用品、人工降效、机械降效等内容。

③ 地下暗室内作增加，指在没有自然采光、自然通风的地下暗室内作施工时，需要增加的照明或通风设施的安装、维护、拆除，以及人工降效、机械降效等内容。

④ 样板间内作增加，指在拟定的连续、流水施工之前，在特定部位先行内作施工，借以展示施工效果、评估建筑做法，或取得变更依据的小面积内作施工需要增加的人工降效、机械降效、材料损耗增大等内容。

⑤ 装饰成品保护增加，指建设单位单独分包的装饰工程及防水、保温工程，与主体工程一起经总包单位完成竣工验收时，总包单位对竣工成品的清理、清洁、维护等需要增加的内容。建设单位与单独分包的装饰施工单位的合同约定，不影响总包单位计取该项费用。

3. 实体项目（分部分项工程）的施工增加

实体项目（分部分项工程）的施工增加仍属于实体项目；措施项目（如模板工程等）的施工增加，仍属于措施项目。

23.2　建筑施工增加工程量计算规则

1. 超高施工增加

① 整体工程超高施工增加的计算基数，为±0.000m 以上工程的全部工程内容，但下列工程内容除外。

　a. ±0.000m 所在楼层结构层（垫层）及其以下全部工程内容。

　b. ±0.000m 以上的预制构件制作工程。

　c. 现浇混凝土搅拌制作、运输及泵送工程。

d. 脚手架工程。

e. 施工运输工程。

② 同一建筑物檐口高度不同时，按建筑面积加权平均计算其综合降效系数。

综合降效系数 = $\sum$(某檐口高度降效系数 × 该檐口高度建筑面积) ÷ 总建筑面积

式中，建筑面积指建筑物±0.000m以上（不含地下室）的建筑面积；不同檐口高度的建筑面积，以层数多的地上层的外墙外垂直面（向下延伸至±0.000m）为其分界；檐口高度＜20m建筑物的降效系数，按0计算。

③ 整体工程超高施工增加，按±0.000m以上工程（不含除外内容）的定额人工、机械消耗量之和，乘以相应子目规定的降效系数计算。

④ 单独主体结构工程和单独外装饰工程超高施工增加的计算方法，同整体工程。

⑤ 单独内装饰工程超高人工增加，按所在楼层内装饰工程的定额人工消耗量之和，乘以表23-2对应子目的人工降效系数的2倍计算。

2. 其他施工增加

① 其他施工增加（装饰成品保护增加除外），按其他相应施工内容的定额人工消耗量之和乘以相应子目规定的降效系数（%）计算。

② 装饰成品保护增加，按下列规定，以面积计算。

a. 楼、地面（含踢脚）、屋面的块料面层、铺装面层，按其外露面层（油漆涂料层忽略不计，下同）工程量之和计算。

b. 室内墙（含隔断）、柱面的块料面层、铺装面层、裱糊面层，按其距楼、地面高度≤1.80m的外露面层工程量之和计算。

c. 室外墙、柱面的块料面层、铺装面层、装饰性幕墙，按其首层顶板顶坪以下的外露面层工程量之和计算。

d. 门窗、围护性幕墙，按其工程量之和计算。

e. 栏杆、栏板，按其长度乘以高度之和计算。

f. 工程量为面积的各种其他装饰，按其外露面层工程量之和计算。

3. 超高施工增加与其他施工增加（装饰成品保护增加除外）同时发生

当遇此情况时，其相应系数连乘。

 特别提示

系数连乘，即按系数$[(1+x)(1+y)-1]$计算。

设某项定额的综合工日消耗量为A，当两项系数同时发生时，

$$A[(1+x)(1+y)-1]=A(1+x+y+xy-1)=Ax+Ay+Axy$$

① 系数连乘不等于系数连加。

$$A[(1+x)(1+y)-1]=Ax+Ay+Axy=A(x+y)+Axy$$

② 第二项系数的基数，不仅包括原定额基数，还应包括第一项系数对原定额基数的增加部分，并且两项系数无先后、主次之分。

$$A[(1+x)(1+y)-1]=Ax+Ay+Axy=Ax+(A+Ax)y=Ay+(A+Ay)x$$

23.3 建筑施工增加工程量计算与定额应用

【应用案例 23-1】

某民用建筑工程为现浇混凝土结构，主楼部分20层，檐口高80m，裙楼部分8层，檐口高36m，主楼部分±0.000m以上部分的人工费为2886880.00元，起重机械费为1608600.00元，裙楼部分±0.000m以上部分的人工费为286880.00元，起重机械费为108600.00元。试计算人工起重机械超高施工增加工程量，确定套用的定额项目，并计算省价分部分项工程费（假设以上费用均为实体项目的费用）。

解：① 主楼部分人工超高施工增加工程量＝2886880.00元，

套用定额20-1-3，人工起重机械超高施工增加，檐高≤80m，

分部分项工程费＝2886880.00×13.58％≈392038.30(元)，

主楼部分起重机械超高施工增加工程量＝1608600.00元，

套用定额20-1-3，人工起重机械超高施工增加，檐高≤80m，

分部分项工程费＝1608600.00×27.15％≈436734.90(元)。

② 裙楼部分人工超高施工增加工程量＝286880.00元，

套用定额20-1-1，人工起重机械超高施工增加，檐高≤40m，

分部分项工程费＝286880.00×4.27％≈12249.78(元)，

裙楼部分起重机械超高施工增加工程量＝108600.00元，

套用定额20-1-1，人工起重机械超高施工增加，檐高≤40m，

分部分项工程费＝108600.00×10.13％＝11001.18(元)。

学习启示

在我国超过100m的摩天大楼建筑数量为2000余座，在全世界最高的20座建筑物中有11座位于中国。超高层建筑是一个城市的象征和标志，它的背后是技术的进步和成本的增加，建筑越高，人工和机械费用也不断攀升，所以要培养学生"精准计量"的精神，以达到合理节约的目的。

本章小结

通过本章的学习，学生应掌握以下内容。

① 人工起重机械超高施工增加的定额说明及工程量计算规则，并能正确套用定额项目。

② 人工其他机械超高施工增加的定额说明及工程量计算规则，并能正确套用定额项目。

③ 其他施工增加的定额说明及工程量计算规则，并能正确套用定额项目。

习 题

一、简答题
1. 简述超高施工增加的适用范围。
2. 简述起重机械降效和其他机械降效的范围。
3. 简述其他施工增加的内容。
4. 简述超高施工增加工程量计算规则。

二、案例分析

某民用建筑工程为现浇混凝土结构,主楼部分 30 层,檐高 110m,裙楼部分 10 层,檐高 40.1m,主楼部分±0.000m 以上部分的人工费为 32.687 万元(其中实体项目人工费 28.612 万元),起重机械费为 18.645 万元(其中实体项目起重机械费为 15.236 万元);裙楼部分±0.000m 以上部分的人工费为 26.356 万元(全为实体项目人工费),起重机械费为 9.689 万元(全为实体项目起重机械费)。试计算人工起重机械超高施工增加工程量,确定套用的定额项目,并计算省价分部分项工程费。

第2篇

建设工程工程量清单计价标准及工程量计算标准应用

第 24 章 建设工程工程量清单计价标准

教学目标

学生应掌握《建设工程工程量清单计价标准》(GB/T 50500—2024)的基本规定，掌握建设工程工程量清单和投标报价的编制内容，掌握建设工程合同工程计量、合同价款调整及合同价款支付等内容。

教学要求

能力目标	知识要点	相关知识	权重
掌握工程量清单的编制内容和方法	工程量清单的编制格式；工程量清单的编制方法	封面；说明；分部分项工程项目清单计价表；措施项目清单计价表；其他项目清单计价表等	0.3
掌握投标报价的编制内容和方法	投标报价的编制格式；投标报价的编制方法	封面；说明；投标总价；单项工程费；分部分项工程项目清单计价表；措施项目清单计价表；其他项目清单计价表等	0.3
掌握建筑工程竣工结算的编制内容和方法	竣工结算的编制格式；竣工结算的编制方法	合同价款的约定、工程计量与价款支付；综合单价；索赔、现场签证、工程价款调整等	0.4

导入案例

某工程基础平面图和断面图如图24-1所示，土质为普通土，采用挖掘机挖土（大开挖，坑内作业），自卸汽车运土，运距为500m。现需要结合《建设工程工程量清单计价标准》(GB/T 50500—2024)的规定编制该基础土石方工程量清单，应采用何种编制格式？编制哪些内容？

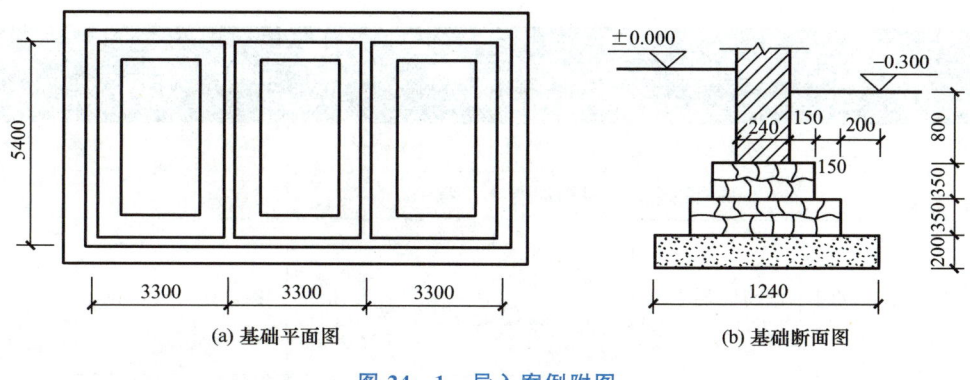

图 24-1 导入案例附图

24.1 总则及术语

1. 总则

① 为规范建设工程计价规则和方法，完善工程造价市场形成机制，推动工程造价管理高质量发展，根据《中华人民共和国民法典》《中华人民共和国建筑法》《中华人民共和国招标投标法》《中华人民共和国价格法》等法律法规，制定《建设工程工程量清单计价标准》（GB/T 50500—2024）（以下简称"本标准"）。

② 本标准适用于建设工程施工发承包及实施阶段的计价活动。其他的计价活动可参照应用。

③ 建设工程的计价活动应遵循客观公正、平等自愿、诚实守信、法定优先、有约从约的原则。

④ 工程造价咨询人出具的工程量清单、最高投标限价、投标报价、工程计量、合同价款调整和期中支付、工程结算与支付等工程造价成果文件，应由造价专业人员编制，由一级注册造价工程师审核签字并加盖执业专用章（表 24-1）。

表 24-1 分部分项工程项目清单计价表

工程名称：×××建筑工程　　　　标段：　　　　　　　　　　　　第 1 页　共 1 页

序号	项目编码	项目名称	项目特征描述	计量单位	工程量	金额/元	
						综合单价	合价
			1. 土石方工程				
1	010102002001	挖沟槽土方	1. 土壤类别：坚土 2. 挖土深度：2m 以内	m³	1560.00	59.64	93038.40
		……					
		（其他略）					

续表

序号	项目编码	项目名称	项目特征描述	计量单位	工程量	金额/元	
						综合单价	合价
		分部小计					
		5. 混凝土及钢筋混凝土工程					
21	010502006001	钢筋混凝土柱	1. 混凝土种类：清水混凝土 2. 混凝土强度等级：C40	m³	480.00	380.00	182400.00
		……					
		（其他略）					
		分部小计					
		（其他略）					
		合计					

⑤ 发承包双方中的任一方，应对出具的工程造价成果文件的质量向另一方负责。接受委托的承担工程造价文件编制与核对的工程造价咨询人及其从业人员，应对其工程造价成果文件的质量向委托方负责。发承包双方中的任一方应就其委托并确认的工程造价咨询人编制与核对的工程造价成果文件的质量，向另一方负责。

⑥ 工程造价咨询人不得就同一工程既接受招标人委托编制工程量清单、最高投标限价，又接受投标人委托编制投标报价，或同时接受两个及以上投标人的委托编制投标报价；也不得就同一工程既接受承包人的委托进行工程结算编制，又接受发包人的委托进行工程结算核对、审计等工作。工程造价咨询人接受委托进行工程结算编制、核对、审计等工作，不得再接受委托进行同一工程的工程造价鉴定工作。

⑦ 建设工程施工发承包及实施阶段的计价活动，除应符合本标准规定外，尚应符合国家现行有关标准的规定。

2. 有关术语的定义

① 工程量清单。建设工程文件中载明项目编码、项目名称、项目特征、计量单位、工程数量等的明细清单（表24-1）。

② 分部分项工程。分部分项工程是分部工程、分项工程的总称。分部工程是单位工程的组成部分，是按施工部位、路段长度、施工特点或施工任务、材料类别等将单位工程划分的若干个项目单元；分项工程是分部工程的组成部分，是按不同施工方法、工序、材料、工种等将分部工程划分的若干个项目单元。其发生的费用为分部分项工程费。

③ 措施项目。为完成工程项目施工，发生于施工准备和施工及验收过程中的技术、生活、安全生产、环境保护等方面的项目。其发生的费用为措施项目费。

④ 安全生产措施费。承包人按照国家、行业及地方主管部门等有关安全生产的要求进行及完成工程所发生的保证施工生产安全所采用的措施而发生的费用。

⑤ 项目特征。载明构成工程量清单项目自身的本质及要求，用于说明设计图纸、技术标准规范及招标文件所要求完成的清单项目的文字性描述。

⑥ 单价合同。发承包双方约定以工程量清单、项目特征及其综合单价进行合同价款计算、调整和确认的建设工程施工合同。单价合同在约定的范围内合同单价不做调整。

⑦ 总价合同。发承包双方约定以合同图纸、合同规范进行合同价款计算、调整和确认的建设工程施工合同。总价合同在约定的范围内合同总价不做调整。

⑧ 成本加酬金合同。发承包双方约定以规定的计量、计价依据所确定的工程成本并加按约定方式计算的酬金进行合同价款计算、调整和确认的建设工程施工合同。

⑨ 综合单价。综合考虑技术标准规范、施工工期、施工顺序、施工条件、地理气候等影响因素以及约定范围与幅度内的风险，完成一个单位数量工程量清单项目所需的费用。清单项目综合单价包括人工费、材料费、施工机具使用费、管理费、利润和一定范围内的风险费用，不包括增值税（表24-2）。

表24-2 分部分项工程项目清单综合单价分析表（简版）

工程名称：×××建筑工程　　　　　　标段：　　　　　　　　　第1页 共1页

序号	项目编码	项目名称	项目特征描述	计量单位	综合单价组成明细/元					
					人工费	材料费	施工机具使用费	管理费	利润	综合单价
1	011102003001	块料楼地面	1.1∶3水泥砂浆找平层厚20mm 2.1∶2.5水泥细砂浆厚10mm，粘贴全瓷抛光地板砖，地板砖规格800mm×800mm（楼面） 3.楼地面酸洗打蜡	m²	52.33	132.22	1.73	27.58	12.45	226.31
			（以下略）							

⑩ 单价计价。工程量清单中以工程数量乘以综合单价进行价款计算的计价方式。

⑪ 总价计价。工程量清单中以项为单位采用总价进行价款计算的计价方式。

⑫ 费率计价。工程量清单中以计费基础乘以相应费率进行价款计算的计价方式。

⑬ 暂列金额。发包人在工程量清单中暂定并包括在合同总价中，用于招标时尚未能确定或详细说明的工程、服务和工程实施中可能发生的合同价款调整等所预留的费用（表24-3）。

表 24-3 暂列金额明细表

工程名称：×××建筑工程　　　　　标段：　　　　　　　　　　　第1页 共1页

序号	项目名称	计算基础	费率/(%)	暂定金额/元	确定金额/元	调整金额±/元	备注
1	合同价格调整暂列金额			300000.00			
2	未确定工程暂列金额						
2.1	基坑排水降水			200000.00			
	……						
3	未确定服务暂列金额						
3.1							
4	未确定其他暂列金额						
4.1							
	本页小计						
	合　计						

注：① 本表由招标人填写"暂定金额"总额，采用费率计价方式计算暂定金额的，应分别填写"计算基础""费率"，并计算填写"暂定金额"；采用总价计价方式计算暂定金额的，可直接填写"暂定金额"。

② 投标人应将上述暂定金额填写并计入投标总价。

③ 结算时应按合同约定计算并填写"确定金额"。

⑭ 材料暂估价。发包人在工程量清单中提供的，用于支付设计图纸要求必需使用的材料，但在招标时暂不能确定其标准、规格、价格而在工程量清单中预估到达施工现场的不含增值税的材料价格（表 24-4）。

表 24-4 材料暂估单价及调整表

工程名称：×××建筑工程　　　　　标段：　　　　　　　　　　　第1页 共1页

序号	材料名称	规格、型号	计量单位	确认						调整金额/元	备注
				数量	单价/元	合价/元	数量	单价/元	合价/元		
				A_1	B_1	C_1	A_2	B_2	C_2	$D=C_2-C_1$	
1	彩釉砖	300×300	块	200	3.84	768.00					拟用于地面项目，甲指乙供

续表

序号	材料名称	规格、型号	计量单位	确认						调整金额/元	备注
				数量	单价/元	合价/元	数量	单价/元	合价/元		
				A_1	B_1	C_1	A_2	B_2	C_2	$D=C_2-C_1$	
	本页小计					—	—	—	—		—
	合计					—	—	—	—		—

注：本表可由招标人填写"暂估单价"栏，并在备注栏说明拟用暂估价材料的清单项目，投标人应将上述材料暂估单价计入工程量清单综合单价。

⑮ 专业工程暂估价。发包人在工程量清单中提供的，在招标时暂不能确定工程具体要求及价格而预估的含增值税的专业工程费用（表24-5）。

表24-5 专业工程暂估价明细表

工程名称：×××建筑工程　　　　标段：　　　　　　　第1页 共1页

序号	专业工程名称	暂估金额/元			确认金额/元			调整金额±/元	备注
		不含税价格	增值税	含税价格	不含税价格	增值税	含税价格		
		A_1	B_1	C_1	A_2	B_2	C_2	$D=C_2-C_1$	
1	基坑排水降水	210000.00	18900.00	228900.00					
	本页小计								—
	合计								—

注：本表"暂估金额"由招标人填写，投标人应将"暂估金额"填写并计入投标总价。结算时应按合同约定的价格填写"确认金额"。

⑯ 计日工。承包人完成发包人提出的零星项目或工作，但不宜按合同约定的计量与计价规则进行计价，而应依据经发包人确认的实际消耗人工工日、材料数量、施工机具台

班等，按合同约定的单价计价的一种方式（表 24-6）。

表 24-6 计日工表

工程名称：×××建筑工程　　　　　　标段：　　　　　　第 1 页　共 1 页

编号	计日工名称	单位	暂定数量	实际数量	综合单价/元	合价/元 暂定 A_1	合价/元 实际 A_2	调整金额 ±/元 $B=A_2-A_1$
一	人工							
1	普通工	工日	200		110.00	22000.00		
2	技工（综合）	工日	100		130.00	13000.00		
3								
4								
	人工小计							
二	材料							
1								
2								
3								
4								
	材料小计							
三	施工机具							
1								
2								
3								
4								
	施工机具小计							
	总　　计							

注：① 本表计日工名称、暂定数量应由招标人填写。编制最高投标限价时，单价应由招标人按有关计价规定确定；编制投标报价时，单价应由投标人自主报价，并按暂定数量计算合价计入投标总价中。

② 工程结算时，应按发承包双方确认的实际数量计量合价。

⑰ 总承包服务费。按合同约定，承包人对发包人提供材料履行保管及其配套服务所需的费用；和（或）承包人对合同范围的专业分包工程（承包人实施的除外）提供配合、协调、施工现场管理、已有临时设施使用、竣工资料汇总整理等服务所需的费用；以及（或）承包人对非合同范围的发包人直接发包的专业工程履行协调及配合责任所需的费用。总承包服务的相关管理、协调及配合责任等应在招标文件及合同中详细说明（表 24-7）。

第24章 建设工程工程量清单计价标准

表 24-7 总承包服务费计价表

工程名称：×××建筑工程　　　　　标段：　　　　　　第1页 共1页

序号	项目名称	计算基础 A_1	费率/(%) B	金额/元 C_1	确认计算基础 A_2	结算金额/元 C_2	调整金额±/元 $D=C_2-C_1$	备注
1	发包人提供材料							详见发包人提供材料一览表
2	专业分包工程							详见专业工程暂估价明细表
3	直接发包的专业工程							详见直接发包的专业工程明细表
	本页小计							
	合　计		—		—		—	

注：① 本表项目名称、服务内容应由招标人填写。

② 编制最高投标限价及投标报价时，采用费率计价方式计算总承包服务费的，应分别填写"计算基础 A_1""费率 B"，并计算填写"金额 C_1"，$C_1=A_1\times B$；采用总价计价方式计算总承包服务费的，可直接填写"金额 C_1"。

③ 编制结算时，采用费率计价方式计算总承包服务费的，应填写"确认计算基础 A_2"，并计算填写"结算金额 C_2"，$C_2=A_2\times B$；采用总价计价方式计算总承包服务费的，可直接填写"结算金额 C_2"。

⑱ 合同清单。承包人在投标时所填报并获得发包人接纳的已标明投标总价、合价及其综合单价，以及投标报价澄清或说明修正价格的已标价工程量清单，用以说明承包人所报合同总价的详细构成及综合单价分析，包括其说明和表格。

⑲ 最高投标限价。招标人根据国家法律法规及相关标准、建设主管部门的有关规定，以及拟定的招标文件和招标工程量清单，并结合工程实际情况，按照本标准规定编制的，限定投标人投标报价的最高价格。

⑳ 投标价。投标人投标时响应招标工程设计文件及技术标准规范、招标工程量清单、招标文件的合同条款等要求，在投标文件中的投标总价及已标价工程量清单中标明的合价及其综合单价等价格。

24.2 基本规定

拓展术语

1. 一般规定

① 建设工程施工发承包的工程计量与计价应符合以下规定。

　　a. 使用财政资金或国有资金投资的建设工程，应按国家及行业工程量计算标准编制工程量清单，采用工程量清单计价。

　　b. 非使用财政资金或国有投资的建设工程，宜按国家及行业工程量计算标准编制工程量清单，采用工程量清单计价。

② 工程量清单应按分部分项工程项目清单、措施项目清单、其他项目清单、增值税分别编制及计价。采用其他清单形式计价的，本标准适用的规则仍应执行，专门性的规定可由发承包双方参照本标准相关规定另行明确。

③ 工程量清单的清单项目应按设计图纸及技术标准规范、相关工程国家及行业工程量计算标准和本标准"第4章 工程量清单编制"的规定编制。工程量清单根据工程项目特点进行补充完善、另行约定计量方式或采用其他清单形式的，应在招标文件和合同文件中对其工程量计算规则、计量单位、适用范围、工作内容等予以说明。

④ 工程量清单应按相关工程国家及行业工程量计算标准的清单项目分类、计量单位和工程量计算规则，依据设计图纸及技术标准规范的要求，遵循清单项目列项明确、边界清晰、便于计价和支付的原则进行编制，可按正常施工程序编排清单项目、按工程量计算标准的规定进行清单列项，工程量清单编码宜从小到大排列。

⑤ 工程量清单的清单项目价款确定可采用单价计价、总价计价方式。根据工程项目特点及实际情况不宜采用单价计价、总价计价方式的，可采用费率计价等其他计价方式，并应在招标文件和合同文件中对其计价要求、价款调整规则等予以说明。

⑥ 工程量清单的清单项目综合单价及合价应为不含增值税的税前全费用价格，由人工费、材料费、施工机具使用费、管理费、利润等组成，包括相应清单项目约定或合理范围的风险费，以及不可或缺的辅助工作所需的费用；清单项目的税金应填写在增值税中，但其他项目清单中的专业工程暂估价已含增值税，工程量清单的增值税中不应再计取其相应税金。

⑦ 综合单价分析表应明确各清单项目综合单价及按项计价项目价格的费用构成计算方法，其综合单价和按项计价项目价格应与工程量清单内的相应清单项目综合单价和价格完全一致。

⑧ 采用单价合同的工程，分部分项工程项目清单的准确性、完整性应由发包人负责；采用总价合同的工程，已标价分部分项工程项目清单的准确性、完整性应由承包人负责。建设工程无论是采用单价合同或总价合同，按项编制的措施项目清单的完整性及准确性均

应由承包人负责。

2. 清单计价

① 分部分项工程项目清单、措施项目清单中，按单价计价方式计价的，应按其工程数量乘以相应的综合单价计算该工程量清单项目的价格；按总价计价方式计价的，应以项为单位计算其清单项目价格。分部分项工程项目清单计价宜采用单价计价方式，措施项目清单计价宜采用总价计价方式。

② 分部分项工程项目清单的综合单价应为不含增值税的材料采购供应及相关安装单价，包括完成相应清单项目受下列因素影响而发生的费用（表 24-8），如发包人提供材料的应按下面第④条的规定执行。

表 24-8 分部分项工程项目清单综合单价影响因素一览表

序号	综合单价影响因素
1	满足国家及行业有关技术标准规范等要求所需的费用
2	总价合同中出现工程量清单缺陷所需的费用
3	完成符合完工交付要求的相应清单项目必要的施工任务及其不可或缺的辅助工作所需的费用
4	因施工程序、施工条件、环境气候等因素影响所引起的费用
5	合同约定及本标准"第 3.3 节 计价风险"规定的范围与幅度内的风险费用

③ 材料暂估价项目的综合单价中主材价格，应按招标工程量清单提供的材料暂估价计取。

④ 发包人提供材料、承包人负责安装的清单项目，其清单项目综合单价应包括承包人自身应承担的安装损耗，但不包括发包人提供材料的价格，以及按表 24-9 的约定由发包人承担的损耗费用和相应的总承包服务费用；发包人提供材料且材料供应方负责安装，而承包人不负责安装但提供配合及协调服务的，工程量清单不应列项也不计算其综合单价，但应在其他项目清单中计算其相应的总承包服务费用。

表 24-9 发包人提供材料一览表

工程名称： 　　　　　　　标段： 　　　　　　　第　页　共　页

序号	材料名称、规格、型号	单位	数量	单价/元	合价/元	有效损耗率/(%)	备注
本页小计						—	—
合　计						—	—

⑤ 措施项目清单中的安全生产措施费应按国家及省级、行业主管部门的相关规定计价。

⑥ 措施项目清单计价应符合招标文件、合同文件的要求和相关工程国家及行业工程量计算标准的措施项目列项及其工作内容的有关规定，包括履行合同责任和义务、全面完

成工程所发生的不限于下列费用（表 24-10）。

表 24-10 措施项目清单计价包括费用一览表

序号	费用内容描述
1	工地内及附近临时设施、临时用水、临时用电、通风排气及其他同类费用
2	在地下空间（地下室、暗室、库内、洞内等）、高层或超高层建筑、有害身体健康的环境、恶劣气温气候、冬雨季、交叉作业等环境下进行施工所需的措施费用
3	施工中的材料堆放场地整理、工程用水加压、施工雨（污）水排除、建筑施工及生活垃圾外运及消纳（已列入拆除和修缮工程分部分项工程项目清单除外）、成品保护、完工清洁和清场退场等费用
4	满足政府主管部门有关安全生产措施要求所需的费用，包括执行其要求引起的相关安全生产措施费用
5	除按表下注①、②规定的措施项目费用可调整外，完成暂列金额清单项目所需的措施费用
6	承包人为履行合同责任和义务所发生的其他措施费用

注：① 合同总价内的暂列金额用于未能完全预见或详细说明的工程的，发承包双方应根据双方确认的施工图纸计算分部分项工程项目清单工程量，按合同单价计算调整价格；完成相关工程引起措施项目费用变化的，可按本标准"工程变更"的规定计算调整。合同价格应按所确定的调整价格与暂列金额的差异进行调整。

② 发生工程变更、工程索赔而引起措施项目、合同工期变化的，应分别按本标准"工程变更""工程索赔"规定调整措施项目费用和合同工期，合同价格应按所确定的调整价格与暂列金额的差异调整；发生其他用于合同价格调整的暂列金额事件的，合同清单的措施项目费与合同工期均不应做调整。

⑦ 其他项目清单中的专业工程暂估价可采用总价计价方式计价，以项计算其价格；暂列金额、总承包服务费可采用费率或总价计价方式计价，以其计价基础乘以费率或以项计算清单项目价格；计日工可采用第①条规定的单价计价方式计价。

⑧ 暂列金额、专业工程暂估价应按招标工程量清单提供的相应金额填报投标价。

⑨ 总承包服务费应为完成招标文件、合同约定的总承包人承担总承包服务相关合同责任的相应清单项目不含增值税的价格，包括总承包人对发包人提供材料的供货人、专业工程暂估价的专业分包人（承包人实施的除外）和发包人直接发包的专业工程分包人履行管理、协调及配合责任等所需的服务费用。

⑩ 计日工综合单价应为完成相应清单项目单位数量不含增值税的价格，包括随时、少量完成相关计日工项目所需的费用。计日工清单项目合价可依据计日工清单项目数量乘以综合单价计算。

合同价款调整

⑪ 增值税应以分部分项工程项目清单、措施项目清单、其他项目清单（专业工程暂估价除外）的合计金额作为计算基础，乘以政府主管部门规定的增值税税率计算税金。

3. 计价风险

① 建设工程的施工发承包，应在招标文件、合同中明确计量与计价的风险内容及其范

围,不得采用无限风险、所有风险或类似语句约定工程计量与计价中的风险内容及范围。

② 下列事项(表 24-11)引起的计量与计价风险应由发包人承担,承包人的投标报价可不考虑,发包人应按本标准"合同价款调整"的相关规定及时调整相应的合同价款,事项影响工期变化,并符合合同约定工期调整的,应调整合同工期。因承包人原因引起工期延误及其费用增加(减少)的,应按本标准"合同价款调整"的相关规定执行。

表 24-11 引起计量与计价风险事项一览表(发包人承担)

序号	事项描述
1	采用单价合同的工程,发包人提供的除措施项目清单外的项目清单存在工程量清单缺陷
2	发包人提供的工程项目原始数据和基准资料错误
3	发包人批准的工程变更
4	发包人要求的赶工、提前竣工、停工或暂缓施工
5	法律法规与政策性变化
6	超出招标文件规定承包人应承担风险范围和幅度,以及本标准"物价变化"规定市场物价变动应予调整的物价变化范围和波动幅度
7	其他应当由发包人承担责任的事项

③ 下列事项(表 24-12)引起的计量与计价风险应由承包人承担,承包人在投标报价中应予考虑,因其引起的合同价格和(或)工期变化应视为已包含在合同总价及合同工期内,除合同另有约定外,合同价格和工期不应予调整。因发包人原因引起工期延误,按合同约定应予批准工期延长和(或)其引起的费用增加(减少)的,应按本标准"合同价款调整"的相关规定执行。

物价变化

表 24-12 引起计量与计价风险事项一览表(承包人承担)

序号	事项描述
1	措施项目清单的准确性及完整性
2	采用总价合同的工程,已标价工程量清单存在的缺陷(单价计价的暂定数量清单项目除外),以及承包人为完成总价合同中合同图纸及合同规范所要求的工程、国家及行业工程量计算标准中工作内容说明的所有工作所需费用
3	采用单价合同的工程,承包人为完成工程量清单及其项目特征所说明的工程、国家及行业工程量计算标准中工作内容说明的所有工作所需费用
4	承包人因自身原因引起实施方案变化引起的费用调整
5	承包人因施工机具使用、施工技术应用以及组织管理水平等自身原因造成的施工费用增加
6	承包人因自身原因引起的赶工、停工或暂缓施工
7	未超出招标文件、合同约定物价变化范围和波动幅度的市场物价变动
8	其他应当由承包人承担责任的事项

④ 工程价款未按约定的时间或（和）支付比例支付，造成合同价款调整的，应按本标准"合同价款调整"的相关规定由责任方承担。

⑤ 合同约定因物价变化应予调整价格的项目，由于市场物价波动影响合同价格的，合同价格应按下列规定做相应的调整（表24-13）。

表24-13 引起合同价格变化调整方法一览表

序号	事项描述
1	① 因人工、主要材料价格波动影响合同价格的，发承包双方应按本标准附录A"价格指数调差法"或"价格信息调差法"之一调整合同价格。 ② 采用本标准"价格指数调差法"的，发承包双方应明确合同价格中人工费、主要材料费等可调因子的权重或金额、波动幅度和价格指数的确定规则，价格指数的来源或确定规则可由发承包双方约定，在合同中约定综合单价的调整规则及其价格指数的确定方式。 ③ 采用本标准"价格信息调差法"的，发承包双方应明确合同价格中可调价人工、主要材料等可调因子的数量计算方式、波动幅度和价格信息的来源及确定规则。 ④ 发生工期延误的，应按本标准"合同价款调整"的相关规定调整
2	① 发承包双方应明确可调价的主要材料范围，并按本标准附录G.2的规定填写"承包人提供可调价主要材料表一"或"承包人提供可调价主要材料表二"作为合同附件。 ② 可调价主要材料的价格波动幅度及调整办法，可按本标准"合同价款调整"的规定执行
3	施工机具使用费因其燃料价格波动而允许调整其燃料动力费的，可按表24-13中第1、第2条规定的主要材料调差方法调整
4	综合单价的人工费、材料费、施工机具使用费的燃料动力费价差调整应计取增值税，不应计取管理费、利润

附录A

附录G

价格指数调差法

价格信息调差法

承包人提供可调价主要材料表

⑥ 合同未约定因物价变化应予调整价款的清单项目，当市场物价异常波动超出合同约定幅度，或合同未约定物价波动幅度，但市场物价异常波动且有经验的承包人不能预见的，发承包双方可按第⑤条的规定调整受异常波动物价变化影响的相关清单项目价款，费用可由发承包双方合理分摊。

⑦ 承包人投标时所报措施项目施工方案应被认为是合理可行，并符合实际施工要求的，其措施项目费用包干计价，承包人应承担自身调整施工方案所引起的措施项目费用增加的风险。除工程变更、暂列金额中未能完全预见或详细说明的工程，以及发包人原因引起承包人提供的措施项目发生延期使用、拆改、增加、重复提供相关措施项目而增加其措

施项目费用应按本标准"合同价款调整"的相关规定调整外,其他不做调整。

⑧ 发生工程量清单缺陷、暂列金额、暂估价、总承包服务费、计日工、物价变化、法律法规及政策性变化、工程变更、新增工程、工程索赔等影响合同价款调整事项的,应按本标准"合同工程计量""合同价款调整"的规定调整合同价格。

⑨ 完成合同签订的工程,价款支付前需要重新计量与计价的,合同价格应按本标准"合同工程计量""合同价款调整"和"合同价款期中支付"的规定计算调整。但承包人按合同要求对合同图纸进行施工深化设计引起深化图纸与合同图纸存在差异的,除合同另有约定或发包人另有要求外,合同价格不应做调整。

24.3 工程量清单编制

1. 一般规定

① 工程量清单应由具有编制能力的招标人或受其委托的工程造价咨询人编制。

② 招标工程量清单应根据招标文件要求及工程交付范围,以合同标的或以单项工程、单位工程为工程量清单编制对象进行列项编制,并作为招标文件的组成部分。

③ 工程量清单成果文件应包括封面、签署页、编制说明、工程量计算规则说明、工程量清单及计价表格等。编制说明应列明工程概况、招标(或合同)范围、编制依据等;工程量计算规则说明应明确工程量清单使用的国家及行业工程量计算标准,以及根据工程实际需要补充的工程量计算规则等。

④ 招标人根据工程实际情况编制的招标工程量清单应用于总价合同的,其清单项目和工程数量应视为与招标图纸和技术标准规范相符,存在工程量清单缺陷的,承包人应承担工程量清单缺陷的补充完善责任,工程量清单缺陷应按本标准第6.1.7条的规定不做调整;编制的招标工程量清单应用于单价合同的,其清单项目列项、项目特征的工作内容及其工程数量应视为符合招标图纸和技术标准规范的要求,存在分部分项工程项目清单缺陷的,应由发包人承担相关清单缺陷责任,工程量清单缺陷应按本标准"工程量清单缺陷"的规定调整。

⑤ 采用单价合同的工程量清单中分部分项工程项目清单工程数量为暂定的工程量,在合同履行中应按发包人提供的实际施工图纸、合同约定国家及行业工程量计算标准及补充的工程量计算规则重新计量确定,但措施项目清单和以项计价的分部分项工程项目清单应按本标准总价计价的规定计算。

工程量清单缺陷

⑥ 采用总价合同的工程量清单,如工程量清单存在缺陷的,清单缺陷引起的价款变化应视为已包含在合同总价内,合同履行中不予调整;但分部分项工程项目清单内说明是暂定数量的清单项目及其工程数量,应按本标准单价计价的规定重新计量确定,并对相关清单项目的合同价格及合同总价进行相应调整。

⑦ 无论采用单价合同还是总价合同,分部分项工程项目清单的项目编码、项目名称、项目特征、计量单位、工作内容应按国家及行业工程量计算标准(表24-14)和补充工程量清单计算规则进行编制;措施项目清单的项目编码、项目名称、工作内容应按国家及行业工程量计算标准编制(表24-15)。

表 24-14 单独土石方(编码:010101)

项目编码	项目名称	项目特征	计量单位	工程量计算规则	工作内容
010101001	挖单独土方	土类别	m³	按原始地貌与预设标高之间的挖填尺寸,以体积计算	1. 开挖 2. 装车 3. 场内运输 4. 障碍物清除
010101002	挖单独石方	岩石类别			
010101003	单独土石方回填	1. 材料品种 2. 密实度			1. 运输 2. 回填 3. 压实

表 24-15 措施项目(编码:011601)

项目编码	项目名称	单位	工作内容
011601001	脚手架	项	搭设脚手架、斜道、上料平台,铺设安全网,铺(翻)脚手板,转运、改制、维修维护,拆除、堆放、整理,外运、归库等
011601002	垂直运输		垂直运输机械进出场及安拆,固定装置、基础制作、安装,行走式机械轨道的铺设、拆除,设备运转、使用等
011601003	其他大型机械进出场及安拆		除垂直运输机械以外的大型机械安装、检测、试运转和拆卸,运进、运出施工现场的装卸和运输,轨道、固定装置的安装和拆除等
011601004	施工排水		提供满足施工排水所需的排水系统,包括设备安拆、调试及配套设施的设置等,设备运转、使用等
011601005	施工降水		提供满足施工降水所需的降水系统,包括设备安拆、调试及配套设施的设置等,设备运转、使用等
011601006	临时设施		为进行建设工程施工所需的生活和生产用的临时建(构)筑物和其他临时设施。包括临时设施的搭设、移拆、维修、清理、拆除后恢复等,以及因修建临时设施应由承包人所负责的有关内容
011601007	文明施工		施工现场文明施工、绿色施工所需的各项措施
011601008	环境保护		施工现场为达到环保要求所需的各项措施

续表

项目编码	项目名称	单位	工作内容
011601009	安全生产	项	施工现场安全施工所需的各项措施
011601010	冬雨季施工增加		在冬季或雨季施工，引起防寒、保温、防滑、防潮和排除雨雪等措施的增加，人工、施工机械效率的降低等内容
011601011	夜间施工增加		因夜间或在地下室等特殊施工部位施工时，所采用照明设备的安拆、维护、照明用电及施工人员夜班补助、夜间施工劳动效率降低等内容
011601012	特殊地区施工增加		在特殊地区（高温、高寒、高原、沙漠、戈壁、沿海、海洋等）及特殊施工环境（邻公路、邻铁路等）下施工时，弥补施工降效所需增加的内容
011601013	二次搬运		因施工场地条件及施工程序限制而发生的材料、构配件、半成品等一次运输不能到达堆放地点，必须进行二次或多次搬运所发生的内容
011601014	已完工程及设备保护		建设项目施工过程中直至竣工验收前，对已完工程及设备采取的必要保护措施
011601015	既有建（构）筑物、设施保护		在工程施工过程中，对既有建（构）筑物及地上、地下设施进行的遮盖、封闭、隔离等必要临时保护措施

2. 工程量清单编制内容

① 工程量清单编制应符合下列依据的规定。

a. 本标准和相关工程国家及行业工程量计算标准。

b. 国家及省级、行业建设主管部门颁发的工程计量与计价相关规定，以及根据工程需要补充的工程量计算规则。

c. 招标文件、拟订的合同条款及其相关资料。

d. 工程招标图纸及其相关资料。

e. 与建设工程有关的技术标准规范。

f. 施工现场情况、相关地勘水文资料、工程特点、交付标准及其他相关资料。

② 单价合同的工程量清单，应依据招标图纸、技术标准规范、相关工程国家及行业工程量计算标准及补充的工程量计算规则，确定分部分项工程项目清单及其项目特征，并计算其工程数量。清单项目按项计量编制的，应在其计量单位中以项表示。如招标工程需要，可参考同类工程的设计图纸等资料在招标工程量清单中合理列出招标图纸没反映、但施工中可能会发生的清单项目及其项目特征，并结合招标工程及参考同类工程资料确定暂定工程数量。

③ 总价合同的工程量清单，应依据招标图纸、技术标准规范、相关工程国家及行业工程量计算标准及补充的工程量计算规则，确定分部分项工程项目清单及其项目特征，并计算其工程数量。按照招标图纸及技术标准规范可确定项目特征、但不能准确计算工程数量的项目可按暂定数量编制，并在其项目特征中说明为暂定工程量。

④ 分部分项工程项目清单中由发包人提供材料或暂估材料价格的清单项目编制应符合下列规定。

发包人提供材料

  a. 发包人提供材料的清单项目应按本标准"发包人提供材料"的规定在招标文件中明确，并在项目特征中说明主材由发包人提供。

  b. 材料暂估价的清单项目应在项目特征中明确材料暂估价的金额，并按表 24-4 材料暂估单价及调整表单独列出材料明细项目及其暂估单价。

  ⑤ 措施项目清单应结合招标工程的实际情况和相关部门的有关规定，依据常规的施工工艺、顺序及生活、安全、环境保护、临时设施、文明施工等非工程实体方面的要求，按相关工程国家及行业工程量计算标准的措施项目分类规则，以及补充的工程量计算规则，结合招标文件及合同条款要求进行编制。其中安全生产措施项目应按国家及省级、行业主管部门的管理要求和招标工程的实际情况列项。

  ⑥ 其他项目清单列项应符合下列规定（表 24-16）。

表 24-16 其他项目清单列项规定一览表

序号	规定内容描述
1	① 暂列金额应根据工程特点按招标文件的要求列项，可按用于暂未明确或不能详细说明工程、服务的暂列金额（如有）和用于合同价款调整的暂列金额分别列项。 ② 用于暂未明确或不能详细说明工程、服务的暂列金额应提供项目及服务名称，并根据同类工程的合理价格估算暂列金额。 ③ 用于合同价款调整的暂列金额可按招标图纸设计深度及招标工程实施工期等因素对合同价款调整的影响程度，结合同类工程情况合理估算
2	专业工程暂估价应根据招标文件说明的专业工程分类别和（或）分专业列项，并列出明细表，其暂估价可根据项目情况，结合同类工程的合理价格或概算金额估算
3	直接发包的专业工程应根据招标文件说明发包人直接发包的各专业工程分别列项，并列出明细表
4	发包人提供材料的可按承包人负责安装和承包人不负责安装分别列项，并按表 24-9 发包人提供材料一览表列出材料明细项目及其暂估单价
5	计日工应在项目特征中说明招标工程实施中可能发生的计日工性质的工种类别、材料及施工机具名称、零星工作项目、拆除修复项目等，并列出每一项目相应的名称、计量单位和合理暂估数量
6	① 发包人提供材料、专业分包工程的总承包服务费应分别列项，可按项或费率计量。 ② 按费率计量的，宜以暂估价作为计价基础；直接发包的专业工程的总承包服务费应按本表第 3 条列项，宜以项计量

招标工程量清单编制表格

  ⑦ 出现第⑥条未包含的其他项目，可根据招标文件要求结合工程实际情况补充列项。

  ⑧ 增值税应根据政府有关主管部门的规定及下列规定列项，按增值税税率计算。

  a. 工程量清单的清单项目综合单价及合价应为不含增值税的税前全费用价格，由人工费、材料费、施工机具使用费、管理费、利润等组成，包括相应清单项目约定或合理范围的风险费，以及不可或缺的辅助工作所需的费用；清单项目的税金应填写在增值税中，但其他项目清单中的专业工程暂估价已含增值税，工程量清单的增值税中不应再计取其相应税金。

b. 增值税应以分部分项工程项目清单、措施项目清单、其他项目清单（专业工程暂估价除外）的合计金额作为计算基础，乘以政府主管部门规定的增值税税率计算税金。

24.4 投标报价编制

1. 一般规定

① 投标报价应由投标人或受其委托的工程造价咨询人编制。

② 投标人可依据本标准"6.2 投标报价编制"的规定自主确定投标报价，并应对已标价工程量清单填报价格的一致性及合理性负责，承担不合理报价及总价合同的工程量清单缺陷等风险。

③ 投标人的投标报价不得低于成本价，且不得高于招标人公布的最高投标限价。

④ 投标人应在接收招标文件后，在规定时间内根据招标文件说明的工程特点及合同要求复查招标文件中计划工期的可行性及其风险与影响，对计划工期存有疑问或异议的，应按招标文件的规定以书面形式提请招标人澄清或修正。投标人对计划工期或招标人澄清或修正后的计划工期无疑问或无异议的，投标人应根据自身的实施方案、施工技术、管理水平、合同履约风险及专业分包工程工期等合理确定投标工期并投标报价。投标工期不得超过招标人的计划工期或澄清修正的计划工期。

⑤ 投标人应在接收招标文件后，在规定时间内根据工程特点、合同要求及现场踏勘情况，复查措施项目清单列项的完整性和适用性。如投标人对措施项目清单有疑问或异议的，可按招标文件的规定以书面形式提请招标人澄清或修正，若投标人认为需要增加措施项目的，可在措施项目中补充列项及报价，并对措施项目清单的准确性和完整性负责。

⑥ 采用单价合同的招标工程，投标人应在接收招标文件后，在规定时间内对招标工程量清单的分部分项工程项目清单进行复核。如投标人对分部分项工程项目清单有疑问或异议的，应按招标文件的规定以书面形式提请招标人澄清，招标人核实后作出修正的，投标人应按修正后的分部分项工程项目清单进行投标报价。无论投标人是否已提出疑问或异议，分部分项工程项目清单的完整性和准确性由招标人负责，清单项目或修正后（如有）的清单项目存在工程量清单缺陷的，应按本标准"工程量清单缺陷"的规定调整相关价款及合同总价。

⑦ 采用总价合同的招标工程，投标人应在接收招标文件后，在规定时间内对招标工程量清单进行复核。如投标人对工程项目清单有疑问或异议的，应按招标文件的规定以书面形式提请招标人澄清，招标人核实后作出修正的，投标人应按修正后的工程量清单进行报价。如投标人经复核认为招标工程量清单及其修正后（如有）的分部分项工程项目清单存在工程量清单缺陷的，可在已标价工程量清单的分部分项工程项目清单中进行补充完善及报价，并对已标价分部分项工程项目清单的完整性和准确性负责。无论投标人是否已提出疑问、异议或按已修正后的工程量清单报价、或对分部分项工程项目清单做出补充完善及报价，除招标工程量清单说明为暂定数量的单价计价分部分项工程项目清单外，合同价

格不应因存在工程量清单缺陷而调整。

⑧ 投标人的投标价应包括招标文件中规定的由承包人承担范围及幅度内的风险费用。如招标文件中未明确相关风险责任的,投标人应在接收招标文件后,在规定的时间内提请招标人明确,招标人应在规定时间内予以书面答复。

本标准
第3.5.4条

投标报价澄清或说明

⑨ 采用单价合同的工程,投标人应按要求完整填报工程量清单中所有清单项目的综合单价及其合价和(或)总价计价项目的价格,且每个清单项目应只填报一个报价,未按要求填报(漏填或未填)综合单价及其合价和(或)清单项目价格的,宜按本标准第 3.5.4 条的规定完成相关的投标报价澄清或说明,相关清单项目报价可视为已包含在投标总价中。

⑩ 采用总价合同的工程,投标人应按本部分"1. 一般规定"的第⑦条的规定补充完善工程量清单,并完整填报工程量清单中所有清单项目的综合单价及其合价和(或)总价计价项目的价格,且每个清单项目应只填报一个报价,未按要求填报(漏填或未填)综合单价及其合价和(或)清单项目价格的,可按本标准第 3.5.4 条的规定完成相关的投标报价澄清或说明,相关清单项目报价可视为已包含在其他的清单项目中。

⑪ 投标人的投标总价应与分部分项工程项目清单、措施项目清单、其他项目清单、增值税的合价总额一致。如投标总价与前述合价总额不相符的,应在保持投标总价不变的前提下,按本标准"投标报价澄清或说明"的规定调整已标价工程量清单。

2. 投标报价编制内容

① 投标报价编制应符合表 24-17 的规定。

表 24-17 投标报价编制规定一览表

序号	规定内容描述
1	本标准和相关工程国家及行业工程量计算标准
2	招标文件(包括招标工程量清单、合同条款、招标图纸、技术标准规范等)及其补遗、答疑、异议澄清或修正
3	国家及省级、行业建设主管部门颁发的工程计量与计价相关规定,以及根据工程需要补充的工程量计算规则
4	与招标工程相关的技术标准规范等技术资料
5	工程特点及交付标准、地勘水文资料、现场踏勘情况
6	投标人的工程实施方案及投标工期
7	投标人企业定额、工程造价数据、市场价格信息及价格变动预期、装备及管理水平、造价资讯等,以及其他相关资料

② 投标人应按表 24-18 工程量清单计算规则说明中规定的国家及行业工程量计算标准规定和补充的工程量计算规则,对分部分项工程项目清单的所有清单项目进行报价,其报价应满足表 24-19 中因素对价格的要求。

③ 对分部分项工程项目清单中按项计价的项目,投标人应按其项目特征的工作内容、

第24章 建设工程工程量清单计价标准

自身的实施方案、市场合理价格,以及履行招标图纸和技术标准规范要求、按本标准"工程变更"规定执行工程变更价格调整引起的承包风险,对按项计价项目进行投标报价。除合同另有约定外,按项计价项目报价为包干价,工程结算时不应做调整。

表 24-18 工程量清单计算规则说明

工程名称:

注:① 采用国家及行业工程量计算标准的,应明确相应国家及行业标准的名称及编号。
② 根据工程项目特点补充完善计算规则的,应列明工程量清单的详细计算规则。

表 24-19 投标报价影响因素

序号	影响因素
1	工程数量对材料采购及人工价格的影响
2	招标文件规定物价变化进行价格调整的清单项目,在调整的范围和波动幅度内市场物价变动及调整时段带来的承包风险的影响
3	招标文件未规定物价变化进行价格调整的清单项目的材料费、人工费、施工机具使用费等市场价格波动的影响
4	单价合同履行本标准第8.2节的工程量清单缺陷价格调整和本标准第8.9节的工程变更计价规定的工程数量变化带来的承包风险的影响
5	总价合同履行本部分"1.一般规定"的第⑦条规定的工程量清单缺陷责任及价格包干规定,以及履行本标准第8.9节规定的工程变更计价规则带来的承包风险的影响
6	除履行本标准"合同价款调整"规定的合同价格调整外,总价合同及单价合同中综合单价不做调整规定所引起的承包风险的影响

④ 对分部分项工程项目清单中发包人提供材料的清单项目,投标人应按招标文件说明的发包人提供材料的规格、型号、品牌档次和本标准"发包人提供材料"的规定,对发包人提供材料的清单项目进行安装报价,并应满足工程数量对人工价格变化、招标文件规定的有效损耗率、自身原因超耗使用材料产生的承包风险等要求。投标报价的综合单价及投标总价不应包含发包人提供材料的供货人将相关的材料运抵交货地点、完成卸货的费用。

工程变更

⑤ 对分部分项工程项目清单中载明材料暂估价的清单项目,应按工程量清单载明的材料暂估单价(不含增值税)计入综合单价。投标人对分部分项工程项目清单中的材料暂估价清单项目的报价,应满足工程数量对人工价格变化、履行本标准"暂估价"规定的材料暂估价调价规则产生的价格变化等要求,并按招标文件提供的材料暂估价单价在表24-4材料暂估单价及调整表中列出。

暂估价

⑥ 投标人应按自身的工程实施方案及投标工期、本部分"1.一般规定"

的第⑤条规定拟定的措施项目，对措施项目清单进行自主报价，其中安全生产措施费应符合国家及省级、行业主管部门的相关规定。措施项目清单的报价应满足表 24 – 20 中因素对价格影响的要求。

表 24 – 20　措施项目清单报价影响因素

序号	影响因素
1	招标工程的特点及其标段划分和完工交付标准
2	工程地质条件、邻近建筑物、现场设施情况、周边道路、交通、水文、环境
3	招标文件说明的相关合同责任
4	招标文件规定的承包风险
5	发包人提供材料的货物供应、专业分包工程、直接发包的专业工程的总承包管理服务（仅适用于总承包合同的投标报价）
6	除本标准"合同价款调整"规定的工程变更、暂列金额中未能完全预见或详细说明的工程、新增工程、工程索赔等引起的措施项目费用调整外，执行措施项目费用包干引起的承包风险

⑦ 投标人应按招标工程量清单中提供的暂列金额、专业工程暂估价金额，准确填报在相应投标总价内。

⑧ 投标人应按计日工清单中提供的清单项目及其暂定数量和计日工综合单价规定、本标准"计日工"规定，对计日工清单项目进行投标报价。其中计日工综合单价应为完成相应清单项目单位数量不含增值税的价格，包括随时、少量完成相关计日工项目所需的费用；计日工清单项目合价可依据计日工清单项目数量乘以综合单价计算。

计日工

总承包服务费

⑨ 投标人应按工程实施方案和对各专业分包工程、直接发包的专业工程的工期安排，以及对发包人提供材料的供应履行管理及协调责任、对各专业分包工程履行管理和协调及配合责任、对各直接发包的专业工程履行协调及配合责任等招标文件规定的总承包服务内容及要求，对其他项目清单中的各项总承包服务费进行投标报价，并应满足本标准第 8.5 节规定的总承包服务费计价风险的要求。

⑩ 投标人依据相关造价资讯进行投标报价时，应满足招标工程与所使用造价资讯相应工程存在的建设时间、建设地点、建设规模、完工交付标准、招投标方式、材料来源、使用工人来源等差异引起的价格变化的要求，投标人可在合理调整造价资讯相关价格后应用于投标报价。

⑪ 投标人依据完成报价的分部分项工程项目清单、措施项目清单、其他项目清单（扣除专业工程暂估价）的清单总价汇总后，应按本标准"增值税应以分部分项工程项目清单、措施项目清单、其他项目清单（专业工程暂估价除外）的合计金额作为计算基础，乘以政府主管部门规定的增值税税率计算税金"的规定，将其汇总的项目清单总价乘以增值税税率确定增值税报价。

⑫ 投标人应在投标文件提交时完整提交与已标价工程量清单中综合单价及合价一致

的费用构成明细表，相关表格应符合本标准"分部分项工程项目清单综合单价分析表"或"分部分项工程项目清单综合单价分析表（简版）""措施项目清单构成明细分析表""措施项目费用分拆表""大型机械进出场及安拆费用组成明细表"的有关规定。

⑬ 投标人在提交投标文件时提交的措施项目费用分拆表，应按本标准"措施项目费用分拆表"的规定列明各项措施项目费用的初始设立费用、中期运行费用、后期拆除费用。措施项目费用分拆表可应用于本标准"合同价款调整"规定的工程索赔计价和本标准"合同价款期中支付"的进度款支付。

24.5 最高投标限价编制

1. 一般规定

① 建设工程招标设有最高投标限价的，应按国家有关规定编制最高投标限价，并在发布招标文件时公布最高投标限价及其编制依据。

② 最高投标限价应由具有编制能力的招标人或受其委托的工程造价咨询人编制。

2. 最高投标限价编制内容

① 最高投标限价编制应符合下列要求（表 24-21）。

表 24-21 最高投标限价编制要求一览表

序号	编制要求
1	本标准和相关工程国家及行业工程量计算标准
2	招标文件（包括招标工程量清单、合同条款、招标图纸、技术标准规范等）及其补遗、澄清或修改
3	国家及省级、行业建设主管部门颁发的工程计量与计价相关规定，以及根据工程需要补充的工程量计算规则
4	与招标工程相关的技术标准规范
5	工程特点及交付标准、地勘水文资料、现场情况
6	合理施工工期及常规施工工艺、顺序
7	工程价格信息及造价资讯、工程造价数据及指数，以及其他相关资料

② 招标人可依据招标文件要求、工程实际情况、结合类似工程合理的施工方案及工期数据合理确定计划工期，最高投标限价应基于合理计划工期内完成招标工程所需的费用进行编制，招标人可依据招标工程量清单及同类工程的价格信息和造价资讯等，按相关主管部门规定确定招标工程可接受的最高价格。

③ 分部分项工程项目清单中承包人提供材料、发包人提供材料、材料暂估价、按项计价等清单项目的综合单价及价格可根据招标文件和招标工程量清单，按前述 24.2 基本

规定中"1. 一般规定"的第⑥条、24.2 基本规定中"2. 清单计价"的第②条~第⑤条的规定，以及类似工程的价格信息、价格指数及市场造价资讯等确定。

④ 最高投标限价的清单项目综合单价可按前述"24.2 基本规定中"1. 一般规定"的第⑥条、第⑦条的规定确定，并在编制说明中明确其计价方法。

⑤ 措施项目清单的价格可根据招标文件和招标工程量清单、工程实施要求及常规的施工工艺措施、合同条款、前述 24.2 基本规定"1. 一般规定"的第⑥条、24.2 基本规定中"2. 清单计价"的第⑥条规定及措施项目清单构成明细分析表、类似工程的措施价格信息及市场造价资讯等确定。其中安全生产措施费的计算应符合国家及省级、行业主管部门的规定。

⑥ 其他项目清单计价编制应满足下列要求（表 24-22）。

表 24-22 其他项目清单计价编制要求一览表

序号	编制要求
1	暂列金额按招标工程量清单中列出的相关金额计价
2	专业工程暂估价按招标工程量清单中列出的相关金额计价
3	计日工按招标工程量清单中列出的工程内容和要求按下面规定计价。计日工综合单价应为完成相应清单项目单位数量不含增值税的价格，包括随时、少量完成相关计日工项目所需的费用。计日工清单项目合价可依据计日工清单项目数量乘以综合单价计算
4	总承包服务费按招标工程量清单列出的需要投标人提供服务的发包人提供材料、专业分包工程、直接发包的专业工程，以及类似工程价格信息和造价资讯等分别确定各清单项目的服务费或费率并计价
5	若招标工程存在 24.3 工程量清单编制中"2. 工程量清单编制内容"的第⑦条列项的其他项目，应按同期市场合理价格计算其费用，并说明构成合同价格的计价条件

⑦ 增值税应按前述 24.2 基本规定中"1. 一般规定"的第⑥条、24.2 基本规定中"2. 清单计价"的第⑪条的规定计算。

⑧ 最高投标限价清单项目价格可依据招标工程技术标准规范、交付标准和招标文件要求，并结合下列工程价格信息及造价资讯进行编制（表 24-23）。

表 24-23 最高投标限价清单项目价格编制可结合因素一览表

序号	最高投标限价清单项目价格编制可结合因素
1	近期完成的类似工程最高投标限价、施工图预算、设计概算、成本估算的价格
2	近期获得的类似工程市场竞争合理投标单价
3	近期确定的类似清单项目结算单价
4	近期签订的类似工程合同价格
5	通过市场询价获得的人工、材料、施工机具、清单项目综合单价等相关合理工程价格
6	近期人工、材料、施工机具使用的市场价格和相关价格指数或投标价格指数等

⑨ 若招标工程的实际情况与本部分第⑧条的工程价格信息及造价资讯存在差异的，应依据其建设时期、建设地点、建设规模、交付标准等的差异影响，在合理调整价格后计算。

⑩ 因招标文件的补遗、答疑、异议澄清或修正等引起最高投标限价变化的，招标人应相应修正最高投标限价，并按相关要求和程序重新公布。

3. 异议和修正

① 投标人经复核认为招标人公布的最高投标限价未按招标文件的要求和国家及行业有关规定进行编制或存在不合理的，可在规定时间内以书面形式向招标人提出异议。

② 招标人应在规定的时间内对投标人的异议作出答复。招标人不在规定的时间内回复，或投标人在得到招标人的异议回复后，认为最高投标限价仍然未按招标文件的要求和国家及行业有关规定进行编制或存在不合理的，可在投标截止前规定时间内向有关行政监督管理部门反映。

③ 如最高投标限价经有关行政监督管理部门复查，其结论与原公布的最高投标限价偏差较大的，招标人应作出说明并对其不合理内容进行修订。

④ 招标人根据最高投标限价复查结论需要修订及重新公布最高投标限价的，应按政府主管部门相关要求和程序重新公布。

4. 最高投标限价编制使用表格（表24-24～表24-44）

表24-24　最高投标限价封面

＿＿＿＿＿＿＿＿＿＿＿＿工程

最高投标限价

招标人：＿＿（盖章）＿＿

年　　月　　日

表 24-25 最高投标限价扉页

工程名称：_____
标段名称：_____

最高投标限价

最高投标限价（小写）：_____

　　　　　　（大写）：_____

编 制 人：　　　　　　（造价专业人员签字及盖章）
审 核 人：　　　　　　（签字及盖章）
编 制 单 位：　　　　　（盖章）

法定代表人
或其授权人：　　　　　（签字或盖章）
招 标 人：　　　　　　（盖章）

法定代表人
或其授权人：　　　　　（签字或盖章）
编 制 时 间：

表 24-26　最高投标限价编制（审核）说明

工程名称：

注：最高投标限价编制（审核）说明应包括工程概况、工程范围、编制（审核）依据、特殊要求（如有）及其他需要说明的问题等内容。

表 24-27　工程量清单计算规则说明

工程名称：

注：① 采用国家及行业工程量计算标准的，应明确相应国家及行业标准的名称及编号。
② 根据工程项目特点补充完善计算规则的，应列明工程量清单的详细计算规则。

表 24-28　工程项目清单汇总表

工程名称：　　　　　　　　　　标段：　　　　　　　　　　第　页　共　页

序号	项目内容	金额/元
1	分部分项工程项目	
1.1	单项工程1（分部分项工程项目）	
1.1.1	单位工程1（分部分项工程项目）	
1.1.2	单位工程2（分部分项工程项目）	
1.2	单项工程2（分部分项工程项目）	

续表

序号	项目内容	金额/元
1.2.1	单位工程1（分部分项工程项目）	
1.2.2	单位工程2（分部分项工程项目）	
2	措施项目	
2.1	其中：安全生产措施项目	
3	其他项目	
3.1	其中：暂列金额	
3.2	其中：专业工程暂估价	
3.3	其中：计日工	
3.4	其中：总承包服务费	
3.5	其中：合同中约定的其他项目	
4	增值税	
	合　　计	

注：① 专业工程暂估价为已含税价格，在计算增值税计算基础时不应包含专业工程暂估价金额。
　　② 本表宜用于按合同标的为工程量清单编制对象的工程汇总计算，以单项工程、单位工程等为工程量清单编制对象的工程可按本表汇总计算。

表 24-29　分部分项工程项目清单计价表

工程名称：　　　　　　　　　　　　　标段：　　　　　　　　　　　　第　页　共　页

序号	项目编码	项目名称	项目特征描述	计量单位	工程量	金额/元	
						综合单价	合价
				本页小计			
				合　计			

表 24-30　分部分项工程项目清单综合单价分析表

工程名称：　　　　　　　　　　　　　标段：　　　　　　　　　　　　第　页　共　页

项目编码		项目名称				计量单位		
项目特征								
序号	费用项目	单位	数量	计算基础/元	费率/(%)	单价/元	合价/元
1	人工费	—	—	—	—	—	
1.1	……						
2	材料费						
2.1	主要材料1						
2.2	主要材料2						
	……						
	其他材料费						
3	施工机具使用费	—	—	—	—	—	
3.1	机具1						
3.2	机具2						
	……						
	其他施工机具使用费						
4	1+2+3 小计	—	—	—	—		
5	管理费		—			—	
6	利润		—			—	
	综合单价						

表 24-31　分部分项工程项目清单综合单价分析表（简版）

工程名称：　　　　　　　　　　　　　标段：　　　　　　　　　　　　第　页　共　页

序号	项目编码	项目名称	项目特征描述	计量单位	综合单价组成明细/元					
					人工费	材料费	施工机具使用费	管理费	利润	综合单价

表 24-32　材料暂估单价及调整表

工程名称：　　　　　　　　　　　　标段：　　　　　　　　　　　　　第　页　共　页

序号	材料名称	规格、型号	计量单位	暂估			确认			调整金额/元	备注
				数量	单价/元	合价/元	数量	单价/元	合价/元		
				A_1	B_1	C_1	A_2	B_2	C_2	$D=C_2-C_1$	
本页小计							—	—			—
合　计							—	—			—

注：本表可由招标人填写"暂估单价"栏，并在备注栏说明拟用暂估价材料的清单项目，投标人应将上述材料暂估单价计入工程量清单综合单价。

表 24-33　措施项目清单计价表

工程名称：　　　　　　　　　　　　标段：　　　　　　　　　　　　　第　页　共　页

序号	项目编码	项目名称	工作内容	价格/元	备注
1					详见明细表 24-34
	本页小计				—
	合　计				—

注：措施项目清单费用构成详见表 24-34。

表 24-34　措施项目清单构成明细分析表

工程名称：　　　　　　　　　　　　标段：　　　　　　　　　　　　第　页　共　页

序号	项目编码	措施项目名称	计算基础	费率/(%)	价格/元	价格构成明细/元					备注
						人工费	材料费	施工机具使用费	管理费	利润	
1		措施项目清单 1									
1.1		构成明细 1									
1.2		构成明细 2									
		……									
2		措施项目清单 2									
		合　计									—

注：采用费率计价方式的，应分别填写"计算基础""费率""价格"列数值；采用总价计价方式的，可只填"价格"列数值。

表 24-35　其他项目清单计价表

工程名称：　　　　　　　　　　　　标段：　　　　　　　　　　　　第　页　共　页

序号	项目名称	暂估（暂定）金额/元	结算（确定）金额/元	调整金额士/元	备注
1	暂列金额				详见表 24-36
2	专业工程暂估价				详见表 24-37
3	计日工				详见表 24-38
4	总承包服务费				详见表 24-39
5	合同中约定的其他项目				
	合　计				—

343

表 24-36 暂列金额明细表

工程名称：　　　　　　　　　　标段：　　　　　　　　　　　　第 页 共 页

序号	项目名称	计算基础	费率/(%)	暂定金额/元	确定金额/元	调整金额±/元	备注
1	合同价格调整暂列金额						
2	未确定工程暂列金额						
2.1							
3	未确定服务暂列金额						
3.1							
4	未确定其他暂列金额						
4.1							
	本页小计		—	—			—
	合　计		—	—			—

注：① 本表由招标人填写"暂定金额"总额，采用费率计价方式计算暂定金额的，应分别填写"计算基础""费率"，并计算填写"暂定金额"；采用总价计价方式计算暂定金额的，可直接填写"暂定金额"。
② 投标人应将上述暂定金额填写并计入投标总价。
③ 结算时应按合同约定计算并填写"确定金额"。

表 24-37 专业工程暂估价明细表

工程名称：　　　　　　　　　　标段：　　　　　　　　　　　　第 页 共 页

序号	专业工程名称	暂估金额/元			确认金额/元			调整金额±/元	备注
		不含税价格	增值税	含税价格	不含税价格	增值税	含税价格		
		A_1	B_1	C_1	A_2	B_2	C_2	$D=C_2-C_1$	
	本页小计								—
	合　计								—

注：本表"暂估金额"由招标人填写，投标人应将"暂估金额"填写并计入投标总价。结算时应按合同约定的价格填写"确认金额"。

表 24-38 计日工表

工程名称：　　　　　　　　　　　　　标段：　　　　　　　　　　　　第　页　共　页

编号	计日工名称	单位	暂定数量	实际数量	综合单价/元	合价/元		调整金额±/元
						暂定	实际	
						A_1	A_2	$B=A_2-A_1$
一	人工							
1								
2								
3								
4								
	人工小计							
二	材料							
1								
2								
3								
4								
	材料小计							
三	施工机具							
1								
2								
3								
4								
	施工机具小计							
	总　计							

注：① 本表计日工名称、暂定数量应由招标人填写。编制最高投标限价时，单价应由招标人按有关计价规定确定；编制投标报价时，单价应由投标人自主报价，并按暂定数量计算合价计入投标总价中。
② 工程结算时，应按发承包双方确认的实际数量计量合价。发承包双方确认的实际数量详见本标准表 E.8.2。

表 24-39 总承包服务费计价表

工程名称：　　　　　　　　　　　　　标段：　　　　　　　　　　　　第　页　共　页

序号	项目名称	计算基础	费率/(%)	金额/元	确认计算基础	结算金额/元	调整金额±/元	备注
		A_1	B	C_1	A_2	C_2	$D=C_2-C_1$	
1	发包人提供材料							详见表 24-42

续表

序号	项目名称	计算基础 A_1	费率/(%) B	金额/元 C_1	确认计算基础 A_2	结算金额/元 C_2	调整金额±/元 $D=C_2-C_1$	备注
2	专业分包工程							详见表24-37
3	直接发包的专业工程							详见表24-40
	本页小计							
	合　计	—	—					

注：① 本表项目名称、服务内容应由招标人填写。
② 编制最高投标限价及投标报价时，采用费率计价方式计算总承包服务费的，应分别填写"计算基础 A_1""费率 B"，并计算填写"金额 C_1"，$C_1=A_1×B$；采用总价计价方式计算总承包服务费的，可直接填写"金额 C_1"。
③ 编制结算时，采用费率计价方式计算总承包服务费的，应填写"确认计算基础 A_2"，并计算填写"结算金额 C_2"，$C_2=A_2×B$；采用总价计价方式计算总承包服务费的，可直接填写"结算金额 C_2"。

表 24-40　直接发包的专业工程明细表

工程名称：　　　　　　　　　　　标段：　　　　　　　　　　第　页　共　页

序号	直接发包的专业工程名称	备注

注：本表应由招标人填写，用于计算直接发包的专业工程总承包服务费。

表 24-41　增值税计价表

工程名称：　　　　　　　　　　　　标段：　　　　　　　　　　　　　　　第　页　共　页

序号	项目名称	计算基础说明	计算基础	税率/(%)	金额/元
		合　计			

表 24-42　发包人提供材料一览表

工程名称：　　　　　　　　　　　　标段：　　　　　　　　　　　　　　　第　页　共　页

序号	材料名称、规格、型号	单位	数量	单价/元	合价/元	有效损耗率/(%)	备注
	本页小计					—	—
	合　计					—	—

表 24-43　承包人提供可调价主要材料表一
（适用于价格信息调差法）

工程名称：　　　　　　　　　　　　标段：　　　　　　　　　　　　　　　第　页　共　页

序号	名称、规格、型号	单位	数量	基准价 C_0/元	投标报价/元	风险幅度系数 r/(%)	价格信息 C_i/元	价差 $\triangle C$/元	价差调整金额 $\triangle P$/元
				本页小计					
				合　计					

注：① 本表仅适用于物价变化引起合同价格调整事件使用。其中，招标人填写序号、名称、规格、型号、单位、基准价、风险幅度；投标人根据投标报价填写投标报价。
② "数量"依据发承包双方在合同中明确的数量计算方式计算确定。

表 24-44 承包人提供可调价主要材料表二

(适用于价格指数调差法)

工程名称：　　　　　　　　　　　标段：　　　　　　　　　第　页　共　页

序号	名称、规格、型号	变值权重 B	基本价格指数 F_0	现行价格指数 F_t	风险幅度系数/(%)	价差调整金额 $\triangle P$/元
	定值权重 A		—	—	—	—
	合　计	1	—	—	—	

注：① "名称、规格、型号""基本价格指数"栏由招标人填写，人工也采用价格指数调差法调整的，由招标人在"名称"栏填写。

② 本表仅适用于物价变化引起合同价格调整事件使用。

③ 分项计算可调价主要材料价差的，应在"价差调整金额"列分别填写金额，并计算合计金额；整体计算可调价主要材料价差的，可仅在"价差调整金额"列"合计"行填写。

工程结算与支付

合同价款争议的解决

工程计价成果与档案管理

24.6 任务实施

【应用案例 24-1】

某工程基础平面图和断面图如图 24-1 所示，土质为普通土，采用挖掘机挖土（大开挖，坑内作业），自卸汽车运土，运距为 500m。试编制该基础土石方工程量清单，在编制时需要考虑哪些内容？

解：根据前文工程量清单编制内容，需要编制表 24-45～表 24-64。结合本任务的实际情况，在编制该基础土石方工程量清单时，需要考虑以下内容：

(1) 扉页应按规定的内容填写、签字、盖章。受委托编制的工程量清单应由造价专业人员编制并签字，由一级注册造价工程师审核并签字及盖章、法定代表人或其授权人签字或盖章、编（审）单位盖章。

（2）工程计量说明应按下列内容填写。

① 招标工程量清单编制（审）说明宜按下列内容填写：工程概况、建设规模、工程特征、计划工期、施工现场实际情况、自然地理条件、环境保护要求等；招标工程范围；工程量清单编制依据；工程质量、材料、施工等的特殊要求；其他需要说明的问题。

② 工程量清单计算规则说明应明确工程量清单项目的详细计算规则。采用国家及行业工程量计算标准的，应明确相应国家及行业标准的名称及编号；根据工程项目特点补充完善计算规则的，应列明工程量清单项目的详细计算规则。

表 24－45　招标工程量清单封面

_____工程

招标工程量清单

招标人：_____（盖章）

年　　月　　日

表 24－46　招标工程量清单扉页

工程名称：_____
标段名称：_____

招标工程量清单

编 制 人：　　　　　（造价专业人员签字及盖章）
审 核 人：　　　　　（签字及盖章）
编 制 单 位：　　　　（盖章）

法定代表人
或其授权人：　　　　（签字或盖章）
招 标 人：　　　　　（盖章）

法定代表人
或其授权人：　　　　（签字或盖章）
编制时间：

表 24-47　最高投标限价编制（审核）说明

工程名称：

注：最高投标限价编制（审核）说明应包括工程概况、工程范围、编制（审核）依据、特殊要求（如有）及其他需要说明的问题等内容。

表 24-48　工程量清单计算规则说明

工程名称：

注：① 采用国家及行业工程量计算标准的，应明确相应国家及行业标准的名称及编号。
② 根据工程项目特点补充完善计算规则的，应列明工程量清单的详细计算规则。

表 24-49　工程项目清单汇总表

工程名称：　　　　　　　　　　　标段：　　　　　　　　　　第　页　共　页

序号	项目内容	金额/元
1	分部分项工程项目	
1.1	单项工程 1（分部分项工程项目）	
1.1.1	单位工程 1（分部分项工程项目）	
1.1.2	单位工程 2（分部分项工程项目）	
1.2	单项工程 2（分部分项工程项目）	
1.2.1	单位工程 1（分部分项工程项目）	
1.2.2	单位工程 2（分部分项工程项目）	
2	措施项目	
2.1	其中：安全生产措施项目	

续表

序号	项目内容	金额/元
3	其他项目	
3.1	其中：暂列金额	
3.2	其中：专业工程暂估价	
3.3	其中：计日工	
3.4	其中：总承包服务费	
3.5	其中：合同中约定的其他项目	
4	增值税	
	合　计	

注：① 专业工程暂估价为已含税价格，在计算增值税计算基础时不应包含专业工程暂估价金额。
　　② 本表宜用于按合同标的为工程量清单编制对象的工程汇总计算，以单项工程、单位工程等为工程量清单编制对象的工程可按本表汇总计算。

表 24－50　分部分项工程项目清单计价表

工程名称：　　　　　　　　　　标段：　　　　　　　　　　　　第　页　共　页

序号	项目编码	项目名称	项目特征描述	计量单位	工程量	金额/元	
						综合单价	合价
			本页小计				
			合　　计				

表24-51 材料暂估单价及调整表

工程名称： 标段： 第 页 共 页

序号	材料名称	规格、型号	计量单位	暂估			确认			调整金额/元	备注
				数量 A_1	单价/元 B_1	合价/元 C_1	数量 A_2	单价/元 B_2	合价/元 C_2	$D=C_2-C_1$	
		本页小计					—	—			
		合　计					—	—			

注：本表可由招标人填写"暂估单价"栏，并在备注栏说明拟用暂估价材料的清单项目，投标人应将上述材料暂估单价计入工程量清单综合单价。

表24-52 措施项目清单计价表

工程名称： 标段： 第 页 共 页

序号	项目编码	项目名称	工作内容	价格/元	备注
1					详见明细表24-53
		本页小计			—
		合　计			—

注：措施项目清单费用构成详见表24-53，大型机械进出场及安拆费用组成见表24-54。

表 24-53 措施项目清单构成明细分析表

工程名称：　　　　　　　　　　　　　标段：　　　　　　　　　　　　第 页 共 页

序号	项目编码	措施项目名称	计算基础	费率/(%)	价格/元	价格构成明细/元					备注
						人工费	材料费	施工机具使用费	管理费	利润	
1		措施项目清单1									
1.1		构成明细1									
1.2		构成明细2									
		……									
2		措施项目清单2									
		合　计									—

注：采用费率计价方式的，应分别填写"计算基础""费率""价格"列数值；采用总价计价方式的，可只填"价格"列数值。

表 24-54 大型机械进出场及安拆费用组成明细表

工程名称：　　　　　　　　　　　　　标段：　　　　　　　　　　　　第 页 共 页

序号	大型机械名称、规格、型号	数量	进出场次数	进出场费用单价 $C=C_1+C_2+C_3$/元			合价/元	备注
				机械安拆费	机械装卸运输费	固定装置安拆费		
		A	B	C_1	C_2	C_3	$D=A \cdot B \cdot C$	
		本页小计						—
		合　计						—

注：① 相同大型机械进出场价格不同时，应分别列项。
　　② 有厂家特别说明要求的，可在备注栏列明。

表 24-55　其他项目清单计价表

工程名称：　　　　　　　　　　标段：　　　　　　　　　　第　页　共　页

序号	项目名称	暂估（暂定）金额/元	结算（确定）金额/元	调整金额±/元	备注
1	暂列金额				详见表 24-56
2	专业工程暂估价				详见表 24-57
3	计日工				详见表 24-58
4	总承包服务费				详见表 24-59
5	合同中约定的其他项目				
	合　计				—

表 24-56　暂列金额明细表

工程名称：　　　　　　　　　　标段：　　　　　　　　　　第　页　共　页

序号	项目名称	计算基础	费率/(%)	暂定金额/元	确定金额/元	调整金额±/元	备注
1	合同价格调整暂列金额						
2	未确定工程暂列金额						
2.1							
3	未确定服务暂列金额						
3.1							
4	未确定其他暂列金额						
4.1							
	本页小计		—		—		
	合　计		—		—		

注：① 本表由招标人填写"暂定金额"总额，采用费率计价方式计算暂定金额的，应分别填写"计算基础""费率"，并计算填写"暂定金额"；采用总价计价方式计算暂定金额的，可直接填写"暂定金额"。

② 投标人应将上述暂定金额填写并计入投标总价。

③ 结算时应按合同约定计算并填写"确定金额"。

表 24-57 专业工程暂估价明细表

工程名称：　　　　　　　　　　　　　　　标段：　　　　　　　　　　　　　　　第　页　共　页

序号	专业工程名称	暂估金额/元			确认金额/元			调整金额 ±/元	备注
		不含税价格	增值税	含税价格	不含税价格	增值税	含税价格		
		A_1	B_1	C_1	A_2	B_2	C_2	$D=C_2-C_1$	
	本页小计								—
	合　计								—

注：本表"暂估金额"由招标人填写，投标人应将"暂估金额"填写并计入投标总价。结算时应按合同约定的价格填写"确认金额"。

表 24-58 计日工表

工程名称：　　　　　　　　　　　　　　　标段：　　　　　　　　　　　　　　　第　页　共　页

编号	计日工名称	单位	暂定数量	实际数量	综合单价/元	合价/元		调整金额±/元
						暂定	实际	
						A_1	A_2	$B=A_2-A_1$
一	人工							
1								
2								
3								
4								
	人工小计							
二	材料							
1								
2								
3								
4								

续表

编号	计日工名称	单位	暂定数量	实际数量	综合单价/元	合价/元		调整金额±/元
						暂定 A_1	实际 A_2	$B = A_2 - A_1$
	材料小计							
三	施工机具							
1								
2								
3								
4								
	施工机具小计							
	总　计							

注：① 本表计日工名称、暂定数量应由招标人填写。编制最高投标限价时，单价应由招标人按有关计价规定确定；编制投标报价时，单价应由投标人自主报价，并按暂定数量计算合价计入投标总价中。

② 工程结算时，应按发承包双方确认的实际数量计量合价。发承包双方确认的实际数量详见计日工竣工（过程）结算明细表。

表 24 – 59　总承包服务费计价表

工程名称：　　　　　　　　　　标段：　　　　　　　　　　　第　页　共　页

序号	项目名称	计算基础 A_1	费率/(%) B	金额/元 C_1	确认计算基础 A_2	结算金额/元 C_2	调整金额±/元 $D = C_2 - C_1$	备注
1	发包人提供材料							详见表 24 – 62
2	专业分包工程							详见表 24 – 57
3	直接发包的专业工程							详见表 24 – 60

续表

序号	项目名称	计算基础	费率/(%)	金额/元	确认计算基础	结算金额/元	调整金额±/元	备注
		A_1	B	C_1	A_2	C_2	$D=C_2-C_1$	
	本页小计							
	合 计	—	—		—		—	

注：① 本表项目名称、服务内容应由招标人填写。
② 编制最高投标限价及投标报价时，采用费率计价方式计算总承包服务费的，应分别填写"计算基础 A_1""费率 B"，并计算填写"金额 C_1"，$C_1=A_1×B$；采用总价计价方式计算总承包服务费的，可直接填写"金额 C_1"。
③ 编制结算时，采用费率计价方式计算总承包服务费的，应填写"确认计算基础 A_2"，并计算填写"结算金额 C_2"，$C_2=A_2×B$；采用总价计价方式计算总承包服务费的，可直接填写"结算金额 C_2"。

表 24-60　直接发包的专业工程明细表

工程名称：　　　　　　　　　　　　　　标段：　　　　　　　　　　　　　第　页　共　页

序号	直接发包的专业工程名称	备注

注：本表应由招标人填写，用于计算直接发包的专业工程总承包服务费。

表 24-61　增值税计价表

工程名称：　　　　　　　　　　　　　　标段：　　　　　　　　　　　　　第　页　共　页

序号	项目名称	计算基础说明	计算基础	税率/(%)	金额/元
	合 计				

表 24-62 发包人提供材料一览表

工程名称：　　　　　　　　　　　　　　标段：　　　　　　　　　　　　　第　页　共　页

序号	材料名称、规格、型号	单位	数量	单价/元	合价/元	有效损耗率/(%)	备注
	本页小计					—	—
	合　计					—	—

表 24-63 承包人提供可调价主要材料表一
（适用于价格信息调差法）

工程名称：　　　　　　　　　　　　　　标段：　　　　　　　　　　　　　第　页　共　页

序号	名称、规格、型号	单位	数量	基准价 C_0/元	投标报价 /元	风险幅度系数 r/(%)	价格信息 C_i/元	价差 ΔC/元	价差调整金额 ΔP/元
	本页小计								
	合　计								

注：① 本表仅适用于物价变化引起合同价格调整事件使用。其中，招标人填写序号、名称、规格、型号、单位、基准价、风险幅度；投标人根据投标报价填写投标报价。
② "数量"依据发承包双方在合同中明确的数量计算方式计算确定。

表 24-64 承包人提供可调价主要材料表二
（适用于价格指数调差法）

工程名称：　　　　　　　　　　　　　　标段：　　　　　　　　　　　　　第　页　共　页

序号	名称、规格、型号	变值权重 B	基本价格指数 F_0	现行价格指数 F_t	风险幅度系数 /(%)	价差调整金额 ΔP/元
	定值权重 A					
	合　计	1				

注：① "名称、规格、型号""基本价格指数"栏由招标人填写，人工也采用价格指数调差法调整的，由招标人在"名称"栏填写。
② 本表仅适用于物价变化引起合同价格调整事件使用。
③ 分项计算可调价主要材料价差的，应在"价差调整金额"列分别填写金额，并计算合计金额；整体计算可调价主要材料价差的，可仅在"价差调整金额"列"合计"行填写。

第24章 建设工程工程量清单计价标准

学习启示

随着我国工程建设管理改革的不断深化，工程建设逐步实现了市场化控制，实行工程量清单计价势在必行。自从2003年发布《建设工程工程量清单计价规范》并实施以来，清单计价的造价管理模式逐渐为工程建筑市场主体各方从业人员所接受，有助于对建设工程施工各方行为进行有效控制，创建稳定健康的工程建设市场秩序、减少纠纷，从而建设文明和谐的社会。

本章小结

通过本章学习，要求学生掌握以下内容。
① 《建设工程工程量清单计价标准》中的相关术语。
② 建设工程工程量清单和投标报价的编制内容，以及建设工程合同工程计量、合同价款调整及合同价款支付等内容。
③ 能够编制建设工程工程量清单、投标报价。
④ 能够依据合同计算分部分项工程、措施项目等工程量。
⑤ 能够进行合同价款调整、支付及争议的解决。

习题

简答题

1. 简述项目编码、项目特征的含义。
2. 什么叫作总承包服务费？
3. 什么叫作暂估价？
4. 简述工程量清单的具体编制内容。
5. 简述投标报价的具体编制内容。
6. 简述最高投标限价的编制要求。
7. 简述竣工结算的核对时限要求。
8. 办理竣工结算时，发包人对工程质量有异议时如何处理？

第 25 章 房屋建筑与装饰工程工程量计算标准应用

教学目标

学生应掌握《房屋建筑与装饰工程工程量计算标准》（GB/T 50854—2024）的相关说明、分部分项工程项目工程量清单的主要内容及编制方法、综合单价组成及计算方法、分部分项工程项目清单计价表的编制方法。

教学要求

能力目标	知识要点	相关知识	权重
掌握《房屋建筑与装饰工程工程量计算标准》的计算规则	工程量计算标准的计算规则；各分部工程的注意事项	定额计价办法中各分部工程工程量的计算规则	0.3
掌握分部分项工程项目清单计价表的编制	项目编码、项目名称、项目特征、计量单位、工程量及工程内容的确定	综合单价的确定；各工程内容定额编号的选择	0.3
掌握单价措施项目清单计价表的编制	项目编码、项目名称、项目特征、计量单位、工程量及工程内容的确定	综合单价的确定；各工程内容定额编号的选择	0.2
掌握综合单价的费用组成	确定工程内容、计算工程量、选择定额、确定费率	人工费、材料费、施工机具使用费、管理费和利润	0.2

导入案例

某工程基础平面图和断面图如图 25-1 所示，土质为普通土，采用挖掘机挖土（大开挖，坑内作业），自卸汽车运土，运距为 500m。若需要结合《建设工程工程量清单计价标准》（GB/T 50500—2024）、《房屋建筑与装饰工程工程量计算标准》（GB/T 50854—2024）的规定编制该基础土石方分部分项工程项目清单计价表，该如何进行计算？

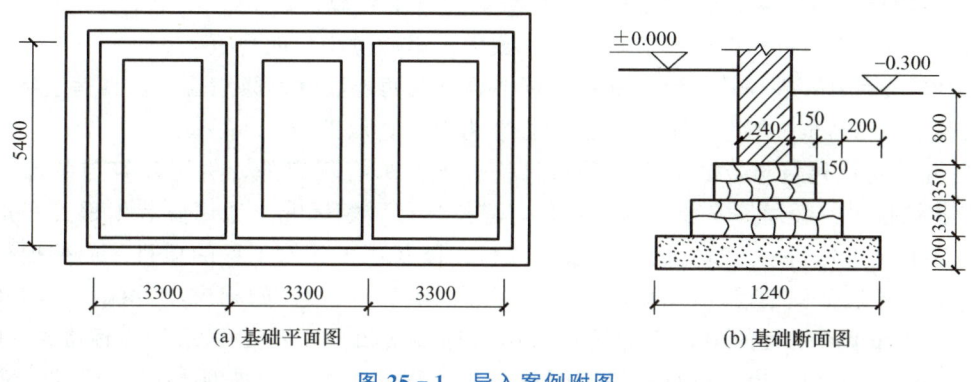

图 25－1　导入案例附图

25.1　工程量计算标准说明

1. 工程量计算标准总则

① 为规范建设工程的工程计量行为，统一房屋建筑与装饰工程工程量计算规则、工程量清单的编制方法，制定《房屋建筑与装饰工程工程量计算标准》(GB/T 50854—2024)。

②《房屋建筑与装饰工程工程量计算标准》适用于房屋建筑与装饰工程施工发承包及实施阶段的工程计量和工程量清单编制。

③ 房屋建筑与装饰工程的工程计量应执行《房屋建筑与装饰工程工程量计算标准》。

④ 房屋建筑与装饰工程的工程计量除应符合《房屋建筑与装饰工程工程量计算标准》外，尚应符合国家现行有关标准的规定。

2. 相关术语

① 工程量计算。按照工程设计文件、技术标准、统一的工程量计算标准等，进行工程数量计算的活动。

② 房屋建筑。在固定地点，为使用者或占用物提供庇护覆盖以进行生活、生产或其他活动的实体，可分为工业建筑与民用建筑。

③ 工业建筑。提供生产用的各种建筑物，如车间、厂区建筑、动力站、与厂房相连的生活间、厂区内的库房和运输设施等。

④ 民用建筑。非生产性的居住建筑和公共建筑，如住宅、办公楼、幼儿园、学校、食堂、影剧院、商店、体育馆、旅馆、医院、展览馆等。

3. 工程计量

① 工程计量除应符合《房屋建筑与装饰工程工程量计算标准》的规定外，还应依据经审定通过的施工设计图纸及其说明、有关的技术标准及其他有关技术经济文件等文件。

② 工程实施过程中的计量除应符合《房屋建筑与装饰工程工程量计算标准》的规定，还应符合现行国家标准《建设工程工程量清单计价标准》(GB/T 50500—2024)的相关规定。

③ 工程计量时每一项目汇总的有效位数应符合下列规定。

a. 以"t"为单位,保留小数点后三位数字,第四位小数四舍五入。

b. 以"m""m²""m³"为单位,保留小数点后两位数字,第三位小数四舍五入。

c. 以"个""根""座""套""孔""榀"为单位,取整数。

④ 除《房屋建筑与装饰工程工程量计算标准》另有规定外,房屋建筑与装饰工程涉及电气、给排水、暖通等安装工程的项目,应按现行国家标准《通用安装工程工程量计算标准》(GB/T 50856—2024)的相应项目执行;涉及仿古建筑工程的项目,应按现行国家标准《仿古建筑工程工程量计算标准》(GB/T 50855—2024)的相应项目执行;涉及市政道路、路灯等市政工程的项目,应按现行国家标准《市政工程工程量计算标准》(GB/T 50857—2024)的相应项目执行;涉及园林绿化工程的项目,应按现行国家标准《园林绿化工程工程量计算标准》(GB/T 50858—2024)的相应项目执行。

25.2 工程量计算标准应用

【应用案例 25-1】

某工程基础平面图和断面图如图 25-1 所示,土质为普通土,采用挖掘机挖土(大开挖,坑内作业),自卸汽车运土,运距为 500m。试结合《建设工程工程量清单计价标准》(GB/T 50500—2024)、《房屋建筑与装饰工程工程量计算标准》(GB/T 50854—2024)、山东省定额、山东省价目表等标准及文件的规定编制该基础土石方分部分项工程项目清单计价表。

解:1. 编制分部分项工程量清单

《房屋建筑与装饰工程工程量计算标准》(GB/T 50854—2024)中的 A.4.5 规定了沟槽、基坑土石方的划分:基础土石方中,底宽≤3m 且底长>3 倍底宽的为沟槽,超出上述范围的为基坑。因此,本工程挖基础土方应按"挖基坑土方"列项。

《房屋建筑与装饰工程工程量计算标准》(GB/T 50854—2024)中"挖基坑土方"所包含的清单内容如表 25-1 所示。

表 25-1 挖基坑土方项目

项目编码	项目名称	项目特征	计量单位	工程量计算规则	工作内容
010102001	挖基坑土方	1. 土类别 2. 开挖深度 3. 基底处理方式	m³	按设计图示基础(含垫层)底面积另加工作面面积,乘以挖土深度,以体积计算	1. 开挖、放坡(若有)、挡土板围护(若有) 2. 装车 3. 场内运输 4. 清底修边 5. 基底夯实 6. 基底钎探

结合工程实际,确定以下内容。

① 项目编码。本工程项目编码为010102001001。

② 项目特征。本工程土类别为一、二类土,开挖深度为1.7m,基底处理方式为基底钎探。

③ 计算清单工程量。

《房屋建筑与装饰工程工程量计算标准》(GB/T 50854—2024)中挖基坑土方计算规则:按设计图示基础(含垫层)底面积另加工作面面积,乘以挖土深度,以体积计算。工作面按照《房屋建筑与装饰工程工程量计算标准》(GB/T 50854—2024)中 A.4.6 的规定并结合工程实际计算,因本工程为灰土垫层,故施工不考虑工作面。

挖基坑土方的工程量=(3.3×3+1.24)×(5.4+1.24)×1.7≈125.75(m³)

④ 工作内容。本工程工作内容为土方开挖、放坡,装车,场内运输,清底修边,基底钎探。

将上述结果及相关内容填入分部分项工程项目清单计价表中,如表25-2所示。

表 25-2 分部分项工程项目清单计价表

工程名称:某工程　　　　　　　　　　标段:　　　　　　　　　　第1页　共1页

序号	项目编码	项目名称	项目特征描述	计量单位	工程量	金额/元	
						综合单价	合价
1	010102001001	挖基坑土方	1. 土类别:一、二类土 2. 开挖深度:1.7m 3. 基底处理方式:基底钎探	m³	125.75		

2. 编制分部分项工程投标报价

(1) 计算综合单价

① 确定工作内容。

本工程发生的工作内容为土方开挖、放坡,装车,场内运输,清底修边,基底钎探。

② 计算定额工程量。

依据分部分项工程量清单确定的工作内容,按照山东省定额相关规定,分别计算工程量。

A. 土方开挖、放坡工程量计算。

沟槽、地坑、一般土石方的划分规定为,底宽(设计图示垫层或基础的底宽)≤3m且底长>3倍底宽的为沟槽;坑底面积≤20m²且底长≤3倍底宽的为地坑;超出上述范围,又非平整场地的,为一般土石方。因此,本工程定额项目应为"挖一般土石方"。

挖一般土石方工程量计算规则为,按设计图示基础(含垫层)尺寸,另加工作面宽度、土方放坡宽度或石方允许超挖量乘以开挖深度,以体积计算。

土方放坡系数按照表25-3规定计算。表中起点深度自基础(含垫层)底标高算起。普通土为一、二类土,坚土为三、四类土。结合本工程实际,放坡坡度为1:0.33。

表 25-3 土方放坡起点深度和放坡坡度

土质	起点深度/m	放坡坡度			
		人工挖土	机械挖土		
			基坑内作业	基坑上作业	沟槽上作业
普通土	>1.20	1:0.50	1:0.33	1:0.75	1:0.50
坚土	>1.70	1:0.30	1:0.20	1:0.50	1:0.30

土方开挖、放坡工程量计算如下。

基坑底面面积

$$S_{底}=(A+2C)\times(B+2C)=(3.3\times3+1.24)\times(5.4+1.24)\approx73.97(m^2)$$

基坑顶面面积

$$S_{顶}=(A+2C+2KH)\times(B+2C+2KH)=(3.3\times3+1.24+2\times0.33\times1.7)\times(5.4+1.24+2\times0.33\times1.7)\approx95.18(m^2)$$

土方开挖、放坡总体积

$$V=\frac{H}{3}\times(S_{底}+S_{顶}+\sqrt{S_{底}\times S_{顶}})=1.7/3\times(73.97+95.18+\sqrt{73.97\times95.18})\approx143.40(m^3)$$

按照山东省定额及《山东省住房和城乡建设厅关于发布山东省建筑工程计价依据动态调整汇编（2021年度）的通知》（鲁建标字〔2022〕2号）的规定，机械挖土施工包含机械挖土及机械挖土后的人工清理修整两部分内容。机械挖土工程量和人工清理修整工程量分别按照挖方总量乘以相应系数计算，系数如表25-4所示。

表 25-4 机械挖土及人工清理修整系数

基础类型	机械挖土		人工清理修整	
	执行子目	系数	执行子目	系数
一般土方	相应子目	0.95	1-2-1	0.063
沟槽土方		0.90	1-2-6	0.125
地坑土方		0.85	1-2-11	0.188

因此，挖掘机挖土方工程量=143.40×0.95=136.23（m³）

人工清理修整工程量=143.40×0.063≈9.03（m³）

B. 装车、场内运输工程量计算。

挖掘机装车工程量=136.23m³

人工装车工程量=9.03m³

场内运输工程量=136.23+9.03=145.26（m³）

C. 清底修边工程量计算。

清底修边即人工清理修整，已计算。

D. 基底钎探工程量计算。

基底钎探工程量=73.97m²

③ 选择定额。

第25章 房屋建筑与装饰工程工程量计算标准应用

本工程执行山东省定额。

挖掘机挖土、装土：套用定额1-2-41，单价（含税）=57.43元/(10m³)。

人工清理修整：套用定额1-2-1，单价（含税）=316.16元/(10m³)。

人工装车：套用定额1-2-25，单价（含税）=183.04元/(10m³)。

场内运输：本工程为自卸汽车运土，运距500m，套用定额1-2-58，单价（含税）=64.89元/(10m³)。

基底钎探：套用定额1-4-4，单价（含税）=89.39元/(10m²)。

④ 计算综合单价。

依据《建设工程工程量清单计价标准》（GB/T 50500—2024）和《山东省建设工程费用项目组成及计算规则（2022版）》，综合单价包含人工费、材料费、施工机具使用费、管理费、利润和一定范围内的风险费用。本次计算不考虑风险费用。因此，综合单价=人工费+材料费+施工机具使用费+管理费+利润。

其中，人工费=每计量单位∑（工日消耗量×人工单价）；

材料费=每计量单位∑（材料消耗量×材料单价）；

施工机具使用费=每计量单位∑（机械台班消耗量×台班单价）；

管理费=省价人工费×管理费费率；

利润=省价人工费×利润率。

依据《山东省建设工程费用项目组成及计算规则（2022版）》，管理费费率为25.60%，利润率为15.00%。

本工程综合单价计算如表25-5所示。

表25-5 综合单价计算表

项目编码	010102001001		项目名称	挖基坑土方		计量单位	m³
项目特征	1. 土类别：一、二类土 2. 开挖深度：1.7m 3. 基底处理方式：基底钎探					清单工程量	125.75
序号	定额编号	费用项目	单位	数量	计算基础/元	费率/(%)	单价/元	合价/元
---	---	---	---	---	---	---	---	---
1	1-2-41	挖掘机挖装一般土方，普通土	10m³	13.623				6.73
1.1		人工费	—	—	—	—	—	1.25
		综合工日（土建）	工日	0.010	—	—	128.00	1.25
1.2		材料费						
1.3		施工机具使用费	—	—	—	—	—	4.97
		履带式单斗挖掘机（液压）1m³	台班	0.002	—	—	1183.07	2.95
		履带式推土机 75kW	台班	0.002	—	—	890.68	2.03

续表

序号	定额编号	费用项目	单位	数量	计算基础/元	费率/(%)	单价/元	合价/元
1.4		人+材+机小计	—	—	—	—	—	6.22
1.5		管理费	—	—	1.25	25.60	—	0.32
1.6		利润	—	—	1.25	15.00	—	0.19
2	1-2-1	人工清理修整	10m³	0.903	—	—	—	3.19
2.1		人工费	—	—	—	—	—	2.27
		综合工日（土建）	工日	0.018	—	—	128.00	2.27
2.2		材料费						
2.3		施工机具使用费						
2.4		人+材+机小计	—	—	—	—	—	2.27
2.5		管理费	—	—	2.27	25.60	—	0.58
2.6		利润	—	—	2.27	15.00	—	0.34
3	1-2-58	自卸汽车运土方，运距≤1km	10m³	14.526				7.67
3.1		人工费	—	—	—	—	—	0.44
		综合工日（土建）	工日	0.003	—	—	128.00	0.44
3.2		材料费	—	—	—	—	—	0.09
		水	m³	0.014	—	—	6.55	0.09
3.3		施工机具使用费						6.96
		自卸汽车 15t	台班	0.007	—	—	989.97	6.63
		洒水车 4000L	台班	0.001	—	—	472.99	0.33
3.4		人+材+机小计	—	—	—	—	—	7.49
3.5		管理费	—	—	0.44	25.60	—	0.11
3.6		利润	—	—	0.44	15.00	—	0.07
4	1-2-25	人工装车，土方	10m³	0.903				1.85
4.1		人工费	—	—	—	—	—	1.31
		综合工日（土建）	工日	0.010	—	—	128.00	1.31
4.2		材料费	—	—	—	—	—	
4.3		施工机具使用费						
4.4		人+材+机小计						1.31
4.5		管理费	—	—	1.31	25.60	—	0.34
4.6		利润	—	—	1.31	15.00	—	0.20

续表

序号	定额编号	费用项目	单位	数量	计算基础/元	费率/(%)	单价/元	合价/元
5	1-4-4	基底钎探	10m²	7.397				6.54
5.1		人工费	—	—	—	—		3.16
		综合工日（土建）	工日	0.025	—	—	128.00	3.16
5.2		材料费						0.99
		钢钎 $\phi 22\sim 25$	kg	0.048			9.86	0.47
		中砂	m³	0.001			260.00	0.38
		水	m³	0.0003			6.55	0.002
		烧结煤矸石普通砖 240mm×115mm×53mm	千块	0.0002			760.00	0.13
5.3		施工机具使用费	—	—				1.10
		轻便钎探器	台班	0.005			234.47	1.10
5.4		人＋材＋机小计	—	—				5.26
5.5		管理费	—	—	3.16	25.60	—	0.81
5.6		利润	—	—	3.16	15.00	—	0.47
		综合单价						25.99

注：表中的人工、材料和机械台班的单价均按照山东省价目表中的含税单价确定。

综合单价计算的具体公式，以表中"1-2-58 自卸汽车运土方，运距≤1km"为例进行详细说明（表25-6），其他费用项目亦按此方法计算。

表 25-6 综合单价计算公式示例

序号	定额编号	费用项目	单位	数量	计算基础/元	费率/(%)	单价/元	合价/元
1	1-2-58	自卸汽车运土方，运距≤1km	10m³	14.526＝145.26/10（定额工程量/定额单位扩大倍数）				7.67＝7.49+0.11+0.07（表中1.4+1.5+1.6）
1.1		人工费	—	—				0.44（人工合价汇总）
		综合工日（土建）	工日	0.003＝(0.03/10)×(145.26/125.75)[（定额中的工日消耗量/定额单位扩大倍数）×（定额工程量/清单工程量）]			128（人工单价）	0.44＝0.003×128[综合工日（土建）的数量×人工单价]
1.2		材料费	—	—				0.09（材料合价汇总）

续表

序号	定额编号	费用项目	单位	数量	计算基础/元	费率/(%)	单价/元	合价/元
		水	m³	0.014＝(0.12/10)×(145.26/125.75)[(定额中的材料消耗量/定额单位扩大倍数)×(定额工程量/清单工程量)]	—	—	6.55（材料单价）	0.09＝0.014×6.55（材料的数量×材料单价）
1.3		施工机具使用费	—	—	—	—	—	6.96＝6.63＋0.33（机械台班合价汇总）
		自卸汽车 15t	台班	0.007＝(0.058/10)×(145.26/125.75)[(定额中的机械台班消耗量/定额单位扩大倍数)×(定额工程量/清单工程量)]	—	—	989.97（机械台班单价）	6.63＝0.007×989.97（机械台班的数量×机械台班单价）
		洒水车 4000L	台班	0.001＝(0.006/10)×(145.26/125.75)[(定额中的机械台班消耗量/定额单位扩大倍数)×(定额工程量/清单工程量)]	—	—	472.99（机械台班单价）	0.33＝0.001×472.99（机械台班的数量×机械台班单价）
1.4		人＋材＋机小计	—	—	—	—	—	7.49＝0.44＋0.09＋6.96（表中 1.1＋1.2＋1.3）
1.5		管理费	—	—	0.44（省价人工费）	25.60%（管理费费率）	—	0.11＝0.44×25.60%（省价人工费×管理费费率）
1.6		利润	—	—	0.44（省价人工费）	15.00%（利润率）	—	0.07＝0.44×15.00%（省价人工费×利润率）
		综合单价						（全部定额合价的加和）

（2）编制综合单价分析表［表 25－7，参考《建设工程工程量清单计价标准》（GB/T 50500—2024）和山东省综合单价分析表］

表 25－7　综合单价分析表

工程名称：某工程　　　　　　　　　　　　标段：　　　　　　　　　　　第 1 页共 1 页

序号	项目编码	项目名称	单位	工程量	综合单价明细组成/元					综合单价/元
					人工费	材料费	机械费	计费基础	管理费和利润	
1	010102001001	挖基坑土方	m³	125.75	8.44	1.08	13.04	8.44	3.43	25.99
	1－2－41	挖掘机挖装一般土方，普通土	10m³	13.623	1.25		4.97	1.25	0.51	6.73

续表

序号	项目编码	项目名称	单位	工程量	综合单价明细组成/元					
					人工费	材料费	机械费	计费基础	管理费和利润	综合单价/元
	1-2-1	人工清理修整	10m³	0.903	2.27			2.27	0.92	3.19
	1-2-58	自卸汽车运土方，运距≤1km	10m³	14.526	0.44	0.09	6.96	0.44	0.18	7.67
	1-2-25	人工装车，土方	10m³	0.903	1.31			1.31	0.54	1.85
	1-4-4	基底钎探	10m²	7.397	3.16	0.99	1.10	3.16	1.28	6.54

（3）填写分部分项工程项目清单计价表，计算合价（表25-8）

表25-8 分部分项工程项目清单计价表

工程名称：某工程　　　　　　　　　　标段：　　　　　　　　　　第1页　共1页

序号	项目编码	项目名称	项目特征描述	计量单位	工程量	金额/元	
						综合单价	合价
1	010102001001	挖基坑土方	1. 土类别：一、二类土 2. 开挖深度：1.7m 3. 基底处理方式：基底钎探	m³	125.75	25.99	3268.24

【应用案例25-2】

某工程基础平面图及断面图如图25-2所示，地面为水泥砂浆地面，100mm厚C15混凝土垫层，采用商品混凝土运至工程现场（不另考虑运输费），管道泵送混凝土（固定泵）；基础为M10.0水泥砂浆砌筑砖基础（3:7灰土垫层采用电动夯实机打夯）。试结合

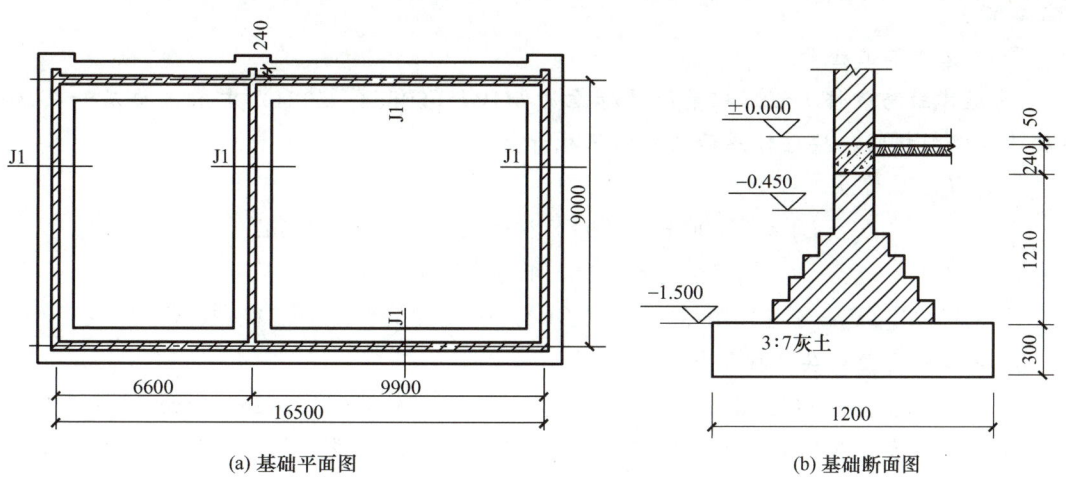

(a) 基础平面图　　　　(b) 基础断面图

图25-2 应用案例25-2附图

《建设工程工程量清单计价标准》(GB/T 50500—2024)、《房屋建筑与装饰工程工程量计算标准》(GB/T 50854—2024)、山东省定额、山东省价目表等标准及文件的规定编制该工程垫层分部分项工程项目清单计价表。

解:1. 编制分部分项工程量清单

《房屋建筑与装饰工程工程量计算标准》(GB/T 50854—2024)中"垫层"所包含的清单内容如表25-9所示。

表25-9 垫层项目

项目编码	项目名称	项目特征	计量单位	工程量计算规则	工作内容
010501001	基础垫层	1. 基础形式 2. 厚度 3. 材料品种、强度要求、配合比	m^3	按设计图示尺寸以体积计算。不扣除伸入垫层的桩头所占体积	1. 混凝土输送、浇筑、振捣、养护 2. 其他材料的现场拌和、铺设、找平、压实
010501002	楼地面垫层	1. 部位 2. 厚度 3. 材料品种、强度要求、配合比			

结合工程实际,确定以下内容。

① 项目编码。本工程需编制的垫层清单有基础垫层和楼地面垫层两种类型,基础垫层项目编码为010501001001,楼地面垫层项目编码为010501002001。

② 项目特征。

基础垫层。①基础形式:条形基础;②厚度:300mm;③材料品种、强度要求、配合比:3:7灰土。

楼地面垫层。①部位:地面;②厚度:100mm;③材料品种、强度要求、配合比:C15混凝土。

③ 计算清单工程量。

《房屋建筑与装饰工程工程量计算标准》(GB/T 50854—2024)中基础垫层和楼地面垫层计算规则相同,按设计图示尺寸以体积计算。

a. 计算基础垫层工程量。

$$L_{中}=(9.00+16.50)\times 2+0.24\times 3=51.72(m)$$

$$L_{净垫层}=9.00-1.20=7.80(m)$$

$$V_{基础垫层}=1.20\times 0.30\times 51.72+1.20\times 0.30\times 7.80\approx 21.43(m^3)$$

b. 计算楼地面垫层工程量。

$$V_{楼地面垫层}=(16.50-0.24\times 2)\times(9.00-0.24)\times 0.10\approx 14.03(m^3)$$

④ 工作内容。基础垫层工作内容为3:7灰土拌和、铺设、找平、压实。楼地面垫层工作内容为混凝土输送、浇筑、振捣、养护。

将上述结果及相关内容填入分部分项工程项目清单计价表中,如表25-10所示。

表 25-10 分部分项工程项目清单计价表

工程名称：某工程　　　　　　　　　　标段：　　　　　　　　　　第1页 共1页

序号	项目编码	项目名称	项目特征描述	计量单位	工程量	金额/元	
						综合单价	合价
1	010501001001	基础垫层	1. 基础形式：条形基础 2. 厚度：300mm 3. 材料品种、强度要求、配合比：3∶7 灰土	m³	21.43		
2	010501002001	楼地面垫层	1. 部位：地面 2. 厚度：100mm 3. 材料品种、强度要求、配合比：C15 混凝土	m³	14.03		

2. 编制分部分项工程投标报价

(1) 计算综合单价

① 确定工作内容。

本工程基础垫层工作内容为 3∶7 灰土拌和、铺设、找平、压实，楼地面垫层工作内容为混凝土输送、浇筑、振捣、养护。

② 计算定额工程量。

依据分部分项工程量清单确定的工作内容，按照山东省定额相关规定，分别计算工程量。

A. 基础垫层工程量计算。

条形基础垫层，外墙按外墙中心线长度、内墙按其设计净长度乘以垫层平均断面面积以体积计算。

3∶7 灰土拌和、铺设、找平、压实工程量＝21.43m³（计算式同清单工程量）。

B. 楼地面垫层工程量计算。

楼地面垫层按室内主墙间净面积乘以设计厚度，以体积计算。混凝土泵送按混凝土构件的工程量乘以相应的混凝土消耗量系数以体积计算。

混凝土浇筑、振捣、养护工程量＝14.03m³（计算式同清单工程量）。

混凝土输送工程量＝14.03×1.01≈14.17（m³）。

③ 选择定额。

本工程执行山东省定额。

A. 基础垫层。

3∶7 灰土拌和、铺设、找平、压实：套用定额 2-1-1，单价（含税）＝2017.78元/10m³。

根据山东省定额规定，垫层定额按地面垫层编制，若为条形基础垫层，人工、机械分别乘以系数 1.05。

B. 楼地面垫层。

混凝土浇筑、振捣、养护：套用定额 2-1-28，单价（含税）＝5537.97元/10m³。

混凝土输送：套用定额 5-3-9、5-3-16，单价（含税）＝151.92元/10m³、46.22

元/10m³。

④ 计算综合单价。

依据《建设工程工程量清单计价标准》(GB/T 50500—2024)和《山东省建设工程费用项目组成及计算规则（2022版）》，综合单价包含人工费、材料费、施工机具使用费、管理费、利润和一定范围内的风险费用。本次计算不考虑风险费用。因此，综合单价＝人工费＋材料费＋施工机具使用费＋管理费＋利润。

其中，人工费＝每计量单位∑（工日消耗量×人工单价）；

材料费＝每计量单位∑（材料消耗量×材料单价）；

施工机具使用费＝每计量单位∑（机械台班消耗量×台班单价）；

管理费＝省价人工费×管理费费率；

利润＝省价人工费×利润率。

依据《山东省建设工程费用项目组成及计算规则（2022版）》，管理费费率为25.60%，利润率为15.00%。

本工程综合单价计算如表25-11、表25-12所示。

表25-11 基础垫层综合单价计算表

项目编码		010501001001	项目名称		基础垫层		计量单位	m³
项目特征		1. 基础形式：条形基础 2. 厚度：300mm 3. 材料品种、强度要求、配合比：3∶7灰土					清单 工程量	21.43
序号	定额编号	费用项目	单位	数量	计算基础/元	费率/(%)	单价/元	合价/元
1	2-1-1（换）	3∶7灰土垫层机械振动	10m³	2.143				243.76
1.1		人工费	—	—	—	—	—	92.47
		综合工日	工日	0.722	—	—	128.00	92.47
1.2		材料费	—	—	—	—	—	112.30
		3∶7灰土	m³	1.020	—	—	110.10	112.30
1.3		施工机具使用费	—	—	—	—	—	1.45
		电动夯实机250N·m	台班	0.048	—	—	29.96	1.45
1.4		人＋材＋机小计						206.22
1.5		管理费	—	—	92.47	25.60	—	23.67
1.6		利润	—	—	92.47	15.00	—	13.87
		综合单价						243.76

表 25－12　楼地面垫层综合单价计算表

项目编码	010501002001	项目名称		楼地面垫层		计量单位	m³
项目特征	1. 部位：地面 2. 厚度：100mm 3. 材料品种、强度要求、配合比：C15 混凝土					清单 工程量	14.03
序号	定额编号	费用项目	单位	数量	计算基础/元	费率/(%)	单价/元	合价/元
---	---	---	---	---	---	---	---	---
1	2－1－28	C15 混凝土垫层，无筋	10m³	1.403	—	—	—	596.90
1.1		人工费	—	—	—	—	—	106.24
		综合工日	工日	0.830	—	—	128.00	106.24
1.2		材料费	—	—	—	—	—	446.86
		C15 现浇混凝土碎石＜40	m³	1.010	—	—	440.00	444.40
		水	m³	0.375	—	—	6.55	2.46
1.3		施工机具使用费	—	—	—	—	—	0.67
		混凝土振捣器 平板式	台班	0.083	—	—	8.14	0.67
1.4		人＋材＋机小计	—	—	—	—	—	553.77
1.5		管理费			106.24	25.60		27.20
1.6		利润			106.24	15.00		15.94
2	5－3－9	泵送混凝土，基础固定泵	10m³	1.417	—	—		18.50
2.1		人工费	—	—	—	—	—	8.40
		综合工日	工日	0.066	—	—	128.00	8.40
2.2		材料费	—	—	—	—	—	1.93
		草袋	m²	0.188	—	—	5.44	1.02
		水	m³	0.139	—	—	6.55	0.91
2.3		施工机具使用费	—	—	—	—	—	4.75
		混凝土输送泵 30m³/h	台班	0.007	—	—	681.77	4.75
2.4		人＋材＋机小计	—	—	—	—	—	15.09
2.5		管理费			8.40	25.60		2.15
2.6		利润			8.40	15.00		1.26
3	5－3－16	管道输送混凝土（输送高度≤50m），基础	10m³	1.417	—	—		5.72
3.1		人工费	—	—	—	—	—	2.59
		综合工日	工日	0.020	—	—	128.00	2.59
3.2		材料费	—	—	—	—	—	2.08

续表

序号	定额编号	费用项目	单位	数量	计算基础/元	费率/(%)	单价/元	合价/元
		输送钢管	m	0.009	—		150.00	1.30
		弯管	个	0.001			365.40	0.30
		橡胶压力管	m	0.003			67.30	0.17
		输送钢管扣件	个	0.001			315.00	0.25
		密封圈	个	0.003			18.13	0.06
3.3		施工机具使用费	—	—	—	—	—	
3.4		人+材+机小计	—	—	—	—	—	4.67
3.5		管理费	—	—	2.59	25.60		0.66
3.6		利润	—	—	2.59	15.00		0.39
		综合单价						621.12

注：① 表25-11、表25-12中的人工、材料和机械台班的单价均按照山东省价目表中的含税单价确定。

② "3∶7灰土垫层机械振动"定额中人工、机械消耗量分别乘以系数1.05。

③ 混凝土垫层所用材料为商品混凝土，混凝土的运输费和泵送剂费用包含在材料单价中，不单独计取。

④ 计算的具体公式参见表25-6。

（2）编制综合单价分析表［表25-13，参考《建设工程工程量清单计价标准》（GB/T 50500—2024）和山东省综合单价分析表］。

表25-13 综合单价分析表

工程名称：某工程　　　　　　　　　标段：　　　　　　　　　第1页　共1页

序号	项目编码	项目名称	单位	工程量	综合单价明细组成/元					
					人工费	材料费	机械费	计费基础	管理费和利润	综合单价/元
1	010501001001	基础垫层	m³	21.43	92.47	112.30	1.45	92.47	37.54	243.76
	2-1-1（换）	3∶7灰土垫层机械振动	10m³	2.143	92.47	112.30	1.45	92.47	37.54	243.76
2	010501002001	楼地面垫层	m³	14.03	117.23	450.87	5.43	117.23	47.59	621.12
	2-1-28	C15混凝土垫层，无筋	10m³	1.40	106.24	446.86	0.67	106.24	43.13	596.90
	5-3-9	泵送混凝土，基础固定泵	10m³	1.42	8.40	1.93	4.75	8.40	3.41	18.50
	5-3-16	管道输送混凝土（输送高度≤50m），基础	10m³	1.42	2.59	2.08		2.59	1.05	5.72

（3）填写分部分项工程项目清单计价表，计算合价（表25-14）

表25-14 分部分项工程项目清单计价表

工程名称：某工程　　　　　　　　　　标段：　　　　　　　　　　第1页 共1页

序号	项目编码	项目名称	项目特征描述	计量单位	工程量	金额/元 综合单价	金额/元 合价
1	010501001001	基础垫层	1. 基础形式：条形基础 2. 厚度：300mm 3. 材料品种、强度要求、配合比：3∶7灰土	m³	21.43	243.76	5223.78
2	010501002001	楼地面垫层	1. 部位：地面 2. 厚度：100mm 3. 材料品种、强度要求、配合比：C15混凝土	m³	14.03	621.12	8714.31

知识拓展

1. 一般规定

① 编制工程量清单应依据下列内容。

a.《房屋建筑与装饰工程工程量计算标准》和现行国家标准《建设工程工程量清单计价标准》（GB/T 50500—2024）。

b. 国家及省级、行业建设主管部门颁发的其他专业工程计量标准和计价规定、补充的工程量计算规则。

c. 建设工程设计文件及技术资料。

d. 与建设工程项目有关的标准、规范。

e. 招标文件。

f. 施工现场情况和地勘水文资料，以及其他相关资料。

② 工程量清单的项目特征应结合图纸和规范的要求进行描述。《房屋建筑与装饰工程工程量计算标准》附录A～附录R（表25-15）项目的工作内容仅列出了主要内容，除另有规定和说明外，应视为已包含完成该清单项目所需的必要工作。

表25-15 附录A～附录R内容节选

附录A 土石方工程
A.1 单独土石方

项目编码	项目名称	项目特征	计量单位	工程量计算规则	工作内容
010101001	挖单独土方	土类别	m³	按原始地貌与预设标高之间的挖填尺寸，以体积计算	1. 开挖 2. 装车 3. 场内运输 4. 障碍物清除

续表

| …… | | | | | |

A.2 基础土石方

项目编码	项目名称	项目特征	计量单位	工程量计算规则	工作内容
010102001	挖基坑土方	1. 土类别 2. 开挖深度 3. 基底处理方式	m³	按设计图示基础（含垫层）底面积另加工作面面积，乘以挖土深度，以体积计算	1. 开挖、放坡（若有）、挡土板围护（若有） 2. 装车 3. 场内运输 4. 清底修边 5. 基底夯实 6. 基底钎探
……					

附录B 地基处理与边坡支护工程
B.1 地基处理

项目编码	项目名称	项目特征	计量单位	工程量计算规则	工作内容
010201001	换填垫层	1. 换填材料种类及配比 2. 换填方式及压实系数 3. 掺加剂（料）品种	m³	按设计图示尺寸以体积计算	1. 铺设土工材料（若有），分层铺填 2. 碾压、振密或夯实
……					

B.2 基坑与边坡支护

项目编码	项目名称	项目特征	计量单位	工程量计算规则	工作内容
010202001	地下连续墙	1. 地层类别 2. 墙体厚度 3. 成槽深度 4. 混凝土种类、强度等级 5. 接头形式	m³	按设计图示墙体尺寸以体积计算	1. 导墙修筑及拆除 2. 挖土成槽、固壁、清底置换 3. 混凝土输送、灌注、养护 4. 接头处理 5. 泥浆制备、排放或场内运输
……					

续表

附录 Q 其他装饰工程
Q.1 柜、架、台

项目编码	项目名称	项目特征	计量单位	工程量计算规则	工作内容
011501001	装饰柜	1. 名称 2. 规格 3. 安装方式 4. 材料种类、规格 5. 五金种类、规格 6. 防护材料种类 7. 油漆品种、刷漆遍数	m²	按设计图示尺寸以正投影面积计算	1. 制作、安装（安放） 2. 刷防护材料、油漆 3. 五金配件安装
……					

Q.2 装饰线条

项目编码	项目名称	项目特征	计量单位	工程量计算规则	工作内容
011502001	成品装饰线条	1. 基层类型 2. 线条材料品种、规格 3. 防护（填充）材料种类	m	按设计图示尺寸以中心线长度计算	安装
……					

附录 R 措施项目
R.1 措施项目

项目编码	项目名称	单位	工作内容
011601001	脚手架	项	搭设脚手架、斜道、上料平台，铺设安全网，铺（翻）脚手板，转运、改制、维修维护、拆除、堆放、整理、外运、归库等
011601002	垂直运输	项	垂直运输机械进出场及安拆，固定装置、基础制作、安装，行走式机械轨道的铺设、拆除，设备运转、使用等
……			

③《房屋建筑与装饰工程工程量计算标准》附录 A～附录 R 的工程量清单项目，除另有说明外，工作内容均包括材料（半成品、成品）、构件或设备的场内运输。

④ 编制工程量清单时，若出现《房屋建筑与装饰工程工程量计算标准》附录 A～附

录 R 中未包括的项目，编制人可做补充，并应符合下列规定。

a. 补充项目的编码由《房屋建筑与装饰工程工程量计算标准》的代码 01 与 B 和三位阿拉伯数字组成，并应从 01B001 起顺序编制。

b. 补充的工程量清单应附有补充项目的项目名称、项目特征、计量单位、工程量计算规则、工作内容。不能计量的措施项目应附有补充项目的项目名称、工作内容及包含范围。

2. 分部分项工程

① 工程量清单应根据《房屋建筑与装饰工程工程量计算标准》附录 A～附录 Q 规定的项目编码、项目名称、项目特征、计量单位和工程量计算规则进行编制。

② 工程量清单的项目编码应采用十二位阿拉伯数字表示，一至九位应按附录的规定设置，十至十二位应根据拟建工程的工程量清单项目名称和项目特征设置，同一招标工程中的同一单项工程的项目编码不得有重码。

③ 工程量清单的项目名称应按《房屋建筑与装饰工程工程量计算标准》附录 A～附录 Q 中规定的项目名称，并结合拟建工程的实际确定。

④ 工程量清单的项目特征应按《房屋建筑与装饰工程工程量计算标准》附录 A～附录 Q 中规定的项目特征，并结合拟建工程项目的实际予以描述。

⑤ 工程量清单的计量单位应按《房屋建筑与装饰工程工程量计算标准》附录 A～附录 Q 中规定的计量单位确定。

⑥ 工程量清单中所列工程量应按《房屋建筑与装饰工程工程量计算标准》附录 A～附录 Q 中规定的工程量计算规则计算。

3. 措施项目

① 编制工程量清单时，《房屋建筑与装饰工程工程量计算标准》附录 R 的措施项目应按规定的项目编码、项目名称和工作内容确定。

② 发包人提供设计图纸并要求承包人按图施工的措施项目，应按前述"2. 分部分项工程"的规定编制工程量清单，列入分部分项工程量清单中。

4.《房屋建筑与装饰工程工程量计算标准》用词说明

① 为便于在执行《房屋建筑与装饰工程工程量计算标准》条文时区别对待，对要求严格程度不同的用词说明如下。

a. 表示很严格，非这样做不可的：正面词采用"必须"，反面词采用"严禁"。

b. 表示严格，在正常情况下均应这样做的：正面词采用"应"，反面词采用"不应"或"不得"。

c. 表示允许稍有选择，在条件许可时首先应这样做的：正面词采用"宜"，反面词采用"不宜"。

d. 表示有选择，在一定条件下可以这样做的，采用"可"。

② 条文中指明应按其他有关标准执行的写法为："应符合……的规定"或"应按……执行"。

学习启示

党的二十大报告提出，构建高水平社会主义市场经济体制。充分发挥市场在资源配置中的决定性作用。《建设工程工程量清单计价标准》（GB/T 50500—2024）、《房屋建筑与装饰工程工程量计算标准》(GB/T 50854—2024)的颁布是我国工程造价管理领域的重要里程碑。其核心意义在于：一是统一计价规则，推动市场规范定价，打破区域壁垒，促进全国建筑市场公平竞争；二是落实"量价分离"，为招投标、结算等活动提供科学依据；三是对接国际规则，助力"一带一路"项目跨境协作；四是强化全过程管控，明确风险分担，减少合同纠纷；五是推动BIM等数字化技术应用，支撑建筑业绿色转型与高质量发展。标准的实施将优化建筑业营商环境，助推新型城镇化建设和经济高质量发展。

本章小结

本章结合《建设工程工程量清单计价标准》(GB/T 50500—2024)、《房屋建筑与装饰工程工程量计算标准》(GB/T 50854—2024)，详细讲解了分部分项工程量清单的编制方法，包括项目编码、项目特征描述、计量单位和工程量的确定，同时结合《装配式建筑工程消耗量定额》[TY01-01(01)-2016]和山东省定额等文件详细讲解了综合单价的组成内容、计算方法及综合单价分析表的编制。通过工程实例讲解，学生们应能掌握分部分项工程量清单的编制方法，能够掌握综合单价的计算方法、学会编制综合单价，并能在确定分部分项工程量清单及综合单价的基础上完成分部分项工程项目清单计价表的编制。

习 题

案例分析

1. 某工程基础为砌筑砖基础，砂浆为M5.0水泥砂浆，其基础平面图与断面图如图25-3所示。试结合《建设工程工程量清单计价标准》(GB/T 50500—2024)、《房屋建筑与装饰工程工程量计算标准》(GB/T 50854—2024)、山东省定额、山东省价目表等标准及文件规定编制该工程的分部分项工程项目清单计价表。

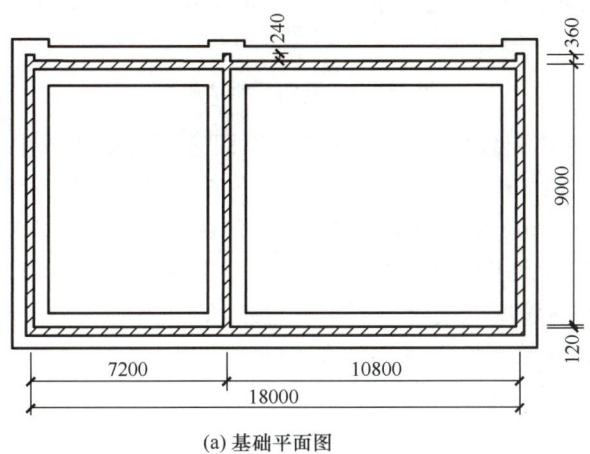

(a) 基础平面图

图25-3 案例分析1附图

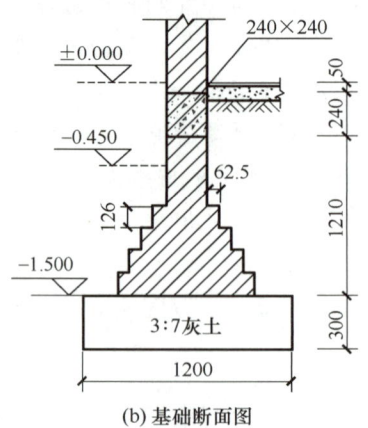

(b) 基础断面图

图 25-3 案例分析 1 附图（续）

2. 某装配式钢结构厂房柱间支撑如图 25-4 所示，共 4 组，柱支撑采用角钢，规格为 L63×6。柱支撑与钢柱的连接板为 8mm 厚的钢板。钢构件的理论质量可查表得到。构件表面刷调和漆 2 遍、防火涂料 2 遍。试结合《建设工程工程量清单计价标准》（GB/T 50500—2024）、《房屋建筑与装饰工程工程量计算标准》（GB/T 50854—2024）、《装配式建筑工程消耗量定额》[TY01-01(01)-2016]、山东省定额、山东省价目表等标准及文件规定编制该柱支撑工程的分部分项工程项目清单计价表。

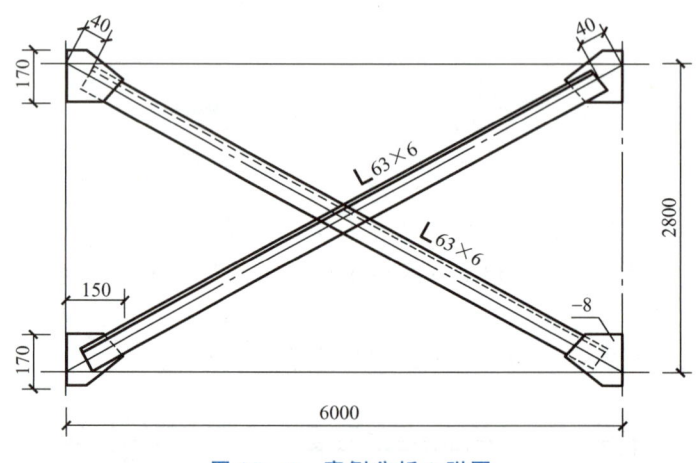

图 25-4 案例分析 2 附图

3. 某建筑内墙采用装配式轻质条板隔墙，墙面采用成品墙面装饰构件。踢脚线为成品实木卡扣式踢脚线，高 80mm。内墙门 M0921 为单开带门套成品装饰平开复合木门，洞口尺寸为 900mm×2100mm。建筑平面图和 1—1 剖面图如图 25-5 所示。试结合《建设工程工程量清单计价标准》（GB/T 50500—2024）、《房屋建筑与装饰工程工程量计算标准》（GB/T 50854—2024）、《装配式建筑工程消耗量定额》[TY01-01(01)-2016]、山东省定额、山东省价目表等标准及文件规定，分别编制该工程内墙踢脚线、内墙门的分部分项工程项目清单计价表。

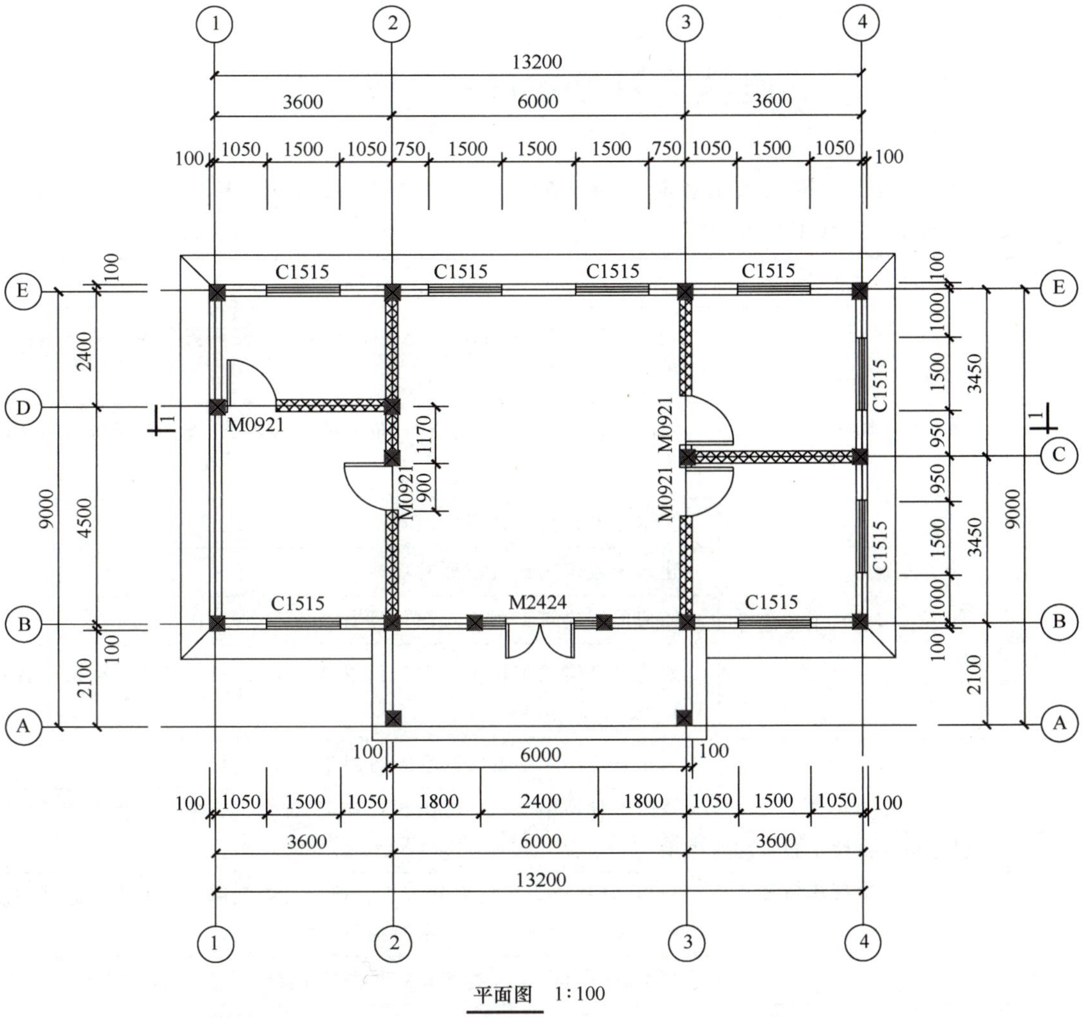

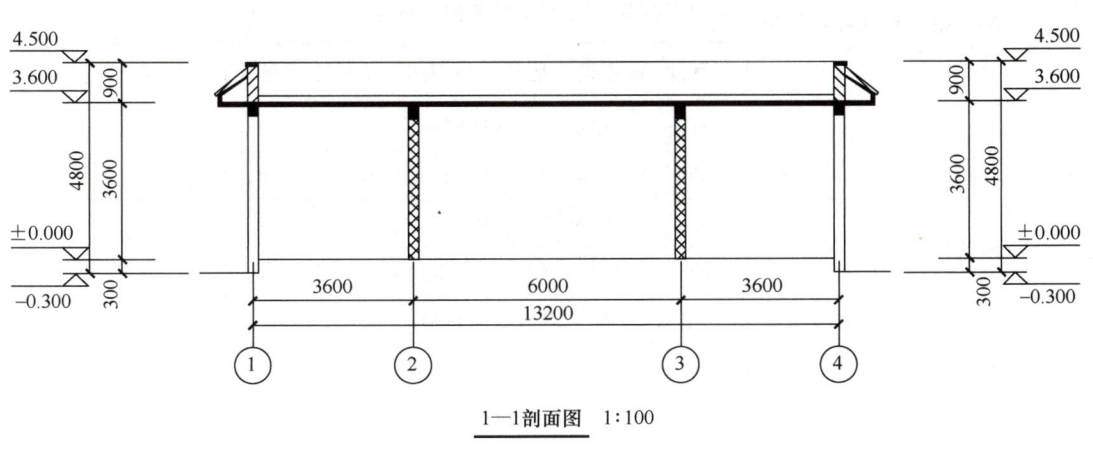

图 25-5 案例分析 3 附图

附录 AI 伴学内容及提示词

AI 伴学工具：生成式人工智能（Gen AI）工具，如 DeepSeek、Kimi、豆包、通义千问、文心一言、ChatGPT 等。

序号	AI 伴学内容	AI 提示词
1	第 1 章　绪论	利用 AI 查询，一个建筑物从筹划到竣工使用需要经过哪些基本建设程序
2		实际工程中，多采用哪种计价方式？利用 AI 查询各种计价方式的特点
3		基本建设预算包括哪些内容
4	第 2 章　建筑工程定额计价	建筑工程定额计价依据有哪些
5		如何编制建筑工程施工图预算书
6		如何计算建筑工程工程量？利用 AI，试找一个典型工程的工程量计算过程
7	第 3 章　建筑工程工程量计算与定额应用概述	山东省定额包括哪些内容？适用于什么工程
8		建设工程费用包括哪些内容？利用 AI 查询，建设工程费用的划分类型
9		利用 AI 查询，措施费费率、企业管理费费率、利润率、总承包服务费费率、采购保管费费率的相关规定
10		利用 AI 查询，一个建筑物的哪些部分应计入建筑面积计算内
11	第 4 章　土石方工程	土石方工程定额包括哪些内容
12		利用 AI 查询，土石方工程量计算规则是什么
13	第 5 章　地基处理与边坡支护工程	地基处理与边坡支护工程定额包括哪些内容
14		利用 AI 查询，地基处理与边坡支护工程量计算规则是什么
15	第 6 章　桩基础工程	桩基础工程定额包括哪些内容
16		利用 AI 查询，桩基础工程量计算规则是什么
17	第 7 章　砌筑工程	砌筑工程定额包括哪些内容
18		利用 AI 查询，砌筑工程量计算规则是什么
19	第 8 章　钢筋及混凝土工程	钢筋及混凝土工程定额包括哪些内容
20		利用 AI 查询，钢筋及混凝土工程量计算规则是什么
21	第 9 章　金属结构工程	金属结构工程定额包括哪些内容
22		利用 AI 查询，金属结构工程量计算规则是什么

续表

序号	AI伴学内容	AI提示词
23	第10章 木结构工程	木结构工程定额包括哪些内容
24		利用AI查询,木结构工程量计算规则是什么
25	第11章 门窗工程	门窗工程定额包括哪些内容
26		利用AI查询,门窗工程量计算规则是什么
27	第12章 屋面及防水工程	屋面及防水工程定额包括哪些内容
28		利用AI查询,屋面及防水工程量计算规则是什么
29	第13章 保温、隔热、防腐工程	保温、隔热、防腐工程定额包括哪些内容
30		利用AI查询,保温、隔热、防腐工程量计算规则是什么
31	第14章 楼地面装饰工程	楼地面装饰工程定额包括哪些内容
32		利用AI查询,楼地面装饰工程量计算规则是什么
33	第15章 墙、柱面装饰与隔断、幕墙工程	墙、柱面装饰与隔断、幕墙工程定额包括哪些内容
34		利用AI查询,墙、柱面装饰与隔断、幕墙工程量计算规则是什么
35	第16章 天棚工程	天棚工程定额包括哪些内容
36		利用AI查询,天棚工程量计算规则是什么
37	第17章 油漆、涂料及裱糊工程	油漆、涂料及裱糊工程定额包括哪些内容
38		利用AI查询,油漆、涂料及裱糊工程量计算规则是什么
39	第18章 其他装饰工程	其他装饰工程定额包括哪些内容
40		利用AI查询,其他装饰工程量计算规则是什么
41	第19章 构筑物及其他工程	构筑物及其他工程定额包括哪些内容
42		利用AI查询,构筑物及其他工程量计算规则是什么
43	第20章 脚手架工程	脚手架工程定额包括哪些内容
44		利用AI查询,脚手架工程量计算规则是什么
45	第21章 模板工程	模板工程定额包括哪些内容
46		利用AI查询,模板工程量计算规则是什么
47	第22章 施工运输工程	施工运输工程定额包括哪些内容
48		利用AI查询,施工运输工程量计算规则是什么
49	第23章 建筑施工增加	建筑施工增加定额包括哪些内容
50		利用AI查询,建筑施工增加工程量计算规则是什么
51	第24章 建设工程工程量清单计价标准	利用AI查询《建设工程工程量清单计价标准》的内容

续表

序号	AI伴学内容	AI提示词
52	第25章 房屋建筑与装饰工程工程量计算标准应用	利用AI查询《房屋建筑与装饰工程工程量计算标准》的内容